U0198579

住房和城乡建设部“十四五”规划教材
职业教育本科建设工程管理类专业融媒体系列教材

建筑工程概预算

主　编　黄丽华　李丽花
主　审　朱溢镕　金剑青

中国建筑工业出版社

图书在版编目(CIP)数据

建筑工程概预算 / 黄丽华，李丽花主编. — 北京 ：
中国建筑工业出版社，2023.5（2024.12 重印）
住房和城乡建设部“十四五”规划教材 职业教育本
科建设工程管理类专业融媒体系列教材
ISBN 978-7-112-28580-8

Ⅰ. ①建… Ⅱ. ①黄… ②李… Ⅲ. ①建筑概算定额
—高等学校—教材②建筑预算定额—高等学校—教材
Ⅳ. ①TU723.34

中国国家版本馆 CIP 数据核字(2023)第 056201 号

本教材以全过程造价咨询业务中的建筑工程概、预、结算能力培养为主线，以土建造价咨询岗位典型工作任务为基础，构建了工程造价概述、单位工程设计概算编制、单位工程施工图预算编制、单位工程结算编制与工程竣工决算、综合案例 5 大学习情境，每个学习情境由若干个典型工作任务组成，每个工作任务都结合了实际案例详细分析了现行的定额计价和清单计价两种计价模式，既考虑国家标准《建设工程工程量清单计价规范》GB 50500—2013 的要求，又兼顾地区工程计价方式。本教材有针对性地将课程思政内容融入教材，落实德才兼备的育人要求。

本教材可作为职业教育本科、高等职业教育工程造价专业及相关专业课程教材，也可作为行业、企业从业人员的学习、参考用书。

为更好地支持相应课程的教学，我们向采用本书作为教材的教师提供教学课件，有需要者可与出版社联系，邮箱：jckj@cabp.com.cn，电话：010-58337285，建工书院 https://edu.cabplink.com（PC 端）。

责任编辑：吴越恺 张 晶
责任校对：芦欣甜
校对整理：张惠雯

住房和城乡建设部“十四五”规划教材
职业教育本科建设工程管理类专业融媒体系列教材
建筑工程概预算
主 编 黄丽华 李丽花
主 审 朱溢镕 金剑青
*
中国建筑工业出版社出版、发行（北京海淀三里河路 9 号）
各地新华书店、建筑书店经销
北京红光制版公司制版
建工社（河北）印刷有限公司印刷
*
开本：787 毫米×1092 毫米 1/16 印张：22¼ 字数：554 千字
2023 年 6 月第一版 2024 年 12 月第二次印刷
定价：**58.00** 元（附数字资源、赠教师课件）
ISBN 978-7-112-28580-8
（41060）

出版说明

党和国家高度重视教材建设。2016年，中办国办印发了《关于加强和改进新形势下大中小学教材建设的意见》，提出要健全国家教材制度。2019年12月，教育部牵头制定了《普通高等学校教材管理办法》和《职业院校教材管理办法》，旨在全面加强党的领导，切实提高教材建设的科学化水平，打造精品教材。住房和城乡建设部历来重视土建类学科专业教材建设，从“九五”开始组织部级规划教材立项工作，经过近30年的不断建设，规划教材提升了住房和城乡建设行业教材质量和认可度，出版了一系列精品教材，有效促进了行业部门引导专业教育，推动了行业高质量发展。

为进一步加强高等教育、职业教育住房和城乡建设领域学科专业教材建设工作，提高住房和城乡建设行业人才培养质量，2020年12月，住房和城乡建设部办公厅印发《关于申报高等教育职业教育住房和城乡建设领域学科专业“十四五”规划教材的通知》（建办人函〔2020〕656号），开展了住房和城乡建设部“十四五”规划教材选题的申报工作。经过专家评审和部人事司审核，512项选题列入住房和城乡建设领域学科专业“十四五”规划教材（简称规划教材）。2021年9月，住房和城乡建设部印发了《高等教育职业教育住房和城乡建设领域学科专业“十四五”规划教材选题的通知》（建人函〔2021〕36号）。为做好“十四五”规划教材的编写、审核、出版等工作，《通知》要求：（1）规划教材的编著者应依据《住房和城乡建设领域学科专业“十四五”规划教材申请书》（简称《申请书》）中的立项目标、申报依据、工作安排及进度，按时编写出高质量的教材；（2）规划教材编著者所在单位应履行《申请书》中的学校保证计划实施的主要条件，支持编著者按计划完成书稿编写工作；（3）高等学校土建类专业课程教材与教学资源专家委员会、全国住房和城乡建设职业教育教学指导委员会、住房和城乡建设部中等职业教育专业指导委员会应做好规划教材的指导、协调和审稿等工作，保证编写质量；（4）规划教材出版单位应积极配合，做好编辑、出版、发行等工作；（5）规划教材封面和书脊应标注“住房和城乡建设部‘十四五’规划教材”字样和统一标识；（6）规划教材应在“十四五”期间完成出版，逾期不能完成的，不再作为《住房和城乡建设领域学科专业“十四五”规划教材》。

住房和城乡建设领域学科专业“十四五”规划教材的特点，一是重点以修订教育部、住房和城乡建设部“十二五”“十三五”规划教材为主；二是严格按照专业标准规范要求编写，体现新发展理念；三是系列教材具有明显特点，满足不同层次和类型的学校专业教学要求；四是配备了数字资源，适应现代化教学的要求。规划教材的出版凝聚了作者、主审及编辑的心血，得到了有关院校、出版单位的大力支持，教材建设管理过程有严格保障。希望广大院校及各专业师生在选用、使用过程中，对规划教材的编写、出版质量进行反馈，以促进规划教材建设质量不断提高。

住房和城乡建设部“十四五”规划教材办公室
2021 年 11 月

前　言

本教材是住房和城乡建设部“十四五”规划教材，同时被评为浙江省普通高校“十三五”新形态教材，是全过程工程造价系列教材之一。

教材以全过程工程造价咨询业务中的建筑工程概、预、结算能力培养为主线，以土建造价咨询岗位典型工作任务为基础，构建了工程造价概述、单位工程设计概算编制、单位工程施工图预算编制、单位工程结算编制与工程竣工决算、综合案例5大学习情境，每个学习情境由若干个典型工作任务组成，每个工作任务都结合了实际案例详细分析了现行的定额计价和清单计价两种计价模式，既考虑国家标准《建设工程工程量清单计价规范》GB 50500—2013的要求，又兼顾地区工程计价方式。

教材内容设计上紧跟行业发展动态，依托最新《浙江省建设工程计价规则（2018版）》《浙江省工程建设其他费用定额（2018版）》《浙江房屋建筑与装饰工程概算定额（2018版）》《浙江省建筑与装饰工程预算定额（2018版）》《房屋建筑与装饰工程工程量计算规范（2013版）》、22G系列平法图集、综合解释及动态调整补充等文件，结合工程造价、建设工程管理、建筑工程等专业人才教学标准，以及《建筑工程概预算》课程标准，与一级造价工程师、二级造价工程师（土建专业）部分职业资格考证内容有机衔接，以培养学生建筑工程概算、预算、结算编制能力为主线，遴选教材内容，编写与岗位相适应的项目化教学任务。打造既适用于高职高专、职业本科、应用型本科工程造价、建设工程管理、建筑工程等相关专业的人才培养需求，又适用于造价咨询、房地产开发企业、施工、政府基建等相关部门和企业的造价管理人员学习需求。学习时，建议先学预结算文件编制再学概算文件编制。

本教材由黄丽华（浙江广厦建设职业技术大学）、李丽花（浙江广厦建设职业技术大学）主编并统稿，朱溢镕（广联达科技股份有限公司）、金剑青（浙江广厦建设职业技术大学）主审。具体编写分工如下：学习情境1由黄丽华、冯改荣、王瑜玲、卢倩阳（浙江广厦建设职业技术大学）编写；学习情境2由黄丽华、李丽花、冯改荣、王瑜玲、卢倩阳编写；学习情境3由黄丽华、李丽花、蒋剑莹、王军（浙江广厦建设职业技术大学）编写；学习情境4由冯改荣、陈懿莉（东阳市财政局高级工程师）、徐燕燕（浙江弘安建设有限公司高级工程师）编写；学习情境5案例由陈懿莉、张永军（浙江科算工程管理有限公司）、黄浩轩（中汇工程咨询有限公司）提供。

教材编写团队同步新建了《建筑工程概预算》在线精品课程，所以本教材不局限于“纸质教材”，而是以互联网为载体，依托信息技术将微课视频、动画、习题、综合案例等在线课程资源以二维码的形式与纸质教材充分融合，以“纸质教材 ＋ 在线课程”纸数融合新形态展现。教师可充分利用纸质教材和在线课程资源依托智慧树、学习通等平台，根据学生基础和班级实际情况搭建 SPOC，有针对性地选用资源并组织实施线上线下混合式教学，构建起“纸质教材＋在线课程＋混合式教学”三位一体的新形态教学体，便于教师因材施教和学生个性化学习。

由于编者水平有限，教材中错漏之处在所难免，敬请广大同仁批评、指正。

目　　录

学习情境 1　工程造价概述

掌握我国建设项目总投资的构成、建安工程费用组成，了解国外工程造价、建安工程费用构成。掌握工程量清单计价和定额计价方法，掌握概、预算定额的组成及使用方法。

会计算建设项目总投资费用；能熟练应用概、预算定额。

培养学生运用市场经济和技术规律，树立敬业爱岗的思想，自觉遵守行业规范的素质。

1. 介绍我国工程造价计价方法从定额计价到清单计价的变革历程，引导学生了解我国从计划经济体制向社会主义市场经济体制的转轨，进一步引申“不断地革新，方能符合市场规律”的结论，以辩证的思维引导鼓励学生，在不断地自我否定中寻找更好的自我。培养学生树立持续终身学习的理念，认识中国特色社会主义制度优势，在学生心中根植爱国情怀，树立“四个自信”。

2. 从《住房和城乡建设部办公厅关于印发工程造价改革工作方案的通知》（建办标〔2020〕38 号）文件精神的学习引出，造价专业学习要与时俱进，树立持续学习、终身学习的精神等。

3. 从地区建设项目总投资费用计算、概预算、预算定额的区域性、时效性，导出造价行业会随着时间或者地区的变化，其规则也会发生相应的变化，引用孙子兵法中“故兵无常势，水无常形，能因敌变化而取胜者，谓之神”，如何做到“因敌变化而取胜”，就是要学生养成良好的学习习惯，自觉地构建知识体系，熟练掌握技能，以期灵活运用专业知识技能去解决千变万化的问题。

学习导图

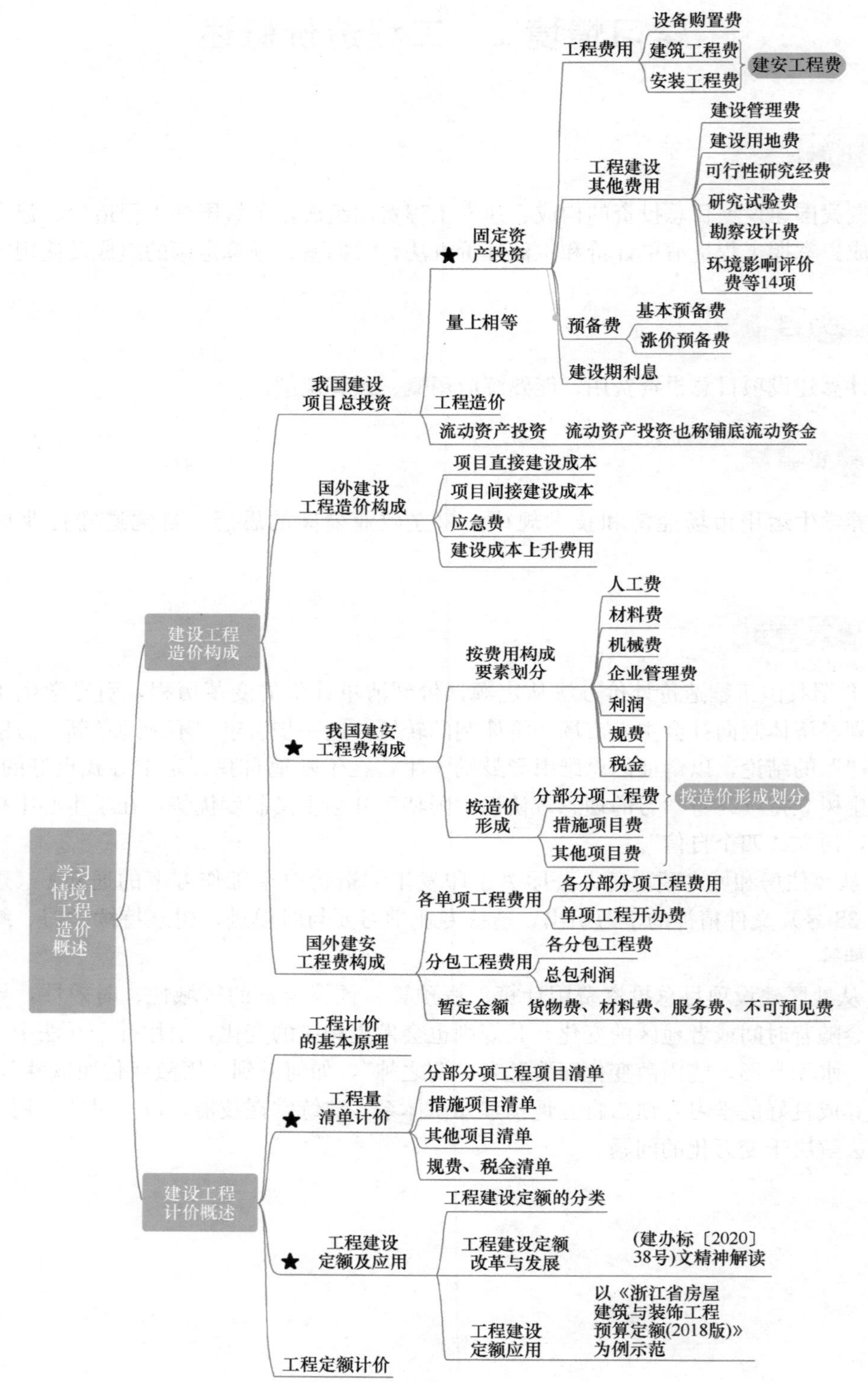
学习情境1工程造价概述
建设工程造价构成
我国建设项目总投资
固定资产投资
工程费用
设备购置费
建筑工程费
安装工程费
建安工程费
工程建设其他费用
建设管理费
建设用地费
可行性研究经费
研究试验费
勘察设计费
环境影响评价费等14项
预备费
基本预备费
涨价预备费
建设期利息
量上相等
工程造价
流动资产投资
流动资产投资也称铺底流动资金
国外建设工程造价构成
项目直接建设成本
项目间接建设成本
应急费
建设成本上升费用
我国建安工程费构成
按费用构成要素划分
人工费
材料费
机械费
企业管理费
利润
规费
税金
按造价形成
分部分项工程费
措施项目费
其他项目费
按造价形成划分
国外建安工程费构成
各单项工程费用
各分部分项工程费用
单项工程开办费
分包工程费用
各分包工程费
总包利润
暂定金额
货物费、材料费、服务费、不可预见费
建设工程计价概述
工程计价的基本原理
工程量清单计价
分部分项工程项目清单
措施项目清单
其他项目清单
规费、税金清单
工程建设定额及应用
工程建设定额的分类
工程建设定额改革与发展
(建办标〔2020〕38号)文精神解读
工程建设定额应用
以《浙江省房屋建筑与装饰工程预算定额(2018版)》为例示范
工程定额计价

任务1.1　建设工程造价构成

1.1.1　建设项目总投资及工程造价构成

1.1.1.1　工程造价概念

工程造价概念的使用，在历史进程上大体可分为三个阶段：①计划经济时代，人们一般称之为工程概预算；②20世纪80年代中期，工程造价这个词开始被人们所广泛使用；③20世纪90年代中期，工程价格或建筑产品价格开始出现。

工程造价通常是指工程项目在建设期（预计或实际）支出的建设费用。由于视角不同，工程造价有不同的含义。

含义一：从投资者（业主）角度看，工程造价是指建设一项工程预期开支或实际开支的全部固定资产投资费用。投资者为了获得投资项目的预期效益，需要对项目进行策划决策、建设实施（设计、施工）直至竣工验收等一系列活动。在上述活动中所花费的全部费用，即构成工程造价。从这个意义上讲，工程造价就是建设工程固定资产总投资。

含义二：从市场交易角度看，工程造价是指在工程发承包交易活动中形成的建筑安装工程费用或建设工程总费用。显然，工程造价的这种含义是指以建设工程这种特定的商品形式作为交易对象，通过招标投标或其他交易方式，在多次预估的基础上，最终由市场形成的价格。这里的工程既可以是整个建设工程项目，也可以是其中一个或几个单项工程或单位工程，还可以是其中一个或几个分部工程，如建筑安装工程、装饰装修工程等。随着经济发展、技术进步、分工细化和市场的不断完善，工程建设中的中间产品也会越来越多，商品交换会更加频繁，工程价格的种类和形式也会更为丰富。

工程发承包价格是一种重要且较为典型的工程造价形式，是在建筑市场通过发承包交易（多数为招标投标），由需求主体（投资者或建设单位）和供给主体（承包商）共同确认或确定的价格。

1.1.1.2　建设项目概念及划分

1. 基本建设概念及内容

基本建设是指固定资产扩大再生产的新建、扩建、改建、恢复工程及与之相关的其他工作。例如，工厂、矿井、铁路、公路、水利、商店、住宅、医院、学校等工程的建设和各种设备的购置安装等。

其建设过程概括起来说，就是将一定的建筑材料、机器设备等通过购置、建造和安装等活动转化为固定资产，形成新的生产能力或具有使用效益的建设工作。与此相关的其他工作，如征用土地、建设场地原有建筑物的拆迁赔偿等，也都属于基本建设工作的组成部分。

基本建设的内容包括建筑工程、设备安装工程、设备购置、勘察与设计及其他基本建设工作五部分。

建筑工程：包括永久性和临时性的建筑物、构筑物以及基础设备的建造；照明、水卫、暖通等设备的安装；建筑场地的清理、平整、排水；竣工后的整理、绿化以及水利、铁道、公路、桥梁、电力线路、防空设施等的建设。

设备安装工程：包括生产、电力、电信、起重、运输、传动、医疗、实验等各种机器设备的安装，与设备相连的工作台、梯子等的装设工程，附属于被安装设备的管线敷设和设备的绝缘、保温、油漆等，以及为测定安装质量对单个设备进行各种试运行的工作。

设备购置：包括各种机械设备、电气设备和工具、器具的购置，即一切需要安装与不需要安装设备的购置。

勘察与设计：包括地质勘探、地形测量及工程设计方面的工作。

其他基本建设工作：指除了上述各项工作以外的基本建设工作及其他生产准备工作。如征用土地、建设场地原有建筑物的拆迁赔偿、筹建机构、生产职工培训等。

2. 基本建设项目的划分

基本建设项目是指在一个场地或几个场地上，按照一个独立的总体设计兴建的一项独立工程，或若干个互相有内在联系的工程项目的总体，简称建设项目。工程建成后经济上可以独立经营，行政上可以统一管理。

我国一般以一个企业、事业或行政单位作为一个基本建设项目。例如，工业建设的一个联合企业，或一个独立的工厂、矿山；农林水利建设的独立农场、林场、水库工程；交通运输建设的一条铁路线路、一个港口；文教卫生建设的独立学校、报社、影剧院等。同一总体设计内分期进行建设的若干工程项目，均应合并算为一个建设项目；不属于同一总体设计范围内的工程，不得作为一个建设项目。

为了计划和管理的需要，建设项目可以从不同角度进行分类，具体内容见表 1-1-1。

建设项目分类　　表 1-1-1

划分依据	划分内容
按项目建设阶段	筹建项目、前期工作项目、施工（在施）项目、建成投产项目和竣工项目
按建设性质	新建项目、扩建项目、改建项目、迁建项目和恢复项目
按建设规模和对国民经济的重要性	大型、中型和小型项目
按隶属关系	主管部直属项目和地方项目
按使用功能	生产性建设项目和非生产性建设项目

基本建设项目按照合理确定工程造价和基本建设管理工作的要求，划分为建设项目、单项工程、单位工程、分部工程和分项工程五个层次，具体内容见表 1-1-2。

建设项目的五个层次　　表 1-1-2

名称	特点	案例
建设项目	在一个总体设计范围内，由一个或几个工程项目组成。经济上实行独立核算，行政上实行独立管理，并且具有法人资格的建设单位	一所学校，一个工厂
单项工程	又称工程项目，它是建设项目的组成部分。具有独立的设计文件，竣工后可以独立发挥生产能力或使用效益工程	学校里的每幢教学楼、宿舍楼
单位工程	具有独立的设计文件，能单独施工，但建成后不能独立发挥生产能力或使用效益的工程	一座宿舍楼的土建工程、给水排水、采暖、照明工程等
分部工程	是单位工程的组成部分，一般按工种来划分	土建工程可以分为土石方工程、桩基础工程、砌筑工程、混凝土及钢筋混凝土工程等

续表

名称	特点	案例
分项工程	是分部工程的组成部分。一般是指按照不同的施工方法、不同的材料及构件规格，将分部工程分解为一些简单的施工过程，它是建设工程中最基本的单位内容，即通常所指的各种实物工程量	土石方工程分为平整场地、人工挖土方、机械挖土方等分项工程

需要注意的是：一般工程造价的确定以单位工程为对象编制，内容包括其包含的所有分部分项工程。建设项目的工程造价由其包含的若干个单项工程造价汇总而成，单项工程的工程造价由其包含的若干个单位工程造价汇总而成。

1.1.1.3　工程造价的特点及特征

按照《工程造价术语标准》GB/T 50875—2013 的定义，建设项目是指按一个总体规划或设计进行建设的，由一个或若干个互有内在联系的单项工程组成的工程总和。由于建设项目的独特性，其工程造价表现出以下特点：

（1）工程造价的大额性

凡能发挥投资效益的任何一项工程，不仅实物形体庞大，而且造价高昂，动辄数百万、数千万、数亿，数十亿元人民币；特大的工程造价可达百亿、千亿元人民币。工程造价的大额性使它关系到各方面的经济利益，同时也会给宏观经济产生重大的影响。这就决定了工程造价的特殊地位，也说明了对工程造价管理的重要意义。

（2）工程造价的个别性、差异性

任何一项工程都有特定的用途、功能和规模，因此对每一项工程的结构、造型、空间分割、设备配置和内外装饰都有具体的要求。所以工程内容和实物形态都具有个别性、差异性。产品的差异决定了工程造价的个别性差异。同时，每一项工程所处的地区、地段都不同，使这一特点得到强化。

（3）工程造价的动态性

任何一项工程从决策到竣工交付使用，都有一个较长的建设周期。而且由于不可控制因素的影响，在预期工期内，存在许多影响工程造价的动态因素，如工程变更、设备材料价格、工资标准以及费率、利率、汇率等都会发生变化。这些变化必然导致工程造价的变动。所以，工程造价在整个建设期中处于不确定的状态，直至竣工决算后才能最终确定工程的实际造价。

（4）工程造价的层次性

工程的层次性决定工程造价的层次性。一个建设项目往往含有多个能够独立发挥设计效能的单项工程。一个单项工程又由能够各自发挥专业效能的多个单位工程组成。与此相适应，工程造价有三个层次：建设项目总造价、单项工程造价和单位工程造价。如果专业分工更细，单位工程（如土建工程）的组成部分——分部分项工程，也可以成为交换对象，如大型土方工程、基础工程、装饰工程等，这样工程造价的层次就增加分部工程和分项工程而成为五个层次。即使从造价的计算和工程管理的角度来看，工程造价的层次性也是非常突出。

(5) 工程造价的兼容性

工程造价的兼容性首先表现在它具有两种含义，其次表现在造价构成因素的广泛性和复杂性。在工程造价中，首先，成本因素非常复杂。其中为获得建设工程用地的支出费用、项目可行性研究和规划设计的费用，与政府一定时期政策（特别是产业政策和税收政策）相关的费用占有相当的份额。另外，工程造价中利润构成也较为复杂，资金成本较大。

由工程造价的特点，又决定了建设项目工程计价表现出以下特征：

(6) 工程计价的唯一性

每个建筑产品都是唯一的，由此决定了每个建设项目都必须单独计算其工程造价。

(7) 工程计价的多次性

一个项目建成需要经历方案策划、设计、招标投标、施工、运维等阶段，其项目的建造每个阶段都需要进行计价，以使工程造价的确定逐步深化、逐步细化并逐步接近实际造价。不同阶段的计价过程如图 1-1-1 所示。

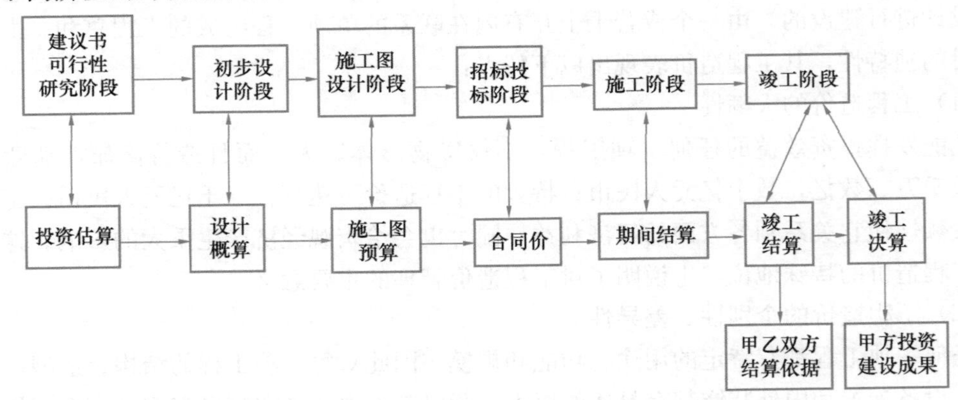

图 1-1-1 建设项目多次计价示意图

图 1-1-1 也体现了建设项目工程造价层层控制，前者制约后者，全过程控制形成实际价格。各阶段相互之间存在制约关系，后者不得超过前者，把工程造价的发生控制在合理的范围和核定的造价限额以内。所谓的“三算”：设计有概算，施工有预算，竣工有决算。防止“三超”：决算超预算，预算超概算，概算超投资。同时，各阶段造价的确定及过程控制可以由单位自行组织也可委托有资质的中介机构代理。

(8) 工程计价的组合性

一个建设项目是由分项工程、分部工程、单位工程、单项工程逐级组成的一个工程项目实体。由于工程建设项目的庞大性，难以一次性计算其工程造价，所以，其工程造价的计算过程和顺序是：分部分项工程造价，单位工程造价，单项工程造价，最终组合成建设项目总造价。

1.1.1.4 我国建设项目总投资及工程造价构成

建设项目总投资是为完成工程项目建设并达到使用要求或生产条件，在建设期内预计或实际投入的全部费用总和。生产性建设项目总投资包括三部分：建设投资、建设期利息和流动资金；非生产性建设项目总投资包括两部分：建设投资和建设期利息。其中建设投资和建设期利息之和对应于

我国建设项目总投资及构成

固定资产投资，固定资产投资与建设项目的工程造价在量上相等。工程造价基本构成包括用于购买工程项目所含各种设备的费用，用于建筑施工和安装施工所需支出的费用，用于委托工程勘察设计应支付的费用，用于购置土地所需的费用，也包括用于建设单位自身进行项目筹建和项目管理所花费的费用等。总之，工程造价是指在建设期预计或实际支出的建设费用。

工程造价中的主要构成部分是建设投资，建设投资是为完成工程项目建设，在建设期内投入且形成现金流出的全部费用。建设投资包括三部分：工程费用、工程建设其他费用和预备费。工程费用是指建设期内直接用于工程建造、设备购置及其安装的建设投资，可以分为建筑安装工程费和设备及工器具购置费。工程建设其他费用是指建设期发生为项目建设或运营必须发生的但不包括在工程费用中的费用。预备费是在建设期内因各种不可预见因素的变化而预留的可能增加的费用，包括基本预备费和价差预备费。建设项目总投资的具体构成内容见表1-1-3。

流动资金是指为进行正常生产运营，用于购买原材料、燃料、支付工资及其他运营费用等所需的周转资金。在可行性研究阶段用于财务分析时计为全部流动资金，在初步设计及以后阶段用于计算“项目报批总投资”或“项目概算总投资”时计为铺底流动资金。铺底流动资金是指生产经营性建设项目为保证投产后正常的生产运营所需，并在项目资本金中筹措的自有流动资金。

我国现行建设项目总投资构成表（依据浙江省建设工程其他费用定额2018版）　　　表1-1-3

<table>
<tr><td rowspan="21">建设工程项目概算总投资</td><td rowspan="20">固定资产投资</td><td rowspan="19">建设投资</td><td rowspan="3">第一部分：工程费用</td><td>设备购置费</td></tr>
<tr><td>建筑工程费</td></tr>
<tr><td>安装工程费</td></tr>
<tr><td rowspan="14">第二部分：工程建设其他费用①</td><td>建设管理费</td></tr>
<tr><td>建设用地费</td></tr>
<tr><td>可行性研究经费</td></tr>
<tr><td>研究试验费</td></tr>
<tr><td>勘察设计费</td></tr>
<tr><td>环境影响评价费</td></tr>
<tr><td>节能评估费</td></tr>
<tr><td>场地准备及临时设施费</td></tr>
<tr><td>引进技术和引进设备其他费</td></tr>
<tr><td>工程保险费</td></tr>
<tr><td>联合试运转费</td></tr>
<tr><td>市政公用设施费</td></tr>
<tr><td>专利及专有技术使用费</td></tr>
<tr><td>生产准备及开办费</td></tr>
<tr><td rowspan="2">第三部分：预备费</td><td>基本预备费</td></tr>
<tr><td>涨价预备费</td></tr>
<tr><td colspan="2">建设期利息</td><td>项目借款在建设期内发生并计入固定资产的利息</td></tr>
<tr><td>流动资产投资</td><td colspan="3">流动资产投资也称铺底流动资金</td></tr>
</table>

① 一级造价工程师《建设工程计价》教材工程建设其他费包括：建设单位管理费、用地与工程准备费、市政公用配套设施费、技术服务费、建设期计列的生产经营费、工程保险费、税费。

1.1.1.5 国外建设工程造价构成

国外各个国家的建设工程造价构成有所不同，具有代表性的是世界银行、国际咨询工程师联合会对建设工程造价构成的规定。这些国际组织对工程项目的总建设成本（相当于我国的工程造价）作了统一规定，工程项目总建设成本包括项目直接建设成本、项目间接建设成本、应急费和建设成本上升费用等。

1. 项目直接建设成本

项目直接建设成本包括以下内容：

（1）土地征购费。

（2）场外设施费用，如道路、码头、桥梁、机场、输电线路等设施费用。

（3）场地费用，指用于场地准备、厂区道路、铁路，围栏、场内设施等的建设费用。

（4）工艺设备费，指主要设备、辅助设备及零配件的购置费用，包括海运包装费用、交货港离岸价，但不包括税金。

（5）设备安装费，指设备供应商的监理费用，本国劳务及工资费用，辅助材料、施工设备，消耗品和工具等费用，以及安装承包商的管理费和利润等。

（6）管道系统费用，指与系统材料及劳务相关的全部费用。

（7）电气设备费，其内容与第（4）项类似。

（8）电气安装费，指设备供应商的监理费用，本国劳务与工资费用，辅助材料、电缆管道和工具费用，以及营造承包商的管理费和利润。

（9）仪器仪表费，指所有自动仪表、控制板、配线和辅助材料的费用以及供应商的监理费用、外国或本国劳务及工资费用、承包商的管理费和利润。

（10）机械的绝缘和油漆费，指与机械及管道绝缘和油漆相关的全部费用。

（11）工艺建筑费，指原材料、劳务费以及与基础、建筑结构、屋顶、内外装修、公共设施有关的全部费用。

（12）服务性建筑费用，其内容与第（11）项相似。

（13）工厂普通公共设施费，包括材料和劳务费以及与供水、燃料供应、通风、蒸汽发生及分配、下水道、污物处理等公共设施有关的费用。

（14）车辆费，指工艺操作所必需的机动设备零件费用，包括海运包装费用以及交货港的离岸价，但不包括税金。

（15）其他当地费用，指那些不能归入以上任何一个项目，不能计入项目间接成本，但在建设期间又是必不可少的当地费用。如临时设备、临时公共设施及场地的维持费，营地设施及其管理，建筑保险和债券，杂项开支等费用。

2. 项目间接建设成本

项目间接建设成本包括以下内容：

（1）项目管理费

1）总部人员的薪金和福利费，以及用于初步和详细工程设计、采购、时间和成本控制、行政和其他一般管理的费用。

2）施工管理现场人员的薪金、福利费和用于施工现场监督、质量保证、现场采购、时间及成本控制、行政及其他施工管理机构的费用。

3）零星杂项费用，如返工、旅行、生活津贴、业务支出等。

4）各种酬金。

（2）开工试车费，指工厂投料试车必需的劳务和材料费用。

（3）业主的行政性费用，指业主的项目管理人员费用及支出。

（4）生产前费用，指前期研究、勘测、建矿、采矿等费用。

（5）运费和保险费，指海运、国内运输、许可证及佣金、海洋保险、综合保险等费用。

（6）税金，指关税、地方税及对特殊项目征收的税金。

3. 应急费

（1）未明确项目的准备金

此项准备金用于在估算时不可能明确的潜在项目，包括那些在做成本估算时因为缺乏完整、准确和详细的资料而不能完全预见和不能注明的项目，并且这些项目是必须完成的，或它们的费用是必定要发生的。在每一个组成部分中均单独以一定的百分比确定，并作为估算的一个项目单独列出。此项准备金不是为了支付工作范围以外可能增加的项目，不是用以应付不可抗力、非正常经济情况等情形，也不是用来补偿估算的任何误差，而是用来支付那些几乎可以肯定要发生的费用。因此，它是估算不可缺少的一个组成部分。

（2）不可预见准备金

此项准备金（在未明确项目准备金之外）用于在估算达到了一定的完整性并符合技术标准的基础上，由于物资和经济形势的变化，导致估算增加的情况。此种情况可能发生，也可能不发生。因此，不可预见准备金只是一种储备，可能不动用。

4. 建设成本上升费用

通常，估算中使用的构成工资率、材料和设备价格基础的截止日期就是“估算日期”。必须对该日期或已知成本基础进行调整，以补偿直至工程结束时的未知价格增长。

工程的各个主要组成部分（国内劳务和相关成本、本国材料、外国材料、本国设备、外国设备、项目管理机构）的细目划分确定以后，便可确定每一个主要组成部分的增长率。这个增长率是一项判断因素。它以已发表的国内和国际成本指数、公司记录的历史经验数据等为依据，并与实际供应商进行核对，然后根据确定的增长率和从工程进度表中获得的各主要组成部分的中位数值，计算出每项主要组成部分的成本上升值。

1.1.2　工程建设其他费用

工程建设其他费用是指建设项目自建设意向成立、筹建到竣工验收办理财务决算为止的整个建设期间，为保证建设顺利完成和交付使用后能够正常发挥效用而发生的各项费用总和。其主要包括建设管理费、建设用地费、可行性研究费、勘察设计费、工程评价费、工程保险费、场地准备及临时设施费以及建设项目配套的其他有关费用等。

工程建设其他费用及计算

工程建设其他费用的组成见表1-1-4。

1. 建设管理费

（1）相关概念

建设管理费：是指建设单位从项目建设意向成立、筹建之日起至工程竣工验收合格办理竣工财务决算为止发生的项目建设费用，包括项目建设管理费、建设管理其他费、工程监理费。

工程建设其他费用的组成　　表 1-1-4

<table>
<tr><td rowspan="41">工程建设其他费</td><td rowspan="3">建设管理费</td><td>项目建设管理费</td></tr>
<tr><td>建设管理其他费</td></tr>
<tr><td>工程监理费</td></tr>
<tr><td rowspan="20">建设用地费</td><td>统一征地，净地出让——土地使用权出让金</td></tr>
<tr><td>统一征地，划拨出让</td></tr>
<tr><td>土地补偿费、安置补助费</td></tr>
<tr><td>青苗及地面附着物补偿费</td></tr>
<tr><td>被征地农民基本生活保障资金</td></tr>
<tr><td>耕地占用税</td></tr>
<tr><td>耕地开垦费</td></tr>
<tr><td>补充耕地（标准农田）</td></tr>
<tr><td>指标调剂资金（耕地占补平衡费）</td></tr>
<tr><td>新建建设用地有偿使用费</td></tr>
<tr><td>海域使用金</td></tr>
<tr><td>无居民海岛使用金</td></tr>
<tr><td>矿产资源有偿使用费</td></tr>
<tr><td>不动产登记费</td></tr>
<tr><td>建设用地地质灾害危险性评估费</td></tr>
<tr><td>森林植被恢复费</td></tr>
<tr><td>水土保持补偿费</td></tr>
<tr><td>建设用地勘测界定费</td></tr>
<tr><td>地上、地下附着物和房屋拆迁评估费</td></tr>
<tr><td>可行性研究经费</td><td></td></tr>
<tr><td>研究试验费</td><td></td></tr>
<tr><td rowspan="2">勘察设计费</td><td>工程勘察费</td></tr>
<tr><td>工程设计费</td></tr>
<tr><td>环境影响评价费</td><td></td></tr>
<tr><td>节能评估费</td><td></td></tr>
<tr><td>场地准备及临时设施费</td><td></td></tr>
<tr><td>引进技术和引进设备其他费</td><td></td></tr>
<tr><td>工程保险费</td><td></td></tr>
<tr><td>联合试运转费</td><td></td></tr>
<tr><td rowspan="4">市政公用设施费</td><td>市政基础设施配套费（集镇配套设施建设费）</td></tr>
<tr><td>高可靠性供电费</td></tr>
<tr><td>人防工程异地建设费</td></tr>
<tr><td>城市易地绿化补偿费</td></tr>
<tr><td>专利及专有技术使用费</td><td></td></tr>
<tr><td rowspan="3">生产准备及开办费</td><td>人员培训及提前进厂（场）费</td></tr>
<tr><td>初期正常生产（使用）必需的生产办公、生活家具用具购置费</td></tr>
<tr><td>不够固定资产标准的生产工具、器具购置费</td></tr>
</table>

项目建设管理费：项目建设单位从项目筹建之日起至办理竣工、财务结算之日止发生的管理性质的支出。

建设管理其他费：包括不在原单位发工资的工作人员工资及相关费用、办公费、办公场地租用费、差旅交通费、劳动保护费、工具用具使用费、固定资产使用费、招募生产工人费、技术图书资料费（含软件）、业务招待费、施工现场津贴、竣工验收费和其他管理性质开支。

（2）建设项目建设管理费用标准

以我国浙江省为例，建设项目建设管理费用标准一览表见表1-1-5。

浙江省建设项目建设管理费用标准一览表　　表1-1-5

序号	费用项目	费用标准	
1	项目建设管理费	费率（%）	工程费用（万元）
		2.3	1000以内
		1.7	5000
		1.4	10000
		1.2	50000
		0.9	100000
		0.5	100000以上
2	建设管理其他费	费率（%）	工程费用（万元）
		1.8	1000以内
		1.32	5000
		0.96	10000
		0.6	50000
		0.48	100000
		0.24	100000以上
3	工程监理费	收费基价（万元）	工程费用（万元）
		13.2	500
		24.1	1000
		62.5	3000
		96.6	5000
		144.8	8000
		174.9	10000
		314.7	20000
		566.6	40000
		793.1	60000
		1004.6	80000
		1205.6	100000
		2170.0	200000
		3906.1	400000
		5468.5	600000
		6926.7	800000
		8312.1	1000000

（3）计算方法

1）项目建设管理费

① 实施总额控制采用差额分档累进制计算；

② 实行代建制管理的项目一般不得同时列支，代建管理费和项目建设管理费，确需

同时发生的两项费用之和不得高于本标准费用限额；

③ 实施施工阶段全过程造价咨询的项目，项目建设管理费乘以系数 0.7；

④ 采用 EPC 模式的项目，各项费用仍按定额规定计算，不单独计算总承包管理费。

2）建设管理其他费

① 采用差额分档累进制计算；

② 已包含项目实施管理中必须发生的费用；

③ 含施工阶段全过程造价咨询费用，包含分阶段结算和竣工结算审核费用，政府投资项目不得再计列结算审核基本费和核减追加（绩效）费；

④ 不实施施工阶段全过程造价咨询的项目建设管理，其他费乘以系数 0.75。

3）工程监理费

① 工程复杂系数达Ⅲ级，或者有特别注明的工程可在此费用基础上乘以复杂系数 1.15～1.25；

② 实施施工阶段全过程造价咨询的项目，相应工程监理费乘以系数 0.92。

4）建筑、人防工程Ⅲ级

① 高度≥50m 的公共建筑工程，或者跨度≥36m 的厂房和仓储建筑工程；

② 高标准的古建筑、保护性建筑；

③ 防护级别为四级以上的人防工程；

④ 高度≥120m 的高耸构筑物。

2. 建设用地费

建设用地费情况比较复杂，主要包括：国有建设用地使用权出让金、土地补偿费、安置补助费、青苗及地面附着物补偿费、被征地农民基本生活保障资金等。不同执收部门，收费标准也不同。以我国浙江省为例，具体见《浙江省建设工程其他费用定额（2018 版）》中表 2-3。

3. 可行性研究费

（1）概念

可行性研究费是指项目建设前期工作中，编制项目建议书（或预可行性研究报告）、可行性研究报告所需的费用。

（2）计算方法

按建设项目估算投资中的工程费用分档计算，具体分档收费标准详见表 1-1-6。

建设项目工程费用分档收费标准（单位：万元） **表 1-1-6**

工程费用	1000 以下	1000～3000	3000～10000	10000～50000	50000～100000	100000～500000	500000 以上
编制项目建议书	0.9～2.3	2.3～5.5	5.5～12.9	12.9～34.0	34.0～50.6	50.6～92.0	92.0～115.0
编制可行性研究报告	1.8～4.6	4.6～14.7	14.7～25.8	25.8～69.0	69.0～101.2	101.2～184.0	184.0～230.0

注：1. 工程费用是指项目投资估算中的建设工程费用。
2. 建设项目的具体收费标准，根据估算投资中的工程费用在相对应的区间内用插入法计算。
3. 根据行业特点和行业内部不同类别工程的复杂程度，计算咨询费用时可分别乘以行业调整系数和工程复杂程度调整系数，见表 1-1-7。
4. 编制预可行性研究报告，参照编制项目建议书收费标准，可适当调整。
5. 可行性研究费计费基数原则上以工程费用为准，若编制单位实际发生土地费用测算行为，计费基数可计入土地费用。

按建设项目工程费用分档收费的调整系数见表1-1-7。

按建设项目工程费用分档收费的调整系数 表1-1-7

行业	调整系数
石化、化工、钢铁	1.3
石油、天然气、水利、水电、交通（水运）、化纤	1.2
有色、黄金、纺织、轻工、邮电、广播电视、医药、煤炭、火电（含核电）、机械（含船舶、航空、航天、兵器）	1.0
林业、商业、粮食、建筑	0.8
建材、交通（公路）、铁路、市政公用工程	0.7

4．研究试验费

（1）概念

研究试验费是指为建设项目提供或验证设计数据、资料等进行必要的研究试验及按照设计规定在建设过程中必须进行试验、验证的费用。不包括：应由科技三项费用（即新产品试制费、中间试验费和重要科学研究补助费）开支的项目；应由建筑安装费用中列表的施工企业对建筑材料、构件和建筑物进行一般鉴定、检查所发生的费用及技术革新的研究试验费；应由勘察设计费或工程费用中开支的项目。

（2）计算方法

参考《城市基础设施工程投资估算指标》（〔88〕建标字第182号）文件，按照研究试验内容（由建设单位与科研单位在合同中约定）进行编制，列入总概算。

5．勘察设计费

（1）概念

勘察设计费是指勘察设计单位进行工程水文地质勘察、工程设计所发生的费用，包括工程勘察费和工程设计费，其中工程设计费包括初步设计费（基础设计费）、施工图设计费（详细设计费）。

（2）计算方法

1）工程勘察费：如有签订勘察设计合同按合同价。

2）工程设计费：如有签订勘察设计合同按合同价。

① 计算标准：按概算投资额（工程费用为基数）划分。参考标准：①200万～3 000万元按3.0%～3.8%计；②3 000万～1亿元按2.59%～3.0%计；③1亿～6亿元按2.15%～2.59%计。

② 具体计算：设计费=工程设计收费基价×专业调整系数×工程复杂程度调整系数×附加调整系数。

③ 工程设计收费基价、专业调整系数、工程复杂程度调整系数、附加调整系数详见表1-1-8～表1-1-11。

④ 改扩建和技术改造项目附加调整系数为1.1～1.4。

⑤ 具体收费标准可根据工程费用在相对应的区间内用插入法计算。

6．环境影响评价费

（1）概念

环境影响评价费是指按照《中华人民共和国环境保护法》等规定，为全面、详细评价建设项目对环境可能产生的污染或造成的重大影响所需的费用，包括编制环境影响报告书（含大纲）、环境影响报告表所需费用。

工程设计收费基价表（单位：万元） 表 1-1-8

序号	工程费用	收费基价
1	200	7.7
2	500	17.8
3	1000	33.0
4	3000	88.2
5	5000	139.3
6	8000	212.2
7	10000	259.1
8	20000	481.8
9	40000	896.6
10	60000	1287.9
11	80000	1666.1
12	100000	2034.4
13	200000	3783.2
14	400000	7035.2
15	600000	10112.9
16	800000	13082.7
17	1000000	15974.7
18	2000000	29706.6

注：1. 计费额＞2000000 万元的，以计费额乘以 1.36%的收费率计算收费基价。

2. 大型建筑工程指 20000m^2 及以上的建筑，中型指 5000～20000m^2 的建筑，小型指 5000m^2 及以下的建筑。

工程设计收费专业调整系数表 表 1-1-9

序号	工程类型		专业调整系数
1	矿山采选工程	黑色、黄金、化学、非金属及其他矿采选工程	1.1
		采煤工程，有色、铀矿采选工程	1.2
		选煤及其他煤炭工程	1.3
2	加工冶炼工程	各类冷加工工程	1.0
		船舶水工工程	1.1
		各类冶炼、热加工、压力加工工程	1.2
		核加工工程	1.3
3	石油化工工程	石油、化工、石化、化纤、医药工程	1.2
		核化工工程	1.6

续表

序号	工程类型		专业调整系数
4	水利电力工程	风力发电、其他水利工程	0.8
		火电工程	1.0
		核电常规岛、水电、水库、送变电工程	1.2
		核能工程	1.6
5	交通运输工程	机场工程	0.8
		公路、城市道路工程	0.9
		机场空管和助航灯光、轻轨工程	1.0
		水运、地铁、桥梁、隧道工程	1.1
		索道工程	1.3
6	建筑市政工程	邮政工艺工程	0.8
		建筑、市政、电信工程	1.0
		人防、园林绿化、广电工艺工程	1.1
7	农业林业工程	农业工程	0.9
		林业工程	0.8

建筑、人防工程复杂系数调整表　　**表 1-1-10**

等级	工程设计条件	复杂系数
Ⅰ	1. 功能单一、技术要求简单的小型公共建筑工程； 2. 高度＜24m 的一般公共建筑工程； 3. 小型仓储建筑工程； 4. 简单的设备用房及其配套用房工程； 5. 简单的建筑环境设计及室外工程； 6. 相当于一星级饭店及以下标准的室内装修工程； 7. 人防疏散干道、支干道及人防连接通道等人防配套工程	0.85
Ⅱ	1. 大中型公共建筑工程； 2. 技术要求较复杂或有地区性意义的小型公共建筑工程； 3. 高度 24～50m 的一般公共建筑工程； 4. 20 层及以下一般标准的居住建筑工程； 5. 仿古建筑、一般标准的古建筑、保护性建筑以及地下建筑工程； 6. 大中型仓储建筑工程； 7. 一般标准的建筑环境设计和室外工程； 8. 相当于二、三星级饭店标准的室内装修工程； 9. 防护级别为四级及以下同时建筑面积＜10 000m^2 的人防工程	1.0
Ⅲ	1. 高级大型公共建筑工程； 2. 技术要求复杂或具有经济、文化、历史等意义的省（市）级中小型公共建筑工程； 3. 高度＞50m 的公共建筑工程； 4. 20 层以上居住建筑和 20 层及以下高标准的居住建筑工程； 5. 高标准的古建筑、保护性建筑和地下建筑工程； 6. 高标准的建筑环境设计和室外工程； 7. 相当于四、五星级饭店标准的室内装修，特殊声学装修工程； 8. 防护级别为三级以上或者建筑面积≥10 000m^2 的人防工程	1.15

设计附加系数调整表　　表 1-1-11

序号	附加系数调整条件	附加系数
1	古建筑、仿古建筑、保护性建筑等	1.3～1.6
2	智能建筑弱电系统设计，以弱电系统的设计概算为计费额	1.3
3	室内装修设计，以室内装修设计的设计概算为计费额	1.5
4	特殊声学装修设计，以声学的设计概算为计费额	2.0

（2）计算方法

按建设项目投资估算中的工程费用分档计算（具体标准详见表 1-1-12），依据建设项目行业特点和所在区域的环境敏感程度，乘以调整系数（调整系数见表 1-1-13、表 1-1-14），确定咨询服务收费基准价。

建设项目环境影响评价收费标准　　表 1-1-12

工程费用/万元	3000 以下	3000～20000	20000～100000	100000～500000	500000～1000000	1000000 以上
编制环境影响报告书（含大纲）	3.7～4.5	4.5～11.2	11.2～26.1	26.1～56.0	56.0～82.2	82.2 以上
编制环境影响报告表	0.7～1.5	1.5～3.0	3.0～5.2	5.2 以上		

注：1. 表中数字下限为不含，上限为包含。
2. 工程费用为项目建议书或可行性研究报告中估算投资中的建设工程费用。
3. 咨询服务收费标准根据投资估算额在对应区间内用插入法计算。
4. 本表所列编制环境影响报告表收费标准为不设评价专题基准价，每增加一个专题加收 50%。
5. 本表中费用不包括遥感，遥测，风洞测试，污染气象观测，示踪试验，地探，物探，卫星图片解读，需要动用船、飞机等的特殊监测等费用。

环境影响评价大纲、报告书编制收费行业调整系数　　表 1-1-13

行 业	调整系数
化工、冶金、有色、黄金、煤炭、矿业、纺织、化纤、轻工、医药、区域	1.2
石化、石油天然气、水利、水电、旅游	1.1
林业、畜牧、渔业、农业、交通、铁道、民航、管线运输、建材、市政、烟草、兵器	1.0
邮电、广播电视、航空、机械、船舶、航天、电子、勘探、社会服务、火电	0.8
粮食、建筑、信息产业、仓储	0.6

环境影响评价大纲、报告书编制收费敏感程度调整系数　　表 1-1-14

环境敏感度	调整系数
敏感	1.2
一般	1.0

7. 节能评估费

（1）概念

节能评估费是指按照国家发展和改革委员会 2010 年第 6 号令《固定资产投资项目节能评估和审查暂行办法》的规定，对固定资产投资项目的能源利用是否科学合理进行分析评估，并编制节能评估报告书、节能评估表所需的费用。

（2）计算方法

根据建筑物类别不同采用分档累进收费（详见表1-1-15、表1-1-16）。

居住建筑节能评估收费表

表1-1-15

总建筑面积/万 m^2	分档累进计费基准标准/元/m^2
5（不含）以下	2.00
5（含）～10（不含）	1.75
10（含）～15（不含）	1.55
15（含）～25（不含）	1.30
25（含）～50（不含）	1.05
50（含）以上	0.85

公共建筑节能评估收费表

表1-1-16

总建筑面积/万 m^2	分档累进计费基准标准/元/m^2
3（不含）以下	3.00
3（含）～5（不含）	2.30
5（含）～10（不含）	1.85
10（含）～15（不含）	1.65
15（含）～25（不含）	1.40
25（含）～50（不含）	1.20
50（含）以上	0.95

注：1. 上下浮动幅度为20%。

2. 城镇保障性住房（含廉租房、公共租赁房、经济适用房、危旧房改造等）按规定收费标准减半收取。

8. 场地准备及临时设施费

（1）概念

场地准备及临时设施费是指建设场地准备费和建设单位临时设施费。

场地准备及临时设施尽量与永久性工程统一考虑，建设场地的大型石方工程应计入工程费用中的总图费用中。

场地准备费是指建设项目为达到工程开工条件所发生的场地平整和对建设场地余留的有碍于施工建设的设施进行拆除清理的费用。

临时设施费是指为满足施工建设需要而供到场地界区的、未列入工程费用的临时水、电、路、气及通信等其他工程费用和建设单位的现场临时建（构）筑物的搭设、维修、拆除、摊销或建设期间租赁费用以及施工期间专用公路养护费、维修费。

改建、扩建项目一般只计拆除清理费。

场地准备及临时设施费不包括已列入建筑安装工程费用中的施工单位临时设施费用。

（2）计算方法

场地准备及临时设施费=(建筑工程费+安装工程费)×工程所在地区费率(表1-1-17)×项目性质系数(表1-1-17)

场地准备及临时设施费　表 1-1-17

<table>
<tr><th>费用项目</th><th colspan="2">费用标准</th><th>依据</th><th>备注</th></tr>
<tr><td rowspan="3">场地准备及临时设施费</td><td colspan="2">按工程费用和项目所在地区费率计取</td><td rowspan="3">根据近年来工程项目实际投入情况测算</td><td rowspan="3">1. 建设项目属新征集体土地的，乘以系数 1.2；
2. 房屋建筑工程，建筑安装投资（含设备）单方造价大于5 000元/m² 的项目其费用需乘以系数0.8～0.9</td></tr>
<tr><td>市区</td><td>0.7%～0.8%</td></tr>
<tr><td>县城镇非市区、县城镇</td><td>0.8%～0.9%</td></tr>
</table>

注：如果实际发生的临时设施费远超上述标准，须提供相应的施工方案方可计入。

9. 引进技术和引进设备其他费

（1）概念

引进技术和引进设备其他费是指引进技术和设备发生的但未计入设备购置费的费用，内容包括：

1）引进项目图纸资料翻译复制费：根据引进项目的具体情况计列或估列。

2）出国人员费用：依据合同或协议规定的出国人次、期限以及相应的费用标准计算。生活费按照财政部、外交部规定的现行标准计算，旅费按中国民航公布的票价计算。

3）来华人员费用：依据引进合同或协议有关条款及来华技术人员派遣计划进行计算。来华人员接待费用可按每人次费用指标计算。引进合同价款中已包括的费用内容不得重复计算。

4）银行担保及承诺费：应按担保或承诺协议计取。投资估算和概算编制时可以担保金额或承诺金额为基数乘以费率计算。

5）设备材料的国外运输费、国外运输担保费、关税、增值税、外贸手续费、银行财务费、国内运杂费、引进设备材料国内检验费等按进货价（FOB或CIF）计算后计入相应的设备材料费。

单独引进软件不计关税只计增值税。

（2）计算方法

按照合同或者协议及国家有关规定计算。

10. 工程保险费

（1）概念

工程保险费是指建设项目在建设期间根据需要对建筑工程、安装工程、机器设备和人身安全进行投保而发生的保险费用，包括建筑安装工程一切险、引进设备财产保险和人身意外伤害险等。

工程保险费不包括已列入施工企业管理费中的施工管理用财产、车辆保险费。不投保的工程不计取此项费用。

（2）计算方法

不同的建设项目可根据工程特点选择投保险种，根据投保合同计列保险费用。编制投资估算和概算时可按工程费用的比例计算，具体计算标准见表 1-1-18、表 1-1-19。

11. 联合试运转费

（1）概念

工程保险费　　　　表 1-1-18

费用项目	费用标准	依据	备注
建筑施工人员人身意外伤害保险或安全生产责任险	按工程造价或工程面积（仅对房屋建筑工程）计算	涉及费用详见经银保监会备案相关保险条款	工程保险费用的计入需经概算审批部门批准
工程财产损失和第三者责任险	1. 建筑工程一切险： ①物质损失部分（表 1-1-19）； ②第三者责任险：赔偿限额×费率（费率可同物质损失部分）。 2. 安装工程一切险： ① 物质损失部分； ②第三者责任险：赔偿限额×费率（费率可同物质损失部分）	涉及费用详见经银保监会备案相关保险条款	—

注：表 1-1-18 的费率幅度参考市场实际情况较多，如与银保监会要求相悖，具体以银保监会相关要求执行。

建筑工程保险中物质损失部分　　　　表 1-1-19

保险	项目	费率幅度	备注
建筑工程一切险	住宅大楼、综合性大楼、办公大楼、学校大楼、医院、饭店、商店、仓库及普通工厂厂房	0.06%～0.15%	1. 台风、洪水易发区域费率高于其他区域。 2. 地下施工按照深度增加费率。 3. 周围其他建筑及财产密集区域费率增加
	道路	0.2%～0.5%（普通） 0.3%～0.5%（高速、高等级）	1. 按照地形费率由低到高：城市、平地、丘陵、山区。 2. 桥梁、隧道、挡土墙、高架等工程价值累计金额占比，以20%以内为基数，大于 80%为基数的 2 倍，20%～80%区间内按线性插值法取值
	码头、水坝	0.4%～0.6%	1. 沿海项目高于内河项目。 2. 山区项目高于平原项目。 3. 地形、地质复杂的项目高于地形、地质简单的项目。 4. 围垦项目建议 0.8%以上。 5. 水坝项目建议 0.4%以上
	隧道、桥梁、管道	0.35%～0.6%	1. 台风、洪水易发区域费率高于其他区域。 2. 地下水丰富区域费率较高。 3. 涉水作业比例高的费率较高。 4. 施工方法、施工技术难度大的费率较高。 5. 地形、地质复杂的项目高于地形、地质简单的项目。 6. 一般隧道项目建议费率 0.35%以上。 7. 航道上桥梁建议费率 0.4%以上
	机场（综合项目）	0.3%～0.55%	1. 台风、洪水易发区域费率高于其他区域。 2. 开挖量大的工程费率高。 3. 地质不均匀的费率高
	地铁、铁路	0.4%～0.6%	1. 台风、洪水易发区域费率高于其他区域。 2. 地下水丰富区域费率较高。 3. 涉水作业比例高的费率较高。 4. 地下施工占比大的费率高。 5. 地形、地质复杂的项目高于地形、地质简单的项目

联合试运转费是指新建项目或新增加生产能力的工程，在交付生产前按照批准的设计文件所规定的工程质量标准和技术要求，进行整个生产线或装置的负荷联合试运转或局部联动试车所发生的费用净支出（试运转支出大于收入的差额部分费用）。试运转支出包括试运转所需原材料、燃料及动力消耗、低值易耗品、其他物料消耗、工具用具使用费、机械使用费、保险金、施工单位参加试运转人员工资以及专家指导费等。试运转收入包括试运转期间的产品销售收入和其他收入。

联合试运转费不包括应由设备安装工程费用支出的调试及试车费用，以及在试运转中暴露出来的因施工原因或设备缺陷等发生的处理费用。

（2）计算方法

一般建设项目可（暂）按工程费用的0.3%～1%计列。

联合试运转费＝联合试运转费用支出－联合试运转收入。

12. 市政公用设施费

市政公用设施费是指使用市政公用设施的建设项目。以我国浙江省为例，浙江省人民政府有关规定建设或缴纳的市政公用设施建设配套费，以及绿化工程补偿费用。市政公用设施费见表1-1-20。

市政公用设施费　　表1-1-20

序号	费用项目	费用标准	依据	备注
1	市政基础设施配套费	住宅：150元/m²（2014年3月前出让的，90元/m²）； 非住宅：220元/m²（2014年3月前出让的，140元/m²）； 2017年7月1日至2019年12月31日出让、划拨土地使用权的项目，或取得规划许可证的改建、扩建项目新增面积部分分别按照住宅150元/m²、非住宅220元/m²的70%执收。 杭州市城市规划（不含余杭、萧山）的建设项目，按住宅150元/m²、非住宅220元/m²的标准收取城市市政基础设施配套费	浙财综〔2012〕4号； 浙价费〔2014〕22号	住宅150元/m²； 非住宅220元/m²
2	人防工程易地建设费	—	浙价费〔2016〕211号	—
3	城市易地绿化补偿费	—	浙价房〔2000〕142号	该文件已作废，但杭州市若发生绿化易地建设，仍按此文件收费

注：不发生或按规定减免项目按实计取。

13. 专利及专有技术使用费

（1）概念

专利及专有技术使用费按专利使用许可协议和专有技术使用合同的规定计列。

1）专有技术的界定应以省、部级鉴定批准为依据。

2）项目投资中只计需在建设期支付的专利及专有技术使用费。协议或合同规定在生产期支付的使用费应在生产成本中核算。

3）一次性支付的商标权、商誉及特许经营权按协议或合同规定计取。协议或合同规定在生产期支付的商标权或特许经营权在生产成本中核算。

4）为项目配套和专用设施投资，包括专用铁路线、专用公路、专用通信设施、变送电站、地下管道、专用码头等，如由项目建设单位负责投资但产权不归属本单位的，应作无形资产处理。

（2）计算方法

按单位产品价格×年设计产量×（3%～5%）参考计列。

14. 生产准备及开办费

（1）概念

生产准备及开办费是指建设项目为保证正常生产（或营业、使用）而发生的人员培训费、提前进厂投资使用必备的生产办公、生活家具及工器具等购置费用。

1）人员培训费及提前进场费：自行组织培训或委托其他单位培训的人员工资、工资性补贴、职工福利费、差旅交通费、劳动保护费、学习资料费等。

2）为保证初期正常生产（或营业、使用）所必需的生产办公、生活家具用具购置费。

3）为保证初期正常生产（或营业、使用）所必需的第一套不够固定总产标准的生产工具、器具、用具购置费（不包括备品、备件费）。

（2）计算方法

一般建设项目可暂按工程费用的1%～1.2%计列。

1.1.3　预备费及建设期利息

1.1.3.1　工程预备费

1. 基本预备费

（1）概念

预备费及建设期利息

基本预备费是指在初步设计及概算内不可预见的工程费用，包括实行按施工图预算加系数包干的预算包干费用，其用途如下：

1）在进行技术设计、施工图设计和施工过程中，在批准的初步设计和概算、预算范围内所增加的工程费用。

2）由于一般自然灾害所造成的损失和预防自然灾害所采取的措施费用。

3）（上级主管部门组织）竣工验收时，验收委员会（验收小组）为鉴定工程质量，必须开挖和修复隐蔽工程的费用。

（2）计算方法

基本预备费＝(工程费用＋工程建设其他费用)×基本预备费费率

基本预备费费率计算标准为初步设计概算阶段按3%～5%计算

需要注意的是：预备费费率按工程繁简程度及遇特殊情况下计取。

【例1-1-1】某城市中学新建工程项目，建筑安装工程费用合计18402.54万元，设备费40万元，工程建设其他费用1323.38万元。试计算该项目的基本预备费（预备费费率按3%取定）。

【解】基本预备费＝(工程费用＋工程建设其他费用)×基本预备费费率＝(18402.54＋

40＋1323.38)×3%＝592.98(万元)

2. 涨价预备费①

涨价（价差）预备费是建设期由于人工、设备、材料、施工机械的价格及费率、利率、汇率等浮动因素引起工程造价变化的预测预备费用。此费用属于工程造价的动态因素，应在总预备费中单独列出。涨价预备费的计算见公式（1-1-1）：

$$Y=\sum_{n-1}^{N}F_n\times[(1+P)^{n-1}-1] \tag{1-1-1}$$

式中 Y——造价上涨预备费（元）；

N——项目自概算编制期至竣工的合理计划工期（年）；

n——自概算编制期开始至施工中的第 n 年（取 1，2，3，……）；

F_n——第 n 年的年度计划投资额（元），按项目的建筑安装工程、设备、工器具投资额之和（含差价独立费）及分年度投资计划计算；

P——年物价增长指数（%），可取概算编制期的前三年建设工程造价增长的平均指数。

1.1.3.2 建设期贷款利息

1. 概念

建设期贷款利息是指建设项目通过银行或其他金融投资机构偿贷筹措资金，且在建设期内需要支付的贷款利息。

建设期贷款利息的依据是全国银行间同业拆借中心和人民银行公布的贷款市场报价利率（LPR）(根据中国人民银行公告〔2019〕第 15 号，自 2019 年 8 月 16 日起，各银行应在新发放的贷款中主要参考贷款市场报价利率（LPR）定价，并在浮动利率贷款合同中采用贷款市场报价利率（LPR）作为定价基准)。

开发银行和各商业银行贷款利率可以执行浮动利率，也可以执行固定利率，由各评审局、分行按商业原则与客户协商确定。

(1) 浮动利率

浮动利率是指开发银行和其他商业银行根据贷款市场报价利率（LPR）为基准利率、利率浮动区间和重新定价周期，确定自己的贷款利率。

1) 基准利率：即贷款市场报价利率（LPR），该利率每月 20 日在全国银行间同业拆借中心和中国人民银行网站更新。

2) 贷款利率的浮动区间：按商业原则与客户协商确定，在 LPR 基础上加减点。5 年(含）期以内贷款参照 1 年期 LPR 进行定价，5 年期以上贷款参照 5 年期以上 LPR 定价。

3) 重新定价周期：即合同内贷款利率调整的周期。贷款利率调整日期按照合同约定的重新定价周期（可按月、季或年）确定，以贷款发放一个周期后当天 LPR 为基准调整。

(2) 固定利率

根据中国人民银行规定，自 2004 年 1 月 1 日起，人民币中长期贷款利率可采用固定利率方式。所谓固定利率，是指从合同签订之日（或第一笔款发放日）起至最后一笔贷款

① 一级造价工程师《建设工程计价》书中为价差预备费，计算公式也不相同，本教材中涨价预备的计算参考《浙江省建设工程其他费用定额（2018 版）》计算。

还清之日止的整个贷款期间都采用一个双方约定的利率。

2. 计算方法

建设期利息的计算，根据建设期资金用款计划，在总贷款分年均衡发放前提下，可按当年借款在年中支用考虑，即当年借款按半年计息，上年借款按全年计息。计算公式为：

$$q_j = (P_{j-1} + 1/2 \times A_j) \times i \tag{1-1-2}$$

式中　q_j——建设期第 j 年应计利息；

P_{j-1}——建设期第 $j-1$ 年年末累计贷款本金与利息之和；

A_j——建设期第 j 年贷款金额；

i——年利率。

利用国外贷款的利息计算中，年利率应综合考虑贷款协议中向贷款方加收的手续费、管理费、承诺费，以及国内代理机构向贷款方收取的转贷费、担保费和管理费等。

【例 1-1-2】某新建项目，建设期为 2 年，第一年贷款 3000 万元，第二年贷款 2000 万元，贷款分年均衡发放，年利率为 8%，建设期内利息只计息不付息。试计算该项目建设期利息。

【解】在建设期，各年利息计算如下：

第一年：$q_1 = 1/2 \times A_1 \times i = 3000/2 \times 8\% = 120$(万元)

第二年：$q_2 = (P_1 + 1/2 \times A_2) \times i = (3000 + 120 + 2000/2) \times 8\% = 329.6$(万元)

所以，建设期利息 $= q_1 + q_2 = 120 + 329.6 = 449.6$(万元)

1.1.4　建安工程费用组成

1.1.4.1　建筑安装工程费用的构成

1. 建筑安装工程费用内容

建筑安装工程费是指为完成工程项目建造、生产性设备及配套工程安装所需的费用。

(1) 建筑工程费用内容

1) 各类房屋建筑工程和列入房屋建筑工程预算的供水、供暖、卫生、通风、燃气等设备费用及其装设、油饰工程的费用，列入建筑工程预算的各种管道、电力、电信和电缆导线敷设工程的费用。

2) 设备基础、支柱、工作台、烟囱、水塔、水池、灰塔等建筑工程以及各种炉窑的砌筑工程和金属结构工程的费用。

3) 为施工而进行的场地平整，工程和水文地质勘察，原有建筑物和障碍物的拆除以及施工临时用水、电、暖、气、路、通信和完工后的场地清理，环境绿化、美化等工作的费用。

4) 矿井开凿、井巷延伸、露天矿剥离，石油、天然气钻井，修建铁路、公路、桥梁、水库、堤坝、灌渠及防洪等工程的费用。

(2) 安装工程费用内容

1) 生产、动力、起重、运输、传动和医疗、实验等各种需要安装的机械设备的装配费用，与设备相连的工作台、梯子、栏杆等设施的工程费用，附属于被安装设备的管线敷设工程费用，以及被安装设备的绝缘、防腐、保温、油漆等工作的材料费和安装费。

2) 为测定安装工程质量，对单台设备进行单机试运转、对系统设备进行系统联动无负荷试运转工作的调试费。

2. 我国现行建筑安装工程费用项目组成

根据《住房和城乡建设部 财政部颁关于印发〈建筑安装工程费用项目组成〉的通知》（建标〔2013〕44 号），我国现行建筑安装工程费用项目按两种不同的方式划分，即按费用构成要素划分和按造价形成划分，其具体构成如图 1-1-2 所示。

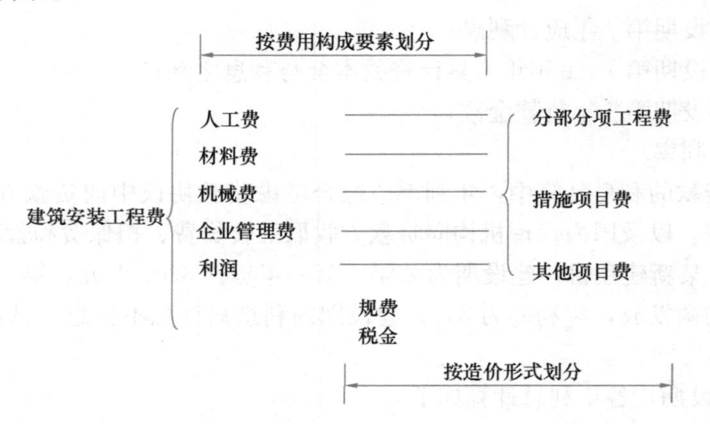

图 1-1-2　建筑安装工程费用项目构成

1.1.4.2　按费用构成要素划分建筑安装工程费用项目构成及计算

按照费用构成要素划分，建筑安装工程费包括：人工费、材料费（包含工程设备，下同）、机械费、企业管理费、利润、规费和税金。

1. 人工费

（1）人工费的内容①

建筑安装工程费中的人工费是指按工资总额构成规定，支付给直接从事建筑安装工程施工的生产工人和附属生产单位工人的各项费用（包括个人缴纳的社会保险费和住房公积金）。具体内容包括：

1）计时工资或计件工资：是指按计时工资标准和工作时间或对已做工作按计件单价支付给个人的劳动报酬。

2）奖金：是指对超额劳动和增收节支支付给个人的劳动报酬，如节约奖、劳动竞赛奖等。

3）津贴补贴：是指为了补偿职工特殊或额外的劳动消耗和因其他特殊原因支付给个人的津贴，以及为了保证职工工资水平不受物价影响支付给个人的物价补贴，如流动施工津贴、特殊地区施工津贴、高温（寒）作业临时津贴、高空津贴等。

4）加班加点工资：是指按规定支付的在法定节假日工作的加班工资和在法定工作日时间外延时工作的加点工资。

5）特殊情况下支付的工资：是指根据国家法律、法规和政策规定，因病、工伤、产假、计划生育假、婚丧假、事假、探亲假、定期休假、停工学习、执行国家或社会义务等

① 职工福利费、劳动保护费这两项费用根据建标〔2013〕44 号文属于企业管理费。

原因按计时工资标准或计时工资标准的一定比例支付的工资。

6）职工福利费：是指企业按规定标准计提并支付给生产工人的集体福利费、夏季防暑降温费、冬季取暖补贴、上下班交通补贴等。

7）劳动保护费：是指企业按规定标准发放的生产工人劳动保护用品的支出，如工作服、手套、防暑降温饮料以及在有碍身体健康的环境中施工的保健费用等。

（2）人工费的计算

计算人工费的基本要素有两个，即人工工日消耗量和人工日工资单价。

1）人工工日消耗量，是指在正常施工生产条件下，完成规定计量单位的建筑安装产品所消耗的生产工人的工日数量。它由分项工程所综合的各个工序劳动定额包括的基本用工、其他用工两部分组成。

2）人工日工资单价，是指直接从事建筑安装工程施工的生产工人在每个法定工作日的工资、津贴及奖金等。

人工费的基本计算公式为：

$$人工费 = \Sigma(工日消耗量 \times 日工资单价)$$

2. 材料费

（1）材料费的内容

建筑安装工程费中的材料费，是指工程施工过程中耗费的各种原材料、辅助材料、构配件、零件、半成品或成品和工程设备等的费用，以及周转材料等的摊销费用，由以下三项费用组成：

1）材料及工程设备原价：是指材料、工程设备的出厂价格或商家供应价格，原价包括为方便材料、工程设备的运输和保护而进行必要的包装所需要的费用。

2）运杂费：是指材料、工程设备自来源地运至工地仓库或指定堆放地点所发生的全部费用，包括装卸费、运输费、运输损耗及其他附加费等费用。

3）采购及保管费：是指为组织采购、供应和保管材料、工程设备的过程中所需要的各项费用，包括采购费、仓储费、工地保管费、仓储损耗等费用。

（2）材料费的计算

计算材料费的基本要素是材料消耗量和材料单价。

1）材料消耗量，是指在正常施工生产条件下，完成规定计量单位的建筑安装产品所消耗的各类材料净用量和不可避免损耗量。

2）材料单价，是指建筑材料从其来源地运到施工工地仓库直至出库形成的综合平均单价，由材料原价、运杂费、运输损耗费、采购及保管费组成。当采用一般计税方法时，材料单价中的材料原价、运杂费等均应扣除增值税进项税额。

材料费的基本计算公式为：

$$材料费 = \Sigma(材料消耗量 \times 材料单价)$$

3）工程设备，是指构成或计划构成永久工程一部分的机电设备、金属结构设备、仪器装置及其他类似的设备和装置。

3. 机械费

建筑安装工程费中的机械费是指施工作业所发生的施工机械、仪器仪表使用费，包括施工机械使用费和仪器仪表使用费。

（1）施工机械使用费

施工机械使用费是指施工机械作业所发生的机械使用费。构成施工机械使用费的基本要素是施工机械台班消耗量和机械台班单价。施工机械台班消耗量是指在正常施工生产条件下，完成规定计量单位的建筑安装产品所消耗的施工机械台班的数量。施工机械台班单价是指折合到每台班的施工机械使用费。施工机械使用费的基本计算公式为：

施工机械使用费＝∑(施工机械台班消耗量×机械台班单价)

施工机械台班单价通常由折旧费、检修费、维护费、安拆费及场外运费、人工费、燃料动力费和其他费用组成。

1）折旧费：是指施工机械在规定的耐用总台班内，陆续收回其原值的费用。

2）检修费：是指施工机械在规定的耐用总台班内，按规定的检修间隔进行必要的检修，以恢复其正常功能所需的费用。

3）维护费：是指施工机械在规定的耐用总台班内，按规定的维护间隔进行各级维护和临时故障排除所需的费用，包括为保障机械正常运转所需替换设备与随机配备工具附具的摊销费用、机械运转及日常维护所需润滑与擦拭的材料费用及机械停滞期间的维护费用等。

4）安拆费及场外运费：安拆费是指施工机械（大型机械除外）在现场进行安装与拆卸所需的人工、材料、机械和试运转费用以及机械辅助设施的折旧、搭设、拆除等费用，场外运费是指施工机械（大型机械除外）整体或分体自停放地点运至施工现场或由一施工地点运至另一施工地点的运输、装卸、辅助材料等费用。

5）人工费：是指机上司机（司炉）和其他操作人员的人工费。

6）燃料动力费：是指施工机械在运转作业中所耗用的燃料及水、电等费用。

7）其他费用：是指施工机械按照国家有关部门规定应缴纳的车船使用税、保险费及年检费用等。

（2）仪器仪表使用费

仪器仪表使用费是指工程施工所需仪器仪表的使用费。与施工机械使用费类似，仪器仪表使用费的基本计算公式为：

仪器仪表使用费＝∑(仪器仪表台班消耗量×仪器仪表台班单价)

仪器仪表台班单价通常由折旧费、维护费、校验费和动力费组成。

当采用一般计税方法时，施工机械台班单价和仪器仪表台班单价中的相关子项均需扣除增值税进项税额。

4. 企业管理费

（1）企业管理费的内容[①]

企业管理费是指施工单位组织施工生产和经营管理所发生的费用。内容包括：

1）管理人员工资，是指按规定支付给管理人员的计时工资、奖金、津贴补贴、加班加点工资、特殊情况下支付的工资及相应的职工福利费、劳动保护费等。

2）办公费，是指企业管理办公用的文具、纸张、账表、账簿、印刷、邮电、书报、办公软件、现场监控、会议、水电、烧水和集体取暖降温（包括现场临时宿舍取暖降温）

---

① 夜间施工增加费、已完工程及设备保护费、工程定位复测费根据建标〔2013〕44号文属于措施项目费。

等费用。当采用一般计税方法时，办公费中增值税进项税额的扣除原则如下：以购进货物适用的相应税率扣减，其中购进自来水、暖气、冷气、图书、报纸、杂志等适用的税率为9%；接受邮政和基础电信服务等适用的税率为9%；接受增值电信服务等适用的税率为6%；其他一般为13%。

3）差旅交通费：是指职工因公出差、调动工作的差旅费、住勤补助费，市内交通费和误餐补助费，职工探亲路费，劳动力招募费，职工退休、退职一次性路费，工伤人员就医路费，工地转移费以及管理部门使用的交通工具的油料、燃料等费用。

4）固定资产使用费，是指管理和试验部门及附属生产单位使用的属于固定资产的房屋、设备、仪器等的折旧、大修、维修或租赁费。当采用一般计税方法时，固定资产使用费中增值税进项税额的扣除原则如下：购入的不动产适用的税率为9%；购入的其他固定资产适用的税率为13%；设备、仪器的折旧、大修、维修或租赁费以购进货物、接受修理修配劳务或租赁有形动产服务适用的税率扣除13%。

5）工具用具使用费，是指企业施工生产和管理使用的不属于固定资产的工具、器具、家具、交通工具和检验、试验、测绘、消防用具等的购置、维修和摊销费。当采用一般计税方法时，工具用具使用费中增值税进项税额的扣除原则如下：以购进货物或接受修理修配劳务适用的税率均为13%。

6）劳动保险费，是指由企业支付的离退休职工异地安家补助费、职工退职金、六个月以上的病假人员工资、职工死亡丧葬补助费、抚恤金、按规定支付给离休干部的各项经费等。

7）检验试验费，是指施工企业按照有关标准规定，对建筑以及材料、构件和建筑安装物进行一般鉴定、检查所发生的费用，包括自设试验室进行试验所耗用的材料等费用。不包括新结构、新材料的试验费，对构件做破坏性试验及其他特殊要求检验试验的费用和建设单位委托检测机构进行检测的费用。对此类检测发生的费用，由建设单位在工程建设其他费用中列支。但对施工企业提供的具有合格证明的材料进行检测不合格的，该检测费用由施工企业支付。当采用一般计税方法时，检验试验费中增值税进项税额以现代服务业适用的税率6%扣减。

8）夜间施工增加费，是指因施工工艺要求必须持续作业而不可避免的夜间施工所增加的费用，包括夜班补助费、夜间施工降效、夜间施工照明设备摊销及照明用电等费用。

9）已完工程及设备保护费，是指竣工验收前，对已完工程及工程设备采取的必要保护措施所发生的费用。

10）工程定位复测费，是指工程施工过程中进行全部施工测量放线和复测工作的费用。

11）工会经费，是指企业按《中华人民共和国工会法》规定的全部职工工资总额比例计提的工会经费。

12）职工教育经费，是指按职工工资总额的规定比例计提，企业为职工进行专业技术和职业技能培训，专业技术人员继续教育、职工职业技能鉴定、职业资格认定以及根据需要对职工进行各类文化教育所发生的费用。

13）财产保险费，是指施工管理用财产、车辆等的保险费用。

14）财务费，是指企业为施工生产筹集资金或提供预付款担保、履约担保、职工工资支付担保等所发生的各种费用。

15）税费，是指根据国家税法规定应计入建筑安装工程造价内的城市维护建设税、教育费附加和地方教育附加，以及企业按规定缴纳的房产税、车船使用税、土地使用税、印花税、环保税等。

16）其他，包括技术转让费、技术开发费、投标费、业务招待费、绿化费、广告费、公证费、法律顾问费、审计费、咨询费、危险作业意外伤害保险费等。

（2）企业管理费的计算方法

企业管理费一般采用取费基数乘以费率的方法计算，取费基数有三种，分别是以直接费为计算基础、以人工费和施工机具使用费合计为计算基础及以人工费为计算基础。企业管理费费率计算方法如下：

1）以直接费为计算基础

$$企业管理费费率(\%)=\frac{生产工人年平均管理费}{年有效施工天数\times 人工单价}\times 人工费占直接费的比例(\%)$$

2）以人工费和施工机具使用费合计为计算基础

$$企业管理费费率(\%)=\frac{生产工人年平均管理费}{年有效施工天数\times(人工单价+每一台班施工机具使用费)}\times 100\%$$

3）以人工费为计算基础

$$企业管理费费率(\%)=\frac{生产工人年平均管理费}{年有效施工天数\times 人工单价}\times 100\%$$

工程造价管理机构在确定计价定额中的企业管理费时，应以定额人工费或定额人工费与施工机具使用费之和作为计算基数，其费率根据历年积累的工程造价资料，辅以调查数据确定。

5. 利润

利润是指施工单位从事建筑安装工程施工所获得的盈利，由施工企业根据企业自身需求并结合建筑市场实际自主确定。工程造价管理机构在确定计价定额中利润时，应以定额人工费、材料费和施工机具使用费之和，或以定额人工费、定额人工费与施工机具使用费之和作为计算基数，其费率根据历年积累的工程造价资料，结合建筑市场实际、项目竞争情况、项目规模与难易程度等确定。以单位（单项）工程测算，利润在税前建筑安装工程费的比重可按不低于5%且不高于7%的费率计算。

6. 规费

（1）规费的内容

规费是指按国家法律、法规规定，由省级政府和省级有关行政部门规定施工单位必须缴纳或计取，应计入建筑安装工程造价的费用。主要包括社会保险费、住房公积金。

1）社会保险费

① 养老保险费，是指企业按规定标准为职工缴纳的基本养老保险费。

② 失业保险费，是指企业按照国家规定标准为职工缴纳的失业保险费。

③ 医疗保险费，是指企业按照规定标准为职工缴纳的基本医疗保险费。

④ 工伤保险费，是指企业按照国务院制定的行业费率为职工缴纳的工伤保险费。

⑤ 生育保险费，是指企业按照国家规定为职工缴纳的生育保险。根据“十三五”规划纲要，生育保险与基本医疗保险合并的实施方案已在12个试点城市行政区域进

行试点。

2）住房公积金，是指企业按规定标准为职工缴纳的住房公积金。

（2）规费的计算

社会保险费和住房公积金应以定额人工费为计算基础，根据工程所在地省、自治区、直辖市或行业建设主管部门规定费率计算。例如，浙江省招标控制价中规费以“定额人工费＋定额机械费”为计算基础。

7. 增值税

建筑安装工程费用中的增值税按税前造价乘以增值税税率确定。

（1）采用一般计税方法时增值税的计算

当采用一般计税方法时，建筑业增值税税率为9％。计算公式为：

增值税＝税前造价×9％

税前造价为人工费、材料费、施工机具使用费、企业管理费、利润和规费之和，各费用项目均以不包含增值税可抵扣进项税额的价格计算。

（2）采用简易计税方法时增值税的计算

1）简易计税的适用范围。根据《营业税改征增值税试点实施办法》《营业税改征增值税试点有关事项的规定》以及《关于建筑服务等营改增试点政策的通知》的规定，简易计税方法主要适用于以下几种情况：

A. 小规模纳税人发生应税行为适用简易计税方法计税。小规模纳税人通常是指纳税人提供建筑服务的年应征增值税销售额未超过500万元，并且会计核算不健全，不能按规定报送有关税务资料的增值税纳税人。年应税销售额超过500万元但不经常发生应税行为的单位也可选择按照小规模纳税人计税。

B. 一般纳税人以清包工方式提供的建筑服务，可以选择适用简易计税方法计税。以清包工方式提供建筑服务，是指施工方不采购建筑工程所需的材料或只采购辅助材料，并收取人工费、管理费或者其他费用的建筑服务。

C. 一般纳税人为甲供工程提供的建筑服务，可以选择适用简易计税方法计税。甲供工程是指全部或部分设备、材料、动力由工程发包方自行采购的建筑工程。其中建筑工程总承包单位为房屋建筑的地基与基础、主体结构提供工程服务，建设单位自行采购全部或部分钢材、混凝土、砌体材料、预制构件的，适用简易计税方法计税。

D. 一般纳税人为建筑工程老项目提供的建筑服务，可以选择适用简易计税方法计税。建筑工程老项目包括：《建筑工程施工许可证》注明的合同开工日期在2016年4月30日前的建筑工程项目；未取得《建筑工程施工许可证》的，建筑工程承包合同注明的开工日期在2016年4月30日前的建筑工程项目。

2）简易计税的计算方法。当采用简易计税方法时，建筑业增值税税率为3％。计算公式为：

增值税＝税前造价×3％

税前造价为人工费、材料费、施工机具使用费、企业管理费、利润和规费之和，各费用项目均以包含增值税进项税额的含税价格计算。

1.1.4.3　按造价形成划分建筑安装工程费用项目构成和计算

建筑安装工程费按照工程造价形成由分部分项工程费、措施项目费、其他项目费、规费和税金组成。

1. 分部分项工程费

分部分项工程费是指各专业工程的分部分项工程应予列支的各项费用。各类专业工程的分部分项工程划分遵循国家或行业工程量计算规范的规定。分部分项工程费通常用分部分项工程量乘以综合单价进行计算。

分部分项工程费＝∑(分部分项工程量×综合单价)

综合单价包括人工费、材料费、施工机具使用费、企业管理费和利润，以及一定范围的风险费用。

2. 措施项目费

(1) 措施项目费的构成

措施项目费是指为完成建筑安装工程施工，按照安全操作规程、文明施工规定的要求，发生于该工程施工前和施工过程中用作技术、生活、安全、环境保护等方面的各项费用，由施工技术措施项目费和施工组织措施项目费构成，包括人工费、材料费、机械费和企业管理费、利润。

1) 施工技术措施项目费

①通用施工技术措施项目费：A. 大型机械设备进出场及安拆费：是指机械整体或分体自停放场地运至施工现场或由一个施工地点运至另一个施工地点所发生的机械进出场运输、转移（含运输、装卸、辅助材料、架线等）费用及机械在施工现场进行安装、拆卸所需的人工费、材料费、机械费、试运转费和安装所需的辅助设施的费用。B. 脚手架工程费：是指施工需要的各种脚手架搭、拆、运输费用以及脚手架购置费的摊销费用。通常包括以下内容：a. 施工时可能发生的场内、场外材料搬运费用；b. 搭、拆脚手架，斜道、上料平台费用；c. 安全网的铺设费用；d. 拆除脚手架后材料的堆放费用。

② 专业工程施工技术措施项目费：是指根据现行国家各专业工程工程量计算规范（以下简称“计量规范”）或者各省各专业工程计价定额（以浙江省为例，以下简称“专业定额”）及有关规定，列入各专业工程措施项目的属于施工技术措施的费用。

③ 其他施工技术措施项目费：是指根据各专业工程特点补充的施工技术措施项目的费用。

施工技术措施项目按实施要求划分，可分为施工技术常规措施项目和施工技术专项措施项目。其中，施工技术专项措施项目是指根据设计或建设主管部门的规定，需由承包人提出专项方案并经论证、批准后方能实施的施工技术措施项目，如深基坑支护、高支模承重架、大型施工机械设备基础等。

2) 施工组织措施项目费

① 安全文明施工费。安全文明施工费是指按照国家现行的建筑施工安全、施工现场环境与卫生标准和大气污染防治及城市建筑工地、道路扬尘管理要求等有关规定，购置和更新施工安全防护用具及设施、改善安全生产条件和作业环境、防治及治理施工现场扬尘污染所需要的费用。通常由环境保护费、文明施工费、安全施工费、临时设施费组成。A. 环境保护费，是指施工现场为达到环保部门要求所需要的各项费用。B. 文明施工费，是指施工现场文明施工所需要的各项费用。C. 安全施工费，是指施工现场安全施工所需要的各项费用。D. 临时设施费，是指施工企业为进行建设工程施工所必须搭设的生活和

生产用的临时建筑物、构筑物和其他临时设施费用。主要包括临时设施的搭设、维修、拆除、清理费或摊销费等。

安全文明施工费的主要内容见表1-1-21。

安全文明施工费的主要内容　　表1-1-21

项目名称	工作内容及包含范围
环境保护	现场施工机械设备降低噪声、防扰民措施费用
	水泥和其他易飞扬细颗粒建筑材料密闭存放或采取覆盖措施等费用
	工程防扬尘洒水费用
	土石方、建筑弃渣外运车辆防护措施费用
	现场污染源的控制、生活垃圾清理外运、场地排水排污措施费用
	其他环境保护措施费用
文明施工	“五牌一图”费用
	现场围挡的墙面美化（包括内外墙粉刷、刷白、标语等）、压顶装饰费用
	现场厕所便槽刷白、贴面砖，水泥砂浆地面或地砖铺砌，建筑物内临时便溺设施费用
	其他施工现场临时设施的装饰装修、美化措施费用
	现场生活卫生设施费用
	符合卫生要求的饮水设备、淋浴、消毒等设施费用
	生活用洁净燃料费用
	防燃气中毒、防蚊虫叮咬等措施费用
	施工现场操作场地的硬化费用
	现场绿化费用、治安综合治理费用
	现场配备医药保健器材、物品费用和急救人员培训费用
	现场工人的防暑降温、电风扇、空调等设备及用电费用
	其他文明施工措施费用
安全施工	安全资料、特殊作业专项方案的编制，安全施工标志的购置及安全宣传费用
	“三宝”（安全帽、安全带、安全网）、“四口”（楼梯口、电梯井口、通道口、预留洞口）、“五临边”（阳台围边、楼板围边、屋面围边、槽坑围边、卸料平台两侧），水平防护架、垂直防护架，外架封闭等防护费用
	施工安全用电的费用，包括配电箱三级配电、两级保护装置要求、外电防护措施费用
	起重机、塔式起重机等起重设备（含井架、门架）及外用电梯的安全防护措施（含警示标志）及卸料平台的临边防护、层间安全门、防护棚等设施费用
	建筑工地起重机械的检验检测费用
	施工机具防护棚及其围栏的安全保护设施费用
	施工安全防护通道费用
	工人的安全防护用品、用具购置费用
	消防设施与消防器材的配置费用
	电气保护、安全照明设施费
	其他安全防护措施费用

续表

项目名称	工作内容及包含范围
临时设施	施工现场采用彩色、定型钢板，砖、混凝土砌块等围挡的安砌、维修、拆除费用
	施工现场临时建筑物、构筑物的搭设、维修、拆除，如临时宿舍、办公室、食堂、厨房、厕所、诊疗所、临时文化福利用房、临时仓库、加工场、搅拌台、临时简易水塔、水池等费用
	施工现场临时设施的搭设、维修、拆除，如临时供水管道、临时供电管线、小型临时设施等费用
	施工现场规定范围内临时简易道路铺设，临时排水沟、排水设施安砌、维修、拆除费用
	其他临时设施搭设、维修、拆除费用

安全文明施工费以实施标准划分，可分为安全文明施工基本费和创建安全文明施工标准化工地增加费（以下简称“标化工地增加费”）。

② 提前竣工增加费：是指因缩短工期要求发生的施工增加费，包括赶工所需发生的夜间施工增加费、周转材料加大投入量和资金、劳动力集中投入等所增加的费用。

③ 二次搬运费：是指因施工场地条件限制而发生的材料、构配件、半成品等一次运输不能到达堆放地点，必须进行二次或多次搬运所发生的费用。

④ 冬雨季施工增加费：是指在冬季或雨季施工需增加的临时设施、防滑、排除雨雪、人工及施工机械效率降低等费用。

⑤ 行车、行人干扰增加费：是指边施工边维持行人与车辆通行的市政、城市轨道交通、园林绿化等市政基础设施工程及相应养护维修工程受行车、行人干扰影响而降低工效等所增加的费用。

⑥ 其他施工组织措施费：是指根据各专业工程特点补充的施工组织措施项目的费用。

（2）措施项目费的计算

按照有关专业工程量计算规范规定，措施项目分为应予计量的措施项目和不宜计量的措施项目两类。

1）应予计量的措施项目。与分部分项工程费的计算方法基本相同，公式为：

$$措施项目费=\sum(措施项目工程量\times综合单价)$$

不同的措施项目其工程量的计算单位是不同的，分列如下：

① 脚手架费通常按建筑面积或垂直投影面积按“m^2”计算。

② 大型机械设备进出场及安拆费通常按照机械设备的使用数量以“台次”为单位计算。

2）不宜计量的措施项目。对于不宜计量的措施项目，通常用计算基数乘以费率的方法予以计算。

① 安全文明施工费。计算公式为：

$$安全文明施工费=计算基数\times安全文明施工费费率（\%）$$

计算基数应为定额基价（定额分部分项工程费＋定额中可以计量的措施项目费）、定额人工费或定额人工费与施工机具使用费之和，其费率由工程造价管理机构根据各专业工程的特点综合确定。

② 其余不宜计量的措施项目。包括提前竣工增加费，二次搬运费，冬雨季施工增加

费，行车、行人干扰增加费等。计算公式为：

措施项目费＝计算基数×措施项目费费率（%）

其公式中的计算基数应为定额人工费或定额人工费与定额施工机具使用费之和，其费率由工程造价管理机构根据各专业工程特点和调查资料综合分析后确定。

3. 其他项目费

（1）暂列金额

暂列金额是指建设单位在工程量清单中暂定并包括在工程合同价款中的一笔款项。用于施工合同签订时尚未确定或者不可预见的所需材料、工程设备、服务的采购，施工中可能发生的工程变更、合同约定调整因素出现时的工程价款调整以及发生的索赔、现场签证确认等的费用。

暂列金额由建设单位根据工程特点，按有关计价规定估算。施工过程中由建设单位掌握使用，扣除合同价款调整后如有余额，归建设单位。但在费用计算程序表中，不同省份体现的形式不同。例如，浙江省的费用计算程序表中暂列金额包括标化工地暂列金额、优质工程暂列金额和其他暂列金额。

（2）暂估价

暂估价是指招标人在工程量清单中提供的用于支付必然发生但暂时不能确定价格的材料、工程设备的单价以及专业工程的金额。

暂估价中的材料、工程设备暂估单价根据工程造价信息或参照市场价格估算，计入综合单价；专业工程暂估价分不同专业，按有关计价规定估算。暂估价在施工中按照合同约定再加以调整。但在费用计算程序表中，不同省份体现的形式不同。例如，浙江省的费用计算程序表中暂估价是按专业工程暂估价和专项措施暂估价之和计算。招标控制价与投标报价的暂估价应保持一致，竣工结算时，专业工程暂估价用专业工程结算价取代，专项措施暂估价用专项措施结算价取代并计入施工技术措施项目费及相关费用。材料及工程设备暂估价按其暂估单价列入分部分项工程项目的综合单价计算。

（3）计日工

计日工是指在施工过程中，施工单位完成建设单位提出的工程合同范围以外的零星项目或工作，按照合同中约定的单价计价形成的费用。

计日工由建设单位和施工单位按施工过程中形成的有效签证来计价。

（4）总承包服务费

总承包服务费是指总承包人为配合、协调建设单位进行的专业工程发包，对建设单位自行采购的材料、工程设备等进行保管以及施工现场管理、竣工资料汇总整理等服务所需的费用。

总承包服务费由建设单位在招标控制价中根据总包范围和有关计价规定编制，施工单位投标时自主报价，施工过程中按签约合同价执行。但在费用计算程序表中，不同省份体现的形式不同。例如，浙江省的费用计算程序表中施工总承包服务费按专业发包工程管理费和甲供材料设备保管费之和进行计算。

4. 规费和税金

规费和税金的构成和计算与按费用构成要素划分建筑安装工程费用项目组成部分是相同的。

1.1.4.4 国外建筑安装工程费简介

1. 费用构成

国外的建筑安装工程费用一般是在建筑市场上通过招标投标方式确定的。工程费的高低受建筑产品供求关系影响较大。国外建筑安装工程费用的构成可用图 1-1-3 表示。

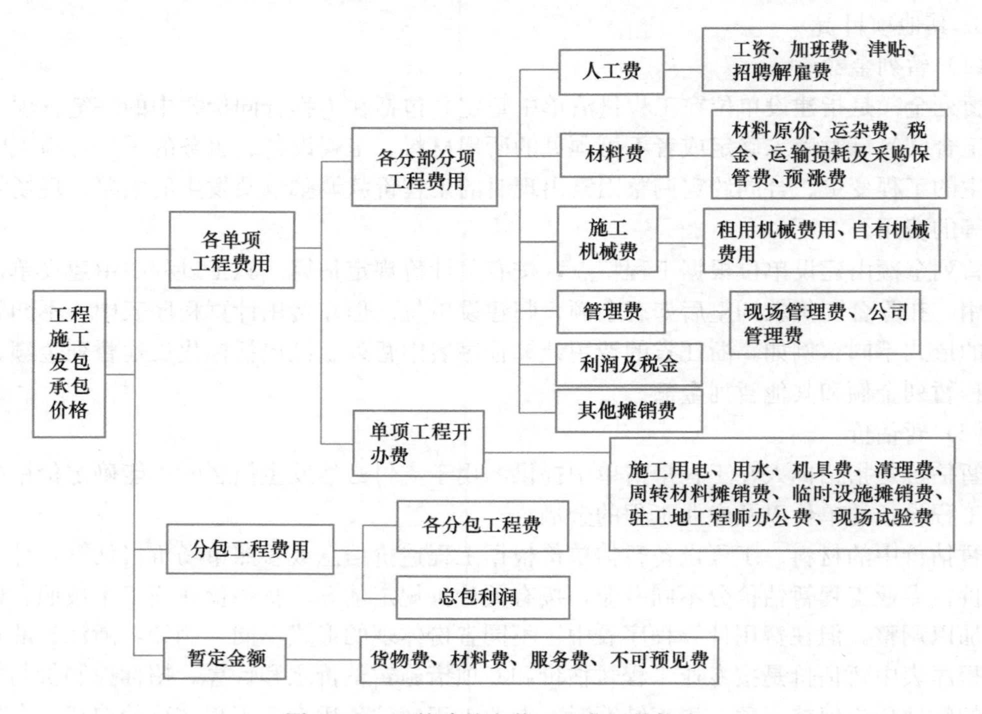

图 1-1-3 国外建筑安装工程费用的构成

(1) 直接工程费的构成

1) 人工费，国外一般工程施工的工人按技术要求划分为高级技工、熟练工、半熟练工和壮工。当工程价格采用平均工资计算时，要按各类工人总数的比例进行加权计算。人工费应该包括工资、加班费、津贴、招雇解雇费用等。

2) 材料费，主要包括以下内容：

① 材料原价，在当地材料市场中采购的材料则为采购价，包括材料出厂价和采购供销手续费等。进口材料一般是指到达当地海港的交货价。

② 运杂费，在当地采购的材料是指从采购地点至工程施工现场的短途运输费、装卸费。进口材料则为从当地海港运至工程施工现场的运输费、装卸费。

③ 税金，在当地采购的材料，采购价格中已经包括税金；进口材料则为工程所在国的进口关税和手续费等。

④ 运输损耗及采购保管费。

⑤ 预涨费，根据当地材料价格年平均上涨率和施工年数，按材料原价、运杂费、税金之和的一定比例计算。

3) 施工机械费。大型自有机械台时单价，一般由每台时应摊折旧费、应摊维修费、台时消耗的能源和动力费、台时应摊的驾驶工人工资以及工程机械设备险投保费、第三者责任险投保费等组成。例如，使用租赁施工机械时，其费用则包括租赁费、租赁机械的进出场费等。

（2）管理费

管理费包括工程现场管理费（约占整个管理费的20%～30%）和公司管理费（约占整个管理费的70%～80%）。管理费除了包括与我国施工管理费构成相似的管理人员工资、管理人员辅助工资、办公费、差旅交通费、固定资产使用费、生活设施使用费、工具用具使用费、劳动保护费、检验试验费以外，还含有业务经费。业务经费包括：

1）广告宣传费。

2）交际费，如日常接待等。

3）业务资料费，如购买投标文件、文件及资料复印费等。

4）业务所需手续费，施工企业参加投标时，必须由银行开具投标保函；在中标后必须由银行开具履约保函；在收到业主的工程预付款以前，必须由银行开具预付款保函；在工程竣工后，必须由银行开具质量或维修保函。在开具以上保函时，银行要收取一定的担保费。

5）代理人费用和佣金，施工企业为争取中标或为收取工程款，在工程所在地（所在国）寻找代理人或签订代理合同，因而付出的佣金和费用。

6）保险费，包括建筑安装工程一切险投保费、第三者责任险投保费等。

7）向银行贷款利息。

在许多国家，施工企业的业务经费往往是管理费中所占比例最大的一项，大约占整个管理费的30%～38%。

（3）利润及税金

国际市场上，施工企业的利润一般为成本的10%～15%，也存在管理费与利润合取，为直接费的30%左右。具体工程的利润率要根据实际情况，如工程难易、现场条件、工期长短、竞争对手的情况等随行就市确定。

税金主要是指单独列项的增值税。

（4）开办费

在许多国家，开办费一般是在各分部分项工程造价的前面按单项工程分别单独列出。单项工程建筑安装工程量越大，开办费在工程价格中的比例就越小；反之开办费比例就越大。一般开办费约占工程价格的10%～20%。开办费包括的内容因国家和工程的不同而异，大致包括以下内容：

1）施工用水、用电费。施工用水费，按实际打井、抽水、送水发生的费用估算，也可以按占直接费的比率估计。施工用电费，按实际需要的电费或自行发电费估算，也可按照占直接费的比率估算。

2）工地清理费及完工后清理费，建筑物烘干费，临时围墙、安全信号、防护用品的费用，恶劣气候条件下的工程防护费、污染费、噪声费，其他法定的防护费用。

3）周转材料费，如脚手架、模板的摊销费等。

4）临时设施费，包括生活用房、生产用房、临时通信、室外工程（包括道路、停车场、围墙、给水排水管道、输电线路等）的费用，可按实际需要计算。

5）驻工地工程师的现场办公室及所需设备的费用，现场材料试验及所需设备的费用。

一般在招标文件的技术规范中有明确的面积、质量标准及设备清单等要求。如要求配备一定的服务人员或实验助理人员，则其工资费用也需计入。

6）其他，包括工人现场福利费及安全费、职工交通费、日常气候报表费、现场道路及进出场道路修筑及维护费、恶劣天气下的工程保护措施费、现场保卫设施费等。

（5）暂列金额

暂列金额指包括在合同中，供工程任何部分的施工或提供货物、材料、设备或服务、不可预料事件所使用的一项金额，这项金额只有工程师批准后才能动用。

（6）分包工程费用

1）分包工程费，包括分包工程的直接工程费、管理费和利润。

2）总包利润和管理费，指分包单位向总包单位交纳的总包管理费、其他服务费和利润。

2. 费用的组成形式和分摊比例

（1）组成形式

上述组成造价的各项费用体现在承包商投标报价中有三种形式：组成分部分项工程单价、单独列项、分摊进单价。

1）组成分部分项工程单价。人工费、机械费和材料费直接消耗在分部分项工程上，在费用和分部分项工程之间存在着直观的对应关系，所以人工费、材料费和机械费组成分部分项工程单价，单价与工程量相乘得出分部分项工程价格。

2）单独列项。开办费中的项目有临时设施、为业主提供的办公和生活设施、脚手架等费用，经常在工程量清单的开办费部分单独分项报价。这种方式适用于不直接消耗在某个分部分项工程上，无法与分部分项工程直接对应，但是对完成工程建设必不可少的费用。

3）分摊进单价。承包商总部管理费、利润和税金，以及开办费中的项目经常以一定的比例分摊进单价。

需要注意的是，开办费项目在单独列项和分摊进单价这两种方式中采用哪一种，要根据招标文件和计算规则的要求而定。有的计算规则包括的开办费项目比较齐全，有的计算规则包括的开办费项目比较少。例如英国的 NRM2 计算规则的开办费项目就比较齐全，而同样比较有影响的《建筑工程最计算原则（国际通用）》就没有专门的开办费用部分，要求把开办费都分摊进分部分项工程单价。

（2）分摊比例

1）固定比例。税金和政府收取的各项管理费的比例是工程所在地政府规定的费率，承包商不能随意变动。

2）浮动比率。总部管理费和利润的比例由承包商自行确定。承包商根据自身经营状况、工程具体情况等投标策略确定。一般来讲，这个比例在一定范围内是浮动变化的，不同的工程项目、不同的时间和地点，承包商对总部管理费和利润的预期值都不会相同。

3）测算比例。开办费的比例需要详细测算，首先计算出需要分摊的项目金额，然后计算分摊金额与分部分项工程价格的比例。

4）公式法计算。可参考下列公式分摊：

$$A = a \times (1 + K_1) \times (1 + K_2) \times (1 + K_3)$$

式中　A——分摊后的分部分项工程单价；

a——分摊前的分部分项工程单价；

K_1——开办费项目的分摊比例；

K_2——总部管理费和利润的分摊比例；

K_3——税率。

任务1.2　建设工程计价概述

1.2.1　工程计价的基本原理

1.2.1.1　工程计价的含义

建设工程计价是指在建设项目的各个阶段，按照法律法规及标准规范规定的程序、方法和依据，对计价对象的造价构成内容进行计算和确定的过程，简称工程计价。其造价形成过程主要包括工程计价对象的工程量计算和造价构成计算两个环节。合理、及时、准确地计算出工程产品的价格，是为了满足工程建设过程中，不同主体在建设各阶段对造价控制与管理的需要。在项目建设过程中，造价的计算与合理确定一直贯穿整个过程。工程造价的控制与管理过程是两个并行的、各有侧重点又相互联系的有机工作过程。

工程计价应体现《住房城乡建设部关于进一步推进工程造价管理改革的指导意见》（建标〔2014〕142号）提出的“市场决定工程造价原则，全面清理现有工程造价管理制度和计价依据，消除对市场主体计价行为的干扰”的原则。工程计价的作用主要表现在以下几个方面：

1. 工程计价结果反映了工程的货币价值

一个工程项目是单件性与多样性的集合体，每一个建设项目都要按照业主的需求进行单独设计、单独施工，不像其他商品一样可以大规模批量重复生产并按整个项目确定价格。因此其计价只能按照一定的计价程序和计价方法进行，即将项目进行结构分解，划分为可以按照计价定额的技术参数或现行《建设工程工程量清单计价规范》所要求的参数来测算价格的基本构造单元，即假定建筑安装产品（或称分部、分项工程），再计算出基本构造单元的费用，再按照自下而上的分部组合计价法，计算出总造价。

2. 工程计价结果是投资控制的依据

前一次的计价结果都会用于控制下一次的计价工作。具体而言，后一次估价不能超过前一次估价的幅度。这种控制是在投资者财务能力限度内为取得既定的投资效益所必需进行的工作。工程计价基本确定了建设资金的需要量，从而为筹集资金提供了比较准确的依据。当建设资金来源于金融机构贷款时，金融机构在对项目偿贷能力进行评估的基础上，也需要依据工程计价来确定给予投资者的贷款数额。

3. 工程计价结果是合同价款管理的基础

合同价款管理的各项内容中始终有工程计价活动的存在，如在签约合同价的形成过程中有招标控制价、投标报价以及签约合同价等计价活动；在工程价款的调整过程中，需要确定调整价款额度，工程计价也贯穿其中；工程价款的支付仍然需要工程计价工作，以确定最终的支付额。

1.2.1.2　工程计价基本原理

1. 利用函数关系对拟建项目的造价进行类比匡算

当一个建设项目还没有具体的图样和工程量清单时，需要利用产出函数对建设项目投资进行匡算。在微观经济学中把过程的产出和资源的消耗这两者之间的关系称为产出函数。在建筑工程中，产出函数建立了产出的总量或规模与各种资源投入（如人力、材料、机具等）之间的关系。因此，对某一特定的产出，可以通过对各投入参数赋予不同的值，从而找到一个最低的生产成本，房屋建筑面积的大小和消耗的人工之间的关系就是产出函数的一个例子。

投资的匡算常常基于某个表明设计能力或者形体尺寸的变量，如建筑面积、公路的长度、工厂的生产能力等。在这种类比估算方法下尤其要注意规模对造价的影响。项目的造价并不总是和规模大小呈线性关系的，典型的规模经济或规模不经济都会出现。因此要慎重选择合适的产出函数，寻找规模和经济有关的经验数据。例如，生产能力指数法就是利用生产能力与投资额间的关系函数来进行投资估算的方法。

2. 分部组合计价原理

如果一个建设项目的设计方案已经确定，则常用的是分部组合计价法。一个建设项目可以分解为一个或几个单项工程，一个单项工程又由一个或几个单位工程综合组成，而一个单位工程也是一个复杂的综合体，从计量和计价的技术层面讲，还需要更细致的划分才具有操作性。进一步把分部工程按照不同的施工方法、不同的构造、不同的规格加以更为细致的分解，划分为简单细小的分项工程后，就得到了工程计量计价的基本构造要素：分项工程。这就是计价的基本构造单元，即计价的定额项目或清单项目。

从以上看出，结构分解层次越多，基本构造单元就越细，其计算也就更精确。而这些基本单元的工程实物量可以通过国家颁布的相关工程量计算规范的规则计算，它直接反映了工程项目的规模及主要内容。分项工程的实物量确定后，再确定其单位价格并计算其费用就形成了工程的造价。所以，工程计价的主要原理就是首先把工程分解至最基本的构造单元，结合其计量单位及计算规则计算出基本构造单元的工程量，再确定其合理的单价（如综合单价），使用一定的计价方法和程序，按照造价的形成顺序，进行分部组合计价汇总，就计算出了相应工程项目的工程造价。

工程计价的基本过程可以用公式示例如下：

$$\begin{array}{c}\text{分部分项工程费}\\\text{（或单价措施项目费）}\end{array}=\sum[\text{基本构造单元工程量(定额项目或清单项目)}\times\text{相应单价}] \tag{1-2-1}$$

工程计价可分为工程计量和工程组价两个环节：

（1）工程计量

工程计量工作包括工程项目的划分和工程量的计算。

1）单位工程基本构造单元的确定，即划分工程项目。编制工程概算预算时，主要是按工程定额进行项目划分；编制工程量清单时主要是按照相关工程量计算规范规定的清单项目进行划分。

2）工程量的计算就是按照工程项目的划分和工程量计算规则，根据不同的设计文件对工程实物量进行计算。工程实物量是计价的基础，不同的计价依据有不同的计算规则规定。目前，工程计算规则包括两大类：

① 各类工程定额规定的计算规则；

② 各专业工程量计算规范附录中规定的计算规则。

（2）工程组价

工程组价包括工程单价的确定和总价的计算。

1）工程单价是指完成单位工程基本构造单元的工程量所需要的基本费用

以浙江省为例，建筑安装工程统一按照综合单价法进行计价，包括国标工程量清单计价和定额项目清单计价①。综合单价根据国家、地区、行业定额或企业定额消耗量和相应生产要素的市场价格，以及定额或市场的取费费率来确定。综合单价除包括人工、材料、机械使用费外，还包括可能分摊在单位工程基本构造单元上的费用。根据我国现行有关规定，又可以分成不完全综合单价与完全综合单价两种：不完全综合单价中除包括人工、材料、机械使用费外，还包括企业管理费、利润和风险因素；完全综合单价中除包括人工、材料、机械使用费外，还包括企业管理费、利润、规费和税金。

2）工程总价是指按规定的程序或办法逐级汇总形成的相应工程造价

根据计算程序的不同，分为单价法和实物量法。

综合单价法

① 单价法（综合单价法）。若采用完全综合单价，首先依据相应工程量计算规范规定的工程量计算规则计算工程量，并依据相应的计价依据确定综合单价，然后用工程量乘以综合单价，经汇总即可得出分部分项工程及单价措施项目费，之后再按相应的办法计算总价措施项目费、其他项目费，汇总后形成相应工程造价。我国现行的《建设工程工程量清单计价规范》GB 50500—2013 中规定的清单综合单价属于不完全综合单价，当把规费和税金计入不完全综合单价后即形成完全综合单价。

② 实物量法。实物量法是依据施工图纸和预算定额的项目划分即工程量计算规则，先计算出分部分项工程量，然后套用预算定额（消耗量定额）计算人工、材料、机械等要素的消耗量，再根据各要素的实际价格及各项费率汇总形成相应工程造价的方法。

1.2.1.3 工程计价依据

工程计价依据是指在工程计价活动中，所要依据的与计价内容、计价方法和价格标准相关的工程计量计价标准、工程计价定额及工程造价信息等。

我国的工程造价管理体系可划分为工程造价管理的相关法律法规体系、工程造价管理标准体系、工程计价定额体系和工程计价信息体系四个主要部分。法律法规是实施工程造价管理的制度依据和重要前提；工程造价管理的标准是在法律法规要求下，规范工程造价管理的技术要求；工程计价定额是进行工程计价工作的重要基础和核心内容；工程计价信息是社会主义市场经济体制下，准确反映工程价格的重要支撑，也是政府提供公共服务的重要内容。从工程造价管理体系的总体架构看，前两项工程造价管理的相关法律法规体系、工程造价管理的标准体系属于工程造价宏观管理的范畴，后两项工程计价定额体系、工程计价信息体系主要用的是工程计价，属于工程造价微观管理的范畴。工程造价管理体

① 我国其他部分省份定额计价依然采用工料单价法，其工程单价仅包括人工、材料、机具使用费，是各种人工消耗量、各种材料消耗量、各类施工机具台班消耗量与其相应单价的乘积。

系中工程造价管理的标准体系、工程计价定额体系和工程计价信息体系是当前我国工程造价管理机构最主要的工作内容，也是工程计价的主要依据，一般也将这三项称为工程计价依据体系。

1.2.1.4 工程计价的主要方法

影响造价最主要的两个因素是：基本构造要素的工程数量和其单位价格。单位工程造价数额的大小与工程量及其单位价格是成正比的，即基本构造单位价格高，工程造价就高；基本单元的工程数量大，其工程造价就大。在基本单元的工程量通过一定的方法计算出来后其单位价格的确定就是关键所在。也就是说，基本单元的单位价格确定方法决定了工程造价的计价方法。目前，浙江省工程计价统一采用综合单价法。按照基本构造单元工程量的不同又可以分为定额计价法和清单计价法。

1. 定额计价法

定额计价法是根据定额计算工程造价的方法。其基本单元的单价包含人工费、材料费、机械费和对应的企业管理费、利润以及一定范围内的风险费用。而分部分项工程的消耗量数据通过长期的收集、整理和积累就形成了工程建设的基础定额，该定额是工程计价的重要依据。

该方法是事先由国家或地区建设主管部门制订和颁发投资估算指标、概算定额、概算指标、预算定额、费用定额及有关造价信息等计价资料，再由造价人员根据方案或施工图以及相关资料，并结合工程实情，套用指标或定额，再按一定取费程序，最后计算出拟建工程所需全部费用，即工程造价。这也是我国在2003年以前，在工程量清单计价方法未实施以前一直沿用的工程定额计价方法。目前主要用于工程建设前期的投资估算、设计概算及工程预算编制及一些少数非国有资金投资的项目的计价活动。

2. 清单计价法

清单计价法是按照工程量清单计算工程造价的方法，是目前建设行业广泛使用的一种计价方法。它是我国从2003年起借鉴国外以市场竞争形成价格的工程计价体系而发展起来的一种方法，使用国有资金投资或国有投资为主的建设工程必须采用工程量清单计价方法。清单计价法其构成单元的清单项目采用综合单价法计价，其建筑安装工程的造价按其构成要素包括：人工费、材料费、施工机具使用费、企业管理费、利润、规费和税金。按其造价形成顺序，清单计价费用组成分为：分部分项工程费、措施项目费、其他项目费、规费和税金。

《建设工程工程量清单计价规范》GB 50500—2013（以下简称《清单计价规范》）规定，工程量清单计价价款，应包括完成招标文件规定的工程量清单项目所需的全部费用。工程量清单计价方法的关键在于综合单价的计算及确定，在编制招标控制价或投标报价时，其综合单价由编制人计算确定。国家及地方为了指导工程量清单计价，也颁发了配套的定额，一般招标控制价编制时参照定额执行。但在企业投标时，应结合工程特点、自身企业定额及施工管理水平自主确定其综合单价并报价竞争，单价高低和风险是由企业自主承担的。这就真正实现了企业的自主定价及市场形成价格的竞争机制，逐步建立以工程成本为中心的报价制度，实现了我国工程造价计价与管理和国际惯例接轨的目标。

1.2.2 工程量清单计价

按照工程量清单计价的一般原理，工程量清单应是载明建设工程项目名称、项目特征、计量单位和工程数量等的明细清单，而项目设置应伴随建设项目的进展不断细化。根据《住房城乡建设部关于进一步推进工程造价管理改革的指导意见》（建标〔2014〕142号）的要求，清单计价方式应满足“完善工程项目划分，建立多层级工程量清单，形成以清单计价规范和各专（行）业工程量计算规范配套使用的清单规范体系，满足不同设计深度、不同复杂程度、不同承包方式及不同管理需求下工程计价的需要”的原则。但由于我国目前使用的《清单计价规范》主要用于施工图完成后进行发包的阶段，故将工程量清单的项目设置分为分部分项工程项目、措施项目、其他项目以及规费和税金项目四大类。工程量清单又可分为招标工程量清单和已标价工程量清单，由招标人根据国家标准、招标文件、设计文件以及施工现场实际情况编制的称为招标工程量清单，作为投标文件组成部分的已标明价格并经承包人确认的称为已标价工程量清单。招标工程量清单应由具有编制能力的招标人或受其委托，具有相应资质的工程造价咨询人或招标代理人编制。采用工程量清单方式招标，招标工程量清单必须作为招标文件的组成部分，其准确性和完整性由招标人负责。招标工程量清单应以单位（项）工程为单位编制，由分部分项工程项目清单、措施项目清单、其他项目清单、规费项目清单、税金项目清单组成。

1.2.2.1　工程量清单计价的适用范围、特点与作用

1. 工程量清单计价的适用范围

工程量清单计价适用于建设工程发承包及其实施阶段的计价活动。使用国有资金投资的建设工程发承包，必须采用工程量清单计价；非国有资金投资的建设工程，宜采用工程量清单计价；不采用工程量清单计价的建设工程，应执行《清单计价规范》中除工程量清单等专门性规定外的其他规定。

国有资金投资的项目包括全部使用国有资金（含国家融资资金）投资或国有资金投资为主的工程建设项目。

（1）国有资金投资的工程建设项目

1）使用各级财政预算资金的项目；

2）使用纳入财政管理的各种政府性专项建设资金的项目；

3）使用国有企事业单位自有资金，并且国有资产投资者实际拥有控制权的项目。

（2）国家融资资金投资的工程建设项目

1）使用国家发行债券所筹资金的项目；

2）使用国家对外借款或者担保所筹资金的项目；

3）使用国家政策性贷款的项目；

4）国家授权投资主体融资的项目；

5）国家特许的融资项目。

（3）国有资金（含国家融资资金）为主的工程建设项目是指国有资金占投资总额50％以上，或虽不足50％但国有投资者实质上拥有控股权的工程建设项目。

2. 工程量清单计价的特点

（1）强制性

工程量清单计价的强制性主要表现在以下三个方面：

1）规定全部使用国有资金投资或国有资金投资为主的工程建设项目，必须采用工程量清单计价；这里的“国有资金”指国家财政性的预算内或预算外资金，国家机关、国有

企事业单位和社会团体的自有资金及借贷资金；国家通过对发行政府债券或外国政府及国际金融机构举借主权外债所集的资金也应视为国有资金。“国有资金投资为主”的工程是指国有资金占总投资额50％以上或虽不足50％，但国有资产投资者实质上拥有控股权的工程。

2）规定了工程量清单的组成内容及编制格式，并规定采用工程量清单招标的，工程量清单必须作为招标文件的组成部分。

3）明确了施工企业在投标报价中不能作为竞争的费用范围，如规费、税金、安全文明施工费等。

（2）实用性

工程量清单计价依据《清单计价规范》，而规范内容全面，它涵盖了建设工程施工准备阶段的工程量清单编制、建设工程招标控制价和建设工程投标报价的编制，建设工程承、发包施工合同的签订及合同价款的约定；工程施工过程中工程量的计量与价款支付，索赔与现场签证，工程价款调整；工程竣工后竣工结算的办理和工程计价争议的处理等。使每一个计价阶段都有“章”可依，有“规”可循。“暂列金额”“暂估价”“计日工”等项的设立，与国际惯例接轨，具有很现实的指导意义，并且《清单计价规范》所列工程量清单项目及计算规则的项目名称表现的是工程实体项目，项目名称明确清晰，工程量计算规则明了，项目特征和工程内容的设置更易于招标人编制工程量清单和投标人进行投标报价。

（3）满足市场经济条件下竞争的需要

招标投标过程本身就是一个竞争的过程，招标人给出工程量清单，投标人根据统一的工程量清单，依据企业定额和市场价格信息填报综合单价（此单价中一般包括成本、利润），不同的投标人其综合单价是不同的，综合单价的高低取决于投标人及其企业的技术和管理水平等因素；工程量清单规定的措施项目中，投标人具体采用什么措施，如模板、脚手架、临时设施、施工排水等详细内容可由投标人根据企业的施工组织设计等因素自行确定，从而形成了企业整体实力的相互竞争。

（4）提供了一个平等的竞争条件

如果根据施工图预算来投标报价，由于设计图纸的缺陷等诸多原因，以及不同投标企业的编制人员水平有差异，计算出的工程量也不同，报价相差甚远，也容易产生纠纷。而工程量清单报价为投标者提供了一个平等竞争的条件，相同的工程量由企业根据自身的实力来填报不同的综合单价。投标人的这种自主报价，使得企业的优势体现于投标报价中，可在一定程度上规范建筑市场秩序，确保工程质量。

（5）体现公平、公正、公开的原则

采用工程量清单计价方式招标时，工程量清单必须作为招标文件的组成部分，其准确性和完整性由招标人负责。投标人依据工程量清单进行投标报价，对工程量清单不负有核实的义务，更不具有修改和调整的权利。工程量清单作为投标人报价的共同平台，其准确性（数量不算错）和完整性（不缺项漏项）均应由招标人负责。

《清单计价规范》还特别规定实行工程量清单招标，应按规范依据编制招标控制价，在招标时公布，不得上调或下浮，并报造价管理机构备案。如果投标人的投标报价高于招标控制价，其投标应予以拒绝。同时也赋予了投标人对招标人不按规范规定编制招标控制价进行投诉的权利。真正体现了招标投标的公开、公平、公正原则。

(6) 有利于提高工程计价效率，能真正实现快速报价

采用工程量清单计价方式，避免了传统计价方式下，招标人与投标人之间的在工程量计算上的重复工作，各投标人以招标人提供的工程量清单为统一平台，结合自身的管理水平和施工方案进行报价，促进了各投标人企业定额的完善和工程造价信息的积累与整理，体现了现代工程建设中快速报价的要求。

(7) 有利于工程款的拨付和工程造价的最终确定

明确中标单位后，业主要与中标施工企业签订施工合同，以工程量清单报价为基础的中标价就成了合同价的基础，已标价工程量清单上的综合单价也就成了拨付工程款的依据。业主根据施工企业完成的工程量，可以很容易地确定进度款的拨付额。工程竣工后，业主再根据设计变更和工程量的增减乘以相应单价，也很容易确定工程的最终造价，可在某种程度上减少业主与施工单位之间的纠纷。

(8) 有利于实现风险的合理分担

采用工程量清单计价的方式后，投标人只对自己所报的成本、单价等负责，而对工程量的变更或计算错误等不负责任；相应地，对于这一部分风险则由业主承担，因此符合风险合理分担与责权利关系对等的一般原则。

(9) 有利于业主对投资的控制

采用传统的定额计价方式编制工程预算，业主对因设计变更、工程量的增减所引起的工程造价变化不会及时引起重视，往往到竣工结算时，才发现工程造价的变化大小，但此时常常为时已晚，这种“事后算账”已无法主动控制项目投资。而采用工程量清单计价的方法在发生设计变更或工程量增减时，业主方能马上知道工程造价的变化大小，就能根据投资情况决定是否变更或进行方案比较，采用最合理、经济的处理方法，该方法可在“过程”中有效地控制投资额。

3. 工程量清单计价的作用

(1) 提供了一种市场形成价格的新的计价方法

工程造价形成的主要阶段在招标投标阶段。在工程招标投标过程中，招标人依据规范编制统一的工程量清单，各投标企业在这一同等的平台上进行投标报价时必须考虑工程本身特点，企业自身施工技术水平、管理能力和市场竞争能力，同时还必须考虑诸如工程进度、投资规模、资源计划等因素。在综合分析这些影响因素后，对投标报价做出灵活机动的调整，使报价能够比较准确地反映工程实际并与市场条件吻合。只有这样才能把投标定价的自主权真正交给招标单位和投标单位，并最终通过市场来配置资源，决定工程造价。真正实现市场机制决定工程造价。

(2) 简化了工程造价的计价方法，方便清单招标快速报价，提高了工程计价效率

在传统的定额计价模式下，工程计价程序繁琐、复杂，工程中部分费用性质比较模糊，给发包人对工程造价的计价与管理带来很多不便。而《清单计价规范》中工程费用的构成项目清晰明了，有利于发包人了解工程造价构成。并且清单计价中采用实体和非实体分离，分部分项工程量清单项目按综合实体划分，项目设置不含施工方法。施工方法、施工手段等措施项目单列，由投标人自主决定采取合理施工方案，项目划分清楚，互不包含，既有利于投标人编制投标报价，又有利于评标。

（3）为承发包双方解决工程计价纠纷提供了依据

《清单计价规范》中规定了招标投标阶段的招标控制价和投标报价的编制方法，将现行法规与工程实施全过程中遇到的实际问题融于一体，对工程施工过程中工程量的计量与价款支付方式、方法做了明确规定，并且对索赔与现场签证、工程价款调整、工程竣工后竣工结算的办理和工程计价争议的处理方式进行了明确说明，使得《清单计价规范》成为工程施工中承发包双方工程计价和解决争端的有效依据。

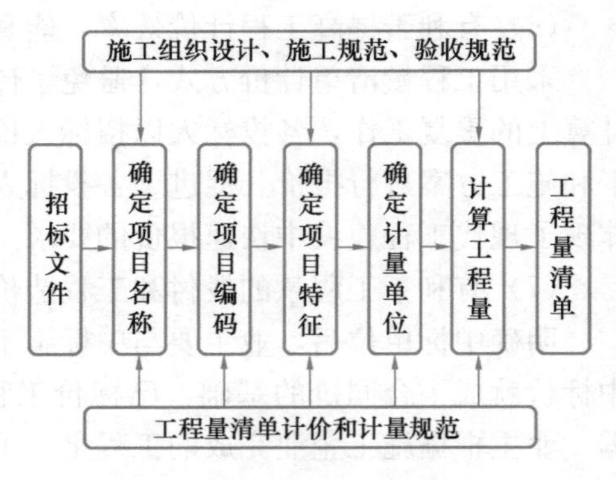

图 1-2-1　工程量清单的编制程序

1.2.2.2　工程量清单计价的基本程序

工程量清单计价的过程可以分为工程量清单编制和工程量清单应用两个阶段，工程量清单的编制程序如图 1-2-1 所示，工程量清单的应用程序如图 1-2-2 所示。

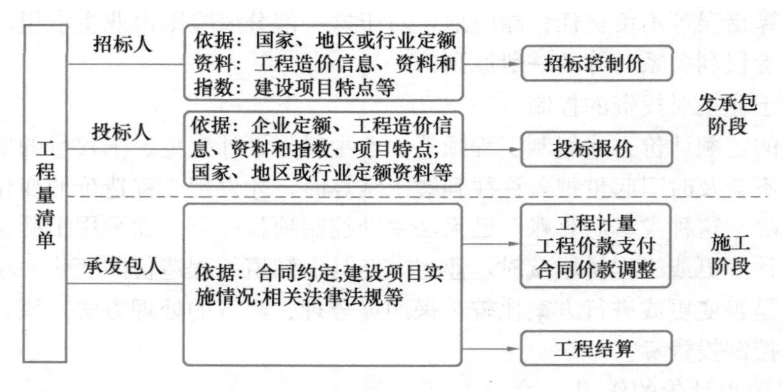

图 1-2-2　工程量清单的应用程序

工程量清单计价的基本原理可以描述为：按照《清单计价规范》规定，在各相应专业工程工程量计算规范规定的清单项目设置和工程量计算规则基础上，针对具体工程的施工图纸和施工组织设计计算出各个清单项目的工程量，根据规定的方法计算出综合单价，并汇总各清单合价得出工程总价。

（1）分部分项工程费＝∑（分部分项工程量×相应分部分项工程综合单价）　(1-2-2)

（2）措施项目费＝∑各措施项目费　(1-2-3)

（3）其他项目费＝暂列金额＋暂估价＋计日工＋总承包服务费　(1-2-4)

（4）单位工程造价＝分部分项工程费＋措施项目费＋其他项目费＋规费＋税金　(1-2-5)

（5）单项工程造价＝∑单位工程造价　(1-2-6)

（6）建设项目总造价＝∑单项工程造价　(1-2-7)

上述算式中，综合单价是指完成一个规定清单项目所需的人工费、材料和工程设备费、施工机具使用费和企业管理费、利润以及一定范围内的风险费用。风险费用是隐含于已标价工程量清单综合单价中，用于化解发承包双方在工程合同中约定的风险内容和范围的费用。

工程量清单计价活动涵盖施工招标、合同管理以及竣工交付全过程，主要包括：编制招标工程量清单、招标控制价、投标报价，确定合同价、工程计量与价款支付、合同价款的调整、工程结算和工程计价纠纷处理等活动。

1.2.2.3 分部分项工程项目清单

分部分项工程项目清单必须载明项目编码、项目名称、项目特征、计量单位和工程量。分部分项工程项目清单必须根据各专业工程工程量计算规范规定的项目编码、项目名称、项目特征、计量单位和工程量计算规则进行编制，其格式见表1-2-1。在分部分项工程项目清单的编制过程中，由招标人负责前六项内容填列，金额部分在编制招标控制价或投标报价时填列。

分部分项工程和施工技术措施项目清单与计价表 表1-2-1

单位（专业）工程名称： 标段： 第 页 共 页

序号	项目编码	项目名称	项目特征	计量单位	工程量	金额（元）					备注
						综合单价	合价	其中			
								人工费	机械费	暂估价	
本页小计											
合　计											

注：1. 本表为分部分项和施工技术措施项目清单及计价表通用表式，使用时表头名称可简化为其中一类的计价表。

2. 工程招标投标时“暂估价”按招标文件指定价格计入，竣工结算时以合同双方确认价格替换计入综合单价内。

1. 项目编码

项目编码是分部分项工程和措施项目清单名称的阿拉伯数字标识。清单项目编码以五级编码设置，用十二位阿拉伯数字表示。一、二、三、四级编码为全国统一，即一至九位应按《房屋建筑与装饰工程工程量计算规范》GB 50854—2013（下简称《工程量计算规范》）附录的规定设置；第五级即十至十二位为清单项目编码，应根据拟建工程的工程量清单项目名称设置，不得有重号，这三位清单项目编码由招标人针对招标工程项目具体情况编制，并应自001起顺序编制。

各级编码代表的含义如下：

（1）第一级表示专业工程代码（分两位）；

（2）第二级表示附录分类顺序码（分两位）；

（3）第三级表示分部工程顺序码（分两位）；

（4）第四级表示分项工程项目名称顺序码（分三位）；

（5）第五级表示工程量清单项目名称顺序码（分三位）。

以房屋建筑与装饰工程为例，项目编码结构如图1-2-3所示。

当同一标段（或合同段）的一份工程量清单中含有多个单位工程且工程量清单是以单

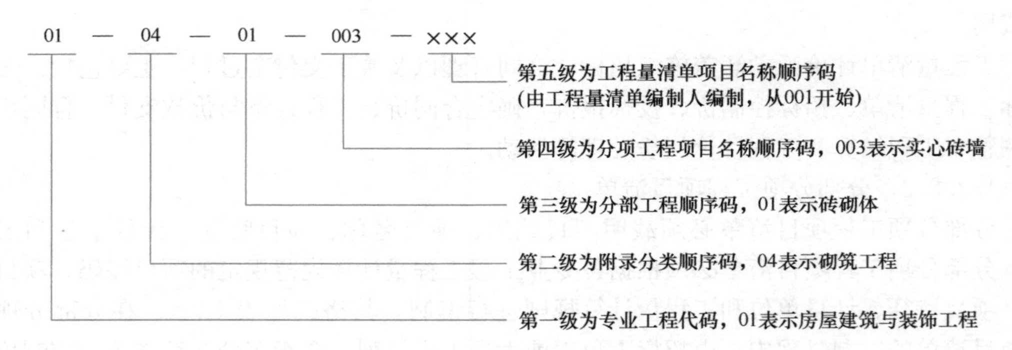

图 1-2-3　工程量清单项目编码结构

位工程为编制对象时，在编制工程量清单时应特别注意对项目编码十至十二位的设置不得有重码的规定。例如一个标段（或合同段）的工程量清单中含有三个单位工程，每一单位工程中都有项目特征相同的实心砖墙砌体，在工程量清单中又需反映三个不同单位工程的实心砖墙砌体工程量时，则第一个单位工程的实心砖墙的项目编码应为 010401003001，第二个单位工程的实心砖墙的项目编码应为 010401003002，第三个单位工程的实心砖墙的项目编码应为 010401003003，并分别列出各单位工程实心砖墙的工程量。

2. 项目名称

分部分项工程项目清单的项目名称应按各专业工程工程量计算规范附录的项目名称结合拟建工程的实际确定。附录表中的“项目名称”为分项工程项目名称，是形成分部分项工程项目清单项目名称的基础。即在编制分部分项工程项目清单时，以附录中的分项工程项目名称为基础，考虑该项目的规格、型号、材质等特征要求，结合拟建工程的实际情况，使其工程量清单项目名称具体化、详细化，以反映影响工程造价的主要因素。例如“门窗工程”中“特种门”应区分“冷藏门”“冷冻闸门”“保温门”“变电室门”“隔音门”“防射线门”“人防门”“金库门”等。清单项目名称应表达详细、准确，各专业工程量计算规范中的分项工程项目名称如有缺陷，招标人可作补充，并报当地工程造价管理机构（省级）备案。

3. 项目特征

项目特征是构成分部分项工程项目、措施项目自身价值的本质特征。项目特征是对项目的准确描述，既是确定一个清单项目综合单价不可缺少的重要依据，也是区分清单项目的依据，还是履行合同义务的基础。分部分项工程项目清单的项目特征应按各专业工程工程量计算规范附录中规定的项目特征，结合技术规范、标准图集、施工图纸，按照工程结构、使用材质及规格或安装位置等，赋予详细而准确的表述和说明。凡项目特征中未描述到的其他独有特征，由清单编制人视项目具体情况确定，以准确描述清单项目为准。

在各专业工程工程量计算规范附录中还有关于各清单项目“工程内容”的描述。工程内容是指完成清单项目可能发生的具体工作和操作程序，但应注意的是，在编制分部分项工程项目清单时，工程内容通常无须描述，因为在《工程量计算规范》中，工程量清单项目与工程量计算规则、工程内容有一一对应的关系，当采用《工程量计算规范》这一标准时，工程内容均有规定。

4. 计量单位

（1）计量单位应采用基本单位，除各专业另有特殊规定外均按以下单位计量：

1）以重量计算的项目——吨（t）或千克（kg）；

2）以体积计算的项目——立方米（m^3）；

3）以面积计算的项目——平方米（m^2）；

4）以长度计算的项目——米（m）；

5）以自然计量单位计算的项目——个、套、块、樘、组、台等；

6）没有具体数量的项目——宗、项等。

各专业有特殊计量单位的，再另外加以说明。当计量单位有两个或两个以上时，应根据所编工程量清单项目的特征要求，选择最适宜表现该项目特征并方便计量的单位。例如：门窗工程计量单位为“樘/m^2”两个计量单位，实际工作中，就应选择最适宜、最方便计量和组价的单位来表示。

（2）计量单位的有效位数应遵守下列规定：

1）以“t”为单位，应保留三位小数，第四位小数四舍五入。

2）以“m^3”“m^2”“m”“kg”为单位，应保留两位小数，第三位小数四舍五入。

3）以“个”“项”等为单位，应取整数。

5. 工程量的计算

工程量主要通过工程量计算规则计算得到。工程量计算规则是指对清单项目工程量计算的规定。除另有说明外，所有清单项目的工程量应以实体工程为准，并以完成后的净值计算；投标人投标报价时，应在单价中考虑施工中的各种损耗和需要增加的工程量。

根据现行《清单计价规范》与《工程量计算规范》的规定，工程量计算规则可以分为房屋建筑与装饰工程、仿古建筑工程、通用安装工程、市政工程、园林绿化工程、构筑物工程、矿山工程、城市轨道交通工程、爆破工程九大类。

以房屋建筑与装饰工程为例，《工程量计算规范》中规定的分类项目包括土石方工程、地基处理与边坡支护工程、桩基工程、砌筑工程、混凝土及钢筋混凝土工程、金属结构工程、木结构工程、门窗工程、屋面及防水工程、保温、隔热、防腐工程、楼地面装饰工程、墙、柱面装饰与隔断、幕墙工程、天棚工程、油漆、涂料、裱糊工程、其他装饰工程、拆除工程、措施项目等，分别制定了它们的项目设置和工程量计算规则。

随着工程建设中新材料、新技术、新工艺等的不断涌现，《工程量计算规范》附录所列的工程量清单项目不可能包含所有项目。在编制工程量清单时，当出现《工程量计算规范》附录中未包括的清单项目时，编制人应作补充。在编制补充项目时应注意以下三个方面：

（1）补充项目的编码应按工程量计算规范的规定确定。具体做法如下：补充项目的编码由《工程量计算规范》的代码与B和三位阿拉伯数字组成，并应从001起顺序编制，例如房屋建筑与装饰工程如需补充项目，则其编码应从01B001开始起顺序编制，同一招标工程的项目不得重码。

（2）在工程量清单中应附补充项目的项目名称、项目特征、计量单位、工程量计算规则和工作内容。

（3）将编制的补充项目报省级或行业工程造价管理机构备案。

1.2.2.4　措施项目清单

1. 措施项目列项

措施项目是指为完成工程项目施工，发生于该工程施工准备和施工过程中的技术、生活、安全、环境保护等方面的项目。

措施项目清单应根据相关专业现行《工程量计算规范》的规定编制，并应根据拟建工程的实际情况列项。

2. 措施项目清单的格式

（1）措施项目清单的类别

措施项目费用的发生与使用时间、施工方法或两个以上的工序相关，如安全文明施工、夜间施工、非夜间施工照明、二次搬运、冬雨季施工，地上、地下设施和建筑物的临时保护设施，已完工程及设备保护等。但是有些措施项目是可以计算工程量的项目，如脚手架工程，混凝土模板及支架（撑），垂直运输，超高施工增加，大型机械设备进出场及安拆，施工排水、降水等，这类措施项目按照分部分项工程项目清单的方式采用综合单价计价，更有利于措施费的确定和调整。措施项目中可以计算工程量的项目（单价措施项目）宜采用分部分项工程项目清单的方式编制，列出项目编码、项目名称、项目特征、计量单位和工程量（见表1-2-1）；不能计算工程量的项目（总价措施项目），以“项”为计量单位进行编制（见表1-2-2）。

施工组织（总价）措施项目清单与计价表　　表1-2-2

工程名称：　　标段：　　第　页　共　页

序号	项目编码	项目名称	计算基础	费率（%）	金额（元）	调整费率（%）	调整后金额（元）	备注
1		安全文明施工费						
1.1		安全文明施工基本费						
1.2		标化工地增加费						
2		提前竣工费						
3		二次搬运费						
4		冬雨季施工增加费						
5		行车、行人干扰增加费						
6		其他施工组织措施费						
		……						
合　计								

编制人（造价人员）：　　复核人（造价工程师）：

注：1. 第1项、第2项工程招标投标阶段在其他项目暂列金额内计列，竣工结算时按合同约定计算。

2. “其他施工组织措施费”在计价时须列出具体费用名称。

3. 工程结算时按合同约定调整费率和金额。

（2）措施项目清单的编制依据

措施项目清单的编制需考虑多种因素，除工程本身的因素外，还涉及水文、气象、环境、安全等因素。措施项目清单应根据拟建工程的实际情况列项。若出现《工程量计算规范》中未列的项目，可根据工程实际情况补充。

措施项目清单的编制依据主要有：

1）施工现场情况、地勘水文资料、工程特点；

2）常规施工方案；

3）与建设工程有关的标准、规范、技术资料；

4）拟定的招标文件；

5）建设工程设计文件及相关资料。

1.2.2.5　其他项目清单

其他项目清单是指分部分项工程项目清单、措施项目清单所包含的内容以外，因招标人的特殊要求而发生的与拟建工程有关的其他费用项目和相应数量的清单。工程建设标准的高低、工程的复杂程度、工程的工期长短、工程的组成内容、发包人对工程管理的要求等都直接影响其他项目清单的具体内容。其他项目清单包括暂列金额、暂估价（包括材料暂估单价、工程设备暂估单价、专业工程暂估价、专项技术措施暂估价）、计日工、总承包服务费。其他项目清单宜按照表1-2-3的格式编制，出现未包含在表格中内容的项目，可根据工程实际情况补充。

其他项目清单与计价汇总表　　　　表1-2-3

工程名称：　　　　　　　　标段：　　　　　　　　第　页　共　页

序号	项目名称	金额（元）	结算金额（元）	备注
1	暂列金额			明细详见表1-2-4
1.1	标化工地增加费		—	
1.2	优质工程增加费		—	
1.3	其他暂列金额			
2	暂估价			
2.1	材料（设备）暂估价（结算价）			明细详见表1-2-5
2.2	专业工程暂估价（结算价）			明细详见表1-2-6
2.3	专项技术措施暂估价		—	明细详见表1-2-7
3	计日工			明细详见表1-2-8
4	总承包服务费			明细详见表1-2-9
5	索赔与现场签证	—		明细详见表1-2-10
合　计				—

注：1. 工程结算时第1.1项、第1.2项分别在施工组织措施项目和其他项目计价表内计列。

2. 工程结算时第2.3项在施工技术措施项目计价表内计列。

3. 材料（工程设备）暂估单价进入清单项目综合单价，此处不汇总。

4. 索赔与现场签证在工程结算期计列。

1. 暂列金额

暂列金额应根据工程特点，按有关计价规定估算。暂列金额可按照表1-2-4的格式列示。

2. 暂估价

暂估价数量和拟用项目应当结合工程量清单中的“暂估价表”予以补充说明。为方便合同管理，需要纳入分部分项工程项目清单综合单价中的暂估价应只是材料、工程设备暂估单价，以方便投标人组价。

专业工程的暂估价一般应是综合暂估价，包括人工费、材料费、施工机具使用费、企业管理费和利润，不包括规费和税金。总承包招标时，专业工程设计深度往往是不够的，一般需要交由专业设计人员设计。从外国经验看，出于对提高可建造性的考虑，一般由专业承包人负责设计，以发挥其专业技能和专业施工经验的优势。这类专业工程交由专业分包人完成在国际工程施工中有良好实践，目前在我国工程建设领域也已经比较普遍。公开透明地合理确定这类暂估价的实际金额的最佳途径，就是通过施工总承包人与工程建设项目招标人共同组织的招标。

暂列金额明细表　　　　表 1-2-4

工程名称：　　　　标段：　　　　第　页　共　页

序号	项目名称	计量单位	暂定金额（元）	备注
1	标化工地增加费			
2	优质工程增加费			
3	其他暂列金额			
3.1				
3.2				
3.3				
合　计				

注：1. 此表由招标人填写，如不能详列，也可只列暂定金额总额，投标人应将上述暂列金额计入投标总价中。
2. 工程结算时序号第 1 项、第 2 项分别在施工组织措施项目和其他项目计价表内计列。

暂估价中的材料、工程设备暂估单价应根据工程造价信息或参照市场价格估算，列出明细表；专业工程暂估价、专业技术措施暂估价应分不同专业，按有关计价规定估算，列出明细表。暂估价可按照表 1-2-5～表 1-2-7 的格式列示。

材料（工程设备）暂估单价及调整表　　　　表 1-2-5

单位（专业）工程名称：　　　　标段：　　　　第　页　共　页

序号	材料（工程设备）名称、规格、型号	计量单位	数量		暂估（元）		确认（元）		差额±（元）		备注
			暂估	确认	单价	合价	单价	合价	单价	合价	
合　计											

注：1. 此表“暂估单价”由招标人填写，并在备注栏说明暂估价的材料、设备拟用在哪些清单项目上，投标人应将上述材料、设备计入相应的工程量清单综合单价报价中。
2. 本表中“确认”栏在工程各结算期内按合同双方确认值计列。

专业工程暂估价（结算价）表

表 1-2-6

单位（专业）工程名称：　　　　标段：　　　　第　页　共　页

序号	工程名称	工程内容	暂估金额（元）	结算金额（元）	差额±（元）	备注
合　计						

注：1. 此表“暂估金额”由招标人填写，投标人应将“暂估金额”计入投标总价中。
2. 结算时按合同约定结算金额填写，如合同约定按具体计价子目计价时，也可在项目相应计价表内计列。

专业技术措施暂估价（结算价）表

表 1-2-7

单位（专业）工程名称：　　　　标段：　　　　第　页　共　页

序号	工程名称	工程内容	暂估金额（元）	结算金额（元）	差额±（元）	备注
合　计						

注：1. 此表“暂估金额”由招标人填写，投标人应将“暂估金额”计入投标总价中。
2. 结算时按合同约定结算金额填写，如合同约定按具体计价子目计价时，也可在项目相应计价表内计列。

3. 计日工

计日工是为了解决现场发生的零星工作计价而设立的。国际上常见的标准合同条款中，大多数都设立了计日工计价机制。计日工对完成零星工作所消耗的人工工日、材料数量、施工机具台班进行计量，并按照计日工表中填报的适用项目单价进行计价支付。计日工适用的所谓零星项目或工作一般是指合同约定之外的或者因变更而产生的、工程量清单中没有相应项目的额外工作，尤其是那些难以事先商定价格的额外工作。

计日工应列出项目名称、计量单位和暂估数量。计日工可按照表 1-2-8 的格式列示。

计日工表

表 1-2-8

单位（专业）工程名称：　　　　标段：　　　　第　页　共　页

编号	项目名称	单位	暂定数量	实际数量	综合单价（元）	合价（元）	
						暂定	实际
一	人　工						
1	（按需要填报人工等级或工作名称）						
2							
…							
人　工　小　计							

续表

编号	项目名称	单位	暂定数量	实际数量	综合单价（元）	合价（元）	
						暂定	实际
二	材　　料						
1							
2							
…							
材　料　小　计							
三	施工机械						
1							
2							
…							
施　工　机　械　小　计							
总　　计							

注：1. 此表项目名称、暂定数量由招标人填写，编制招标控制价时，单价由招标人按有关计价规定确定；投标报价时，单价由投标人自主报价，按暂定数量计算合价计入投标总价中。
2. 工程结算时，按发承包双方确认的实际数量计算合价，且本表与表 1-2-10 计列内容不得重复计价。

4. 总承包服务费

总承包服务费应列出服务项目及其内容等。总承包服务费按照表 1-2-9 的格式列示。

总承包服务费计价表　　表 1-2-9

单位（专业）工程名称：　　标段：　　第　页　共　页

序号	项目名称	项目价值（元）	服务内容	计算基础	费率（%）	金额（元）
1	发包人单独发包专业工程					
1.1						
1.2						
2	发包人提供材料（设备）					
2.1						
2.2						
合　计		—	—	—		—

注：1. 此表项目名称、项目价值、服务内容由招标人填写，编制招标控制价时，费率及金额由招标人按有关计价规定确定；投标时，费率及金额由投标人自主报价，计入投标总价中。
2. 工程结算时本表各项目价值（或计费基础）是否调整由合同双方商定。

5. 索赔与现场签证

索赔与现场签证应列出相应项目内容、数量、价格等。索赔与现场签证按照表 1-2-10 的格式列示。

索赔与现场签证计价汇总表　　表 1-2-10

工程名称：　　标段：　　第　页　共　页

序号	索赔及签证项目名称	计量单位	数量	单价（元）	合价（元）	索赔及签证依据
合　计		—	—	—		—

注：本表适用于工程结算阶段计价，签证及索赔依据是指经双方认可的签证单和索赔依据的编号。

1.2.2.6　规费、税金项目清单

规费项目清单应按照下列内容列项：社会保险费，包括养老保险费、失业保险费、医疗保险费、工伤保险费、生育保险费；住房公积金；工程排污费；《清单计价规范》中未列的项目，应根据省级政府或省级有关权力部门的规定列项。

税金项目主要是指增值税，《清单计价规范》未列的项目，应根据税务部门的规定列项。

1.2.2.7　各级工程造价的汇总

各个工程量清单编制好后，合计汇总，就形成相应单位工程的造价。根据所处计价阶段的不同，单位工程造价汇总表可分为单位工程招标控制价汇总表、单位工程投标报价汇总表和单位工程竣工结算汇总表。

1.2.3　工程建设定额及应用

1.2.3.1　工程建设定额的分类

工程建设定额是指在正常施工条件下完成规定计量单位的合格建筑安装工程所消耗的人工、材料、施工机具台班、工期天数及相关费率等的数量标准。

工程定额是一个综合概念，是建设工程造价计价和管理中各类定额的总称，包括许多种类的定额，可以按照不同的原则和方法对它进行分类。

(1) 按定额反映的生产要素消耗内容分类

可以把工程定额划分为劳动消耗定额、材料消耗定额和机具消耗定额三种。

(2) 按定额的编制程序和用途分类

可以把工程定额分为施工定额、预算定额、概算定额、概算指标、投资估算指标等。

(3) 按专业分类

由于工程建设涉及众多的专业，不同的专业所含的内容也不同，因此就确定人工、材料和机具台班消耗数量标准的工程定额来说，也需按不同的专业分别进行编制和执行。

1) 建筑工程定额按专业对象分为建筑及装饰工程定额、房屋修缮工程定额、市政工程定额、铁路工程定额、公路工程定额、矿山井巷工程定额、水利工程定额、水运工程定额等。

2) 安装工程定额按专业对象分为电气设备安装工程定额、机械设备安装工程定额、热力设备安装工程定额、通信设备安装工程定额、化学工业设备安装工程定额、工业管道安装工程定额、工艺金属结构安装工程定额等。

(4) 按主编单位和管理权限分类

工程定额可以分为全国统一定额、行业统一定额、地区统一定额、企业定额、补充定额等。

1.2.3.2 工程建设定额改革与发展

1. 工程定额的改革任务

在传统的定额编制工作中，因为定额编制工作复杂，定额编制周期长，定额数据往往滞后于市场变化，具有滞后性；另外，由于定额编制人员的专业局限性、定额编制方式、数据质量等原因，导致定额消耗量及费用标准与市场水平存在偏差，具有差异性，从而使工程计价、投资管控等受到影响。

住房和城乡建设部办公厅于 2020 年 7 月 24 日印发了《工程造价改革工作方案》(建办标〔2020〕38 号)，该方案指出：改革开放以来，工程造价管理坚持市场化改革方向，在工程发承包计价环节探索引入竞争机制，全面推行工程量清单计价，各项制度不断完善。但还存在定额等计价依据不能很好满足市场需要、造价信息服务水平不高、造价形成机制不够科学等问题。为充分发挥市场在资源配置中的决定性作用，促进建筑业转型升级，需对工程造价进行改革。其中，与工程造价计价依据改革相关的任务主要包括以下两个方面：

(1) 完善工程计价依据发布机制

加快转变政府职能，优化概算定额、估算指标编制发布和动态管理，取消最高投标限价按定额计价的规定，逐步停止发布预算定额。搭建市场价格信息发布平台，统一信息发布标准和规则，鼓励企事业单位通过信息平台发布各自的人工、材料、机械台班市场价格信息，供市场主体选择。加强市场价格信息发布行为监管，严格信息发布单位主体责任。

(2) 加强工程造价数据积累

加快建立国有资金投资的工程造价数据库，按地区、工程类型、建筑结构等分类发布人工、材料、项目等造价指标指数，利用大数据、人工智能等信息化技术为概预算编制提供依据。加快推进工程总承包和全过程工程咨询，综合运用造价指标指数和市场价格信息，控制设计限额、建造标准、合同价格，确保工程投资效益得到有效发挥。

2. 大数据技术对工程定额编制的影响

工程计价及造价管理过程中，会产生大量的造价信息数据。随着科技的发展，特别是信息技术的发展，为这些数据的管理和挖掘提供了现代化的手段。大数据信息技术势必对定额的编制和项目各阶段计价及造价管理产生积极且深远的影响。

(1) 企业定额测算和管理的高效化

因为企业定额需要准确反映企业实际技术和管理水平，因此，随着企业生产力水平的提高，企业定额需要及时更新。为适应市场竞争，企业应注重本企业定额数据的积累。大数据时代，企业可以建立基于大数据的企业定额测算体系并建立信息化平台，动态积累企业定额消耗量数据，监测企业定额的变动情况，进而动态管理企业定额。大数据的应用不仅可以节省定额测定方面的人力、物力、财力，而且提高了工作效率。

(2) 工程定额编制和管理的动态化

行业主管部门可以与互联网相结合，建立定额动态管理平台，从业人员可在平台上共享数据，对于定额应用问题可随时提出相关建议，使全行业人员参与到定额的动态使用、反馈和管理上来，最大程度上拓宽覆盖面，解决传统编制过程中编制人员来源途径单一的问题，改善定额偏差性的缺陷；能够实现信息的快速收集、存储和分析，从而实现缩短定额编制周期和定额编制时间，最大程度上改善定额滞后性、差异性的缺陷；能够使得数据更真实、更有代表性和更加贴近市场。

（3）工程定额编制和管理的市场化

大数据技术可以将来自市场的真实数据实时纳入数据库中，并依据这些数据编制工程定额，缩短定额编制周期，充分贴近市场和反映市场，体现市场决定价格的作用。

1.2.3.3　工程建设定额应用

以《浙江省房屋建筑与装饰工程预算定额（2018版）》为例，说明预算定额的具体应用。

1. 预算定额的组成

（1）总说明

总说明是对定额的使用方法及上下册共同性的问题所作的综合说明和规定。使用定额须熟悉并掌握总说明内容，以便对整个定额有全面的了解。

（2）建筑面积计算规范

建筑面积计算规范国家标准，由国家相关部门统一颁布，是计算工业与民用建筑面积的依据。现行使用《建筑工程建筑面积计算规范》GB/T 50353—2013。

（3）分部工程定额

《浙江省房屋建筑与装饰工程预算定额（2018版）》（下简称《浙江省预算定额（2018版）》）分上下册，上下册各分为10章，共20章。

每一章均列有分部说明、工程量计算规则和定额表。

1）分部说明：是对分部的编制内容、编制依据使用方法和共同性问题所作的说明和规定。

2）工程量计算规则：是对本分部分项工程量计算规则所作的统一规定。

3）定额节：是分部工程中技术因素相同的分项工程集合。例如：砌筑工程中主体砌筑的定额根据不同墙体材料分为砖砌体和砌块砌体，砖砌体又分为混凝土类、烧结类、蒸压类，砌块砌体分为轻集料混凝土类小型空心砌块烧结类空心砌块、蒸压加气类混凝土砌块等。

4）定额表：是定额基本表现形式。每个定额表列有工作内容计量单位、项目名称、定额编号、定额基价以及人工材料及施工机械台班等消耗数量。有时在定额表下还列有附注，说明设计有特殊要求时，怎样使用定额，以及说明其他应做必要解释的问题。

（4）附录

附录是定额的有机组成部分，《浙江省预算定额（2018版）》附录由以下4部分组成：

1）附录一：砂浆、混凝土强度等级配合比。

2）附录二：机械台班单独计算的费用。

3）附录三：建筑工程主要材料损耗率取定表。

4）附录四：人工材料、机械台班价格定额取定表。

2. 预算定额的使用方法

预算定额是目前各建筑企业编制招标控制价和投标报价的主要依据，定额应用的正确与否直接关系到单位工程的工程造价结果准确性。为了正确应用预算定额，必须对组成定额的各部分全面了解，充分掌握定额的说明、各章节的工程内容与计算规则，从而正确使用预算定额。

(1) 定额编号

为了查阅方便，《浙江省预算定额（2018 版）》项目表的定额编号采用二级编码，用阿拉伯数字书写，具体编制排序为：

分部工程号，用阿拉伯数字 1，2，3，4……

分项工程号，用阿拉伯数字 1，2，3，4……

项目表中的项目号按分部工程各自独立顺序编排。

例如：

现浇混凝土垫层　　　　　　　　定额编号　5-1

细石混凝土找平层（30mm 厚）　定额编号　11-5

在编制施工图预算时，对工程项目套用定额均须注明所属分部工程的编号和项目编号，即填写定额编号。目的是便于检查使用定额时，项目套用是否正确合理，以起到减少差错、提高管理水平的作用。

(2) 预算定额查阅方法

定额表查阅目的是在定额表中找出所需的项目名称、人工、材料、机械名称及它们所对应的数值，一般查阅分三步进行：

1) 按“分部—定额节—项目”的顺序找到所需项目名称，并从上而下目视；

2) 在定额表中找出所需的人工、材料、机械名称，并从左向右目视；

3) 两视线交点的数值，就是所找数值。

(3) 预算定额的表式

定额项目表是定额最基本表现形式。看懂定额项目表，是学习造价的重要一步。一张完整的定额表必须列有工作内容、计量单位、项目名称、定额编号、定额基价、消耗定额及定额附注等内容。下面以《浙江省预算定额（2018 版）》举例说明。

【例 1-2-1】 1 砖厚混凝土实心砖（240×115×53）基础，采用干混砌筑砂浆 DM M10.0 砌筑。

【解】 1) 工作内容：清理基槽，调制、运砂浆，运、砌砖。

2) 计量单位：定额采用扩大计量单位 $10m^3$。

3) 定额编号：4-1。

4) 基价：4078.04 元。

5) 消耗量：具体分为三部分定额消耗量。人工消耗量以合计工日（二类人工）表示，定额用工已包括了施工操作的直接用工、其他用工（材料超运距，工种搭接，安全和质量检查以及临时停水、停电等）及人工幅度差，每工日按 8 小时工作制考虑。该项目人工消耗量为 7.79 工日。

材料消耗量包括施工场内运输损耗和施工操作损耗。该项目混凝土实心砖 240×115×53 MU10 消耗量为5.29 千块；干混砌筑砂浆 DM M10.0 消耗量为 $2.3m^3$。

机械台班消耗量按正常机械施工工效考虑，每一台班按 8 小时工作制计算，并考虑了其他直接生产使用的机械幅度差。该项目干混砂浆罐式搅拌机 20000L 消耗量为 0.115

台班。

6）定额附注：是对某定额节或某一分项定额使用方法及调整换算等所作的说明。

（4）预算定额的应用

预算定额在应用时，通常有三种情况：预算定额的直接套用、预算定额的调整与换算和预算定额的补充。

1）预算定额的直接套用

当实际分项工程的设计要求与预算定额的项目条件完全相符时，可以直接套用定额。这是编制施工图预算中的大多数情况，套用时应注意以下几点：

① 根据施工图纸、设计说明和做法说明、分项工程施工过程划分来选择定额项目。

② 要从工程内容、技术特征和施工方法及材料规格上仔细核对，才能较准确地确定相应的定额项目。

③ 分项工程的名称和计量单位要与预算定额一致。

【例 1-2-2】 某工程现浇混凝土基础梁，采用 C30 泵送商品混凝土。

【解】 定额编号：5-8；计量单位：10m³；基价：4974.93 元。

2）预算定额的调整与换算

当实际分项工程的设计要求与定额的工程内容、材料规格、施工方法等条件不完全相符，同时定额规定又不可以直接套用相关定额项目时，可根据定额的总说明、分部工程的说明、附注等有关规定，在定额规定范围内加以调整换算。

定额换算的实质就是按定额规定的换算范围、内容和方法，对某些分项工程内容进行调整与换算。通常只有设计选用的材料品种和规格与定额规定有出入，并规定允许换算时，才能换算。经过换算的定额编号一般在其右侧写上“换”字或“H”。

常见的预算定额换算类型有以下五种：

① 砂浆换算：即砌筑砂浆（或抹灰砂浆）的强度等级和砂浆种类的换算。

根据定额规定，砂浆换算的内容及特点是砂浆的用量、人工费、机械费不发生变化，只换算砂浆配合比或品种。砂浆换算公式如下：

换算后定额基价＝原定额基价＋(设计砂浆单价－原定额砂浆单价)×定额砂浆消耗量

【例 1-2-3】 M10.0 水泥砂浆砌筑混凝土实心砖（240×115×53）一砖厚砖基础。

【解】 查定额项目表，定额编号：4-1H；计量单位：10m³；原基价：4078.04 元。

砂浆定额消耗量：2.3m³。砂浆种类为干混砌筑砂浆 DM M10.0，定额单价为 413.73 元/m³。

对比分析，定额采用的砂浆与设计采用的砂浆强度等级不同，种类也不同。根据定额总说明第七条第 8 款规定：使用现拌砂浆的，除将定额中的干混预拌砂浆调换为现拌砂浆外，另按相应定额中每立方米砂浆增加：人工 0.382 工日，200L 砂浆搅拌机 0.167 台班，并扣除定额中干混砂浆罐式搅拌机台班的数量。

查附录一，设计 M10.0 水泥砂浆单价 222.61 元/m³；200L 砂浆搅拌机台班单价为 154.97 元/台班。

换算后基价＝1051.65＋135×0.382×2.3＋3004.10＋(222.61－413.73)×2.3＋0.167×154.97×2.3 ＝ 3794.30(元/10m³)

② 混凝土换算：即构件混凝土的强度等级和种类的换算。

根据定额规定，混凝土换算是混凝土的用量、人工费、机械费不发生变化，只换算混凝土强度等级或品种。混凝土强度等级换算公式如下：

换算后定额基价＝原定额基价＋(设计混凝土单价－原定额混凝土单价)×定额混凝土消耗量

【例 1-2-4】某工程现浇混凝土矩形柱，采用 C25 非泵送商品混凝土浇捣。

【解】查定额项目表，定额编号：5-6H；计量单位：$10m^3$；原基价：5584.19 元。

混凝土定额消耗量：$10.1m^3$。混凝土为泵送商品混凝土 C30，定额单价为 461 元/m^3。

对比分析，定额采用的混凝土与设计采用的混凝土强度等级和种类均不同，根据分部说明第三条规定，定额按泵送商品混凝土考虑，如采用非泵送商品混凝土或现拌混凝土，混凝土单价调整，人工乘系数（见表 1-2-11），现拌混凝土还应按混凝土消耗量计算混凝土现场搅拌调整费（5-35）。

建筑物人工调整系数表　　表 1-2-11

序号	项目名称	人工调整系数
1	基础	1.5
2	柱	1.05
3	梁	1.4
4	墙、板	1.3
5	楼梯、雨篷、阳台、栏板及其他	1.05

查附录一，设计 C25 非泵送商品混凝土单价 421 元/m^3。

换算后基价＝876.15×1.05＋4703.85＋(421－461)×10.1＋4.19＝5224.00(元/$10m^3$)

③ 系数换算：指在使用某些预算项目时，定额的一部分或全部乘以规定系数。

【例 1-2-5】人工开挖地坑（桩承台）土方，坑底面积 $120m^2$，三类土，湿土，挖土深度 2m。

【解】查定额项目表，定额编号：1-8H；计量单位：$100m^3$；原基价：3770 元。

根据分部工程说明第七条及第十条第 2 点规定，挖承台土方，人工挖土方定额乘以系数 1.25，挖运湿土乘以系数 1.18。根据定额总说明的第十七条规定，遇有两个及以上系数时，按连乘法计算。

换算后基价＝3770×1.18×1.25＝5560.75(元/$100m^3$)

【例 1-2-6】某钢结构工程建筑物超高加压水泵台班及其他费用，檐高 44.8m，底层层高 4.2m。

【解】该项目定额有两个，根据分部工程说明第四条规定，建筑物超高加压水泵台班及其他费用按钢筋混凝土结构编制，装配整体式混凝土结构、钢-混凝土混合结构工程仍执行本章相应定额；遇层高超过 3.6m 时，按每增加 1m 相应定额计算，超高不足 1m 的，每增加 1m 相应定额按比例调整。所以，按（4.2－3.6）/1＝0.6 比例调整。

故该项目定额编号为：20－22＋20－31×0.6；计量单位：$100m^2$

换算后基价＝578.53＋10.58×0.6＝584.88（元/$100m^2$）。

④ 木材换算：指木材断面和种类不同的换算。

【例 1-2-7】无亮镶板门制作、安装，设计门框净料断面尺寸为 5.5cm×10cm。

【解】 查定额项目表，定额编号：8-4H；计量单位：$100m^2$；原基价：15505.16元。

根据分部工程第四条说明规定，定额所注木材断面、厚度均以毛料为准，如设计为净料，应另加刨光损耗：板枋材单面加3mm，双面加5mm，设计断面尺寸与定额不同时，木材用量按比例调整，其余不变。原定额门框毛断面尺寸为5.5cm×10cm，设计净断面尺寸加上刨光损耗后为5.8cm×10.5cm。木材消耗量按断面比例调整。

定额木材消耗量为$1.75m^3$，设计门框木材消耗量为$[5.8\times10.5/(5.5\times10)]\times1.75=1.94m^3$

换算后基价=15505.16+(1.94−1.75)×1810=15849.06（元/$100m^2$）。

⑤ 其他换算：除上述四种以外的定额换算。

需要注意的是：调整与换算有很多种情况，要具体问题具体分析，不论哪种换算均应根据预算定额的总说明、分部工程说明、附注等有关规定，在定额规定的范围内、用定额规定的方法加以换算。并在定额子目编号的尾部加“换”字或其首个拼音字母“H”代号。

3）预算定额的补充

当分项工程的设计要求与定额条件完全不相符或者由于设计采用新工艺、新材料、新结构，在预算定额中没有这类项目，属于定额缺项时，可编制补充新预算定额。

编制补充定额一般先计算人工、各种材料和机械台班消耗量指标，后乘以人工单价、材料价格及机械台班使用单价，最后汇总就可求得补充定额基价。

1.2.4　工程定额计价

1.2.4.1　工程定额计价方法概述

工程计价的基本原理在于项目的分解与组合。建筑产品单件性与多样性特点决定了每个建设项目都需要按业主的特定需要单独设计、单独施工，不能批量生产和按整个项目确定价格，只能采用特殊的计价程序和计价方法，即将整个项目进行分解，划分为可以按有关技术经济参数测算价格的基本构造要素，基本子项的实物量确定后，再确定其单位价格。基本子项单价如何确定？又用什么方式？这就必须研究工程造价的计价基本方法。

计价方法有多种，但工程计价的基本过程和原理是相同的，影响造价最主要的因素有两个，即基本构造要素的工程数量及其单位价格，即：

$$\text{工程造价}=\Sigma(\text{工程量}\times\text{单位价格})+\text{相关税、费} \tag{1-2-8}$$

在基本子项的工程量通过一定的方法计算出来后，其单位价格的确定就是关键所在，也就是说，基本子项的单位价格确定的方法，决定了工程的计价方法。工程定额计价法就是根据国家统一颁布的投资估算指标、概算指标、概算定额、预算定额及其他相关计价定额等，按照规定的计算程序对工程产品价格实行有计划的计价与管理。这是我国曾长期采用的一种计价模式及概预算计价体制。定额所反映的是社会的平均消耗量和平均技术管理水平，不能准确地反映企业的实际消耗量，也不能全面地体现企业技术装备水平、管理水平和劳动生产率水平。同时，工程价格或直接由国家决定，或由国家给出一定的指导价，不能充分体现公平竞争的原则。随着社会主义市场经济体制的建立与逐步完善，工程价格的确定主要通过市场机制的调节和市场竞争来实现。在计价定额从指令性走向指导性的过程中，虽然计价定额中的一些因素可以按照市场变化作一些调整，但其主要资源要素即人工、材料和机械台班价格也都由工程造价管理部门发布造价信息，造价管理部门不可能把握市场价格的随机变化，其公布的造价信息与市场实际价格信息总有一定的时间滞后或偏差，这就决定了工程定额计价方法的局限性。

1.2.4.2　工程定额计价的程序和步骤

1. 工程定额计价的程序

采用工程定额计价方法编制工程造价文件，即采用传统的定额计价体系计算，虽然与市场竞争的要求有一定差距，但由于这种工序定额子项划分清楚，价格与构成详细且明确，在一定时期内，其价格确定也有相对稳定性，再加上适当的工、料、机价差调整及取费动态调整，采用这种方法编制工程造价文件还是有成熟实用的一面。

工程定额计价的基本程序（以浙江省工程定额计价的基本程序为例）如图 1-2-4 所示。从图 1-2-4 可知，工程量计算和工程计价是编制建设工程造价的两个最基本的过程。

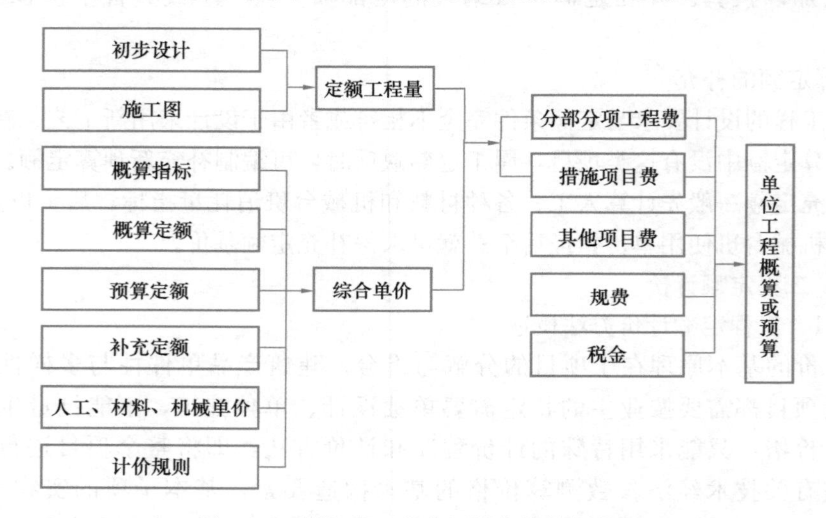

图 1-2-4　浙江省工程定额计价的基本程序

2. 采用定额计价方法编制工程预算的步骤

（1）准备工作

采用工程定额计价方法编制工程预算，不仅要严格遵守国家计价法规、政策，严格按照图纸计量，而且还要考虑施工现场实际条件因素，是一项复杂而细致的工作，也是一项政策性和技术性都很强的工作，因此必须事前做好充分准备。准备工作主要包括两大方面：一方面是组织准备；另一方面是收集编制施工图预算的编制依据。其中主要包括现行建筑安装工程定额、取费标准、工程量计算规则、地区材料预算价格以及市场材料价格等各种资料。资料收集清单见表 1-2-12。

定额计价法收集资料一览表　　表 1-2-12

序号	资料分类	资料内容
1	国家规范	国家或省级、行业建设主管部门颁发的计价依据
2		国家或省级、行业建设主管部门颁发的计价办法

续表

序号	资料分类	资料内容
3	地方标准、定额	××地区建筑安装工程预算定额
4		××地区建筑安装工程消耗量标准
5		××地区人工费调整系数、材料信息价等管理办法
6	建设项目有关资料	设计文件、施工图、标准图集等
7		施工现场情况、工程特点及常规施工方案
8		经批准的初步设计概算或修正概算
9	其他有关资料	

（2）熟悉施工图

施工图文件不仅是施工的依据，也是编制工程预算最重要的基础资料，只有对施工图所表述的工程构件、材料做法、材料及设备的规格品种及质量、设计尺寸等基本内容仔细了解后，才能结合计算规则的要求，及时、准确无误地计算出工程量。在熟悉施工图时，应将建筑施工图、结构施工图、其他工种施工图、相关的大样图、所采用的标准图集、材料做法等相互结合起来，并对构造要求、构件连接、装饰要求等有一个全面认识，对设计施工图形成主要概念。

同时，在识图时，发现图纸上不合理或存在问题的地方，要通知设计者及时修改，避免机械预算而返工。也可以通过造价人员参加图纸会审及技术交底工作，进一步分析施工中的可能性，发现问题之后，向设计部门提出合理化建议，使设计更经济合理，充分发挥造价人员的主观能动性。这一方面，是造价人员主动控制造价的关键。

（3）了解和掌握现场情况及施工组织设计或施工方案等资料

对施工现场的施工条件、施工方法、技术组织措施、施工进度、施工机械及设备、材料供应等情况也应了解。同时，对现场的地貌、土质、水位、施工场地、自然地坪标高、土石方挖填运状况及施工方式、总平面布置等与工程预算有关的资料有详细了解。

（4）熟练掌握计价定额及有关规定

正确掌握预算定额及有关规定，熟悉定额的全部内容和项目划分、定额子目的工程内容、施工方法、材料规格、质量要求、计量单位、工程量计算规则及方法、项目之间的相互关系、定额允许换算的规定条件及方法等。只有对这些定额内容、形式及使用方法有了全面了解，才能准确而迅速地计算出全部分项工程的工程量。

（5）划分工程项目

工程计量计价最大的失误就是缺项、漏项或重项，其结果将造成编制的工程造价重大误差，对建设单位（业主）或施工单位带来重大经济损失。因此，划分工程项目是工程造价计价的重要环节。为了准确地划分工程项目，必须正确细致地理解施工图，掌握基本施工技术和施工方案，熟练运用预算定额。划分的工程项目必须与定额的项目一致，这样才能正确地套用定额，选择正确的计算规则，既不能重复列项计算，也不能漏算、少算。

（6）计算工程量

无论何种计价模式，工程量的计算都是预算编制的关键环节。这是一项繁琐而细致的工作，要求认真、及时、准确、完整地计算。计算时，根据施工图的内容要求、定额的分项划分及计算规则，按照一定的统筹顺序，详细地计算出具体的分部分项工程原始的工程数量。

工程量是计价的基础数据，计算的精度不仅影响工程造价，而且影响与之关联的一系列数据，如计划、统计、劳动力、材料等。因此，绝不能把工程量看成单纯的技术计算，它对整个企业的经营管理都有重要的意义。

工程量计算的一般具体步骤：

1）根据施工图示的工程内容和定额项目，列出需计算工程量的分部分项；

2）根据一定的计算顺序和计算规则，列出计算式；

3）根据施工图示尺寸及有关数据，代入计算式进行数学计算；

4）按照定额中的分部分项的计量单位对相应的计算结果的计量单位进行调整，使之一致。

工程量计算要根据图纸所标明的尺寸、数量以及附有的设备明细表、构件明细表进行。一般应注意下列几点：

1）严格按照计价依据的规定和工程量计算规则，结合图纸所标明的尺寸进行计算，不能随意地加大或缩小各部位的尺寸。

2）为了便于核对，计算工程量一定要注明层次、部位、轴线编号及断面符号。计算式要力求简单明了，按一定程序排序，填入工程量计算表，以便核对。

3）尽量采用图中已经通过计算注明的数量和附表，如门窗表、预制构件表、钢筋表、设备表、安装主材表等，必要时查阅图纸进行核对。因为设计人员往往从设计角度计算材料和构件的数量，除了口径不尽一致外，常常有遗漏和误差出现，要加以改正。

4）计算时要防止重复计算和漏算。在比较复杂的工程或工作经验不足时，最容易发生的是漏项漏算或重项重算。因此，在计价之前应先看懂图纸，弄清各页图纸的关系及细部说明。一般也可按照施工次序，由上到下，由外到内，由左到右，事先列出分部分项名称，依次进行计算。在计算中如果发现有新的项目，则应随时补充进去。为了防止遗忘，也可以采用分页图纸逐张清算的办法，以便先减少一部分图纸数量，集中精力计算比较复杂的工程量，有条件的尽量分层、分段、分部位来计算，最后将同类项加以合并，编制工程量汇总表。

工程量的计算过程，也是工程预算编制最消耗时间的环节，为了降低劳动强度及时间消耗，有很多计算软件可以运用，基本上能解决大部分或全部计算问题。快速与准确的统一是计算机计算工程量需解决的主要问题，“快而不准”数据无用，“准而不快”效率又不高，甚至不如手算直观。因此，目前很多工程造价人员在计算工程量时，处于半手工、半电算阶段。即大部分采用人工计量、计算机软件计价计费。当然，随着施工图的规范设计、计量规则的统一、软件开发功能的提高，工程量计算必然能实现全面电算化。

（7）套用预算定额并计算分部分项工程费

当分部分项工程量计算完毕经检验无误后，就按定额分项工程的排列顺序，套用定额单价、计算出定额综合单价，汇总为分部分项工程费。这部分工作全部可以由计算机软件完成。但值得注意的是，软件是接受人的指令的，而人是能动的，在上机套用定额项目时，要注意分项工程名称，材料品种、规格、配合比及强度等级，工程做法等要与所套分项相符合。要注意定额如何换算、补充定额如何编制及使用等事项，才能保证其计算的准确性。

1）套用定额时，必须仔细核对工程内容、技术特征、施工方法及材料规格，并根据施工图及说明的做法选择定额的项目，尽量避免漏项、重项、错项、高项、低项及定额档次划分混淆不清等情况发生。

2）当分项工程的内容、材料规格、施工方法、强度等级及配合比等条件与定额项目不符时，应根据定额的说明要求，在规定允许的范围内调整及换算。通常容易涉及换算的内容主要有：配合比换算、混凝土强度等级换算、厚度换算、其他有关的材料代换。

3）当某些分项工程在定额中缺项时，可以编制补充定额。编制时，建设单位、施工单位及监理部门应进行协商并同意，报当地工程造价管理部门审批同意后，才能列入使用。

（8）工料分析、计算费用形成工程预算造价

按照规定的取费项目、取费标准及程序，计算出其他几项费用，并经工料分析，对主要材料进行价差调整，最后汇总形成预算造价。这部分工作可全部由计算机软件完成，但注意输入时，工程类别划分、取费等级及标准、材料价格及来源、按实费用、税率等要认真复核并保证无误。

（9）编制说明及复核

对编制依据、施工方法、施工措施、材料价格、费用标准等主要情况加以说明，使有关单位人员在使用本预算时，了解其编制前提，以便当实际前提发生变化时，对预算值做相应调整，最后再对预算的“量”“项”“价”“费”做全面复核。

（10）装订及签章

把预算按照其组成内容顺序装订成册，再填写封面内容，签字完备，加盖参加编制的工程造价人员的资格证章，经有关负责人审定后签字，再加盖公章。至此，工程预算书编制完成。

学习情境 2　单位工程设计概算编制

掌握概算编制依据、组成内容、编制方法；建筑面积的计算规则及应用；各分部分项概算工程计算规则，概算分部分项工程综合单价计算方法。

能计算建筑工程单位概算费用；会计算各类型建筑物的建筑面积；能根据工程图纸计算各分部分项工程概算工程量及综合单价。

培养学生灵活应用理论及技能知识造价岗位中编制单位工程概算文件的能力；培养学生语言表达能力、与人良好沟通的能力。

1. “欲知平直，则必准绳；欲知方圆，则必规矩”。

2. 借助典型工程项目设计概算编制、造价控制，让学生明白从业人员的严谨规范、认真负责、团结协作、攻坚克难，感受工程造价人员肩负的历史使命与时代责任，激发学生精益求精的工匠精神，同时让学生感受到中国已变为技术引领性强国，激发学生“强国有我”的自信与豪迈。

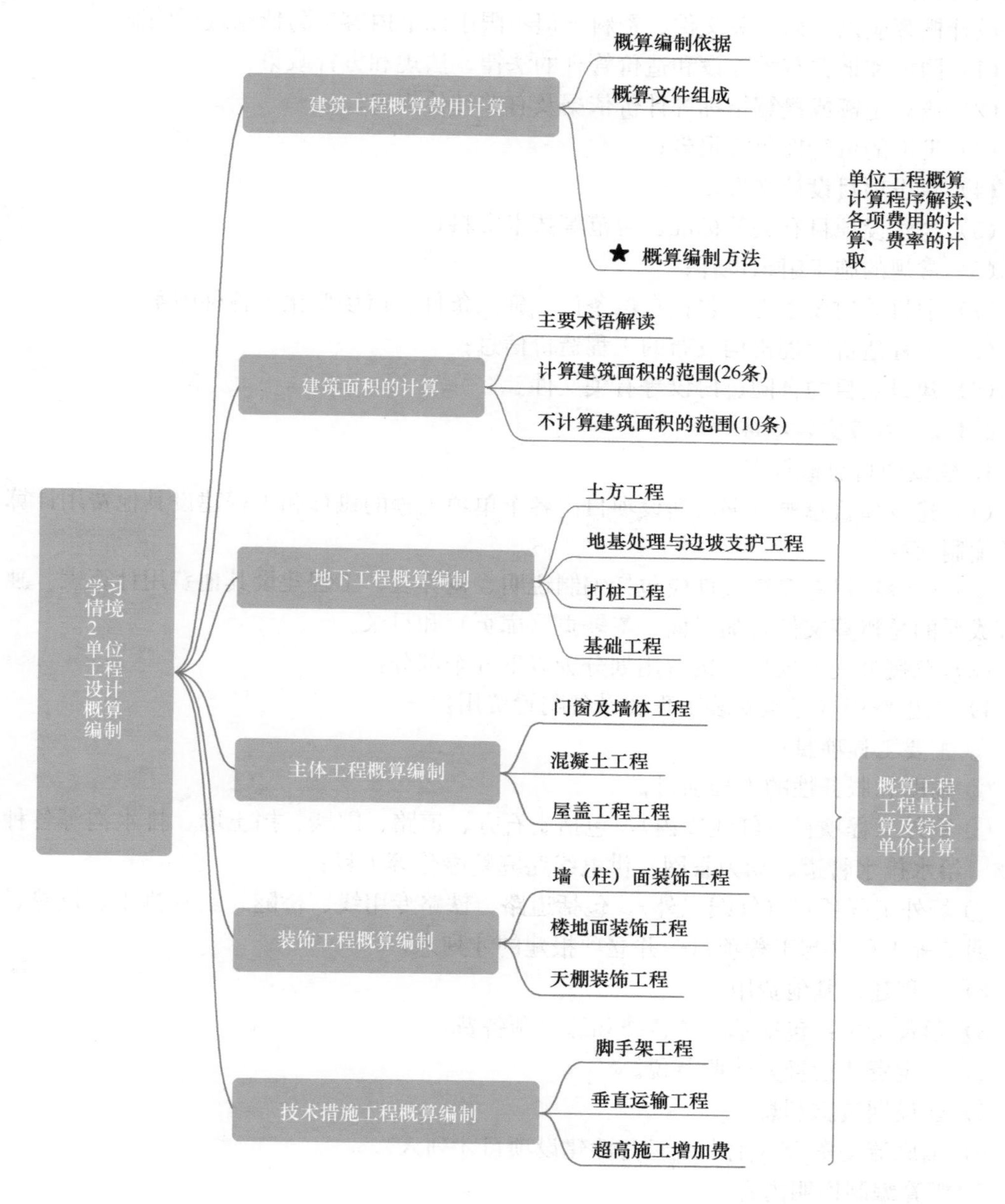

任务 2.1 建筑工程概算费用计算

2.1.1 概算编制依据

设计概算是初步设计文件的重要组成部分，是确定和控制建设项目全部资产的文件。设计概算文件必须完整反映工程项目初步设计内容，严格执行国家有关的方针、政策和制度，实事求是地根据工程所在地的建设条件（包括自然条件、施工条件等影响造价的各种因素），按有关资料进行编制。

设计概算应以下列有关文件、资料（但不限于以下内容）为依据进行编制：

（1）国家和地方有关建设和造价管理的法律、法规和方针政策；

（2）概算定额或概算指标等计价依据及有关计价规定；

（3）批准的可行性研究报告；

（4）建设项目设计文件；

（5）与建设项目有关的标准、规范等技术资料；

（6）常规的施工组织设计；

（7）项目的建设条件，包括自然条件、施工条件、市场变化等各种因素；

（8）工程造价管理机构发布的工程造价信息；

（9）建设项目的合同、协议等有关文件。

2.1.2 概算文件组成

1. 建设项目总概算书

（1）建设项目总概算书由建设项目内各个单项工程的概算和工程建设其他费用计算表汇总编制而成。

（2）建设项目总概算文件应包括编制说明、概算表、工程建设其他费用计算表。独立装订成册的总概算文件宜加封面、签署页（扉页）和目录。

（3）总概算表的项目应按费用划分为以下 6 个部分：

1）工程费用（建筑安装工程和设备购置费用）

① 主要工程项目；

② 辅助和服务性的工程项目；

③ 室外工程项目（红线以内），包括土石方、道路、围墙、挡土墙、排水沟等各种构筑物、给水排水管道、动力管网、供电线路庭院绿化等工程；

④ 场外工程项目（红线以外），包括道路、铁路专用线、桥隧、给水排水、供热、供电、通信等工程（与工程项目一并立项报建的才列入）。

2）工程建设其他费用。

3）预备费用：包括基本预备费和涨价预备费。

4）固定资产投资方向调节税。

5）建设期贷款利息。

6）铺底流动资金（生产或经营性建设项目才列入）。

2. 概算编制说明内容

（1）工程概况：包括建设项目设计资料的依据及有关文号、建设规模、工程范围，并明确工程总概算中所包括和不包括的工程项目费用。由几个单位共同设计和编制概算的，应说明分工编制情况。

（2）编制依据：批准的可行性研究报告及其他有关文件，具体说明概算编制所依据的设计图纸及有关文件采用的定额、人工、主要材料和机械费用的依据或来源，各项费用取定的依据及编制方法。

（3）钢材、木材、水泥商品混凝土等总用量，各项工程主要工程数量。

（4）总概算金额及各项费用的构成。

（5）资金筹措及分年度使用计划，如使用外汇，应说明使用外汇的种类、折算汇率及外汇的使用条件。

（6）其他与概算有关但不能在表格中反映事项的必要说明。

1）应有封面、签署页（扉页）和目录。

2）封面应有建设项目名称、编制单位、编制日期及第几册/共几册等内容，扉页应有项目名称，编制单位，单位资质证书号，单位主管，审定、审核、专业负责人和主要编制人的署名及证章。

3. 概算计价表格

（1）工程建设项目概算书（封面）。

（2）工程建设项目概算书（扉页）。

（3）编制说明。

（4）总（综合）概算表。

（5）工程建设其他费用计算表。

（6）工程建设专项费用计算表。

（7）单项工程概算汇总表。

（8）单位工程概算费用计算表。

（9）建筑工程概算表。

（10）设备及安装工程概算表。

（11）进口设备材料货价及从属费用计算表。

（12）主要材料用量表。

（13）设备、工器具汇总表。

（14）总（综合）概算调整表。

建筑工程概算费用计算

2.1.3 概算编制方法

1. 单位工程概算计算程序

建设工程概算费用计算程序见表2-1-1。

建筑工程概算费用计算程序表　　表2-1-1

序号	费用项目	计算方法（公式）
一	概算分部分项工程费	Σ（概算分部分项工程数量×综合单价）
	1.1 人工费＋机械费	Σ概算分部分项工程（定额人工费＋定额机械费）
二	总价综合费用	1.1×费率
三	概算其他费用	3.1＋3.2＋3.3
	3.1 标化工地预留费	1.1×费率
	3.2 优质工程预留费	（一＋二）×费率
	3.3 概算扩大费用	（一＋二）×扩大系数
四	税前概算费用	一＋二＋三
五	税金（增值税销项税）	四×税率
六	建筑安装工程概算费用	四＋五

2. 各项费用计算

建筑安装工程概算费用由税前概算费用和税金（增值税销项税，下同）组成，计价内容包括概算分部分项工程费（包含施工技术措施项目，下同）、总价综合费用、概算其他费用和税金。

（1）概算分部分项工程费

概算分部分项工程费按概算分部分项工程数量乘以综合单价以其合价之和进行计算。其中：

1）工程数量。概算分部分项工程数量应根据概算“专业定额”中定额项目规定的工程量计算规则进行计算。

2）综合单价。

① 综合单价所含人工费、材料费、机械费应按照概算“专业定额”中的人工、材料、施工机械（仪器仪表）台班消耗量以概算编制期对应月份省、市工程造价管理机构发布的市场信息价进行计算。遇未发布市场信息价的，可通过市场调查以询价方式确定价格。

② 综合单价所含企业管理费、利润应以概算“专业定额”中定额项目的“定额人工费＋定额机械费”乘以单价综合费用费率进行计算。单价综合费用费率由企业管理费费率和利润费率构成，按相应施工取费费率的中值取定，具体单价综合费用费率按表 2-1-2 取定。

单价综合费用费率　　表 2-1-2

定额编号	项目名称	计算基数	费率（%）
GA1	房屋建筑与装饰工程		
GA1-1	房屋建筑及构筑物工程	定额人工费＋定额机械费	24.67
GA1-2	单独装饰工程		22.78
GB1	通用安装工程		
GB1-1	水、电、暖通、消防、智能、自控及通信安装	定额人工费＋定额机械费	32.12
GB1-2	设备及工艺金属结构安装工程		29.22
GC1	市政工程		
GC1-1	市政土建工程		
GC1-1-1	道路、排水、河道护岸、水处理构筑物及城市综合管廊、生活垃圾处理工程	定额人工费＋定额机械费	27.03
GC1-1-2	桥梁工程		27.16
GC1-1-3	隧道工程		16.05
GC1-2	市政安装工程	定额人工费＋定额机械费	28.22
GD1	城市轨道交通工程		
GD1-1	城市轨道交通土建工程		
GD1-1-1	地下结构工程	定额人工费＋定额机械费	26.89
GD1-1-2	高架桥工程		28.37
GD1-1-3	地下区间工程		20.66
GD1-1-4	轨道工程		70.31
GD1-2	城市轨道交通安装工程	定额人工费＋定额机械费	32.13
GE1	园林绿化及仿古建筑工程		

续表

定额编号	项目名称	计算基数	费率（%）
GE1-1	仿古建筑工程	定额人工费+定额机械费	24.38
GE1-2	园林绿化及景观工程		29.58
GE1-3	单独绿化工程		31.10

注：1. 单价综合费用费率包括企业管理费和利润费率，按相应费率取定，适用于一般计税方法计价工程的概算编制。
2. 费用项目适用对象及范围同相应施工取费费率使用说明。
3. 房屋建筑与装饰工程遇装配整体式混凝土结构时，其费率应根据不同PC率乘以相应系数进行调整。其中，PC率20%以上（含20%）至30%以内的，调整系数为1.1；PC率30%以上（含30%）至40%以内的，调整系数为1.15；PC率40%以上（含40%）至50%以内的，调整系数为1.2；PC率50%以上的，调整系数为1.25。
4. 城市轨道交通土建工程中采用明挖法或盖挖法施工的地下区间工程，按地下结构工程的相应费率执行。

（2）总价综合费用

总价综合费用按概算分部分项工程费中的“定额人工费+定额机械费”乘以总价综合费用费率进行计算（总价综合费用费率按表2-1-3取定）。总价综合费用费率由施工组织措施项目费相关费率和规费费率构成，所含施工组织措施项目费费率只包括安全文明施工基本费、提前竣工增加费、二次搬运费、冬雨季施工增加费费率，不包括标化工地增加费和行车、行人干扰增加费费率。其中：

1）安全文明施工基本费费率按市区工程相应基准费率（即施工取费费率的中值）取定；

2）提前竣工增加费费率按缩短工期比例为10%以内施工取费费率的中值取定；

3）二次搬运费、冬雨季施工增加费费率按相应施工取费费率的中值取定；

4）规费费率按相应施工取费费率取定。

总价综合费用费率　　表2-1-3

定额编号	项目名称	计算基数	费率（%）
GA2	房屋建筑与装饰工程		
GA2-1	房屋建筑及构筑物工程	定额人工费+定额机械费	36.43
GA2-2	单独装饰工程		34.76
GB2	通用安装工程		
GB2-1	水、电、暖通、消防、智能、自控及通信安装工程	定额人工费+定额机械费	38.95
GB2-2	设备及工艺金属结构安装工程		35.98
GC2	市政工程		
GC2-1	市政土建工程		
GC2-1-1	道路、排水、河道护岸、水处理构筑物及城市综合管廊、生活垃圾处理工程	定额人工费+定额机械费	28.43
GC2-1-2	桥梁工程		32.52
GC2-1-3	隧道工程		30.70

续表

定额编号	项目名称	计算基数	费率（%）
GC2-2	市政安装工程	定额人工费＋定额机械费	35.22
GD2	城市轨道交通工程		
GD2-1	城市轨道交通土建工程		
GD2-1-1	地下结构工程	定额人工费＋定额机械费	28.76
GD2-1-2	高架桥工程		36.90
GD2-1-3	地下区间工程		23.74
GD2-1-4	轨道工程		37.72
GD2-2	城市轨道交通安装工程	定额人工费＋定额机械费	34.59
GE2	园林绿化及仿古建筑工程		
GE2-1	仿古建筑工程	定额人工费＋定额机械费	39.12
GE2-2	园林绿化及景观工程		38.34
GE2-3	单独绿化工程		36.06

注：1. 总价综合费用费率包括安全文明施工基本费、提前竣工增加费、二次搬运费、冬雨季施工增加费等施工组织措施项目费（标化工地增加费和行车、行人干扰增加费除外）和规费费率，适用于一般计税方法计价工程的概算编制。其中：

(1) 安全文明施工基本费按市区工程相应施工取费费率的中值取定（房屋建筑与装饰工程不分建筑规模，以标准费率取定）。

(2) 提前竣工增加费按缩短工期比例 10%以内相应施工取费费率的中值取定。

(3) 其余施工组织措施项目费按相应施工取费费率的中值取定。

(4) 规费按相应施工取费费率取定。

2. 费用项目适用对象及范围同相应施工取费费率使用说明。

3. 房屋建筑与装饰工程遇装配整体式混凝土结构时，其费率应根据不同 PC 率乘以相应系数进行调整。其中，PC 率 20%及 20%以上至 30%以内的，调整系数为 1.1；PC 率 40%以内的，调整系数为 1.15；PC 率 50%以内的，调整系数为 1.2；PC 率 50%以上的，调整系数为 1.25。

4. 城市轨道交通土建工程中采用明挖法或盖挖法施工的地下区间工程，按地下结构工程的相应费率执行。

(3) 概算其他费用

概算其他费用按标化工地预留费、优质工程预留费、概算扩大费用之和进行计算。其中：

1）标化工地预留费是指因工程实施时可能发生的标化工地增加费而预留的费用。

① 标化工地预留费应以概算分部分项工程费中的“定额人工费＋定额机械费”乘以标化工地预留费费率进行计算，具体费率按表 2-1-4 取定。

② 标化工地预留费费率按市区工程标化工地增加费相应标化等级的施工取费费率取定，设计概算编制时已明确争创安全文明施工标准化工地目标的，按目标等级对应费率计算。

2）优质工程预留费是指因工程实施时可能发生的优质工程增加费而预留的费用。

① 优质工程预留费应以“概算分部分项工程费＋总价综合费用”乘以优质工程预留费费率进行计算，具体费率按表 2-1-5 取定。

② 优质工程预留费费率按优质工程增加费相应优质等级的施工取费费率取定，设计

概算编制时已明确争创优质工程目标的，按目标等级对应费率计算。

标化工地预留费费率　　表 2-1-4

定额编号	项目名称	计算基数	费率（%）			
			标化工地等级			
			县市区级	设区市级	省级	国家级
GA3	房屋建筑与装饰工程	定额人工费＋定额机械费	1.27	1.54	1.81	2.17
GB3	通用安装工程	—	1.42	1.73	2.03	2.44
GC3	市政工程					
GC3-1	市政土建工程	定额人工费＋定额机械费	1.16	1.40	1.65	1.98
GC3-2	市政安装工程		1.20	1.46	1.72	2.06
GD3	城市轨道交通工程					
GD3-1	城市轨道交通土建工程	定额人工费＋定额机械费	1.21	1.47	1.73	2.08
GD3-2	城市轨道交通安装工程		1.21	1.47	1.73	2.08
GE3	园林绿化及仿古建筑工程	定额人工费＋定额机械费	0.93	1.13	1.33	1.60

注：1. 标化工地预留费以标化工地增加费考虑，按市区工程不同标化等级的相应施工取费费率取定，适用于一般计税方法计价工程的概算编制。
2. 费用项目适用对象及范围同相应施工取费费率使用说明。
3. 房屋建筑与装饰工程遇装配整体式混凝土结构时，其费率应根据不同 PC 率乘以相应系数进行调整。其中，PC 率 20%及 20%以上至 30%以内的，调整系数为 1.1；PC 率 40%以内的，调整系数为 1.15；PC 率 50%以内的，调整系数为 1.2；PC 率 50%以上的，调整系数为 1.25。

优质工程预留费费率　　表 2-1-5

定额编号	项目名称	计算基数	费率（%）			
			优质工程等级			
			县市区级	设区市级	省级	国家级
GA4	房屋建筑与装饰工程	概算分部分项工程费＋总价综合费用	1.50	2.00	3.00	4.00
GB4	通用安装工程		1.00	1.35	1.80	2.25
GC4	市政工程		0.75	1.00	2.00	3.00
GD4	城市轨道交通工程		0.75	1.00	2.00	3.00
GE4	园林绿化及仿古建筑工程		0.75	1.00	1.25	1.50

注：1. 优质工程预留费以优质工程增加费考虑，按不同优质等级的相应施工取费费率取定，适用于概算的编制。
2. 费用项目适用对象及范围同相应施工取费费率使用说明。
3. 市政、城市轨道交通工程的优质工程预留费不分土建与安装，统一按相应费率计算。

3）概算扩大费用是指因概算定额与预算定额的水平幅度差、初步设计图纸与施工图纸的设计深度差异等因素，编制概算时应适当扩大需考虑的费用。

① 概算扩大费用应以“概算分部分项工程费＋总价综合费用”乘以扩大系数进行计算。

② 扩大系数按 1%～3%进行取定，具体数值可根据工程的复杂程度和图纸的设计深度确定。其中，较简单工程或图纸设计深度达到要求的取 1%，一般工程取 2%，较复杂

工程或设计图纸深度未达到要求的取3%。

(4) 税金

按税前概算费用乘以增值税销项税税率进行计算，税率按表2-1-6取定。

税金税率 表2-1-6

定额编号	项目名称	适用计税方法	计算基数	税率（%）
G5	增值税销项税	一般计税方法	税前概算费用	10.00

注：1. 税金税率按增值税销项税税率取定，适用于一般计税方法计价工程的概算编制。

2. 税前概算费用中的各费用项目均不包含增值税进项税额。

3. 根据《关于增值税调整后浙江省建设工程计价依据增值税税率及有关计价调整的通知》（浙建建发〔2019〕92号），计算增值税销项税额时，增值税税率由10%调整为9%。

【例2-1-1】 某市区×CL02-03-01F地块安置房二期1号楼工程，已知建筑面积9551.08m²，建筑物总层数18层，总高度53.2m，该工程的概算分部分项工程费（含技术措施项目费）为17350493.94元，其中分部分项（含技术措施）定额人工费+定额机械为4143898.36元，PC率为41%。质量要求达到"设区市级"优质工程，并要求创"设区市级"标化工地。根据以上条件计算该单位工程概算费用（所有计算结果均保留两位小数）。

【解】 本项目为单位工程设计概算的费用的计算，按建筑安装工程概算费用计算程序表计算，具体见表2-1-7。

因装配率为41%，总价综合费用费率、标化预留费费率均要乘以系数1.2。

(1) 总价综合费用费率=36.43%×1.2=43.72%

(2) 标化预留费费率=1.51%×1.2=1.81%

单位工程概算费用计算表 表2-1-7

序号	费用项目	计算方法（公式）	费用（元）
一	概算分部分项工程费	17350493.94	17350493.94
	1.1 人工费+机械费	4143898.36	4143898.36
二	总价综合费用	4143898.36×43.72%	1811712.36
三	概算其他费用	3.1+3.2+3.3	841492.82
	3.1 标化工地预留费	4143898.36×1.81%	75004.56
	3.2 优质工程预留费	(17350493.94+1811712.36) ×2%	383244.13
	3.3 概算扩大费用	(17350493.94+1811712.36) ×2%	383244.13
四	税前概算费用	一+二+三	20003699.12
五	税金（增值税销项税）	四×9%	1800332.92
六	建筑安装工程概算费用	四+五	21804032.04

任务2.2 建筑面积计算

2.2.1 建筑面积概述

建筑面积是指建筑物（包括墙体）所形成的楼地面面积，是在主体结构内形成的建筑空间，是自然层外墙结构外围水平面积之和，包括附属于建筑物的室外阳台、雨篷、檐廊、室外走廊、室外楼梯等的面积，通常以平方米（m^2）反映房屋建筑规模的实物量指标，它广泛应用于基本建设计划、统计、设计、施工和工程概预算等各个方面。尤其在建筑工程造价管理方面起着非常重要的作用。建筑面积常用以反映工程技术经济指标，如平方米造价指标、平方米工料耗用指标等，是分析评价工程经济效果的重要数据。建筑面积也用作编制建筑工程预算直接费的基础，如浙江省建筑工程预算定额中房屋工程综合脚手架、建筑物超高增加费等技术措施项目工程量都是以建筑面积为基础确定的。

建筑面积的计算

我国最初于20世纪70年代制定《建筑面积计算规则》，之后根据需要进行了多次修订。1982年国家经委基本建设办公室（82）经基设字58号印发了《建筑面积计算规则》，对20世纪70年代制定的《建筑面积计算规则》进行了修订。1995年，建设部发布了《全国统一建筑工程预算工程量计算规则》（土建工程GJDGZ-101-95），其中含“建筑面积计算规则”的内容，是对1982年《建筑面积计算规则》进行的修订，2005年，建设部以国家标准的形式发布了《建筑工程建筑面积计算规范》GB/T 50353—2005。

随着我国建筑市场的不断发展，建筑新结构、新材料、新技术和新工艺层出不穷，为解决建筑技术的发展产生的面积计算问题，使建筑面积的计算更加科学合理，本着“不重算，不漏算”的原则，在总结2005版规范实施情况的基础上，住房和城乡建设部组织有关专家对建筑的计算范围和计算方法进行了修改、统一和完善，并于2013年以住房和城乡建设部公告第269号发布了国家标准《建筑工程建筑面积计算规范》GB/T 50353—2013。本规范适用于新建、扩建、改建的工业与民用建筑工程建设全过程的建筑面积计算。其适用范围包含了“建设全过程”，从项目建议书、可行性研究报告至竣工验收、交付使用的建设全过程，规划、设计均可以使用该规范。但房屋产权面积不适用于该规范。建筑工程的建筑面积计算除应符合该规范外，尚应符合国家现行有关标准的规定。

2.2.2　建筑面积计算规范相关解析

《建筑工程建筑面积计算规范》GB/T 50353—2013包括总则、术语、计算建筑面积的规定三个部分及条文说明。规范的第一部分为总则，共3条，主要阐述了规范制定的目的、使用范围和建筑面积计算应遵循的有关原则。第二部分为术语，共30条，主要对规范中涉及的建筑物有关部位的名词做了定义和解释。第三部分为计算建筑面积的规定，共27条，是建筑工程建筑面积计算的规定，包括建筑面积计算的内容、计算方法和不计算面积的范围。

1. 主要术语解读

（1）建筑空间

建筑空间是指“以建筑界面限定的、供人们生活和活动的场所”。现行国家标准《建筑工程建筑面积计算规范》GB/T 50353—2013（下简称《建筑面积计算规范》）取消“设计加以利用”的说法，凡是具备可出入、可利用条件（设计中可能标明了使用用途，也可能没有标明使用用途或使用用途不明确）的围合空间，均属于建筑空间。可出入指的是人能通过门（门洞）或楼梯等正常通道的出入，如果必须通过窗、栏杆、上人孔、检修孔等出入的，则不算可出入。

（2）结构层高

结构层高是指“楼面或地面结构层上表面至上部结构层上表面之间的垂直距离”。

1）当上下均为楼面时，结构层高是相邻两层楼板结构层上表面之间的垂直距离，包括楼板。

2）当处于建筑物的最底层时，从“混凝土构造”的上表面算至上层楼板结构层上表面。

具体又可以分为两种情况：①有混凝土底板的，从底板上表面算起（如底板上有上反梁，则应从上反梁上表面算起）；②无混凝土底板、有地面构造的，以地面构造中最上一层混凝土垫层或混凝土找平层上表面算起。

3）当处于建筑物顶层时，从楼板结构层上表面算至屋面板结构层上表面（图 2-2-1 所示）。

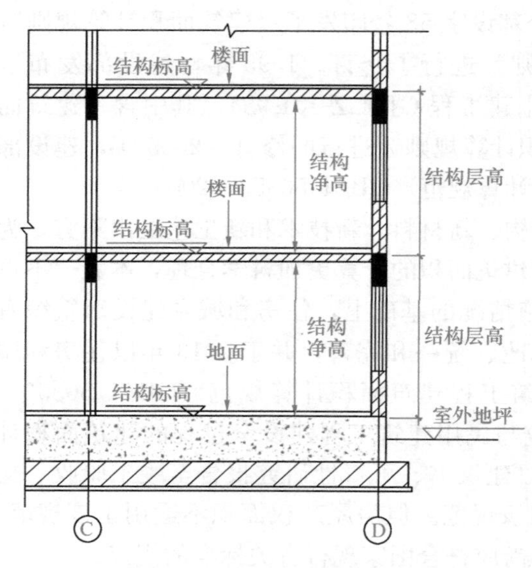

图 2-2-1　结构层高、结构净高示意图

（3）结构净高

结构净高是指“楼面或地面结构层上表面至上部结构层下表面之间的垂直距离”，不包括楼板，如图 2-2-1 所示。

（4）围护结构

围护结构是指“围合建筑空间的墙体、门、窗”。

（5）围护设施

围护设施是指“为保障安全而设置的栏杆、栏板等围挡”。这一规定明确了栏杆、栏板等不属于围护结构。本规范所指的围护设施是建筑物的附属部件，而非在施工期间为保障安全而设置的临时性围挡。

（6）地下室

地下室是指“室内地坪面低于室外地坪面的高度超过室内净高的 1/2 的房间”。

（7）半地下室

半地下室是指“室内地坪面低于室外地坪面的高度超过室内净高的 1/3，且不超过 1/2的房间”。

（8）檐廊

檐廊是指“建筑物挑檐下的水平交通空间”。往往附属于建筑物底层外墙有屋檐作为顶盖，其下部一般有柱或栏杆、栏板等的水平交通空间。

（9）门廊

门廊是指“建筑物入口前有顶棚的半围合空间”。设置于建筑物的出入口，无门、三面或二面有墙，上部有板（或借用上部楼板）围护的部位。

（10）阳台

阳台是指“附设于建筑物外墙，设有栏杆或栏板，可供人活动的室外空间”。

阳台主要有三个属性：①阳台是附设于建筑物外墙的建筑部件；②阳台应有栏杆、栏板等围护设施或窗；③阳台是室外空间。

（11）雨篷

雨篷是指“建筑物出入口上方为遮挡雨水而单独设立的部件”。雨篷划分为有柱雨篷

（包括独立柱雨篷、多柱雨篷、柱墙混合支撑雨篷、墙支撑雨篷）和无柱雨篷（悬挑雨篷）。如凸出建筑物，且不单独设立顶盖，利用上层结构板（如楼板、阳台底板）进行遮挡，则不视为雨篷，不计算建筑面积。对于无柱雨篷，如顶盖高度达到或超过两个楼层时，也不视为雨篷，不计算建筑面积。

（12）露台

露台是指“设置在屋面、首层地面或雨篷上的供人室外活动的有围护设施的平台”。

露台应同时满足四个条件：①位置，设置在屋面、首层地面或雨篷顶；②可出入；③有围护设施；④无盖。如果设置在首层并有围护设施的平台，且其上层为同体量阳台，则该平台应视为阳台，按阳台的规则计算建筑面积。

（13）变形缝

变形缝是指“防止建筑物在某些因素作用下引起开裂甚至破坏而预留的构造缝”。通常设置于建筑物因温差、不均匀沉降以及地震而可能引起结构破坏变形的敏感部位或其他必要的部位，预先设缝将建筑物断开，令断开后建筑物的各部分成为独立的单元，或者是划分为简单、规则的段，并令各段之间的缝达到一定宽度，以能够适应变形的需要。根据外界破坏因素的不同，变形缝一般分为伸缩缝、沉降缝和抗震缝三种。

（14）主体结构

主体结构是指“接受、承担和传递建设工程所有上部荷载，维持上部结构整体性、稳定性和安全性的有机联系的构造”。

2. 建筑面积的计算范围

（1）建筑物的建筑面积应按自然层外墙结构外围的水平面积之和计算。结构层高在2.20m及以上的，应计算全面积；结构层高在2.20m以下的，应计算1/2面积。

1）当外墙结构本身在一个层高范围内不等厚时（不包括勒脚，外墙结构在该层高范围内材质不变），以楼地面结构标高处的外围水平面积计算（图2-2-2）。

2）当外墙下部为砌体，上部为彩钢板围护的建筑物（见图2-2-3，俗称轻钢厂房），其建筑面积的计算：

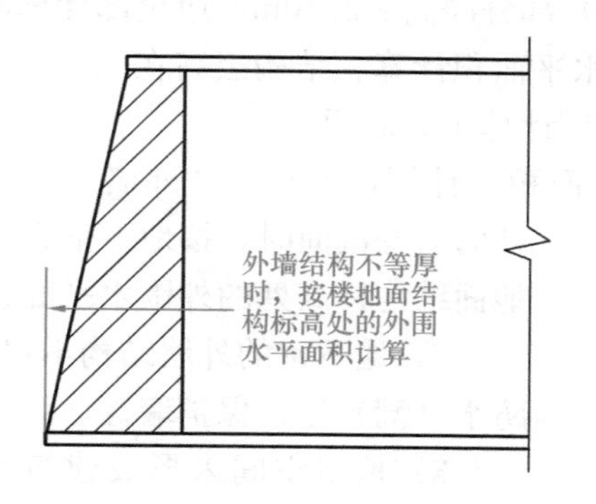

图2-2-2　不同墙厚示意图

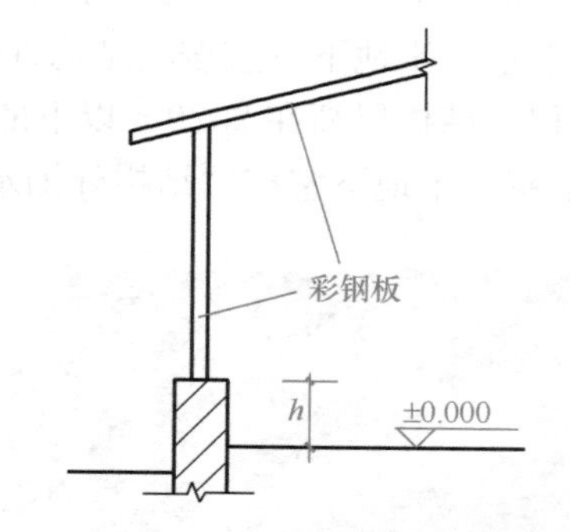

图2-2-3　下部为砌体，上部为彩钢围护的建筑物示意图

① 当 h 在0.45m以下时，建筑面积按彩钢板外围水平面积计算；

② 当 h 在0.45m以上时，建筑面积按下部砌体外围水平面积计算。

3）结构层高在2.20m及以上的，应计算全面积；结构层高在2.20m以下的，应计算

1/2 面积。此为统领性规定，贯穿整个条文。

（2）建筑物内设有局部楼层时，对于局部楼层的二层及以上楼层，有围护结构的应按其围护结构外围水平面积计算，无围护结构的应按其结构底板水平面积计算，且结构层高在 2.20m 及以上的，应计算全面积，结构层高在 2.20m 以下的，应计算 1/2 面积。本规范不再强调“单层建筑物内设置”的概念，无论是单层、多层，只要是在一个自然层内设置的局部楼层都适用本条，例如复式房屋。建筑物内设有局部楼层，其首层面积已包括在原建筑物中，不能重复计算。因此，应从二层以上开始计算局部楼层的建筑面积。需要注意的是，在无围护结构的情况下，必须要有围护设施，如果既无围护结构也无围护设施，则不属于楼层，不计算建筑面积。如图 2-2-4 所示。

（3）对于形成建筑空间的坡屋顶，结构净高在 2.10m 及以上的部位应计算全面积；结构净高在 1.20m 及以上至 2.10m 以下的部位应计算 1/2 面积；结构净高在 1.20m 以下的部位不应计算建筑面积，如图 2-2-5 所示。

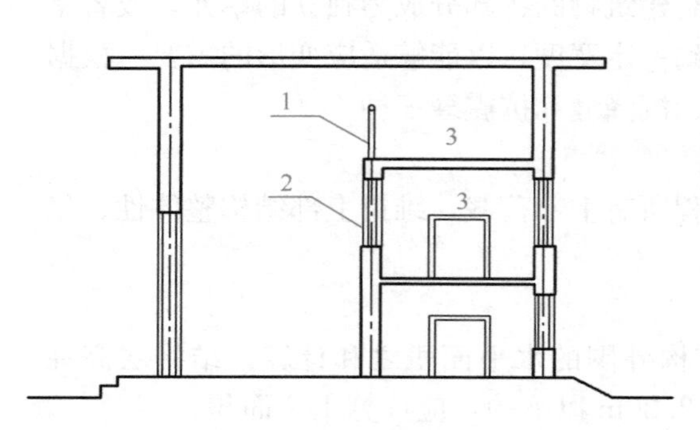

图 2-2-4　建筑物内的局部楼层

1—围护设施；2—围护结构；3—局部楼层

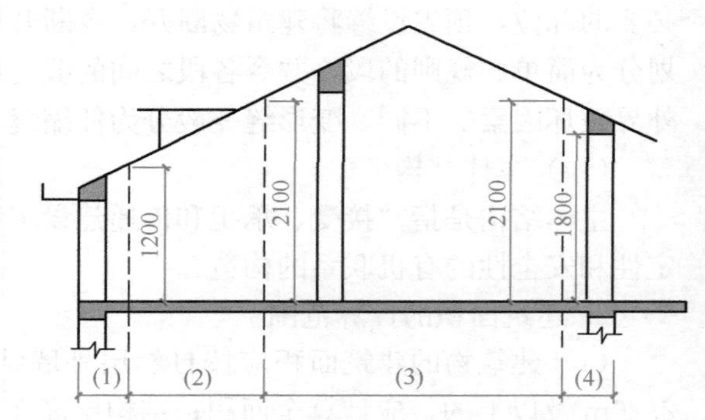

图 2-2-5　形成建筑空间的坡屋顶示意图

图 2-2-5 中：第（1）部分净高＜1.20m，不计算建筑面积；第（2）、（4）部分 1.20m ≤净高＜2.10m，计算 1/2 建筑面积；第（3）部分净高≥2.10m，应全部计算面积。

（4）地下室、半地下室应按其结构外围水平面积计算。结构层高在 2.20m 及以上的，应计算全面积；结构层高在 2.20m 以下的，应计算 1/2 面积。

1）地下室、半地下室按“结构外围水平面积”计算，不再按“外墙上口”取定。当外墙为变截面时，按地下室、半地下室楼地面结构标高处的外围水平面积计算。

2）地下室的外墙结构不包括找平层、防水（潮）层、保护墙等。

3）地下空间未形成建筑空间的，不属于地下室或半地下室，不计算建筑面积。

（5）建筑物架空层及坡地建筑物吊脚架空层，应按其顶板水平投影计算建筑面积。结构层高在 2.20m 及以上的，应计算全面积；结构层高在 2.20m 以下的，

图 2-2-6　教学楼架空层

应计算 1/2 面积。

1）架空层常见的是学校教学楼（图 2-2-6）、住宅等工程在底层设置的架空层，有的建筑物在二层或以上某个甚至多个楼层设置架空层，有的建筑物设置深基础架空层或利用斜坡设置吊脚架空层，作为公共活动、停车、绿化等空间。

2）架空层是指“仅有结构支撑而无外围护结构的开敞空间层”，无论设计是否加以利用，只要具备可利用状态，均计算建筑面积。本规范中提到的“吊脚架空层”，也是无围护结构的，如图 2-2-7、图 2-2-8 所示。

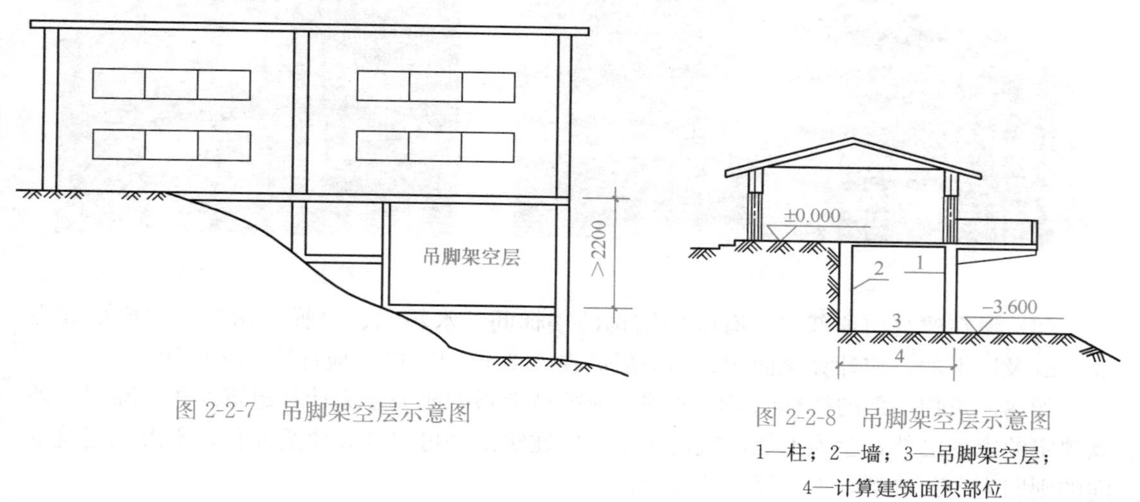

图 2-2-7　吊脚架空层示意图

图 2-2-8　吊脚架空层示意图
1—柱；2—墙；3—吊脚架空层；
4—计算建筑面积部位

3）顶板水平投影面积是指架空层结构顶板的水平投影面积，不包括架空层主体结构外的阳台、空调板、通长水平挑板等外挑部分。

(6) 建筑物的门厅、大厅应按一层计算建筑面积，门厅、大厅内设置的走廊应按走廊结构底板水平投影面积计算建筑面积。结构层高在 2.20m 及以上的，应计算全面积；结构层高在 2.20m 以下的，应计算 1/2 面积，如图 2-2-9 所示。

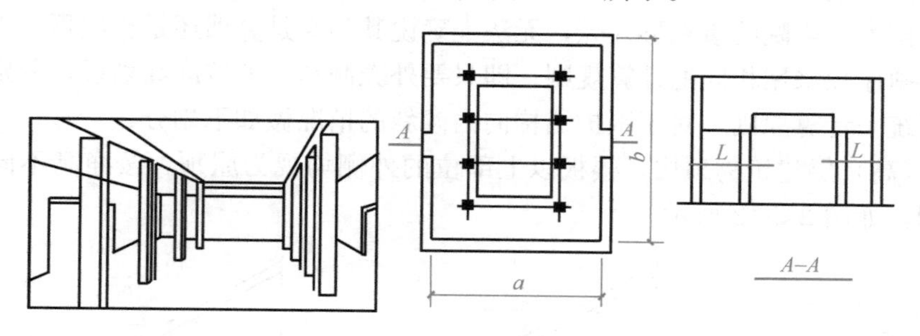

图 2-2-9　某大厅示意图

(7) 立体书库、立体仓库、立体车库，有围护结构的，应按其围护结构外围水平面积计算建筑面积；无围护结构、有围护设施的，应按其结构底板水平投影面积计算建筑面积。无结构层的应按一层计算，有结构层的应按其结构层面积分别计算。结构层高在 2.20m 及以上的，应计算全面积；结构层高在 2.20m 以下的，应计算 1/2 面积。

结构层是指“整体结构体系中承重的楼板层”。特指整体结构体系中承重的楼层，包括板、梁等构件，而非局部结构起承重作用的分隔层。结构层承受整个楼层的全部荷载，并对楼层的隔声、防火等起主要作用。

特别要注意，立体车库中的升降设备不属于结构层，不计算建筑面积。如图 2-2-10 所示的立体车库只能计算一层建筑面积。

图 2-2-11 所示仓库中的立体货架不算结构层。

图 2-2-10　立体车库

图 2-2-11　立体货架

（8）设在建筑物顶部的、有围护结构的楼梯间、水箱间、电梯机房等，结构层高在 2.20m 及以上的，应计算全面积；结构层高在 2.20m 以下的，应计算 1/2 面积。

如遇建筑物顶部的楼梯间是坡屋顶，应按坡屋顶的相关条文计算建筑面积。除了本条款规定的内容之外，屋顶上能形成建筑空间的建筑部件可以计算建筑面积，不形成建筑空间的则归为屋顶造型，不计算建筑面积。

（9）围护结构不垂直于水平面的楼层，应按其底板面的外墙外围水平面积计算。结构净高在 2.10m 及以上的部位，应计算全面积；结构净高在 1.20m 及以上至 2.10m 以下的部位，应计算 1/2 面积；结构净高在 1.20m 以下的部位，不应计算建筑面积。

本规定对于向内、向外倾斜均适用。在划分高度上，使用的是“净高”，与其他正常平楼层按层高划分不同，但与斜屋面的划分原则一致。由于目前很多建筑设计呈现新、奇、特等特点，造型越来越复杂，很多时候根本无法明确区分什么是围护结构、什么是屋顶。例如，国家大剧院的蛋壳形外壳，无法准确说其到底是算墙还是算屋顶，因此对于斜围护结构与斜屋顶采用相同的计算规则，即只要外壳倾斜，就按净高划段，分别计算建筑面积。为了统一计算原则，对于围护结构向内倾斜的情况做如下划分：

1）多（高）层建筑物顶层，楼板以上部位的外侧均视为屋顶，按净高不同，算面积或不算面积，如图 2-2-12 所示。

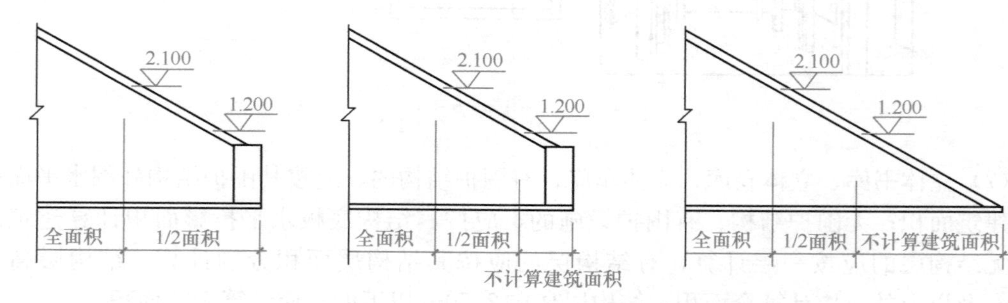

图 2-2-12　多（高）层建筑物不同斜屋顶结构

2）多（高）层建筑物其他层，倾斜部位均视为斜围护结构，底板面处的围护结构应计算全面积，如图 2-2-13 所示。

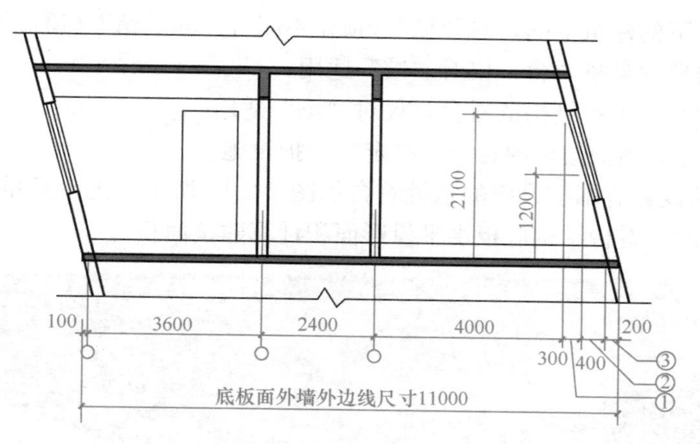

图 2-2-13　多（高）层建筑物其他层斜围护结构示意图
①—计算 1/2 面积；②—不计算建筑面积；③—部分计算全面积

3）单层建筑物时，计算原则同多（高）层建筑物其他层，即：倾斜部位均视为围护结构，底板面处的围护结构应计算全面积，如图 2-2-14 所示。

本条款计算规则比较复杂，按“底板面的外墙外围水平面积”计算建筑面积，这是由于围护结构不垂直，可能向内倾斜，也可能向外倾斜，各标高处的外墙外围水平面积可能是不同的，因此本规范取定为结构底板处的外墙外围水平面积。

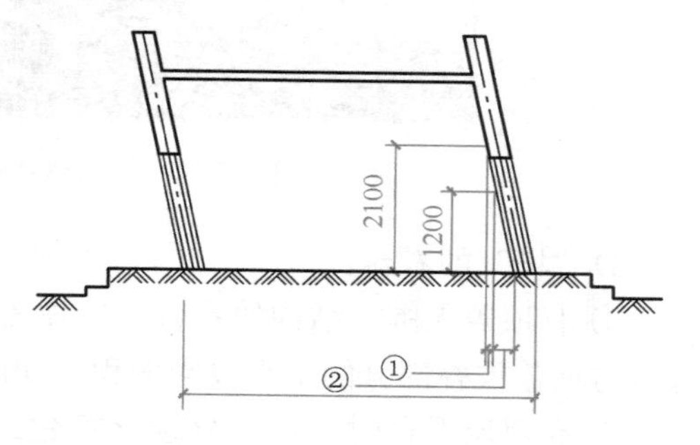

图 2-2-14　单层建筑物斜围护结构示意图
1—计算 1/2 面积；2—不计算建筑面积

（10）以幕墙作为围护结构的建筑物，应按幕墙外边线计算建筑面积。

1）围护性幕墙。直接作为外墙起围护作用的幕墙。对于明框玻璃幕墙，应按幕墙玻璃外边线计算建筑面积。

2）装饰性幕墙。设置在建筑物墙体外起装饰作用的幕墙，不能计算建筑面积。

3）智能呼吸式玻璃幕墙（双层幕墙），两层幕墙及两层之间的空间共同构成外墙结构，因此，应以外层幕墙外边线计算建筑面积。

（11）对于建筑物内的设备层、管道层、避难层等有结构层的楼层，结构层高在 2.20m 及以上的，应计算全面积；结构层高在 2.20m 以下的，应计算 1/2 面积。

在吊顶空间内设置管道及检修马道的，吊顶空间部分不能视为设备层、管道层，不计算建筑面积。

（12）场馆看台下的建筑空间，结构净高在 2.10m 及以上的部位应计算全面积；结构净高在 1.20m 及以上至 2.10m 以下的部位应计算 1/2 面积；结构净高在 1.20m 以下的部位不应计算建筑面积。室内单独设置的有围护设施的悬挑看台，应按看台结构底板水平投影面积计算建筑面积。有顶盖无围护结构的场馆看台应按其顶盖水平投影面积的 1/2 计算面积。

1）本条共分三层意思，都是针对场馆，但适用范围有一定区别：

① 关于看台下的建筑空间，对“场”（顶盖不闭合）和“馆”（顶盖闭合）都适用；

② 关于室内单独悬挑看台，仅对“馆”适用；

③ 关于有顶盖无围护结构的看台，仅对“场”适用。

注意：有顶盖无围护结构的看台，必定有围护设施。

2）室内单独设置有围护设施的悬挑看台如图 2-2-15 所示，无论是单层还是双层悬挑看台，都按各自的“看台结构底板水平投影面积计算建筑面积”。

图 2-2-15　室内单独设置有围护设施的悬挑看台

3）“场”的看台：

① 有顶盖无围护结构的看台，按顶盖计算 1/2 建筑面积。计算建筑面积的范围应是看台与顶盖重叠部分的水平投影面积，如图 2-2-16 所示。

② 有双层看台时，各层分别计算建筑面积，顶盖及上层看台均视为下层看台的盖，如图 2-2-17 所示。

图 2-2-16　有顶盖无围护结构的看台

图 2-2-17　双层看台

③ 无顶盖的看台，不计算建筑面积（看台下的建筑空间按本条第一款计算建筑面积）。

(13) 出入口外墙外侧坡道有顶盖的部位，应按其外墙结构外围水平面积的 1/2 计算面积。

1）出入口坡道计算建筑面积应满足两个条件：①有顶盖；②有侧墙（即规范中所说的“外墙结构”，但侧墙不一定封闭），如图 2-2-18 所示。计算建筑面积时，有顶盖的部位按外墙（侧墙）结构外围水平面积计算；无顶盖的部位，即使有侧墙，也不计算建筑面积。

(a)　(b)

图 2-2-18　出入口坡道

(a) 有顶盖的出入口；(b) 无顶盖的出入口

2）本条不仅适用于地下室、半地下室出入口，也适用于坡道向上的出入口。

3）出入口坡道，无论结构层高多高，都只计算 1/2 面积。

4）由于坡道是从建筑物内部一直延伸到建筑物外部的，建筑物内的部分随建筑物正常计算建筑面积，建筑物外的部分按本规定执行。建筑物内、外的划分以建筑物外墙结构外边线为界。

（14）架空走廊是指“专门设置在建筑物的二层或二层以上，作为不同建筑物之间水平交通的空间”。对于建筑物间的架空走廊，有顶盖和围护结构的，应按其围护结构外围水平面积计算全面积；无围护结构、有围护设施的，应按其结构底板水平投影面积计算1/2面积，如图2-2-19及图2-2-20所示。

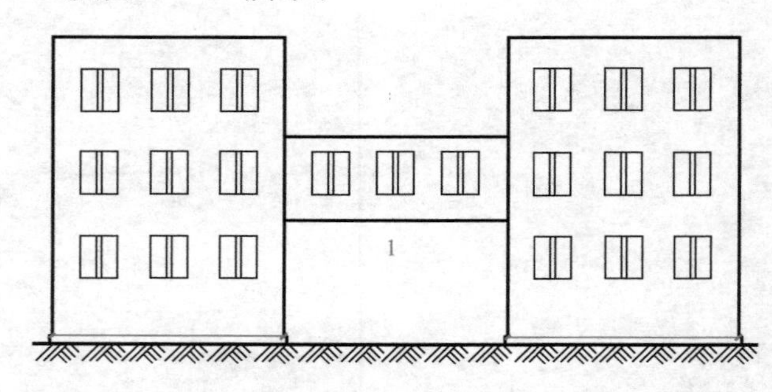

图2-2-19　有顶盖和围护结构的架空走廊

1—架空走廊

图2-2-20　无围护结构、有围护设施的架空走廊

1—栏杆；2—架空走廊

计算架空走廊的建筑面积时有以下注意事项：

1）关于本条中“有顶盖和围护结构”的含义：

2005版规范仅提到“有围护结构”，2013版规范修改为“有顶盖和围护结构”，两版规范表述方式不同，但本质含义未发生变化。

2）架空走廊建筑面积计算分为两种情况：

①有围护结构且有顶盖，计算全面积；②无围护结构、有围护设施，无论是否有顶盖，均计算1/2面积。

有围护结构的，按围护结构计算面积；无围护结构的，按底板计算面积。

3）由于架空走廊存在无盖的情况，有时无法计算结构层高，故规范中不考虑层高的因素。

（15）有围护结构的舞台灯光控制室，应按其围护结构外围水平面积计算。结构层高在2.20m及以上的，应计算全面积；结构层高在2.20m以下的，应计算1/2面积。

（16）附属在建筑物外墙的落地橱窗，应按其围护结构外围水平面积计算。结构层高在2.20m及以上的，应计算全面积；结构层高在2.20m以下的，应计算1/2面积。

1）橱窗有在建筑物主体结构内的，也有在主体结构外的。在建筑物主体结构内的橱窗，其建筑面积随自然层一起计算，不执行本条款。在建筑物主体结构外的橱窗，属于建筑物的附属结构，条文中的“附属在建筑物外墙”已明确体现了这个含义。“落地”系指该橱窗下设置有基础。由于“附属在建筑物外墙的落地橱窗”的顶板、底板标高不一定与自然层的划分相一致，故此条单列，未随自然层一起规定。

2）本条仅适用于“落地橱窗”。如橱窗无基础，为悬挑式时，按凸（飘）窗的规定计算建筑面积。

（17）窗台与室内楼地面高差在 0.45m 以下且结构净高在 2.10m 及以上的凸（飘）窗，应按其围护结构外围水平面积计算 1/2 面积。

1）本规范高差是指结构高差。结构高差取定 0.45m，是基于设计规范取定。

2）目前俗称的凸窗或飘窗，从外立面上看主要有两类：间断式、连续式；从室内看，也分两类：一类是凸（飘）窗地面与室内地面同标高；另一类是凸（飘）窗与室内地面有高差（有高差时，高差可能在 0.45m 以上，也可能在 0.45m 以下）。

3）无高差或高差在 0.45m 以下的，则凸（飘）窗实际上具备了一定的使用功能，严格意义上讲已不能将其归为窗，而只是室内空间的延伸，应与主体建筑物一起按自然层计算建筑面积。

4）本规范所指的凸（飘）窗，必须同时满足两个条件，方能计算建筑面积：一是结构高差在 0.45m 以下；二是结构净高在 2.10m 及以上。如图 2-2-21 所示，高差 0.3m＜0.45m，结构净高 2.2m＞2.1m，两个条件均满足，故该凸（飘）窗应计算建筑面积。

（18）有围护设施的室外走廊（挑廊），应按其结构底板水平投影面积计算 1/2 面积；有围护设施（或柱）的檐廊，应按其围护设施（或柱）外围水平面积计算 1/2 面积，如图 2-2-22 所示。

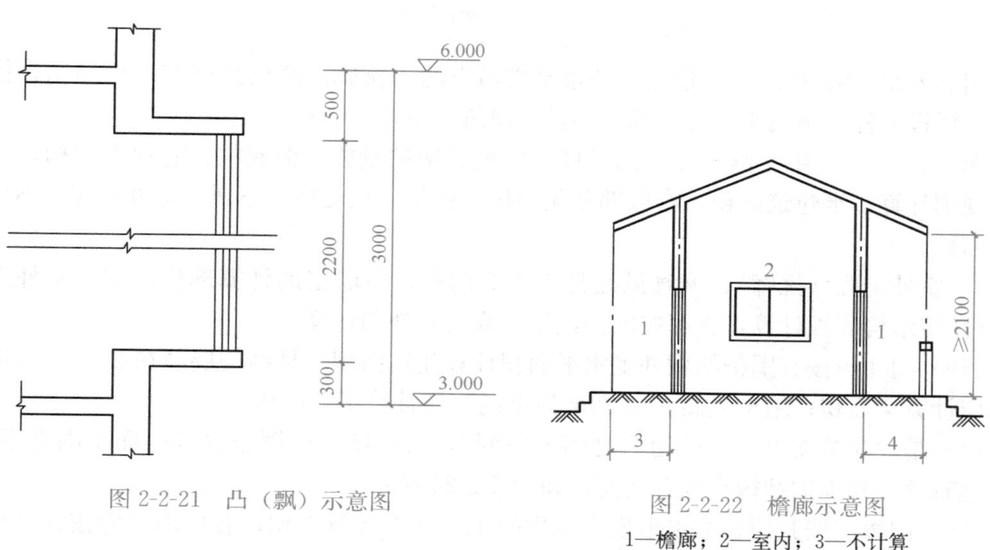

图 2-2-21 凸（飘）示意图

图 2-2-22 檐廊示意图
1—檐廊；2—室内；3—不计算建筑面积部位；4—计算 1/2 建筑面积部位

1）室外走廊（包括挑廊）、檐廊都是室外水平交通空间。其中挑廊是悬挑的水平交通空间；檐廊是底层的水平交通空间，由屋檐或挑檐作为顶盖，且一般有柱或栏杆、栏板等。底层无围护设施但有柱的室外走廊可参照檐廊的规则计算建筑面积。无论哪一种廊，除了必须有地面结构外，还必须有栏杆、栏板等围护设施或柱，这两个条件缺一不可，缺少任何一个条件都不计算建筑面积。

图 2-2-23（a）中一至四层的水平交通空间均属于室外走廊。

(a)

(b)

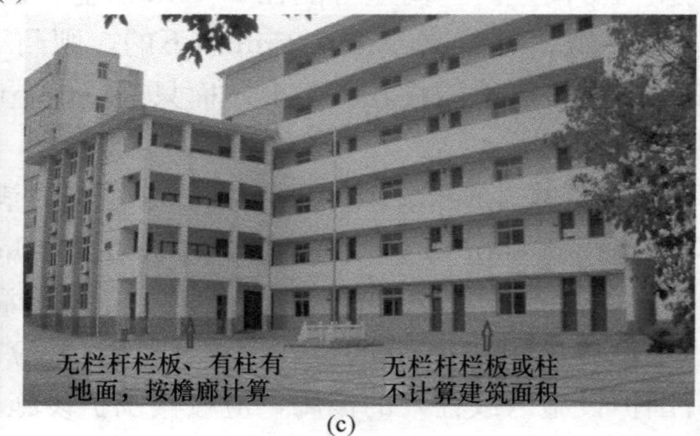

(c)

图 2-2-23　室外走廊、挑廊、檐廊示意图

图 2-2-23（b）中二、三层的室外水平交通空间为挑廊。底层虽然有地面结构，但无栏杆、栏板或柱，不属于室外走廊，不计算建筑面积。

图 2-2-23（c）中左侧部分虽无栏杆、栏板等围护设施，但有柱、有地面结构，按檐廊的规则计算一半建筑面积。右侧部分无栏杆、栏板，也无柱，不属于室外走廊，不计算建筑面积。

2）室外走廊（挑廊）、檐廊虽然都算 1/2 面积，但取定的计算部位不同，室外走廊（挑廊）按结构底板计算，檐廊按围护设施（或柱）外围计算。

（19）门斗应按其围护结构外围水平面积计算建筑面积，且结构层高在 2.20m 及以上的，应计算全面积；结构层高在 2.20m 以下的，应计算 1/2 面积。

门斗是“建筑物出入口两道门之间的空间”，与门廊、雨篷至少有一面不围合不同，门斗是有顶盖和围护结构全围合空间，如图 2-2-24 所示。

（20）门廊应按其顶板的水平投影面积的 1/2 计算建筑面积；有柱雨篷应按其结构板水平投影面积的 1/2 计算建筑面积；无柱雨篷的结构外边线至外墙结构外边线的宽度在 2.10m 及以上的，应按雨篷结构板的水平投影面积的 1/2 计算建筑面积。

1）雨篷系指建筑物出入口上方、突出墙面、为遮挡雨水而单独设立的建筑部件。雨篷划分为有柱雨篷（包括独立柱雨篷、多柱雨篷、柱墙混合支撑雨篷、墙支撑雨篷）和无柱雨篷（悬挑雨篷），如图 2-2-25 所示。

2）有柱雨篷和无柱雨篷计算规则不同：

图 2-2-24　某门斗示意图

① 有柱雨篷，没有出挑宽度的限制；无柱雨篷，出挑宽度≥2.10m 时才能计算建筑面积。出挑宽度，系指雨篷结构外边线至外墙结构外边线的宽度，弧形或异形时，为最大宽度（见图 2-2-25 中的 b）。

② 有柱雨篷不受跨越层数的限制，均可计算建筑面积，如图 2-2-26 所示。有柱雨篷顶板跨层达到二层顶板标高处，仍可计算建筑面积。

③ 无柱雨篷，其结构顶板不能跨层。如顶板跨层，则不计算建筑面积。

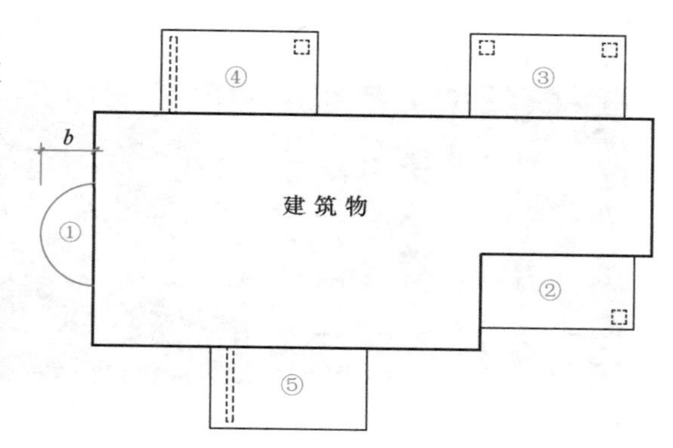

图 2-2-25　雨篷示意图

①—悬挑雨篷；②—独立柱雨篷；③—多柱雨篷；④—柱墙混合支撑雨篷；⑤—墙支撑雨篷

3）门廊是指在建筑物出入口，无门、三面或二面有墙，上部有板（或借用上部楼板）围护的部位。门廊划分为全凹式、半凹半凸式、全凸式，全凸式时归为墙支撑雨篷，如图 2-2-27所示。

4）不单独设立顶盖，利用上层结构板（如楼板、阳台底板）进行遮挡，也不视为雨篷，不计算建筑面积。

图 2-2-26　有柱雨篷示意图

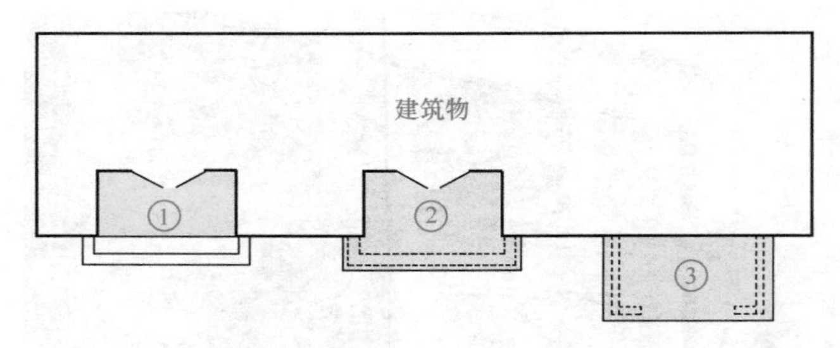

图 2-2-27　门廊示意图

①—全凹式门廊；②—半凹半凸式门廊；③—全凸式门廊

5）混合情况的判断原则：根据不重算面积的原则。当一个附属的建筑部件具备两个或两个以上功能，且计算的建筑面积不同时，只计算一次建筑面积，且取较大的面积。

(a)　(b)　(c)

图 2-2-28　别墅建筑物的混合情况

① 图 2-2-28(a) 中，二层部位为阳台，按底板计算 1/2 建筑面积；一层出入口部位，利用上层阳台底板进行遮挡，不视为雨篷，不计算建筑面积。

② 图 2-2-28(b) 中，下部为有柱雨篷，按顶盖计算 1/2 建筑面积；上部为雨篷上设置的露台，露台不计算建筑面积。

③ 图 2-2-28(c) 中，第三层部分为屋面上的露台，不计算建筑面积。第二层处为主体结构内的阳台，按结构外围计算全面积。底层利用上层阳台底板进行遮挡，不视为雨篷，不计算建筑面积。

（21）建筑物的室内楼梯、电梯井、提物井、管道井、通风排气竖井、烟道，应并入建筑物的自然层计算建筑面积。有顶盖的采光井应按一层计算面积，且结构净高在 2.10m 及以上的，应计算全面积；结构净高在 2.10m 以下的，应计算 1/2 面积。

1）本规范所指的“室内楼梯”，包括了形成井道的楼梯（即室内楼梯间）和没有形成井道的楼梯（即室内楼梯），明确了没有形成井道的室内楼梯也应该计算建筑面积。例如，建筑物大堂内的楼梯、跃层（或复式）住宅的室内楼梯等应计算建筑面积。

2）室内楼梯间并入建筑物自然层计算建筑面积。未形成楼梯间的室内楼梯按楼梯水平投影面积计算建筑面积。

室内楼梯计算建筑面积时注意：如图纸中画出了楼梯，无论是否用户自理，均按楼梯水平投影面积计算建筑面积；如图纸中未画出楼梯，仅以洞口符号表示，则计算建筑面积时不扣除该洞口面积。

3）跃层和复式房屋的室内公共楼梯间：跃层房屋，按两个自然层计算；复式房屋，按一个自然层计算，如图 2-2-29 及图 2-2-30 所示。

图 2-2-29 大堂内楼梯

图 2-2-30 跃层（或复式）住宅的室内楼梯

4）设备管道层，尽管通常设计描述的层数中不包括，但在计算楼梯间建筑面积时，应算一个自然层。

5）利用室内楼梯下部的建筑空间不重复计算建筑面积。例如，利用梯段下方做卫生间或库房时，该卫生间或库房不另计算建筑面积。

6）当室内公共楼梯间两侧自然层数不同时，以楼层多的层数计算。图 2-2-31 中楼梯间应计算 6 个自然层建筑面积。

7）电梯井、观光电梯井合并，统一称为电梯井。

井道（包括电梯井、提物井、管道井、通风排气竖井、烟道），不分建筑物内外，均按自然层计算建筑面积，例如附墙烟道。但独立烟道不计算建筑面积。如自然层结构层高在 2.20m 以下，楼层本身计算 1/2 面积时，相应的井道也应计算 1/2 面积。

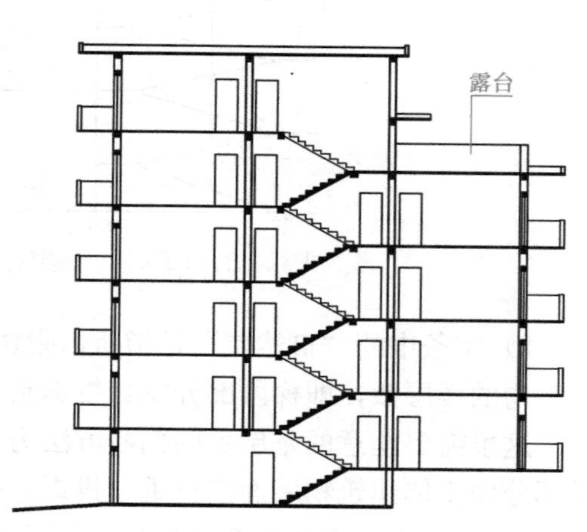

图 2-2-31 某建筑物剖面图

8）由于目前建筑物设计的多样化，采光井的构造也发生了很大的变化。本规范增加了有顶盖的采光井计算建筑面积的规定（有顶盖的采光井包括建筑物中的采光井和地下室采光井）。有顶盖的采光井如图 2-2-32、图 2-2-33 所示。

有顶盖的采光井不论多深、采光多少层，均只计算一层建筑面积。图 2-2-33 采光两层，但只计算一层建筑面积。无顶盖的采光井仍然不计算建筑面积。

(22) 室外楼梯应并入所依附建筑物自然层，并应按其水平投影面积的 1/2 计算建筑面积。

图 2-2-32 采光井实物图

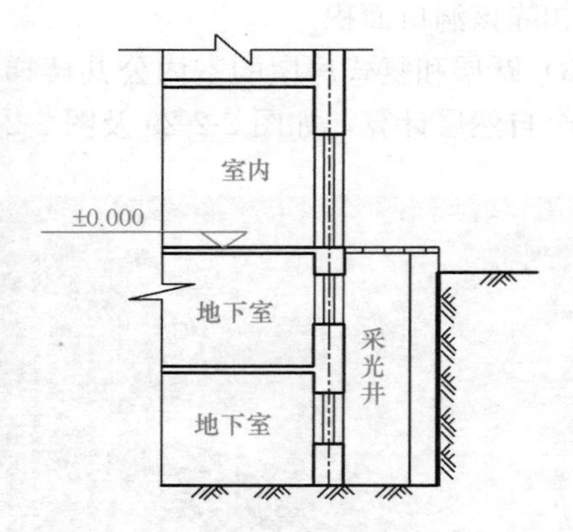

图 2-2-33 采光井示意图

1）楼梯是“由连续行走的梯级、休息平台和维护安全的栏杆（或栏板）、扶手以及相应的支托结构组成的作为楼层之间垂直交通使用的建筑部件”。室外楼梯无论有盖或无盖均应计算建筑面积。因此，图 2-2-34 及图 2-2-35 中室外楼梯的建筑面积是一样的，均为 $S=10\times2\times0.5=10$（m^2）。

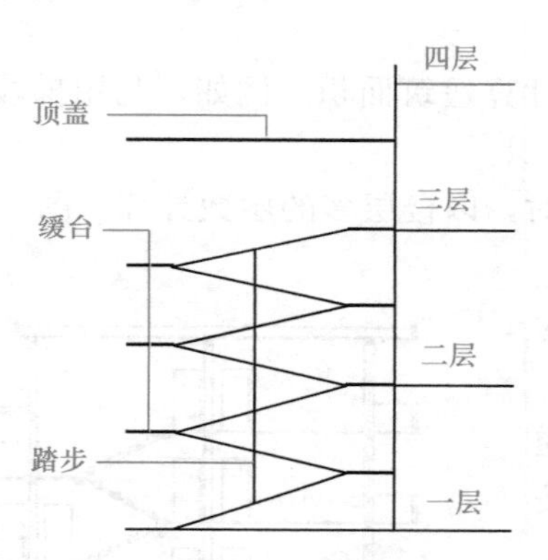

图 2-2-34 有顶盖的室外楼梯

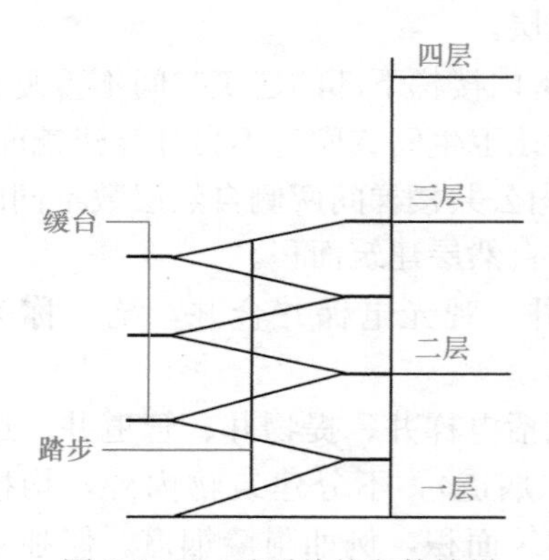

图 2-2-35 无顶盖的室外楼梯

2）本条中的“自然层”是指所依附建筑物的自然层，层数为室外楼梯所依附的主体建筑物的楼层数，即梯段部分垂直投影到建筑物范围的层数。

这里需要注意的是层数的判断方法为“梯段部分投影到建筑物范围的层数”，即将梯段部分向主体建筑物墙面进行垂直投影，投影覆盖几个层高，就计算几个自然层。

3）利用室外楼梯下部的建筑空间不重复计算建筑面积。

（23）在主体结构内的阳台，应按其结构外围水平面积计算全面积；在主体结构外的阳台，应按其结构底板水平投影面积计算 1/2 面积，如图 2-2-36 所示。

1）阳台是“附设于建筑物外墙，设有栏杆或栏板，可供人活动的室外空间”，其主要有三个属性：①阳台是附设于建筑物外墙的建筑部件；②阳台应有栏杆、栏板等围护设施或窗；③阳台是室外空间。

顶盖不再是判断阳台的必备条件，无论有盖无盖，只要满足阳台的三个主要属性（附设于建筑物外墙，设有栏杆或栏板，可供人活动的室外空间），都应归为阳台。

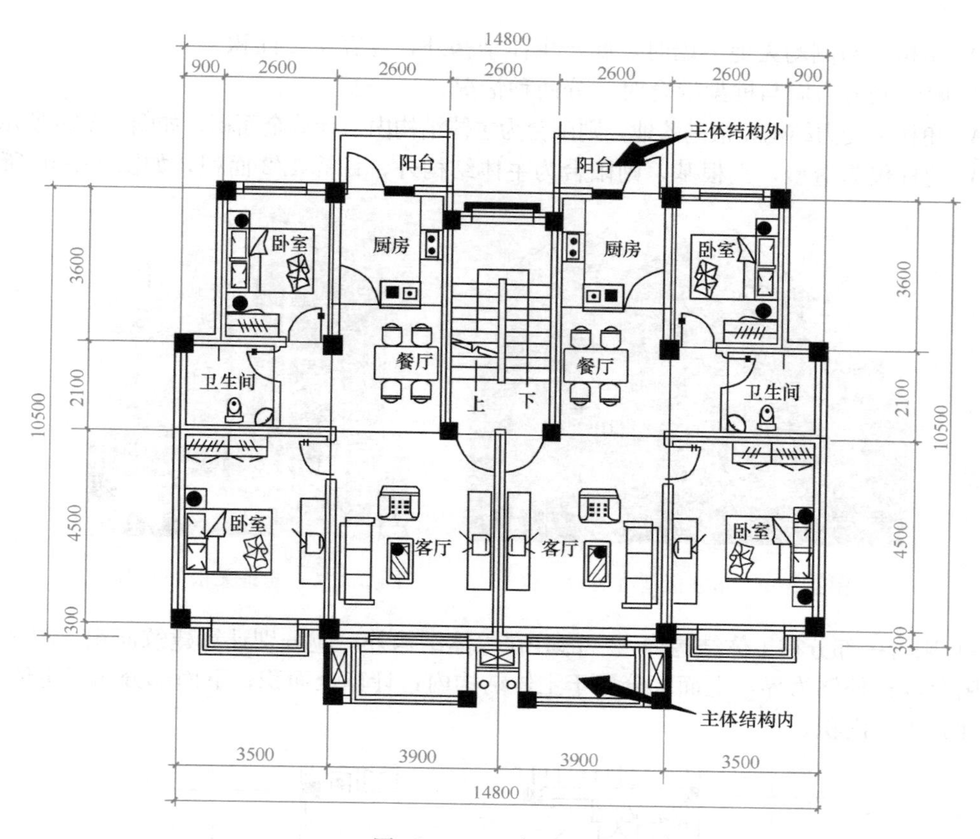

图 2-2-36 阳台示意图

2）主体结构按如下原则进行判断：

① 砖混结构：通常以外墙（即围护结构，包括墙、门、窗）来判断，外墙以内为主体结构内，外墙以外为主体结构外。

② 框架结构：柱梁体系之内为主体结构内，柱梁体系之外为主体结构外。

③ 剪力墙结构：情况比较复杂，分四类。

A. 如阳台在剪力墙包围之内，则属于主体结构内，应计算全面积；

B. 如相对两侧均为剪力墙时，也属于主体结构内，应计算全面积，如图 2-2-37 所示；

C. 如相对两侧仅一侧为剪力墙时，属于主体结构外，计算 1/2 面积，如图 2-2-38 所示；

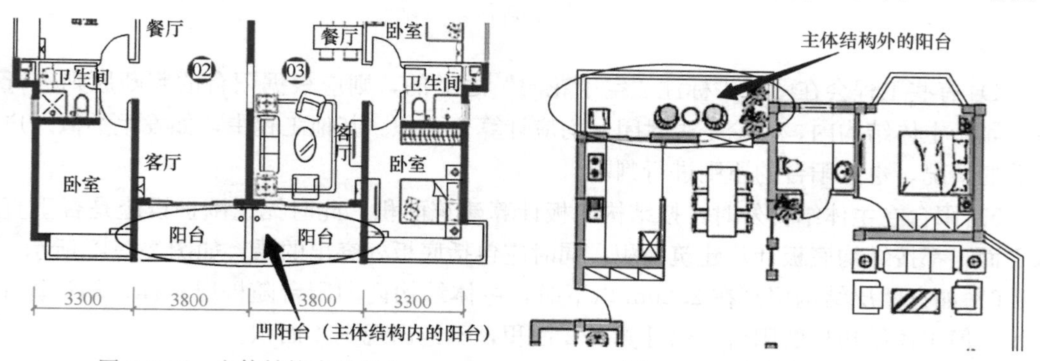

图 2-2-37 主体结构内的阳台

图 2-2-38 主体结构外的阳台

D. 如相对两侧均无剪力墙时，属于主体结构外，计算 1/2 面积。

④ 阳台处剪力墙与框架混合时，分两种情况：

A. 角柱为受力结构，根基落地，则阳台为主体结构内，计算全面积，如图 2-2-39 所示；

B. 角柱仅为造型，无根基，则阳台为主体结构外，计算 1/2 面积，如图 2-2-40 所示。

图 2-2-39 角柱根基落地的阳台

图 2-2-40 角柱无根基的阳台

3）阳台一部分在主体结构内，一部分在主体结构外，应分别计算建筑面积。图 2-2-41 中的阳台以柱外侧为界，上面部分属于主体结构内，计算全面积；下面部分属于主体结构外，计算 1/2 面积。

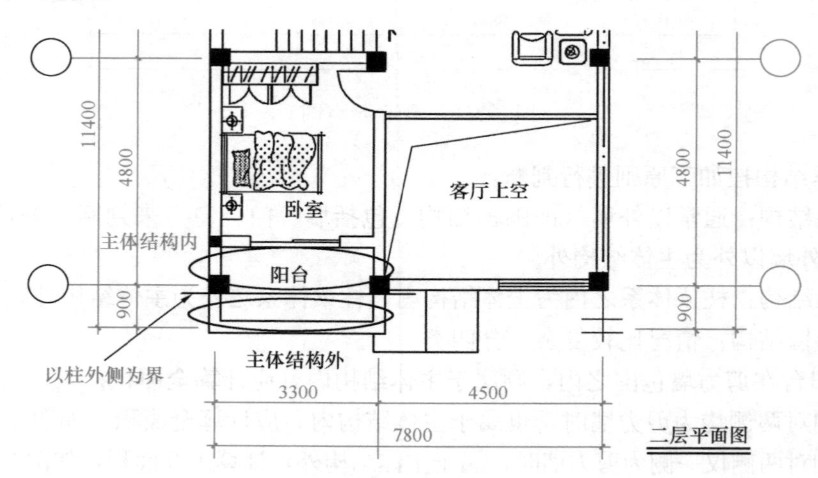

图 2-2-41 特殊阳台的判断

4）有些工程会在图纸中标注“空中花园”之类的，则应根据阳台的判断原则进行分析，属于主体结构内，无论是否封闭，均应计算全面积。其他工程中，如发生类似入户花园等的情况，也按阳台的原则进行判断。

5）阳台在主体结构外时，按结构底板计算建筑面积，此时无论围护设施是否垂直于水平面，都按结构底板计算建筑面积，同时应包括底板处突出的沿，如图 2-2-42 所示。

6）如自然层结构层高在 2.20m 以下时，主体结构内的阳台随楼层一样，均计算 1/2 面积；但主体结构外的阳台，仍计算 1/2 面积，不应出现 1/4 面积。

（24）有顶盖无围护结构的车棚、货棚、站台、加油站、收费站等，应按其顶盖水平

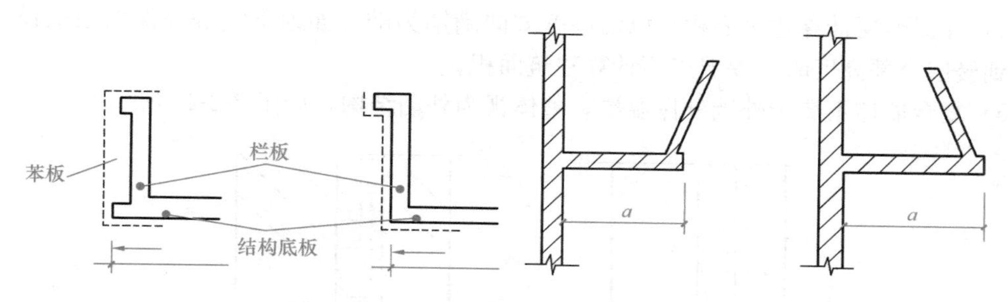

图 2-2-42 阳台结构底板计算尺寸示意图

投影面积的 1/2 计算建筑面积。

1）本条设计的内容，不分顶盖材质，不分单、双排柱，不分矩形柱、异形柱，均按顶盖水平投影面积的 1/2 计算建筑面积。

2）顶盖下有其他能计算建筑面积的建筑物时，仍按顶盖水平投影面积计算 1/2 面积，顶盖下的建筑物另行计算建筑面积。

（25）建筑物的外墙外保温层，应按其保温材料的水平截面积计算，并计入自然层建筑面积。

1）本规范明确了外保温层的计算范围：建筑面积仅计算保温材料本身（例如外贴苯板时，仅苯板本身算保温材料），抹灰层、防水（潮）层、粘结层（空气层）及保护层（墙）等均不计入建筑面积，如图 2-2-43 所示。

2）保温隔热层以保温材料的净厚度乘以外墙结构外边线长度按建筑物的自然层计算建筑面积，其外墙外边线长度不扣除门窗和建筑物外已计算建筑面积的构件（如阳台、室外走廊、门斗、落地橱窗等部件）所占长度。当建筑物外已计算建筑面积的构件（如阳台、室外走廊、门斗、落地橱窗等部件）有保温隔热层时，其保温隔热层也不再计算建筑面积。

3）“保温材料的水平截面积”是针对保温材料垂直放置的状态而言的，是按照保温材料本身厚度计算的。当围护结构不垂直于水平面时，仍应按保温材料本身厚度计算，而不是斜厚度，如图 2-2-44 所示。

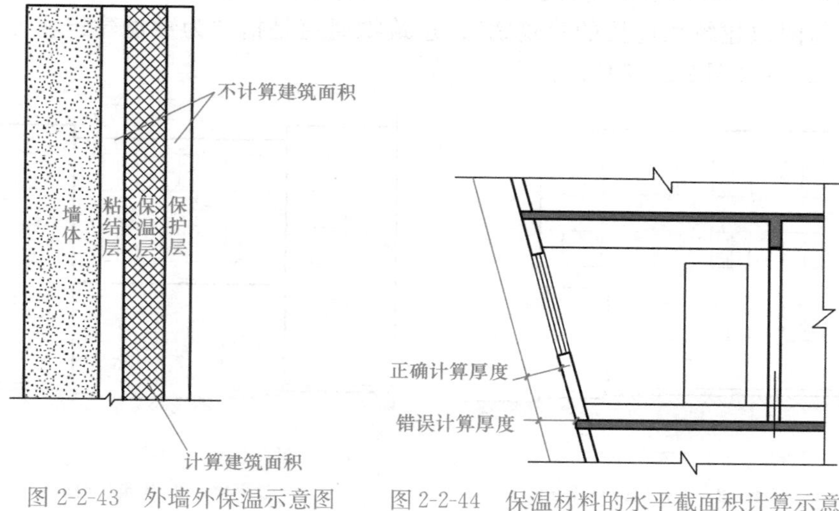

图 2-2-43 外墙外保温示意图　　图 2-2-44 保温材料的水平截面积计算示意

4）外保温层计算建筑面积是以沿高度方向满铺为准。如地下室等外保温层铺设高度未达到楼层全部高度时，保温层不计算建筑面积。

5）复合墙体不属于外墙外保温层，整体视为外墙结构，如图 2-2-45 所示。

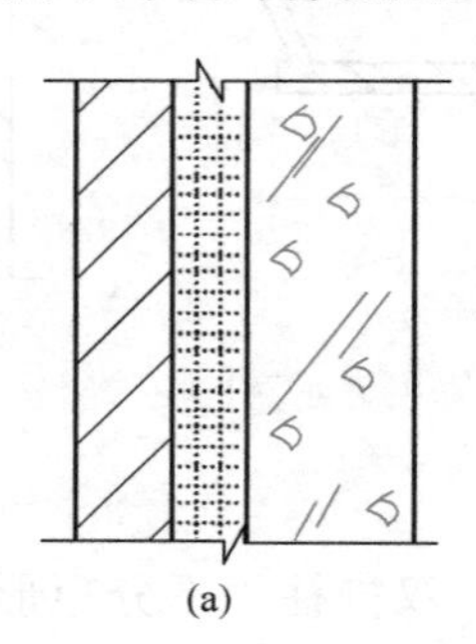

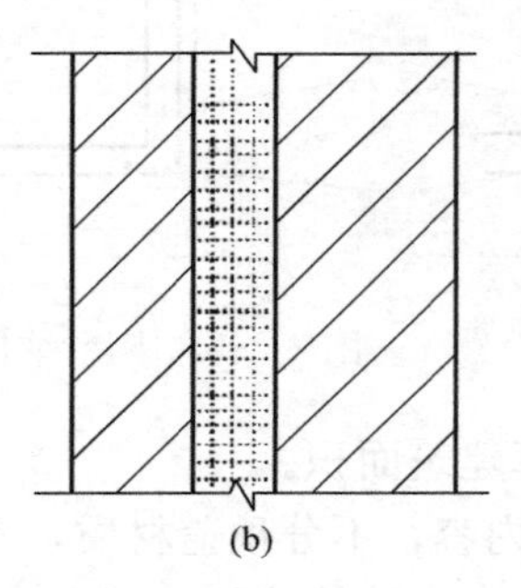

图 2-2-45　复合墙体示意图

（a）砌体与混凝土墙夹保温板；（b）两侧砌体夹保温板

（26）与室内相通的变形缝，应按其自然层合并在建筑物建筑面积内计算。对于高低联跨的建筑物，当高低跨内部连通时，其变形缝应计算在低跨面积内。

1）与室内相通的变形缝，是指暴露在建筑物内，在建筑物内可以看见的变形缝，应计算建筑面积。与室内不相通的变形缝不计算建筑面积。

2）高低联跨的建筑物，当高低跨内部连通时，其连通部分变形缝的面积计算在低跨面积内。

3）变形缝如果与室内仅为局部连通时，则该伸缩缝应全部计算建筑面积。

3. 不计算建筑面积的范围

（1）与建筑物内不相连通的建筑部件

"与建筑物内不相连通"是指没有正常的出入口，即：通过门进出的，视为"连通"；通过窗或栏杆等翻出去的，视为"不连通"。

（2）骑楼、过街楼底层的开放公共空间和建筑物通道

骑楼是指"建筑底层沿街面后退且留出公共人行空间的建筑物"；过街楼是指"跨越道路上空并与两边建筑相连接的建筑物"；建筑物通道是指"为穿过建筑物而设置的空间"，如图 2-2-46 及图 2-2-47 所示。

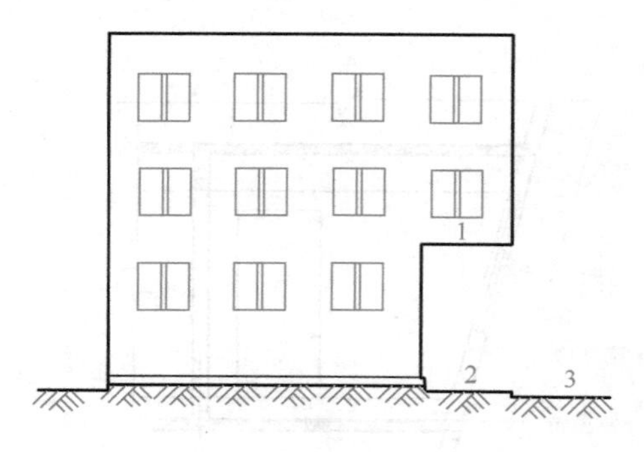

图 2-2-46　骑楼建筑

1—骑楼；2—人行道；3—街道

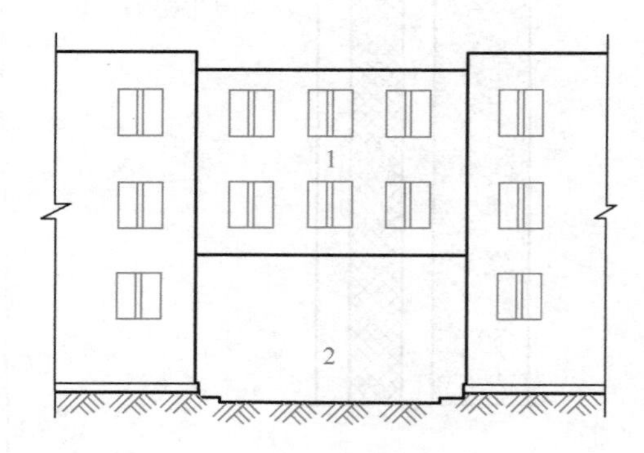

图 2-2-47　过街楼建筑

1—过街楼；2—建筑物通道

（3）舞台及后台悬挂幕布和布景的天桥、挑台等

该条主要指的是影剧院的舞台及为舞台服务的可供上人维修、悬挂幕布、布置灯光及布景等搭设的天桥和挑台等构件设施。

（4）露台、露天游泳池、花架、屋顶的水箱及装饰性结构构件。

（5）建筑物内的操作平台、上料平台、安装箱和罐体的平台。

（6）勒脚、附墙柱、垛、台阶、墙面抹灰、装饰面、镶贴块料面层、装饰性幕墙，主体结构外的空调室外机搁板（箱）、构件、配件，挑出宽度在 2.10m 以下的无柱雨篷和顶盖高度达到或超过两个楼层的无柱雨篷。

1）不计算建筑面积的"附墙柱"是指非结构性的装饰柱。结构柱应计算建筑面积。

2）台阶是指"联系室内外地坪或同楼层不同标高而设置的阶梯形踏步"，室外台阶还包括与建筑物出入口连接处的平台。

（7）窗台与室内地面高差在 0.45m 以下且结构净高在 2.10m 以下的凸（飘）窗，窗台与室内地面高差在 0.45m 及以上的凸（飘）窗。

（8）室外爬梯、室外专用消防钢楼梯。本规范将"用于"二字调整为"专用"二字，即专用的消防钢楼梯是不计算建筑面积的。但当钢楼梯是建筑物通道，兼顾消防用途时，则应计算建筑面积。

（9）无围护结构的观光电梯

1）无围护结构的观光电梯，其电梯轿厢直接暴露，外侧无井壁，不计算建筑面积。

2）如果观光电梯在电梯井内运行时（井壁不限材质），观光电梯井执行 3.0.19 条规定按自然层计算建筑面积。

3）本规范不计算建筑面积的内容中未提"自动扶梯、自动人行道"。自动扶梯、自动人行道应计算建筑面积。自动扶梯按 3.0.19 条规定按自然层计算建筑面积。自动人行道在建筑物内时，建筑面积不应扣除自动人行道所占的面积。

（10）建筑物以外的地下人防通道，独立的烟囱、烟道、地沟、油（水）罐、气柜、水塔、贮油（水）池、贮仓、栈桥等构筑物。

1）独立烟道属于构筑物，不计算建筑面积；但附墙烟道应按自然层计算建筑面积（见规范第 3.0.19 条）。

2）独立贮油（水）池属于构筑物，不计算建筑面积。

2.2.3 建筑面积计算案例分析

1. 典型案例计算

【例 2-2-1】 以图 2-2-48 为例。假设某单层建筑物，层高 3m。试计算该建筑物的建筑面积。

【解】 1）方法指导：单层建筑不论其高度如何，均按自然层外墙结构外围水平面积计算。本例层高 3m>2.2m，故应计算全面积。

2）具体计算：

$$S=(12.0+0.12\times 2)\times(5.0+0.12\times 2)=12.24\times 5.24=64.14\ (\mathrm{m}^2)$$

【例 2-2-2】 以图 2-2-49 为例。假设局部楼层①、②、③层高均超过 2.20m。试计算该建筑物的建筑面积。

【解】 1）方法指导：有无围护结构虽然都是计算全面积，但是取定的计算范围不同，

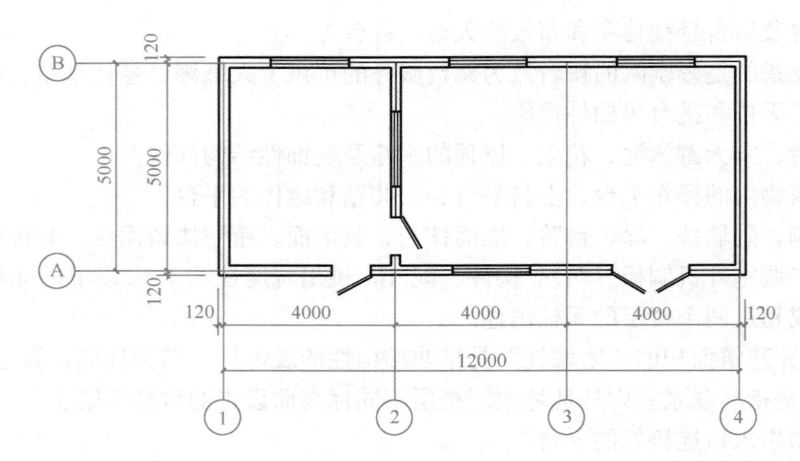

图 2-2-48 单层建筑物

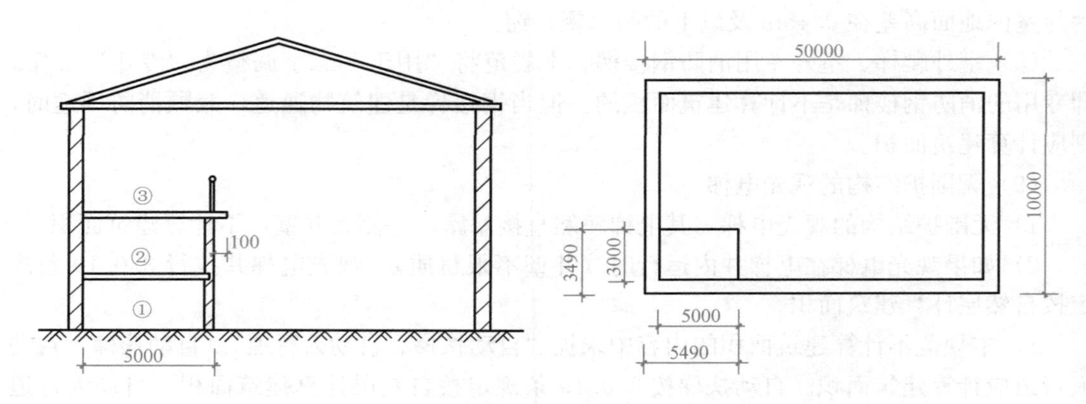

图 2-2-49 建筑物内局部楼层示意图

有围护结构时，按“围护结构外围水平面积”计算，故②层应将外墙算进去；无围护结构时，按“结构底板水平面积”计算，故③层不应考虑外墙。但需要注意，无围护结构的情况下，必须要有围护设施。如果既无围护结构也无围护设施，则不属于楼层，不计算建筑面积。

2）具体计算：首层建筑面积＝50×10＝500（m^2）

有围护结构的局部楼层②建筑面积＝5.49×3.49＝19.16（m^2）

无围护结构（有围护设施）的局部楼层③建筑面积＝(5＋0.1)×(3＋0.1)＝15.81（m^2）

合计建筑面积＝500＋19.16＋15.81＝534.97（m^2）

3）思考：如③没有栏杆是否可计算面积？

当③没有栏杆时，既无围护结构也无围护设施，不属于楼层，因此，不计算建筑面积。

【例 2-2-3】某坡屋面下建筑空间的尺寸如图 2-2-50 所示，建筑物长 50m。试计算其建筑面积。

【解】1）方法指导：

规范 3.0.3 条指出，形成建筑空间的坡屋顶，结构净高在 2.10m 及以上的部位应计

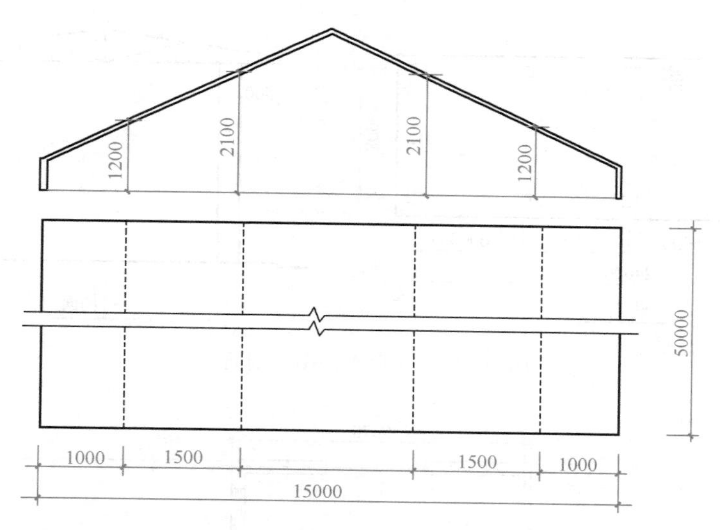

图 2-2-50　建筑物坡屋顶平面图、剖面图

算全面积；结构净高在 1.20m 及以上至 2.10m 以下的部位应计算 1/2 面积；结构净高在 1.20m 以下的部位不应计算建筑面积。根据条文说明将该建筑物坡屋顶建筑面积划分为计算全建筑面积、计算 1/2 建筑面积以及不计算建筑面积三种区域，如图 2-2-51 所示。

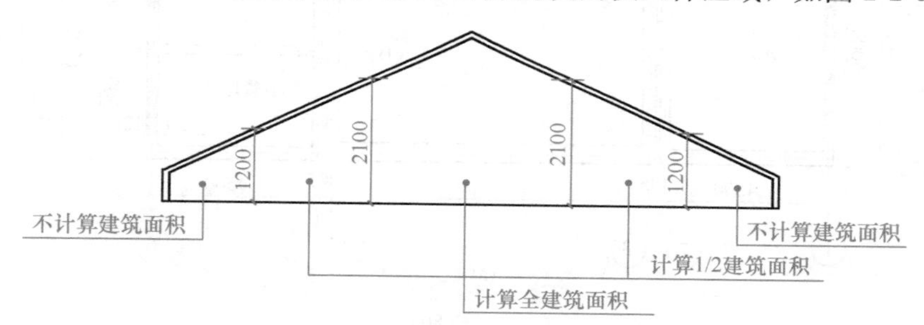

图 2-2-51　建筑物坡屋顶建筑面积计算的区域划分

2）具体计算：

全面积部分：$S=50\times(15-1.5\times2-1.0\times2)=500$（$m^2$）

1/2 面积部分：$S=50\times1.5\times2\times1/2=75$（$m^2$）

合计建筑面积：$S=500+75=575$（m^2）

【例 2-2-4】 试计算图 2-2-52 所示车棚的建筑面积。

【解】 1）方法指导：规范 3.0.22 条指出，有顶盖无围护结构的车棚应按其顶盖水平投影面积的 1/2 计算建筑面积。这里需要明确的是，不分顶盖材质，不分单、双排柱，不分矩形柱、异形柱，均按顶盖水平投影面积的 1/2 计算建筑面积。

2）具体计算：

建筑面积 $S=(8+0.3+0.5\times2)\times(24+0.3+0.5\times2)\times0.5=117.65$（$m^2$）

【例 2-2-5】 试计算图 2-2-53 所示高低联跨食堂的建筑面积。

【解】 1）方法指导：高低联跨的建筑物，当高低跨内部连通或局部连通时，其连通部分变形缝的面积计算在低跨面积内。

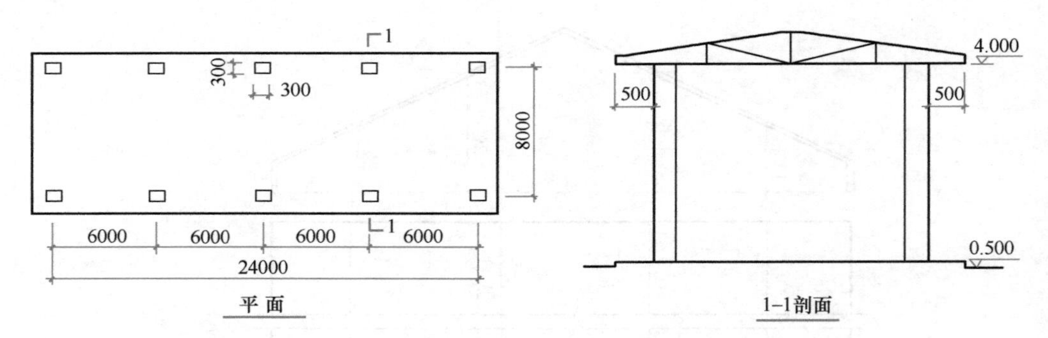

图 2-2-52　车棚平面图、剖面图

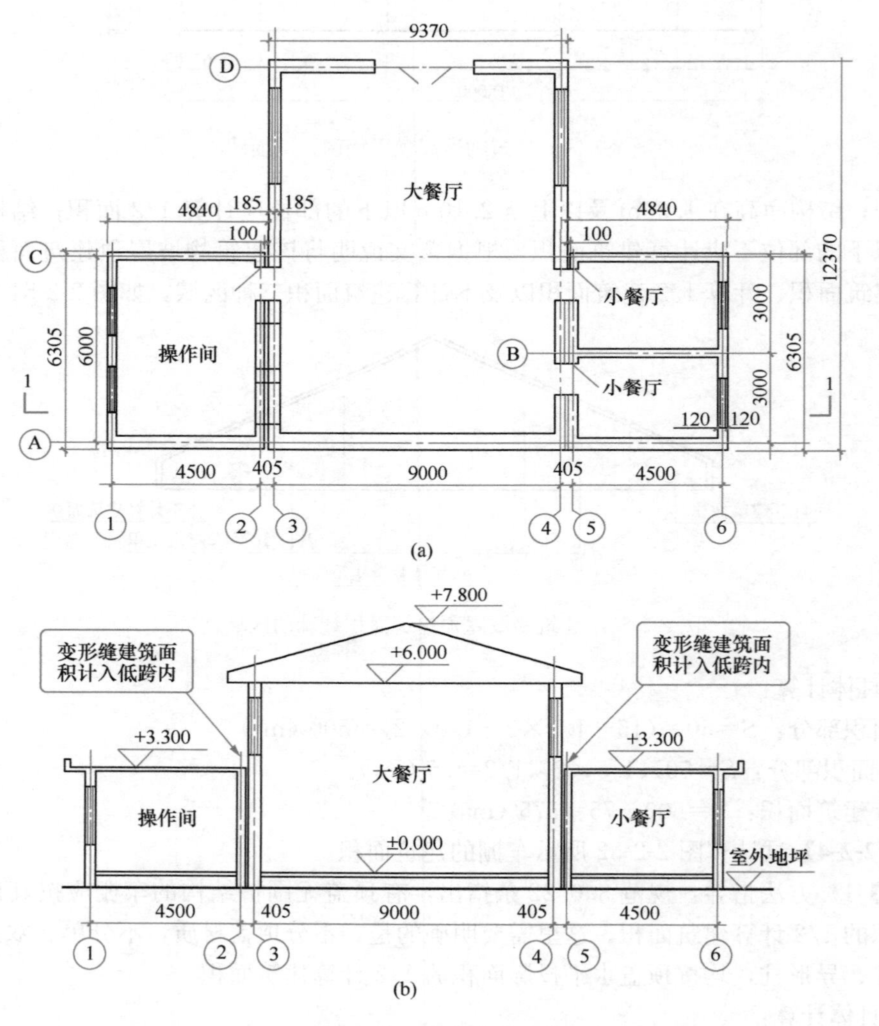

图 2-2-53　高低联跨食堂

(a) 平面图；(b) 1-1 剖面图

2）具体计算：

大餐厅建筑面积 $S_1=(9+0.185\times2)\times12.37=115.91$（$m^2$）

操作间和小餐厅的建筑面积 $S_2=4.84\times6.305\times2=61.03$（$m^2$）

食堂的建筑面积 $S=S_1+S_2=115.91+61.03=176.94$（$m^2$）

2. 工程项目实践

【例 2-2-6】 某建筑物为一栋 7 层框架结构房屋。其利用深基础架空层作设备层，层高 2.2m，外水平面积 774.19m^2；第 1 层层高为 6m，外墙厚均为 240mm，外墙轴线尺寸为 15m×50m，第 1 层至第 5 层外围面积均为 765.66m^2，第 6 层和第 7 层外墙的轴线尺寸为 6m×50m，除第 1 层外，其他各层的层高均为 2.8m，在第 5 层至第 7 层有一室外楼梯，室外楼梯每层水平投影面积为 15m^2。第 1 层设有带柱雨篷，雨篷结构的外边线至外墙结构外边线的宽度为 4.2m，其结构板的水平投影面积为 40.5m^2。试计算该建筑物的建筑面积。

【解】 1）方法指导：深基础架空层设计加以利用并有围护结构的，层高在 2.2m 及以上的部位应计算建筑全面积。该工程雨篷结构的外边线至外墙结构外边线的宽度大于 2.1m，故按其结构板的水平投影面积的 1/2 计算建筑面积。该工程在第 5 层至第 7 层有一室外楼梯，说明有 2 层，按其水平投影面积的 1/2 计算。

2）具体计算：

$$
\begin{aligned}
S_{建}&=S_{设备层}+S_{标准层}+S_{6\sim7层}+S_{雨篷}+S_{室外楼梯}\\
&=774.19+765.66\times5+(50+0.24)\times(6+0.24)\times2+40.5\times1/2+15\times2\times1/2\\
&=5264.74(m^2)
\end{aligned}
$$

【例 2-2-7】 某四层办公楼（图 2-2-54），墙厚均为 240mm，底层为有柱走廊，楼层设有无围护结构的挑廊，顶层设有永久性的顶盖。试计算该办公楼的建筑面积。

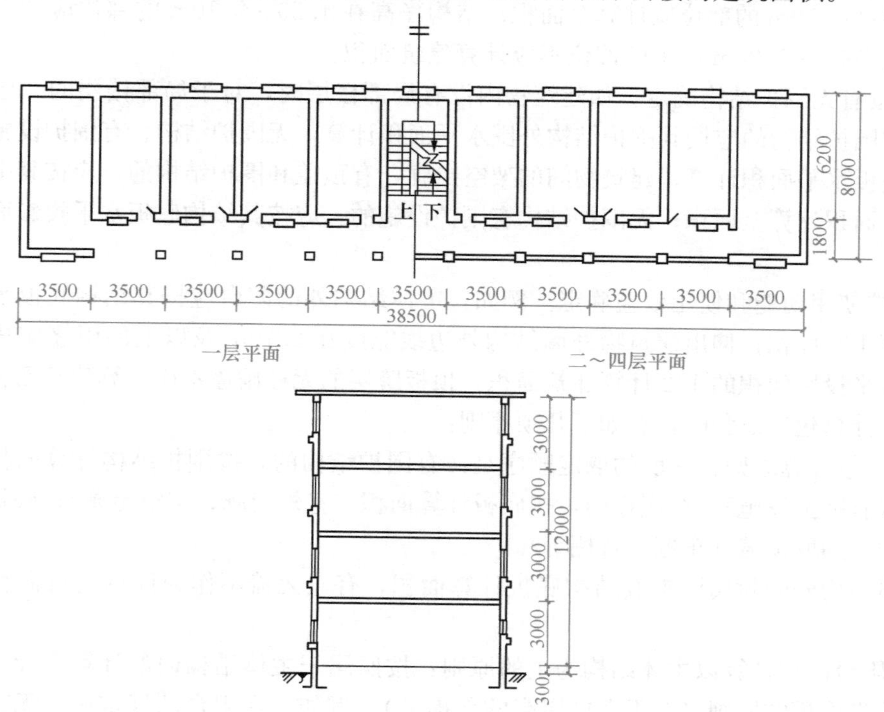

图 2-2-54　办公楼平面、立面图

【解】1）方法指导：该办公楼的走廊、挑廊未封闭，按结构底板水平投影面积的 1/2 计算建筑面积。

2）具体计算：

$$S=(38.5+0.24)\times(8+0.24)\times4-4\times1/2\times1.8\times(3.5\times9-0.24)$$
$$=1164.33\ (\mathrm{m}^2)$$

3. 小结

（1）计算建筑面积时，应注意分析施工图设计内容，特别应注意有不同层数、各层平面布置不一致的建筑。了解实际工程的结构类型、层数、层高、功能分区、平面尺寸、墙厚、墙外围附属构造等。

（2）通过对图纸的熟悉，确定建筑物各部位建筑面积计算的范围和计算方法，注意分清哪些应计算、哪些不计算、哪些按减半计算。根据《建筑面积计算规范》，可按以下不同情况予以区分和确定：

1）按工程性质确定。房屋建筑工程除另有规定外应计算建筑面积，构筑物及公共市政使用空间不计算建筑面积（如：烟囱、水塔、贮仓、栈桥、地下人防通道、地铁隧道以及建筑物通道等）。

2）按建筑物层高确定。《建筑面积计算规范》对建筑面积计算规则进行了统一，不再区分单层建筑与多层建筑。将结构层高 2.20m 作为全部计算及计算一半面积的划分界限，结构层高在 2.20m 及以上者计算全面积，结构层高不足 2.20m 者应计算 1/2 面积；这一划分界限贯穿于整个《建筑面积计算规范》之中。

3）按使用空间高度确定。对于形成建筑空间的坡屋顶内空间和场馆看台下空间，结构净高超过 2.10m 的部位应计算全面积；结构净高在 1.20～2.10m 的部位应计算 1/2 面积；结构净高在 1.20m 以下的部位不应计算建筑面积。

4）按有无围护结构确定。如建筑物内设有局部楼层时，对于局部楼层的二层及以上楼层，有围护结构的应按其围护结构外围水平面积计算，无围护结构、有围护设施的应按其结构底板水平面积计算；建筑物间的架空走廊，有顶盖和围护结构的，应按其围护结构外围水平面积计算全面积；无围护结构有围护设施的，应按其结构底板水平投影面积计算 1/2 面积。

5）按使用功能和使用效益确定。例如，主体结构外的阳台应按其结构底板水平投影面积计算 1/2 面积；伸出建筑物外墙结构外边线宽度在 2.10m 及以上的雨篷应按雨篷结构板的水平投影面积的 1/2 计算建筑面积；顶板跨层的无柱雨篷不应计算建筑面积等。

（3）计算建筑面积时，有如下几项原则：

1）一般计算原则：一般的取定顺序是：有围护结构的，按围护结构计算面积；无围护结构（有围护设施）、有底板的，按底板计算面积（室外走廊、架空走廊）；底板也不利于计算的，则取顶盖（车棚、货棚等）。

主体结构外的附属设施按结构底板计算面积，有盖无盖不作为计算建筑面积的必备条件。

2）阳台面积计算以主体结构为主的原则：按照属于主体结构内的计算全面积，附属设施计算半面积的原则（在不考虑层高的前提下）。例如，在阳台的规定中，无论图纸标注为阳台、空中花园、入户花园，在主体结构内的都应计算全面积，不考虑是否封闭。

3）可利用原则：可以利用（不论设计是否明确利用）的建筑空间都要计算建筑面积。

（4）尺寸界线

1）外围水平面积处除另有规定以外，是指外围结构尺寸，不包括抹灰（装饰）层，突出墙面的墙裙和梁、垛、装饰柱等。

2）同一建筑物不同层高要分别计算建筑面积时，其分界处的结构应计入结构相似或层高较高的建筑物内，如有变形缝，变形缝的面积计入较低跨的建筑物内。

任务 2.3 地下工程概算编制

本教材任务 2.3～任务 2.6 的概算编制部分依据《浙江省房屋建筑与装饰工程概算定额（2018 版）》编制（下简称《浙江省概算定额（2018 版）》）。

2.3.1 地下室工程计量

1. 概算定额计量规则

（1）土方工程

1）土方体积均按天然密实体积计算，回填土按设计图示尺寸以体积计算。

2）挖土深度以自然地面标高为准，填土深度以设计室外标高为准。

3）机械土方：

① 机械挖土工作面：挖地下室、半地下室土方按垫层底宽每边增加 1m 计算。

② 放坡系数按表 2-3-1 计算：

机械土方放坡起点深度和放坡系数表　　表 2-3-1

土类	起点深度	放坡系数		
		机械挖土		
		基坑内作业	基坑上作业	沟槽上作业
一、二类土	1.20m 以上	1∶0.33	1∶0.75	1∶0.50
三类土	1.50m 以上	1∶0.25	1∶0.67	1∶0.33
四类土	2.00m 以上	1∶0.10	1∶0.33	1∶0.25

注：1. 淤泥、流砂及海涂工程，不适用于本表；

2. 凡有围护或地下连续墙的部分，不再计算放坡系数。

③ 当挖土有围护设计时，不考虑放坡，按围护设计施工方案计算。

④ 平整场地按设计图示尺寸以建筑物首层建筑面积（或架空层结构外围面积）的外边线每边各放 2m 计算，建筑物地下室结构外边线突出首层结构外边线时，其突出部分的面积合并计算。

⑤ 填土碾压按图示尺寸以“m^3”计算。

4）基础排水：

① 轻型井点以 50 根为一套，喷射井点以 30 根为一套，使用时累计根数轻型井点少于 25 根，喷射井点少于 15 根，使用费按相应定额乘以系数 0.70。

② 使用天数以每昼夜（24h）为一天，按常规施工组织设计要求确定使用天数。

（2）地基处理与边坡支护工程

1）钢板桩工程量按设计图示计算的重量以“t”计算。

2）圆木桩材积按设计桩长及直径，按木材材积表计算。

3）水泥搅拌桩工程量按桩长乘以单个圆形截面面积以体积计算，不扣除重叠部分面积。加灌长度设计有规定时，按设计要求计算；设计无规定时，按 0.5m 加灌长度计算，若桩长设计桩顶标高至交付地坪高差<0.5m 时，加灌长度计算至交付地坪标高。空搅（设计不掺水泥）部分的长度按设计桩顶标高至交付地坪标高减去加灌长度计算。当发生单桩内设计有不同水泥掺量时应分段计算。

4）旋喷桩工程量按桩截面面积乘以设计桩长计算，不扣除桩与桩之间的搭接。当发生单桩内设计有不同水泥掺量时应分段计算。

5）压密注浆按设计图示注明的加固土体体积计算。

6）地下连续墙及导墙工程量按设计长度乘以墙深及墙厚，以“m^3”计算。地下连续墙墙身设计有规定时，按规定计算；无规定时另加 0.5m（导墙不加）。

7）土钉支护钻孔、注浆按设计图示入土长度以延长米计算。土钉制作、安装按设计长度乘以单位理论质量计算。锚杆（锚索）支护钻孔、注浆分不同孔径按设计图示入土长度以延长米计算。锚杆（锚索）制作、安装按设计长度乘以单位理论质量计算，锚索制作、安装按张拉设计长度乘以单位理论质量计算。锚墩、承压板制作、安装，按设计图示以“个”计算。

8）边坡喷射混凝土按不同设计图示尺寸，以面积计算。

（3）打桩工程

1）打压非预应力钢筋混凝土桩（包括空心方桩），按设计桩长（包括桩尖），以长度计算。

2）打压预应力钢筋混凝土桩（包括管桩），按设计桩长（不包括桩尖），以长度计算。

3）钻（冲）孔、旋挖灌注桩工程量按设计长度加上加灌长度后乘以设计桩截面面积计算。当设计无规定时，无论有无地下室，应按不同设计桩长确定：桩长 25m 以内按 0.5m 加灌长度计算，桩长 35m 以内按 0.8m 加灌长度计算，桩长 45m 以内按 1.1m 加灌长度计算，桩长 55m 以内按 1.4m 加灌长度计算，65m 以内按 1.7m 加灌长度计算，65m 以上按 2m 加灌长度计算。灌注桩设计要求扩底时，其扩大工程量按设计尺寸以体积计算，并入相应的工程量内。

4）人工挖孔桩工程量按设计图示实体积以“m^3”计算。

5）钻孔灌注桩柱底（侧）后注浆工程量，按设计注入水泥用量计算（表 2-3-2）。

泥浆（渣土）工程量计算表　　表 2-3-2

桩型	泥浆（渣土）工程量	
	泥浆	渣土
转盘式钻机成孔灌注桩	按成孔工程量	—
旋挖钻机成孔灌注桩	按成孔工程量乘以系数 0.2	按成孔工程量
长螺杆钻机成孔灌注桩	—	按成孔工程量
人工挖孔桩	—	按挖孔工程量

（4）基础工程

1）砖基础与墙身的划分以设计室内地坪为界；有地下室则以地下室室内设计地面为界；当基础与墙身采用不同材料，位于室内地坪±300mm以内时，以不同材料为界；超过±300mm时，仍按设计室内地坪为界。混凝土基础与上部结构的划分以混凝土基础上表面为界。

2）砖基础、块石基础、钢筋混凝土带形基础工程量按设计断面面积乘以长度计算。带形基础长度：外墙按中心线，内墙按内墙净长计算；独立柱基间带形基础按基底净长计算；其余基础工程量按设计图示尺寸计算。

3）计算砖（石）基础长度时，附墙垛突出部分按折加长度合并计算。

2. 概算定额规则应用

【例 2-3-1】识图南湾新区港口物流与交通产业园项目的门卫1的基础平面布置图、基础断面图（可通过教材版权页联系邮箱获取）。试计算基础工程的概算工程量。

【解】工程量计算过程：

1）C30泵送商品混凝土带形基础

1—1断面：$L_{1-1}=(9+5)\times2+5-0.24=32.76$（m）

$V_{1-1}=[1.6\times0.2+(0.3+1.6)\times0.05/2+0.3\times0.35]\times32.76=15.48$（$m^3$）

基础工程的概算编制

2）MU20混凝土实心砖一砖基础，M10.0水泥砂浆砌筑：

1—1断面：$L_{1-1}=(9+5)\times2+5-0.24=32.76$（m）

$V_{1-1}=0.24\times0.8\times32.76=6.29$（$m^3$）

2.3.2　地下室工程计价

1. 概算定额说明及应用

（1）概算定额说明

1）土方工程

① 人工土方已包含在相应基础定额内。

② 机械土方定额适用于地下室等大开挖的基础土方和单独编制概算的机械土方工程。

③ 本定额不包含淤泥、流砂等特殊土方及石方工程。如发生，可按《浙江省预算定额（2018版）》的规定执行。

④ 本定额综合考虑了常规施工工艺和技术装备水平及其他相关因素，执行过程中不得调整。

⑤ 余土外运及处置可参照拟建工程当地相关政策文件。

⑥ 挖掘机在有支撑的基坑内挖土，挖土深度6m以内时，套用相应定额乘以系数1.2；挖土深度6m以上时，套用相应定额乘以系数1.4。如发生土方翻运，不再另行计算。

⑦ 本章中的机械土方作业均以天然湿度土壤为准，定额中已包括含水率在25%以内的土方所需增加的人工和机械。如含水率超过25%时，按照《浙江省预算定额（2018版）》的规定执行。

⑧ 井管间距应根据地质条件和施工降水要求，按施工组织设计确定，施工组织设计未考虑时，可按轻型井点管距1.2m，喷射井点管距2.5m确定。

⑨ 土壤分一、二类土，三类土，四类土；岩石分极软岩、软岩、较软岩、较坚硬岩、

坚硬岩，具体分类详见概算定额。

2）地基处理与边坡支护工程

① 本章定额仅适用于地基处理的桩基工程，所列打桩机械规格、型号是按常规施工工艺和方法综合取定，一般不作换算。

② 桩基施工前的场地平整、压实地表、地下障碍物的清除处理等，本定额均未考虑，发生时另行计算。

③ 各类打桩定额均未考虑凿桩费用，发生时另行计算。

④ 除水泥搅拌桩、旋喷桩、压密注浆外，定额均考虑了钢筋及钢筋笼的制作、安装。

⑤ 水泥搅拌桩水泥用量按加固土重（1800kg/m³）的13%考虑。如设计不同时，则水泥掺量按比例调整，其余不变。空搅（设计不掺水泥）部分的长度按设计桩顶标高至交付地坪标高减去加灌长度计算。

⑥ 喷射混凝土按喷射厚度及边坡坡度不同分别设置。钢筋套用本定额第六章“柱、梁工程”相应子目。

⑦ 地下连续墙已综合考虑了开挖、立模、混凝土浇捣、钢筋制作、安装；连续墙成槽，混凝土浇灌、钢筋网片制作、安装、就位，接头管的安装、拔除、清底置换；连续墙钢筋网片操作平台的制作、安装；泥浆池的建拆；泥浆外运及土方挖、运。泥浆外运距离按15km考虑，实际运距不同可作调整。

⑧ 单位工程打桩工程量少于表2-3-3中数量的，相应定额的人工机械费乘以系数1.25。

桩基工程量表　　表2-3-3

序号	桩类型	工程量
1	钢板桩	30t
2	水泥搅拌桩、高压旋喷桩	100m³

⑨ 凡涉及有泥浆的，按固化考虑，如不需固化，概算相关含量调整，另套用相应预算定额子目，或者参照拟建工程当地相关政策文件计价。

⑩ 旋喷桩的水泥掺入量按21%考虑，如设计不同时，水泥掺量按比例调整，其余不变。

⑪ 水泥搅拌桩及旋喷桩中产生的涌土、浮浆的清除，按成桩工程量乘以系数0.20计算，套用本定额第一章“土方工程”相应子目。

⑫ 钢板桩的使用费另计。

⑬ 本章说明及规则未提及的定额项目，可参照《浙江省预算定额（2018版）》的说明及规则。

3）打桩工程

① 本定额仅适用于陆地上的桩基工程，所列打桩机械规格、型号是按常规施工工艺和方法综合取定，一般不做换算。

② 桩基施工前的场地平整、压实地表、地下障碍物的清除处理等，本定额均未考虑，发生时另行计算。

③ 各类打桩定额均已综合凿桩费用。

④ 钻（冲）孔、旋挖灌注桩按通长考虑，实际不同时可做调整。

⑤ 钻（冲）孔灌注桩、旋挖灌注桩考虑了建拆泥浆池，泥浆固化、固化后泥浆外运距离按 15km 考虑，弃土费用按第一章相关规定计算。

⑥ 钻（冲）孔、旋挖灌注桩无地下室时，相应定额基价乘以系数 0.96。

⑦ 预制钢筋混凝土桩、预应力钢筋混凝土管桩定额包括了场内运桩、打桩、送桩、接桩费用。非预应力预制钢筋混凝土桩、预应力预制钢筋混凝土桩、预应力钢筋混凝土管桩未包括成品桩的费用，应按成品桩另列项目计算。如实际发生送桩时，按相应预算定额规定执行。

⑧ 预制钢筋混凝土空心方桩套用非预应力钢筋混凝预制桩定额。

⑨ 钻孔灌注桩、旋挖灌注桩、人工挖孔桩入岩深度按 500mm 考虑费用。如设计要求不同时，其超过部分按预算定额相应子目调整。

灌注桩定额未包含钢护筒埋设及拆除，需发生时直接套用埋设钢护筒预算定额。

⑩ 单位（群体）工程打桩工程量少于表 2-3-4 数量的，相应定额的人工、机械费乘以系数 1.25。

桩基工程量表　　表 2-3-4

序号	桩类型	工程量
1	混凝土预制桩	1000m
2	机械成孔灌注桩	150m^3
3	人工挖孔灌注桩	50m^3

⑪ 凡涉及有泥浆的，按固化考虑，如不需固化，概算相关含量调整，另套用相应预算定额子目，或者参照拟建工程当地相关政策文件计价。

⑫ 钻孔灌注桩等泥浆固化处理后的渣土外运处置费用，按拟建工程当地相关政策文件计算。

⑬ 本章说明及规则未提及的定额项目，可参照《浙江省预算定额（2018 版）》的说明及规则。

4）基础工程

① 本章定额综合了挖土、运土、回填土、原土夯实、素混凝土垫层、碎石垫层、防潮层等工作内容，混凝土及钢筋混凝土基础还综合了模板和钢筋制作与安装。满堂基础（地下室底板）定额未包括土方挖、运、填等工作内容，发生时另按本定额第一章“土方工程”相应定额计算。

② 基础土方已综合考虑了放坡系数、工作面及土壤类别等因素，但未考虑挖淤泥、流砂、井点排水及土方外运费用，实际发生时按有关规定另行计算。人力车运土运距按 200m 考虑。

③ 砖基础定额已综合了土方的挖、填、运及湿土排水的工作内容，如设计为混凝土基础（底板）上单独砌砖基础的，其定额基价应扣除土方、垫层相应内容的费用。

④ 砖基础定额按混凝土实心砖、混凝土多孔砖分类。

⑤ 有梁式、无梁式满堂基础（地下室底板）已考虑了下翻构件的砖胎模。

⑥ 基础土方定额按三类土考虑，如实际不同，不做调整。

（2）概算定额应用

【例 2-3-2】 单重管法旋喷桩水泥掺入量 25%。试计算每立方米定额人工费、材料费、机械费。

【解】 1）套定额 2-51H。

2）定额费用：

人工费＝65.44（元/m^3）

材料费＝159.04＋（25%/21%－1）×381.8×0.34＝183.77（元/m^3）

机械费＝48.29（元/m^3）

【例 2-3-3】 根据例 2-3-1 已知工程条件，试计算带形基础、砖基础的每立方米定额人工费、材料费、机械费。

【解】 1）带形基础：垫层混凝土单价调整

① 概算定额 4-11H，其中预算定额 5-1H 垫层，C15 非泵送混凝土换算成 C20 非泵送混凝土。

② 定额费用：

人工费＝583.86（元/m^3）

材料费＝1044.40＋(412－399)×10.1×0.0263＝1047.85（元/m^3）

机械费＝31.37（元/m^3）

2）MU20 混凝土实心砖一砖基础，M10 水泥砂浆砌筑：带形基础上单独砌筑砖基础的，其定额基价应扣除土方、垫层相应内容的费用；干混砂浆换算成现拌砂浆。

① 概算定额 4-1H。

② 定额费用：

A. 预算定额：4-1H，干混砌筑砂浆 DM M10.0 换算成 M10 水泥砂浆。

人工费＝0.1×(1051.65＋0.382×135×2.3)＝117.03（元/m^3）

材料费＝0.1×[3004.1＋(222.61－413.73)×2.3]＝256.45（元/m^3）

机械费＝0.1×0.167×154.97×2.3＝5.95（元/m^3）

B. 预算定额：9-43H，干混地面砂浆 DS M15.0 换算成 1∶3 水泥砂浆。

人工费＝0.02083×(1041.8＋0.382×135×2.11)＝23.97（元/m^3）

材料费＝0.02083×[1162.82＋（238.1－443.08）×2.11]＝15.21（元/m^3）

机械费＝0.02083×0.167×154.97×2.11＝1.14（元/m^3）

C. 预算定额：9-44H，干混地面砂浆 DS M15.0 换算成 1∶3 水泥砂浆。

人工费＝0

材料费＝0.02078×[1162.82＋(238.1－443.08)×2.11]＝15.18（元/m^3）

机械费＝0.02078×0.167×154.97×2.11＝1.14（元/m^3）

汇总：人工费＝117.03＋23.97＝141（元/m^3）

材料费＝256.45＋15.21＋15.18＝286.84（元/m^3）

机械费＝5.95＋1.14＋1.14＝8.23（元/m^3）

2. 地下工程概算费用计算

【例 2-3-4】 根据例 2-3-1、例 2-3-3 的已知工程条件及计算成果，按《浙江省概算定额（2018 版）》，计算该工程的基础工程的概算费用，假设当时当地人工、材料、机械除税信息价与定额取定价格相同，综合费用费率 24.67%（包括企业管理费和利润费率）以定额人工费与定额机械费之和为取费基数。

【解】 计算建筑工程概算，见表 2-3-5。

建筑工程概算表　　表 2-3-5

单位工程名称：建筑装饰工程-门卫 1

序号	定额编号	工程项目或费用名称	单位	数量	单价（元）					合价（元）
					合计	其中				合计
						人工费	材料费	机械费	综合费用	
1	4-1H	混凝土实心砖基础墙厚 240mm	m^3	6.29	486.27	138.73	304.83	6.81	35.9	3059
2	4-11H	钢筋混凝土带形基础有梁式	m^3	15.48	1814.86	583.86	1047.85	31.37	151.78	28094

任务 2.4　主体工程概算编制

2.4.1　工程计量

1. 概算定额计量规则

（1）门窗工程

1）各类有框门窗均按设计门窗洞口以“m^2”计算，若为凸出墙面的圆形、弧形、异型门窗，均按展开面积计算。

2）门边带窗者，应分别计算，门宽度算至门框外口。

3）纱门、纱窗扇按扇外围面积计算，防盗窗按外围展开面积计算。

4）金属卷帘门按设计门洞口面积计算，电动装置按“套”计算。

5）厂房库大门、特种门按设计门洞口面积计算。

6）人防门、密闭观察窗按设计图示数量以“樘”计算，防护密闭封堵板按框（扇）外围以展开面积计算。

7）门钢架按设计图示尺寸以重量计算，门钢架基层、面层按设计图示饰面外围尺寸展开面积计算。

8）门窗套按设计图示饰面外围尺寸展开面积计算。成品木质门窗套按设计图示外围尺寸长度计算。

9）窗台板按设计图示长度乘宽度以面积计算。设计无规定时，长度按窗框外围宽度增加 100mm 计算，凸出墙面的宽度按墙面外加 50mm 计算。

（2）墙体工程

1）一般砖墙

① 墙身长度：外墙按中心线计算，内墙按净长计算。

② 墙身高度：A. 外墙高度：坡屋顶算至屋面板底，现浇平屋面算至屋面板板面，女儿墙（含压顶）自板面算至压顶面。B. 内墙高度：内墙位于屋架下者，其高度算至屋架底；无屋架有天棚者算至天棚底再加 120mm。平屋面、坡屋面和有楼层者算至梁（板）顶面。如同一墙体高度不同时，按平均高度计算；前后墙高度不同时，按平均高度计算。

③ 墙身工程量应扣除门窗洞口及 0.3m² 以上的孔洞所占的面积，不扣除构造柱、圈（过）梁、檐口梁、雨篷梁、梁垫、楼（屋）面板的板头所占的面积，突出墙面的虎头砖、腰线等也不增加。

2）框架墙

① 墙身面积：外墙按框架墙中心线乘以高度，内墙按墙面间的净长乘以高度，墙身高度计算方法同一般砖墙。

② 框架墙身面积不扣除框架柱、梁等所占的面积，但应扣除门窗洞口及 0.3m² 以上的孔洞所占的面积。

3）钢筋混凝土墙及钢筋混凝土地下室墙

① 墙面积按墙身长度乘以层高计算，应扣除门窗洞口及 0.3m² 以上的孔洞所占的面积。

② 钢筋混凝土地下室墙按面积计算，墙体应扣除门窗洞口及 0.3m² 以上的孔洞所占的面积，墙身应算至地下室顶板面。

4）装配式混凝土墙

① 装配式混凝土墙构件安装工程量按成品构件设计图示尺寸的实体积以“m³”计算，依附于构件制作的各类保温层，饰面层体积并入相应的构件安装中计算，不扣除构件内的钢筋、预埋铁件、配管、套管、线盒及单个面积 0.3m² 以内的孔洞、线箱等所占的体积，外露钢筋体积亦不再增加。概算定额已综合考虑套筒注浆亦不再另行计算。

② 轻质挑板隔墙安装工程量按构件图示尺寸以“m²”计算，应扣除门窗洞口、过人洞、空圈、嵌入墙板内的钢筋混凝土柱、梁、圈梁、挑梁、过梁、止水翻边及凹进墙内的壁龛、消火栓箱及单个 0.3m² 以上的孔洞所占的面积，不扣除梁头、板头及 0.3m² 以内的孔洞所占面积。

③ 预制烟道、通风道安装工程量按图示长度以“m”计算，排烟（气）止回阀、成品风帽安装工程量按图示个数以“个”计算。

5）幕墙

幕墙面积按设计图示尺寸以外围面积计算。

6）隔断、隔墙

隔断、隔墙按设计图示尺寸以外围面积计算，扣除门窗洞口及 0.3m² 以上的孔洞所占的面积，成品卫生间隔断以“间”计算。

7）钢结构墙面板

① 压型钢板、彩钢夹心板、采光板墙面板、墙面玻纤保温棉按设计图示尺寸以铺挂面积计算，不扣除单个面积小于或等于 0.3m² 孔洞所占的面积。墙面玻纤保温棉面积同单层压型钢板墙面板面积。

② 硅酸钙板墙面板按设计图示尺寸的墙面面积以“m^2”计算，不扣除单个面积小于或等于 0.3m^2 孔洞所占的面积。保温岩棉铺设、EPS 混凝土浇灌按设计图示尺寸的铺设或浇灌体积以“m^3”计算，不扣除单个 0.3m^2 孔洞所占的面积。

(3) 混凝土及钢构件工程

1) 混凝土柱按设计图示尺寸以体积计算

① 柱高按基础顶面或楼板上表面算至柱顶面或上一层楼板上表面。

② 无梁板柱高按基础顶面（或楼板上表面）算至柱帽下表面。

③ 依附柱上的牛腿并入柱身体积内计算。

2) 混凝土梁按设计图示尺寸以体积计算，伸入砖墙内的梁头、梁垫并入梁体积内。梁与柱、次梁与主梁、梁与混凝土墙交接时，按中心线长度计算。

3) 装配式混凝土柱、梁工程量按设计图示尺寸的实体积以“m^3”计算。

4) 预制钢构件安装、现场制作钢柱、梁工程量按设计图示尺寸以质量计算，不扣除单个 0.3m^2 以内的孔洞质量，焊缝、铆钉、螺栓等不另增加质量。

5) 钢筋混凝土斜平板的工程量按墙中心线斜面面积以“m^2”计算，无梁板按板外围面积以“m^2”计算；装配式混凝土整体板、装配式混凝土叠合板按成品购入，按实际工程量以“m^3”计算，其他板按墙中心线面积以“m^2”计算。

6) 钢筋混凝土楼梯按水平投影面积以“m^2”计算，楼梯包括楼梯段、休息平台、平台梁、楼梯与楼板连接的梁（不包括与楼层走道连接的楼板）不扣除宽度小于 500mm 的楼梯井，伸入墙身内的部分不另增加。踏步式钢梯按梯段斜面积以“m^2”计算。

7) 钢筋混凝土阳台、雨篷均按水平投影面积“m^2”计算，包括伸出墙外的梁、封口梁、栏板和雨篷翻边。装配式混凝土阳台板按成品购入，按实际工程量以“m^3”计算。

(4) 屋盖工程

1) 钢网架、钢屋架、钢桁架、钢檩条工程量均按设计图纸的全部钢材几何尺寸以“t”计算，不扣除孔眼、切边、切肢的重量，焊条、螺栓等重量不另增加。木屋架计算木材材积，均不扣除孔眼、开榫、切肢、切边体积。

2) 屋面木基层的工程量，按设计图示尺寸以斜面积计算，不扣除房上烟囱、风帽底座、风道、小气窗和斜沟等所占面积，屋面小气窗的出檐部分面积另行增加。

3) 混凝土板上屋面，按设计图示尺寸以面积计算（斜屋面按斜面面积计算），不扣除房上烟囱、风帽底座、风道、小气窗、斜沟和脊瓦等所占面积。单项定额屋面防水层、女儿墙、伸缩缝和天窗等处的弯起部分，按图示尺寸计算，设计无规定时则按 500mm 高度计算，工程量并入屋面工程量内。

4) 钢筋混凝土檐沟工程量按檐沟内长度以“延长米”计算，天沟按设计长度计算，屋面变形缝按“延长米”计算。

2. 概算定额规则应用

【例 2-4-1】 按照《浙江省概算定额（2018 版）》计算某产业园项目中门卫 1 的门窗和墙体工程量，门卫 1 层高 4m，女儿墙高度（含压顶）0.6m，外墙采用 B06 级 A5.0 蒸压砂加气混凝土砌块、专用胶粘剂砌筑，内墙：水、电、风管道井采用 MU20 混凝土实心砖，M10 水泥砂浆实砌。其余内墙采用 MU10 粉煤灰烧结多孔砖，M5 混合砂浆砌筑。门窗信息详见表 2-4-1 门窗表。

门窗表　　表 2-4-1

类型	设计编号	洞口尺寸（mm）	材质	数量		图集名称	备注
				1F	总数		
防火门	FM 乙 0821	800×2100	乙级防火门	1	1	12J609	A类乙级防火子母门
	FM 乙 1221	1200×2100	乙级防火门	1	1		A类乙级防火门
节能门	LPM1532	1500×3200	断热铝合金平开门	1	1	16J607	—
窗	C1523	1500×2300	断热铝合金推拉窗	1	1	16J607	—
	C2823	2800×2300	断热铝合金推拉窗	1	1		—

【解】 1）门窗工程：$S_{外墙门}=1.5\times3.2=4.8$（m^2）

门窗及墙体工程的概算编制

$S_{外墙窗}=1.5\times2.3+2.8\times2.3=9.89$（$m^2$）

$S_{内墙门}=0.8\times2.1+1.2\times2.1=4.2$（$m^2$）

2）墙体工程：

① 外墙（240mm）：

$S_{外墙}=(4+0.6)\times(9+5)\times2-4.8-9.89=114.11$（$m^2$）

② 内墙（100mm）：

混凝土实心砖：$S_{内墙}=(0.39\times2+0.29)\times4=4.28$（$m^2$）

粉煤灰烧结多孔砖：

$L_{内墙}=1.92-0.39+0.1-0.12+0.15+0.8+0.4-0.12+5-0.12\times2=7.5$（m）

$S_{内墙}=4\times7.5-4.2=25.8$（$m^2$）

【例 2-4-2】 按照《浙江省概算定额（2018 版）》，试计算某产业园项目中门卫 1 的首层柱、梁、板的工程量（门卫 1 层高 4m，采用 C30 泵送商品混凝土，复合木模）。

【解】 1）首层柱子：

VKZ1$=0.3\times0.3\times4=0.36$（$m^3$）

屋盖工程的概算编制

VKZ2$=0.3\times0.3\times4=0.36$（$m^3$）

VKZ3$=0.3\times0.3\times4=0.36$（$m^3$）

VKZ4$=0.3\times0.3\times4=0.36$（$m^3$）

$\sum V_{柱}=0.36+0.36+0.36+0.36=1.44$（$m^3$）

2）首层梁：

VKL1$=0.24\times0.5\times5\times2=1.2$（$m^3$）

VKL2$=0.24\times0.8\times9\times2=3.46$（$m^3$）

VL1$=0.24\times0.45\times5=0.45$（$m^3$）

VL2$=0.24\times0.45\times5=0.45$（$m^3$）

$\sum V_{梁}=1.2+3.46+0.45+0.45=5.56$（$m^3$）

混凝土工程的概算编制

3）首层板：

$S_{板}=9\times5=45$（m^2）

【例 2-4-3】 按照《浙江省概算定额（2018 版）》计算某产业园项目中门卫 1 的不上人保温屋面的工程量。

【解】 $S_{屋面}=9\times5=45$（m^2）。

2.4.2 工程计价

1. 概算定额说明及应用

（1）概算定额说明

1）门窗工程

① 概算定额第九章门窗工程中普通木门、装饰木门、厂库房大门、木窗按现场制作、安装综合考虑，其余门窗均按成品安装考虑。除厂库房大门未含五金铁件材料费外，均已综合了框（门套）、扇的制作、安装、五金配件及油漆等全部工作内容，厂库房大门五金铁件材料费另按预算定额套用。木门不分有亮和无亮，定额已按权数进行综合。一般木门窗油漆按聚酯清漆三遍进行综合，装饰木门按聚酯清漆磨退五遍进行综合，如设计漆种、刷漆遍数不同，可按预算定额相应子目调整。

② 金属卷帘门已综合了活动小门的含量，活动小门不再另行计算。

③ 成品金属门窗、金属卷帘门、特种门、其他门安装项目包括五金安装人工，五金材料费包括在成品门窗价格中。

④ 门窗套定额中基层已按权数综合了木龙骨、三夹板、细木工板等材料。

2）墙体工程

① 一般砖墙：一般砖外墙包括砌墙、现浇钢筋混凝土构造柱、圈梁、过梁、墙内钢筋加固、局部挂钢丝网、内墙面抹灰；一般砖内墙包括砌墙、钢筋混凝土圈梁、构造柱、过梁、墙内钢筋加固、局部挂钢丝网、双面抹灰。

② 框架墙：框架外墙包括砌墙、钢筋混凝土过梁、局部挂钢丝网、内墙面抹灰，框架内墙包括砌墙、钢筋混凝土构造柱、过梁、局部挂钢丝网、双面抹灰。

③ 钢筋混凝土墙：钢筋混凝土外墙包括模板、钢筋、混凝土、内墙面抹灰，钢筋混凝土内墙包括模板、钢筋、混凝土、双面抹灰，钢筋混凝土地下室墙包括模板、钢筋、混凝土、外墙面防水、内墙面抹灰。

④ 装配式混凝土墙：装配式混凝土墙构件按成品购入构件考虑，包括构件安装、套筒注浆、嵌缝打胶、内墙面抹灰。装配式混凝土墙构件吊装机械综合取定，按概算定额第十二章“脚手架、垂直运输、超高运输增加费”相关说明及计算规则执行。

墙板安装定额不分是否带有门窗洞口，均按相应定额执行。凸（飘）窗安装定额适用于单独预制的凸（飘）窗安装，依附于外墙板制作的凸（飘）窗，其工程量并入外墙板计算，该板块安装整体套用墙板安装定额，人工和机械用量乘以系数 1.30。

外挂墙板安装定额已综合考虑了不同的连接方式，按构件不同类型及厚度套用相应定额。

⑤ 幕墙：幕墙包括预埋件、幕墙骨架及幕墙面层，未包括防火封堵。

⑥ 钢结构墙面板：钢结构墙面板安装已包括需要的包角、包边等用量。

⑦ 硅酸钙板墙面板：硅酸钙板墙面板双面隔墙厚度按 180mm，镀锌钢龙骨按 15kg/m^2 编制，设计与定额不同时材料换算调整。概算定额中墙体工程章节保温岩棉板铺设仅限于硅酸钙板墙面板配套使用。

3）混凝土及钢构件工程

① 现浇钢筋混凝土柱、梁包括模板、钢筋制作、安装，混凝土浇捣及柱梁面抹灰，柱、梁面抹灰按干混砂浆考虑。依附在框架间墙体内的柱、梁，其抹灰已综合在相应墙体定额

内，但不包括涂料、油漆、块料等装饰面层，也不包括钢构件的防火漆。模板的支模高度按层高 3.6m 以内编制，超过 3.6m 时，按《浙江省预算定额（2018 版）》的规定执行。

② 现场制作钢柱、钢梁包括现场制作、安装，喷砂除锈，场内转运、清理，适用于非工厂制作的构件，按直线型构件编制。

③ 斜梁按坡度 $10° < \alpha \leqslant 30°$ 综合编制。坡度 $\leqslant 10°$ 的斜梁执行普通梁项目；坡度 $30° < \alpha \leqslant 45°$ 时，人工乘以系数 1.05；坡度 $> 45°$ 时，按墙相应定额执行。

④ 概算定额中柱、梁工程章节混凝土除另有注明外均按泵送商品混凝土编制，实际采用非泵送商品混凝土、现场搅拌混凝土时仍套用泵送定额，混凝土价格按实际使用的种类换算，混凝土浇捣人工乘以表 2-4-2 相应系数，其余不变。现场搅拌的混凝土还应按混凝土消耗量执行现场搅拌调整费定额。

建筑物人工调整系数表 表 2-4-2

序号	项目名称	人工调整系数
1	基础	1.50
2	柱	1.05
3	梁	1.40
4	墙、板	1.30
5	楼梯、雨篷、阳台、栏板及其他	1.05

⑤ 装配式混凝土构件按成品购入编制，构件价格已包含了构件运输至施工现场指定区域、卸车、堆放发生的费用。装配式混凝土柱按成品购入构件考虑，包括构件安装、套筒注浆、抹灰。装配式混凝土梁按成品购入构件考虑，包括构件安装、抹灰。

⑥ 预制钢构件均按购入成品到场考虑，不再考虑场外运输费用。

⑦ 钢筋混凝土板包括平板、无梁板、斜平板、阶梯形楼板、装配式混凝土整体板、装配式混凝土叠合板、装配式混凝土叠合板现浇混凝土层、现浇混凝土自承式钢楼板、现浇混凝土压型钢板楼板。钢筋混凝土板综合了混凝土、钢筋、模板等。装配式混凝土构件按成品购入编制。现浇混凝土自承式钢楼板、现浇混凝土压型钢板楼板综合了钢楼板、混凝土、钢筋等。无梁板定额中已综合了柱帽含量。

⑧ 楼梯包括钢筋混凝土楼梯、装配式混凝土楼梯和踏步式钢楼梯。钢筋混凝土楼梯综合了混凝土、钢筋、模板、木扶手及油漆、防滑条及楼梯底（即天棚）面一般抹灰，楼梯面层综合了面层及踢脚线，楼梯栏杆综合了油漆等内容。踏步式钢梯综合了钢梯及油漆。

⑨ 阳台包括钢筋混凝土阳台及装配式混凝土阳台。钢筋混凝土阳台综合了混凝土、钢筋、模板。装配式混凝土构件按成品购入编制。雨篷包括钢筋混凝土雨篷及玻璃雨篷。钢筋混凝土雨篷综合了混凝土、钢筋、模板等。阳台、雨篷挑出宽度超过 1.8m 或为柱式雨篷时，应按相应混凝土板、柱等定额项目计算。

4）屋盖工程

① 钢网架、钢支座、钢屋架、钢桁架、钢檩条等预制构件均按购入成品到场考虑。除锈、油漆及防火涂料费用应在成品价格内包含，若成品价格中未包括除锈、油漆及防火涂料则按《浙江省预算定额（2018 版）》相应章节定额套用。

② 钢、木屋架上屋面，如有保温及防水等内容可单独套用混凝土板上屋面单项定额

相应子目。

③ 混凝土板上屋面设置了两小节：混凝土屋面综合定额、混凝土屋面单项定额。根据设计图纸深度不同及对概算精准度要求不同，可以选择套用。其中综合定额也可以因设计材料、厚度及做法不同而做出调整。混凝土板上屋面不包含混凝土板的费用。

④ 混凝土檐沟、天沟已综合了模板、钢筋、混凝土浇捣、找平、找坡、防水及沟底侧面抹灰、涂料。

（2）概算定额应用

【例 2-4-4】 根据例 2-4-1 已知工程条件，假定 MU10 粉煤灰烧结多孔砖 240×115×90 规格的单价为 612 元/千块。试计算内墙的每立方米定额人工费、材料费、机械费。

【解】 1）MU20 混凝土实心砖，M10 水泥砂浆实砌：干混砂浆换算成现拌砂浆。

①套概算定额 5-50。

②换算：

A. 预算定额：12-1

人工费＝0.020×1498.23＝29.96（元/m^3）

材料费＝0.020×1042.68＝20.85（元/m^3）

机械费＝0.020×22.48＝0.45（元/m^3）

B. 预算定额：12-8

人工费＝0.00233×409.20＝0.95（元/m^3）

材料费＝0.00233×668.45＝1.56（元/m^3）

机械费＝0

C. 预算定额：4-8H

人工费＝0.009×(1857.60＋0.382×135×2)＝17.65（元/m^3）

材料费＝0.009×[2989.05＋(222.61－413.73)×2]＝23.46（元/m^3）

机械费＝0.009×0.167×154.97×2＝0.47（元/m^3）

D. 预算定额：5-10

人工费＝0.0002×997.52＝0.20（元/m^3）

材料费＝0.0002×4327.52＝0.87（元/m^3）

机械费＝0.0002×6.32＝0.001（元/m^3）

E. 预算定额：5-131

人工费＝0.00056×3283.88＝1.84（元/m^3）

材料费＝0.00056×1889.60＝1.06（元/m^3）

机械费＝0.00056×218.87＝0.12（元/m^3）

F. 预算定额：5-39

人工费＝0.001×477.5＝0.48(元/m^3)

材料费＝0.001×3922.42＝3.92（元/m^3）

机械费＝0.001×67.62＝0.07（元/m^3）

汇总：人工费＝29.96＋0.95＋17.65＋0.20＋1.84＋0.48＝51.08(元/m^3)

材料费＝20.85＋1.56＋23.46＋0.87＋1.06＋3.92＝51.72（元/m^3）

机械费＝0.45＋0.47＋0.001＋0.12＋0.07＝1.11（元/m^3）

2）MU10 粉煤灰烧结多孔砖，M5 混合砂浆砌筑：干混砂浆换算成现拌砂浆，混凝土多孔砖换成粉煤灰烧结多孔砖。

① 套概算定额 5-53。

② 换算：

A. 预算定额：12-1

人工费＝0.020×1498.23＝29.96（元/m^3）

材料费＝0.020×1042.68＝20.85（元/m^3）

机械费＝0.020×22.48＝0.45（元/m^3）

B. 预算定额：12-8

人工费＝0.00233×409.20＝0.95（元/m^3）

材料费＝0.00233×668.45＝1.56（元/m^3）

机械费＝0

C. 预算定额：4-23H

人工费＝0.009×(1479.60＋0.382×135×1.47)＝14.00（元/m^3）

材料费＝0.009×[2346.75＋(227.82－413.73)×1.47＋(612－491)×3.54]＝22.52（元/m^3）

机械费＝0.009×0.167×154.97×1.47＝0.34（元/m^3）

D. 预算定额：5-10

人工费＝0.0002×997.52＝0.20（元/m^3）

材料费＝0.0002×4327.52＝0.87（元/m^3）

机械费＝0.0002×6.32＝0.001（元/m^3）

E. 预算定额：5-131

人工费＝0.00056×3283.88＝1.84（元/m^3）

材料费＝0.00056×1889.60＝1.06（元/m^3）

机械费＝0.00056×218.87＝0.12（元/m^3）

F. 预算定额：5-39

人工费＝0.001×477.5＝0.48（元/m^3）

材料费＝0.001×3922.42＝3.92（元/m^3）

机械费＝0.001×67.62＝0.07（元/m^3）

汇总：人工费＝29.96＋0.95＋14.00＋0.20＋1.84＋0.48＝47.43（元/m^3）

材料费＝20.85＋1.56＋22.52＋0.87＋1.06＋3.92＝50.78(元/m^3)

机械费＝0.45＋0.34＋0.001＋0.12＋0.07＝0.98(元/m^3)

【例 2-4-5】根据例 2-4-2 已知工程条件，试计算采用复合木模的板厚为 100mm 钢筋混凝土平板的人工费、材料费、机械费。

【解】1）套用定额 7-86，7-87H

2）定额费用：

人工费＝20.65－1.78＝18.87（元/m^2）

材料费＝109.65－9.71＝99.94（元/m^2）

机械费＝1.53－0.15＝1.38（元/m^2）

2. 主体工程概算费用计算

【例 2-4-6】 根据例 2-4-1、例 2-4-4 已知工程条件及计算结果，按《浙江省概算定额（2018 版）》，试计算该工程的门窗及墙体工程的概算费用。假设当时当地人工、材料、机械市场信息价与定额取定价格相同，MU10 粉煤灰烧结多孔砖 240×115×90 规格的单价为 612 元/千块，综合费用费率（包括企业管理费和利润费率）以定额人工费与定额机械费之和为取费基数，取 24.67%。

【解】 计算结果见表 2-4-3。

建筑工程概算表　　表 2-4-3

单位工程名称：建筑装饰工程-门卫 1

序号	定额编号	工程项目或费用名称	单位	数量	单价（元）					合价（元）
					合计	其中				
						人工费	材料费	机械费	综合费用	
1	9-25	木质防火门乙级	m^2	4.20	539.86	52.52	474.38	0	12.96	2267
2	9-28	隔热断桥铝合金门平开门	m^2	4.80	520.00	22.20	492.32	0	5.48	2496
3	9-81	隔热断桥铝合金推拉窗	m^2	9.89	513.71	18.14	491.09	0	4.48	5081
4	5-47	框架蒸压加气混凝土砌块外墙 240 厚内面普通抹灰	m^2	114.11	161.71	48.35	100.72	0.57	12.07	18453
5	5-50H	框架混凝土实心砖内墙 1/2 砖厚双面普通抹灰（M10 水泥砂浆砌筑）	m^2	4.28	116.79	51.08	51.72	1.11	12.88	500
6	5-53H	框架混凝土多孔砖内墙 1/2 砖厚双面普通抹灰（MU10 粉煤灰烧结多孔砖 240×115×90，M5 混合砂浆砌筑）	m^2	25.8	111.13	47.43	50.78	0.98	11.94	2867

【例 2-4-7】 根据例 2-4-2、例 2-4-5 已知工程条件及计算结果，按《浙江省概算定额（2018 版）》，试计算该工程的混凝土工程的概算费用。假设当时当地人工、材料、机械市场信息价与定额取定价格相同，综合费用费率（包括企业管理费和利润费率）以定额人工费与定额机械费之和为取费基数，取 24.67%。

【解】 计算结果见表 2-4-4 。

建筑工程概算表　　表 2-4-4

单位工程名称：建筑装饰工程-门卫 1

序号	定额编号	工程项目或费用名称	单位	数量	单价（元）					合价（元）
					合计	其中				
						人工费	材料费	机械费	综合费用	
1	6-8	矩形柱复合木模干混砂浆面	m^3	1.44	2235.04	608.65	1443.12	26.56	156.71	32185
2	6-14	矩形梁复合木模干混砂浆面	m^3	5.56	2290.28	628.33	1465.48	33.26	163.21	12734
3	7-86，7-87H	钢筋混凝土平板板厚 100mm 复合木模	m^2	45	125.19	18.87	99.94	1.38	5.00	5634

【例 2-4-8】 根据例 2-4-3 已知工程条件及计算结果，按《浙江省概算定额（2018 版）》。试计算该工程的屋盖工程的概算费用，假设当时当地人工、材料、机械市场信息价与定额取定价格相同，综合费用费率（包括企业管理费和利润费率）以定额人工费与定额机械费之和为取费基数，取 24.67%。

【解】 具体计算结果见表 2-4-5。

建筑工程概算表 表 2-4-5

单位工程名称：建筑装饰工程-门卫 1

序号	定额编号	工程项目或费用名称	单位	数量	单价（元）					合价（元）
					合计	其中				
						人工费	材料费	机械费	综合费用	
1	8-56	保温屋面非上人	m^2	45	254.83	55.75	181.92	2.73	14.43	11467

任务 2.5 装饰工程概算编制

2.5.1 工程计量

1. 概算定额计量规则

（1）墙（柱）面装饰

墙（柱、梁）面镶贴块料，内墙按设计图示尺寸以实铺面积计算，外墙按外墙面积计算。

（2）楼地面装饰

地面基层、楼地面整体面层、块料面层、木地板、卷材面层、织物面层等的工程量均按墙中心线面积以“m^2”计算；计算工程量时应扣除凸出地面的构筑物、设备基础、室内基础、室内地沟、浴缸、大小便槽等所占面积（不需做面层的地沟盖板所占面积也应扣除），不扣除柱、垛、间壁墙、附墙烟囱及 0.3m^2 以内孔洞所占面积，但门洞、空圈、暖气包槽、壁龛的开口部分也不增加。

墙面装饰工程的概算编制

（3）天棚装饰

天棚抹灰、天棚吊顶中平面天棚及跌级天棚的平面部分（含龙骨、基层及面层）的工程量按墙中心线面积以“m^2”计算，不扣除柱、垛、检查洞、通风洞、间壁墙、附墙烟囱及 0.3m^2以内孔洞所占面积，但门洞、空圈的开口部分也不增加。跌级天棚的侧面部分（含龙骨、基层及面层）的工程量按跌级高度乘以相应长度以面积计算。

2. 概算定额规则应用

【例 2-5-1】 根据某工程门卫 1 平面图、剖面图（同【例 2-3-1】），装饰装修做法见表 2-5-1：

门卫 1 装饰做法表 表 2-5-1

工程部位		具体做法
地面做法	卫生间	300×300 防滑地砖，20 厚干混砂浆结合层，1.5 厚 JS-Ⅱ型防水涂膜（周边上翻 300），100 厚 C20 非泵送商品混凝土垫层随捣随抹，100 厚压实碎石
	监控室、消控室兼门卫	150 高防静电地板，30 厚 C20 细石混凝土随捣随抹，100 厚非泵送商品混凝土垫层随捣随抹，100 厚压实碎石，120 高不锈钢踢脚板
	其他房间	30 厚耐磨混凝土面层，随捣随抹；100 厚非泵送商品混凝土垫层，100 厚压实碎石

续表

工程部位		具体做法
内墙面	卫生间	采用300×600瓷砖，5厚面砖檫缝，专用胶粘剂结合层，2厚JS-Ⅱ型防水涂膜（做至吊顶）；6+9厚DP15水泥砂浆粉刷，刷专用界面剂
	监控室、消控室兼门卫	乳胶漆面层两道，封底漆一道，3厚高强内墙两道腻子，素水泥浆一道
外墙面		真石漆二道，5厚抗裂砂浆，无机轻集料保温砂浆，10厚DWM15防水砂浆，专用界面剂
天棚	卫生间	1.2厚纸面石膏板吊顶，U50轻钢龙骨，1.2厚JS-Ⅱ型防水涂料
	其他房间	乳胶漆面层两道，封底漆一道，3厚高强内墙两道腻子，素水泥浆一道

根据装饰装修做法结合图纸，试计算以下内容工程量：

（1）计算各房间地面工程量；

（2）计算外墙面工程量；

（3）计算内墙面工程量；

（4）计算天棚工程量。

【解】 根据装饰装修做法结合图纸，计算各房间装饰装修工程量见表2-5-2：

工程量计算表（计算结果保留两位小数） 表2-5-2

序号	定额编号	项目名称	计算式	计算结果	单位
		卫生间地面			
1	7-36	300×300防滑地砖面层，20厚干混砂浆结合层	1.97×1.4−0.425×0.55	2.52	m²
2	8-97	1.5厚JS-Ⅱ型防水涂膜(周边上翻300)	(1.92−0.12)×(1.35−0.12)+(1.92−0.12+1.35−0.12)×2×0.3	4.03	m²
3	7-1H	100厚C20非泵送商品混凝土垫层随捣随抹，100厚压实碎石	1.97×1.4−0.425×0.55	2.52	m²
		排气道地面			
4	7-10	30厚耐磨混凝土面层，随捣随抹	0.4×0.39	0.16	m²
5	7-1H	100厚C20非泵送商品混凝土垫层，100厚压实碎石	0.4×0.39	0.16	m²
		监控室、消控室兼门卫地面			
6	7-80	150高防静电地板	3.45×5+(9−3.45)×(5−1.4)+(9−3.45−1.97)−0.39×0.46	40.63	m²
7	7-9	30厚C20细石混凝土随捣随抹	3.45×5+(9−3.45)×(5−1.4)+(9−3.45−1.97)−0.39×0.46	40.63	m²

续表

序号	定额编号	项目名称	计算式	计算结果	单位
8	7-1H	100厚C20非泵送商品混凝土垫层随捣随抹，100厚压实碎石	3.45×5+(9−3.45)×(5−1.4)+(9−3.45−1.97)−0.39×0.46	40.63	m^2
		监控室、消控室兼门卫天棚			
9	5-216	乳胶漆面层两道，封底漆一道，3厚高强内墙两道腻子，素水泥浆一道；	3.45×5+(9−3.45)×(5−1.4)+(9−3.45−1.97)−0.39×0.46	40.63	m^2
		卫生间天棚			
10	7-156	1.2厚纸面石膏板吊顶，U50轻钢龙骨	1.97×1.4	2.76	m^2
11	8-93	1.2厚JS-Ⅱ型防水涂料	1.97×1.4	2.76	m^2
		外墙面装饰			
12	5-170	真石漆二道	(5.24+9.24)×2×4.75−3.2×1.5−2.3×1.5−2.3×2.8	122.87	m^2
13	5-165	5厚抗裂砂浆	(5.24+9.24)×2×4.75−3.2×1.5−2.3×1.5−2.3×2.8	122.87	m^2
14	5-159	无机轻集料保温砂浆	(5.24+9.24)×2×4.75−3.2×1.5−2.3×1.5−2.3×2.8	122.87	m^2
15	5-154	10厚DWM15防水砂浆	(5.24+9.24)×2×4.75−3.2×1.5−2.3×1.5−2.3×2.8	122.87	m^2
16	5-153	专用界面剂	(5.24+9.24)×2×4.75−3.2×1.5−2.3×1.5−2.3×2.8	122.87	m^2
		卫生间内墙面装饰			
17	5-181	300×600瓷砖，5厚面砖檫缝，专用胶粘剂结合层	(1.8+1.23)×2×(4−0.1)−0.8×2.1	21.95	m^2
18	8-93H	2厚JS-Ⅱ型防水涂膜(做至吊顶)	(1.8+1.23)×2×(4−0.1)−0.8×2.1	21.95	m^2
		监控室、消控室兼门卫内墙装饰			
19	5-216	乳胶漆面层两道，封底漆一道，3厚高强内墙两道腻子，素水泥浆一道	((3.4−0.12)+(5−0.24))×2×(4−0.1)−2.8×2.3−1.5×3.2−1.2×2.1+((9−3.5−0.12)+(5−0.24))×2×(4−0.1)−1.5×2.3−1.2×2.1−0.8×2.1	120.39	m^2

2.5.2　工程计价

1. 概算定额说明及应用

(1) 概算定额说明

1) 墙（柱）面装饰

① 内外墙体定额已包含内外墙抹灰，外墙墙体定额均未包括外墙外面抹灰、防水。

② 墙面装饰包括基层及面层。

③ 外墙装饰抹灰及装饰块料定额已包括门窗洞口侧面、窗台线、腰线、勒脚的工作内容。

④ 内墙面抹灰、贴面子目中已扣除墙体子目所综合的内墙抹灰数量。

⑤ 定额中的抹灰砂浆、界面剂的厚度及配合比按综合考虑取定，设计与定额不同时，不予调整。

⑥ 混凝土柱抹灰已在混凝土柱中包含。

2) 楼地面装饰

楼地面均已综合了基层龙骨、找平层、面层、踢脚线、油漆及涂料等基层与面层的内容。

3) 天棚装饰

天棚综合了天棚龙骨基层、面层、涂料或油漆等。

(2) 概算定额应用

《浙江省概算定额（2018 版）》中使用的砂浆除另有注明外均按干混预拌砂浆编制，若实际使用现拌砂浆或湿拌预拌砂浆时，按预算定额说明的相关条款进行调整。

【例 2-5-2】 300×300 防滑地砖楼地面，20 厚 1∶3 干硬性水泥砂浆结合层（1∶3 干硬性水泥砂浆单价 244.35 元/m^3）。试计算其人工费、材料费和机械费。

【解】 1) 查定额 7-36H。

2) 定额费用。

人工费＝0.85×43.38＝36.87（元/m^2）

材料费＝65.09＋(244.35－443.08)×(0.01559＋0.02438＋0.00020)＝57.11（元/m^2）

机械费＝0.38（元/m^2）

【例 2-5-3】 某工程地面基层做法：100 厚 C20 细石混凝土垫层随捣随抹，100 厚压实碎石（C20 细石混凝土单价 412 元/m^3）。试计算其人工费、材料费和机械费。

【解】 1) 查定额 7-1H＋7-3H＋7-4×2。

2) 定额费用：

人工费＝6.36＋0.38×3＋0.4×2＝8.3（元/m^2）

材料费＝40.33＋3.8×3＋（412－399）×（0.06565＋0.00909×3）＋1.72×2＝56.38（元/m^2）

机械费＝0.13＋0.01×3＋0.01×2＝0.18（元/m^2）

2. 装饰工程概算费用计算

【例 2-5-4】 根据【例 2-5-1】计算的定额工程量并按《浙江省概算定额（2018 版）》计算该工程装饰装修工程综合单价及合价。假设当时当地人工、材料、机械市场信息价与定额取定价格相同，单价综合费以定额人工费与定额机械费之和为取费基数，费率为 24.67%。

【解】 计算结果见表 2-5-3。

建筑工程概算表　　表 2-5-3

单位工程名称：房屋建筑与装饰-门卫 1

序号	定额编号	工程项目或费用名称	单位	数量	单价（元）					合价（元）
					合计	其中				
						人工费	材料费	机械费	综合费用	
1	7-36	地砖楼地面 干混砂浆铺贴（周长 mm 以内）1200	m^2	2.52	119.66	43.38	65.1	0.38	10.80	301.54
2	8-97	混凝土屋面单项定额 聚氨酯防水涂料 1.5mm 厚	m^2	4.03	35.31	2.77	31.86	—	0.68	142.3
3	7-1H	地面基层 混凝土基层 70mm 厚 碎石垫层 80mm 厚 不带防潮层 实际垫层厚度（mm）：100 实际基层厚度（mm）：100	m^2	2.52	67.1	8.42	56.39	0.17	2.12	169.09
4	7-10H	干混砂浆楼地面 混凝土或硬基层上 20mm 实际厚度（mm）：30	m^2	0.16	36.33	16.9	14.89	0.3	4.24	5.81
5	7-1H	地面基层 混凝土基层 70mm 厚 碎石垫层 80mm 厚 不带防潮层 实际垫层厚度（mm）：100 实际基层厚度（mm）：100	m^2	0.16	65.88	8.42	55.17	0.17	2.12	10.54
6	7-80	防静电活动地板安装	m^2	40.63	349.35	27.23	315.4	—	6.72	14194.09
7	7-9	干混砂浆随捣随抹	m^2	40.63	42.26	18.57	19	0.09	4.60	1717.02
8	7-1H	地面基层 混凝土基层 70mm 厚 碎石垫层 80mm 厚 不带防潮层 实际垫层厚度（mm）：100 实际基层厚度（mm）：100	m^2	40.63	67.1	8.42	56.39	0.17	2.12	2726.27
9	5-216	乳胶漆三遍	m^2	40.63	33.57	19.04	9.83	—	4.70	1363.95
10	7-156	石膏板天棚 安装在轻钢龙骨平面	m^2	2.76	56.5	26.12	23.94	—	6.44	155.94
11	8-93	混凝土屋面单项定额 聚合物水泥防水涂料 1.2mm 厚 实际厚度（mm）：2	m^2	2.76	26.1	2.96	22.41	—	0.73	72.04
12	5-170	外墙面 仿石型涂料	m^2	122.87	149.41	56.53	78.61	0.26	14.01	18358.01
13	5-165H	抗裂保护层 耐碱玻纤网格布 4mm 厚 实际厚度（mm）：5	m^2	122.87	37.64	17.04	16.31	0.07	4.22	4624.83

续表

序号	定额编号	工程项目或费用名称	单位	数量	单价（元）					合价（元）
					合计	其中				
						人工费	材料费	机械费	综合费用	
14	5-159	外墙面保温砂浆（30mm厚）无机轻集料保温砂浆	m²	122.87	54.96	20.52	28.69	0.55	5.20	6752.94
15	5-154	外墙面 一般抹灰	m²	122.87	44.65	25.07	13.08	0.25	6.25	5486.15
16	5-153	干粉型界面剂	m²	122.87	6.02	3.79	1.3	—	0.93	739.68
17	5-181	内墙面 瓷砖周长1200mm以上	m²	21.95	88.25	39.03	39.37	0.18	9.67	1937.09
18	8-93H	混凝土屋面单项定额 聚合物水泥防水涂料 1.2mm厚 实际厚度（mm）：2	m²	21.95	41.17	4.59	35.45	—	1.13	903.68
19	5-216	乳胶漆三遍	m²	120.39	33.57	19.04	9.83	—	4.70	4041.49
合计										62432.21

任务2.6　技术措施项目概算的编制

2.6.1　工程计量

1. 概算定额计量规则

（1）综合脚手架

1）工程量依据《建筑工程建筑面积计算规范》GB/T 50353—2013按房屋建筑面积计算。有地下室时，地下室与上部建筑面积分别计算，套用相应定额。半地下室并入上部建筑物计算，另应增加有关内容的面积。

2）并入综合脚手架计算的内容

① 骑楼、过街楼底层的开放公共空间和建筑物通道，层高在2.2m及以上者按墙（柱）外围水平面积计算；层高不足2.2m者计算1/2面积。

② 建筑物屋顶上或楼层外围的混凝土构架，高度在2.2m及以上者按构架外围水平投影面积的1/2计算。

③ 凸（飘）窗按其围护结构外围水平面积计算，扣除已计入《建筑工程建筑面积计算规范》GB/T 50353—2013第3.0.13条的面积。

④ 建筑物门廊按其混凝土结构顶板水平投影面积计算，扣除已计入《建筑工程建筑面积计算规范》GB/T 50353—2013第3.0.16条的面积。

⑤ 建筑物阳台均按其结构底板水平投影面积计算，扣除已计入《建筑工程建筑面积计算规范》GB/T 50353—2013第3.0.21条的面积。

⑥ 与阳台相连的设备平台、在主体结构内的设备平台等，按结构底板水平投影面积计算，扣除已按《建筑工程建筑面积计算规范》GB/T 50353—2013计入的相应面积。

以上涉及面积计算的内容，仅适用于计取综合脚手架、垂直运输费和建筑物超高加压水泵台班及其他费用。

（2）单项脚手架

1）砌墙脚手架工程量按内、外墙面积计算（不扣除门窗洞口、孔洞等面积）。外墙乘以系数1.15，内墙乘以系数1.1。

2）满堂脚手架工程量按天棚水平投影面积计算，工作面高度为房屋层高；斜天棚（屋面）按房屋平均层高计算；局部层高超过3.6m的房屋，按超过部分面积计算。无天棚的屋面结构等建筑构造的脚手架，按施工组织设计规定的脚手架搭设的外围水平投影面积计算。

3）电梯安装井道脚手架，按单孔（一座电梯）以“座”计算。

4）烟囱、水塔脚手架分别高度，按“座”计算。

（3）人工、机械降效

1）各项降效系数中包括的内容指建筑物首层室内地坪以上的全部工程项目，不包括大型机械的基础，运输、安装拆除、垂直运输、各类构件单独水平运输、各项脚手架、预制混凝土及金属构件制作项目。

2）人工降效、机械降效的计算基数为规定内容中的全部人工费及机械费之和。

3）建筑物有高低层时，应按首层室内地坪以上不同檐高建筑面积所占比例，分别计算超高人工降效费和机械降效费。

2. 概算定额规则应用

【例2-6-1】某混凝土结构建筑见表2-6-1、图2-6-1，已知该楼由裙房和主楼两部分组成，设计室外地坪为－0.45m。主楼每层建筑面积1200m²，裙房每层建筑面积1000m²，设备层层高2.1m，楼板厚度均为100mm。试计算该项目脚手架、垂直运输及超高施工增加的概算工程量。

某混凝土结构建筑物概况 **表2-6-1**

楼层	层高（m）	每层建筑面积（m²）	每层天棚水平面积（m²）
1	6.4	1200（主楼）＋1000（裙房）	1120＋950
2	5.1	1200＋1000	1120＋950
3	3.6	1200＋1000	1120＋950
4～6	3	1200＋1000	1120＋950
设备层	2.1	600＋500	1120＋950
7～10	3.6	1200	1120
地下一层	3	2500	1120＋950

【解】（1）方法指导

1）本定额房屋除另有说明外层高以6m以内为准，层高超过6m，另按每增加1m以内定额计算；檐高30m以上的房屋，层高超过6m时，按檐高30m以内每增加1m定额执行。

2）层高超过3.6m的天棚抹灰应计算满堂脚手架工程量。

3）层高超过3.6m的应额外计算垂直运输及加压水泵台班及其他费用的工程量。

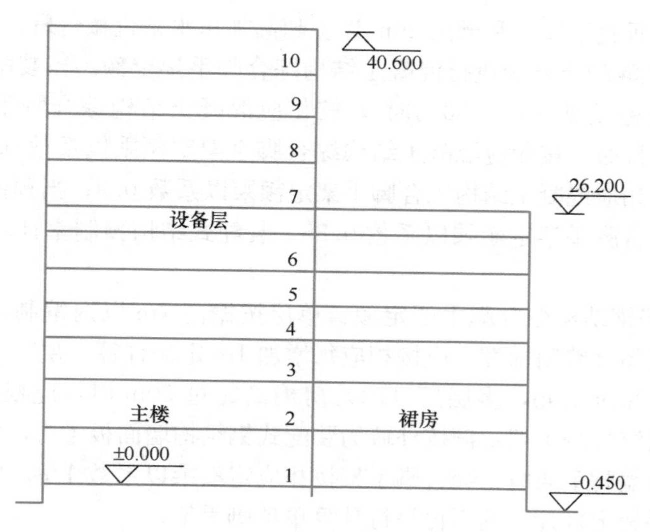

图 2-6-1　某混凝土结构建筑物

4）同一建筑物有不同檐高时，按建筑物竖向切面分别计算工程量。

（2）具体计算

1）综合脚手架

① 裙房：檐高为 26.2＋0.45－0.1＝26.55（m）

层高 6m 以内，按规定可计算面积为 1000×6＋500＝6500（m^2）

层高 6.4m，按规定可计算面积为 1000m^2

② 主楼：檐高为 40.6＋0.45－0.1＝40.95（m）

层高 6m 以内，按规定可计算面积为 1200×10＋600＝12600（m^2）

层高 6.4m，按规定可计算面积为 1200m^2

③ 地下室：面积为 2500m^2。

2）满堂脚手架

① 首层：层高 6.4m，按规定可计算面积为天棚水平投影面积 1120＋950＝2070（m^2）；

②二层：层高 5.1m，按规定可计算面积为天棚水平投影面积 1120＋950＝2070（m^2）。

3）垂直运输及加压水泵台班及其他费用

① 首层：层高 6.4m，按规定可计算面积为 1200＋1000＝2200（m^2）；

② 二层：层高 5.1m，按规定可计算面积为 1200＋1000＝2200（m^2）。

2.6.2　工程计价

1. 概算定额说明及应用

（1）概算定额说明

1）定额适用于房屋建筑、构筑物的脚手架、垂直运输和檐高 20m 以上的超高加压水泵机械台班费用及人工、机械、降效费用。

2）综合脚手架

① 综合脚手架定额适用于房屋工程及地下室脚手架，不适用于房屋加层、构筑物及附属工程脚手架，以上项目应套用单项脚手架相应定额。

② 综合脚手架定额已综合内、外墙砌筑脚手架、外墙饰面脚手架、檐高 20m 以内的

斜道和上料平台、垂直运输费和檐高 20m 以上超高加压水泵机械台班。

③ 装配整体式混凝土结构执行混凝土结构综合脚手架定额。当装配整体式混凝土结构预制率（以下简称预制率）＜30％时，按相应混凝土结构综合脚手架定额执行；当 30％≤预制率＜40％时，按相应混凝土结构综合脚手架定额乘以系数 0.95；当 40％≤预制率＜50％时，按相应混凝土结构综合脚手架定额乘以系数 0.9；当预制率≥50％时，按相应混凝土结构综合脚手架定额乘以系数 0.85。装配式结构预制率计算标准根据浙江省现行规定。

④ 厂（库）房钢结构综合脚手架定额：单层按檐高 7m 以内编制，多层按檐高 20m 以内编制，若檐高超过编制标准，应按相应每增加 1m 定额计算，层高不同不做调整。单层厂（库）房檐高超过 16m，多层厂（库）房檐高超过 30m 时，应根据施工方案计算。厂（库）房钢结构综合脚手架定额按外墙为装配式钢结构墙面板考虑，实际采用砖砌围护体系并需要搭设外墙脚手架时，综合脚手架按相应定额乘以系数 1.8。厂（库）房钢结构脚手架按综合脚手架定额计算的不再另行计算单项脚手架。

⑤ 住宅钢结构综合脚手架定额适用于结构体系为钢结构、钢-混凝土混合结构的工程，层高以 6m 以内为标准。

⑥ 地下室综合脚手架已综合了基础超深脚手架、垂直运输费。

3）本定额房屋除另有说明外层高以 6m 以内为准，层高超过 6m，另按每增加 1m 以内定额计算；檐高 30m 以上的房屋，层高超过 6m 时，按檐高 30m 以内每增加 1m 定额执行。

4）层高超过 3.6m 的垂直运输费和高加压水泵机械台班单列。

5）单项脚手架定额分外墙脚手架、内墙脚手架、满堂脚手架、电梯井道脚手架和烟囱、水塔脚手架。

6）定额未包括的项目，可参照《浙江省预算定额（2018 版）》计算。

（2）概算定额应用

【例 2-6-2】 某住宅混凝土结构工程综合脚手架及垂直运输费，檐高 36m，层高 7m。试计算该工程定额基价。

【解】 1）相关定额说明

① 本定额房屋除另有说明外层高以 6m 以内为准，层高超过 6m，另按每增加 1m 以内定额计算；檐高 30m 以上的房屋，层高超过 6m 时，按檐高 30m 以内每增加 1m 定额执行。

② 层高超过 3.6m 的垂直运输费和超高加压水泵机械台班单列。

2）具体计算

方法一：套用定额 综合脚手架 12-9＋12-8；

垂直运输费和超高加压水泵机械台班 12-61×4。

综合脚手架 基价＝75.85＋2.53＝78.38（元/m^2）；

垂直运输费和超高加压水泵机械台班基价＝3.93×4＝15.72（元/m^2）。

方法二：套用定额 12-9＋12-8＋12-61×4。

基价＝75.85＋2.53＋3.93×4＝94.1（元/m^2）。

【例 2-6-3】 某房屋天棚饰面为抹灰面，层高为 5.5m，试计算天棚抹灰脚手架的基价。

【解】1）相关定额说明

① 高度在3.6m以上的天棚饰面发生时按单项脚手架规定另列项目计算。

② 高度3.6m至5.2m范围内的天棚饰面按满堂脚手架基本层计算，高度超过5.2m另按增加层定额计算。

2）具体计算：套用定额12-42+12-43。

基价=9.87+1.98=11.85（元/m²）。

2. 技术措施项目概算费用计算

【例2-6-4】利用例2-6-1条件，按照《浙江省概算定额（2018版）》计算该项目的技术措施项目概算费用。假设当时当地人工、材料、机械市场信息价与定额取定价格相同，综合费用费率（包括企业管理费和利润费率）以定额人工费与定额机械费之和为取费基数，取24.67%。

【解】具体计算结果见表2-6-2。

脚手架、垂直运输、超高施工增加费概算表　　表2-6-2

序号	定额编号	工程项目或费用名称	单位	数量	单价（元）					合价（元）
					合计	其中				合计
						人工费	材料费	机械费	综合费用	
1	12-7	综合脚手架及垂直运输费 混凝土结构建筑物檐高30m以内 层高6m以内	m²	6500	64.85	14.69	13.60	26.42	10.14	421525
2	12-8	综合脚手架及垂直运输费 混凝土结构建筑物檐高30m以内 层高6.4m	m²	1000	2.92	1.47	0.95	0.11	0.39	2919.79
3	12-9	综合脚手架及垂直运输费 混凝土结构建筑物檐高50m以内 层高6m以内	m²	12600	90.03	17.23	18.39	40.23	14.18	1134319.81
4	12-8	综合脚手架及垂直运输费 混凝土结构建筑物檐高50m以内 层高6.4m	m²	1200	2.92	1.47	0.95	0.11	0.39	3503.74
5	12-31	地下室一层综合脚手架	m²	2500	65.91	10.93	2.64	39.82	12.52	164775.06
6	12-42+12-43	满堂脚手架 层高6.4m混凝土结构建筑物层高超过3.6m	m²	2070	14.33	9.65	1.78	0.42	2.48	29671.94
7	12-42	满堂脚手架 层高5.1m混凝土结构建筑物层高超过3.6m	m²	2070	11.94	8.06	1.47	0.34	2.07	24720.52

续表

序号	定额编号	工程项目或费用名称	单位	数量	单价（元）					合价（元）
					合计	其中				合计
						人工费	材料费	机械费	综合费用	
8	12-61×3	檐高 50m 以内 层高 6.4m 每增加 1m 垂直运输费用	m^2	2200	14.70	0	0	11.79	2.91	32336.90
9	12-61×2	檐高 50m 以内 层高 5.1m 每增加 1m 垂直运输费用	m^2	2200	9.80	0	0	7.86	1.94	21557.94

【例 2-6-5】按照《浙江省概算定额（2018 版）》计算某产业园项目中门卫 1 和门卫 2 的技术措施项目概算费用，假设当时当地人工、材料、机械市场信息价与定额取定价格相同，综合费用费率取 22%（包括企业管理费和利润费率），以定额人工费与定额机械费之和为取费基数。

【解】1）工程量计算

① 门卫 1：综合脚手架　$S=9.24\times5.24=48.42$（m^2）；

因为厂房的层高为 4m，按照定额要求需要额外计算超高的满堂脚手架和垂直运输费。

满堂脚手架：

$S=(9-0.24-0.1)\times(5-0.24)-0.1\times(1.92-0.12+0.1+0.8+0.4+0.03)-(0.29+0.1)\times(0.29+0.1)=40.76$（$m^2$）；

垂直运输　$S=9.24\times5.24=48.42$（m^2）。

② 门卫 2：综合脚手架　$S=9.24\times5.24=48.42$（m^2）；

因为厂房的层高为 4m，按照定额要求需要额外计算超高的满堂脚手架和垂直运输费。

满堂脚手架：

$S=(9-0.24-0.2\times2)\times(5-0.24)-0.1\times(1.16+3.1\times2)-(0.29+0.2)\times(0.29+0.2)=38.82$（$m^2$）；

垂直运输　$S=9.24\times5.24=48.42$（m^2）。

2）计价

具体计算结果见表 2-6-3。

脚手架、垂直运输、超高施工增加费概算表　　表 2-6-3

序号	定额编号	工程项目或费用名称	单位	数量	单价（元）					合价（元）
					合计	其中				合计
						人工费	材料费	机械费	综合费用	
单位工程名称：门卫 1 土建										
1	12-1	综合脚手架及垂直运输费 混凝土结构 建筑物檐高 7m 以内 层高 6m 以内	m^2	48.42	19.33	11.75	3.97	0.84	2.77	935.95

续表

序号	定额编号	工程项目或费用名称	单位	数量	单价（元）					合价（元）
					合计	其中				合计
						人工费	材料费	机械费	综合费用	
2	12-42	满堂脚手架基本层 3.6～5.2m	m^2	40.76	11.72	8.06	1.47	0.34	1.85	477.63
3	12-60	混凝土结构 建筑物层高超过 3.6m 檐高 20m 以内 每增加 1m 垂直运输费用	m^2	48.42	3.01	0	0	2.47	0.54	145.90
单位工程名称：门卫 2 土建										
4	12-1	综合脚手架及垂直运输费 混凝土结构 建筑物檐高 7m 以内 层高 6m 以内	m^2	48.42	19.33	11.75	3.97	0.84	2.77	935.91
5	12-42	满堂脚手架基本层 3.6～5.2m	m^2	38.82	11.72	8.06	1.47	0.34	1.85	454.89
6	12-60	混凝土结构 建筑物层高超过 3.6m 檐高 20m 以内 每增加 1m 垂直运输费用	m^2	48.42	3.01	0	0	2.47	0.54	145.90

学习情境3　单位工程施工图预算编制

施工图预算编制依据、组成内容、编制方法；各分部分项工程的识图、列项、计算规则的理解、定额套用。

会计算招投标阶段建筑工程施工费用；能利用《房屋建筑与装饰工程工程量计算规范》GB 50854—2013和《浙江省建筑工程预算定额（2018版）》及浙江省的相关计价计算各分部分项工程定额清单和国标清单工程量及对应综合单价。

培养学生自我学习、分析问题、解决问题及创造性思维的能力；认真负责的工作态度、严谨细致的工作作风和精益求精的工匠精神。

结合分部分项工程的特点，引用不同的项目案例。培养学生精益求精、科学严谨的工匠精神，增强文化自信；树立绿色建筑环保理念。例如，计算混凝土搭接工程量，从学生讨论“搭接量小、计算繁琐，是否可以忽略”，引出“滴水成河、粒米成箩、勿轻己灵、勿以善小而不为”，同时引导学生养成精准算量、不畏艰难的职业态度，成就精益求精的工匠精神；例如，讲解屋面工程计量计价时，一方面引入传统建筑中“反宇飞檐”屋顶构造，引导学生感悟中华传统建筑文化的精髓，厚植爱国情怀，增强文化自信。另一方面，通过讲解屋面工程新工艺、新技术、新材料，引导学生树立绿色建筑理念、具备环保意识，贯彻落实新发展理念等。

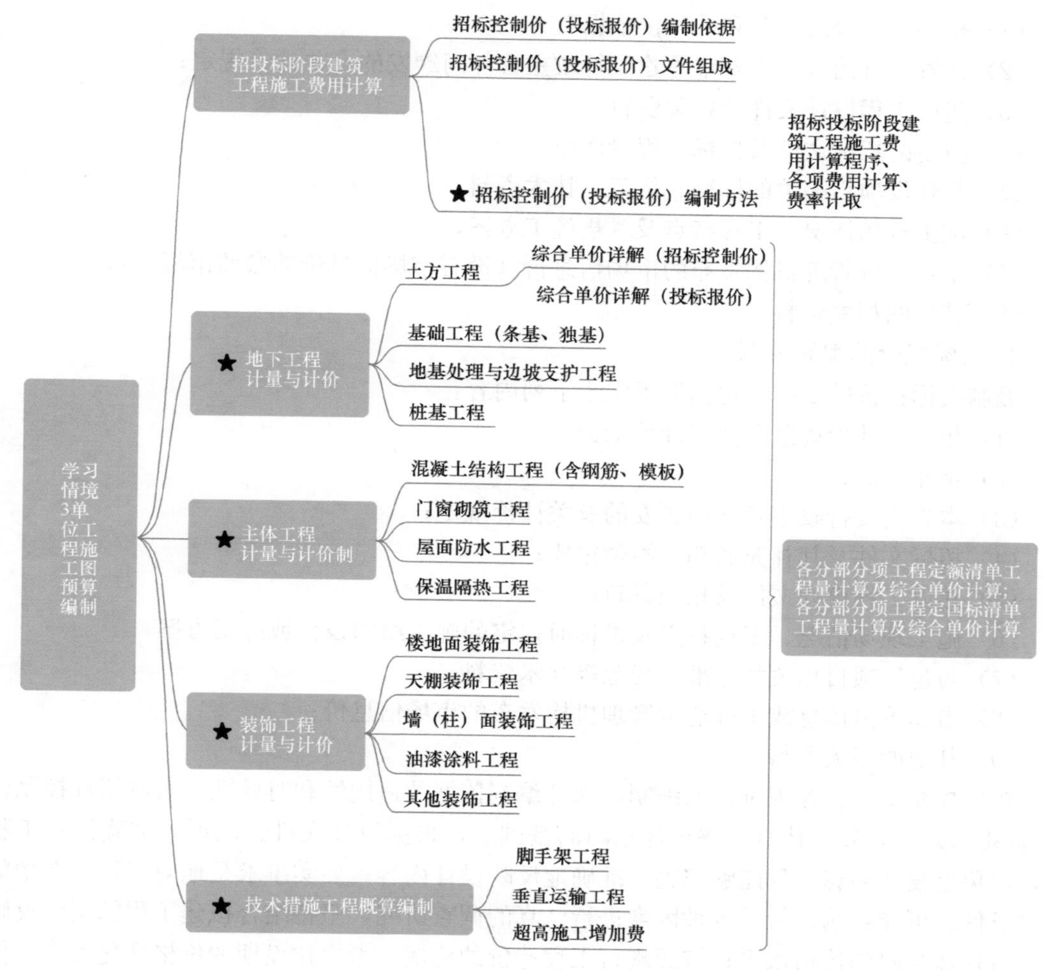

任务 3.1　招投标阶段建筑工程施工费用计算

3.1.1　招标控制价（投标报价）编制依据

施工图预算是以施工图设计文件为依据，在工程施工前对工程项目投资进行的预测与计算。施工图预算的成果文件称为施工图预算书，简称施工图预算。施工图预算，既可以是工程招标投标前或招标投标时，基于施工图纸，按照预算定额、取费标准、各类工程计价信息等计算得到的计划或预期价格，也可以是工程中标后施工企业根据自身的企业定额、资源市场价格以及市场供求及竞争状况计算得到的实际预算价格。

在建设项目的招投标阶段，对于投资方而言，施工图预算是控制造价及资金合理使用的依据，是确定工程最高投标限价的依据，也是确定合同价款的基础；对于施工企业而言，施工图预算是建筑施工企业投标报价的基础，是建筑工程预算包干的依据和签订施工合同的主要内容，也是施工企业控制工程成本的依据。本节所述施工图预算主要指招标控制价和投标报价。

1. 招标控制价的编制依据

编制招标控制价的依据，包括但不限于下列内容：

(1) 相关“计价规范”和“计价依据”；

(2) 各省、自治区、直辖市等建设行政主管部门颁发的有关计价规定；

(3) 建设工程设计文件及相关资料；

(4) 拟定的招标文件及招标工程量清单；

(5) 与建设项目相关的标准、规范、技术资料；

(6) 施工现场情况、工程特点及常规施工方案；

(7) 工程造价管理机构发布的市场信息价（没有市场信息价的参照市场价）；

(8) 其他的相关资料。

2. 投标报价的编制依据

编制投标报价的依据，包括但不限于下列内容：

(1) 相关“计价规范”和“计价依据”；

(2) 企业定额；

(3) 本省建设行政主管部门颁发的有关计价规定；

(4) 招标文件及其补充通知、答疑纪要；

(5) 建设工程设计文件及相关资料；

(6) 施工现场情况、工程特点及投标时拟定的施工组织设计或施工方案；

(7) 与建设项目相关的标准、规范等技术资料；

(8) 市场价格信息或工程造价管理机构发布的市场信息价；

(9) 其他的相关资料。

招标控制价（投标报价）的编制应保证编制依据的适用性和时效性。编制招标控制价（投标报价）时，要在认真了解设计意图的基础上，根据设计文件、图纸，准确计算工程量，避免重复和漏算，且能够完整、准确地反映设计内容；要实事求是地对工程所在地的建设条件、可能影响造价的各种因素进行认真的调查研究，坚持结合拟建工程的实际反映工程所在地当时的价格水平；按照现行工程造价的构成，考虑建设期的价格变化因素，使招标控制价（投标报价）尽可能地反映设计内容、实际施工条件和实际价格。

3.1.2 招标控制价（投标报价）文件组成

招标控制价（投标报价）分为建设工程项目招标控制价（投标报价）、单项工程招标控制价（投标报价）和单位工程招标控制价（投标报价）。招标控制价（投标报价）文件由封面、签署页、目录、编制说明、总预算表、其他费用计算表、单项工程综合预算表、单位工程预算表等组成，是对工程量清单数量和单价的综合体现。

1. 招标控制价（投标报价）编制说明

(1) 工程概况：建设地址、建筑面积、建筑高度、占地面积、经济指标、层高、层数、结构形式、定额（计划）工期、质量目标、施工现场情况、自然地理条件、环境保护要求等；明确招投标范围以及招标控制价（投标报价）中所包括和不包括的工程项目费用。

(2) 编制依据：计价依据、标准与规范、施工图纸、标准图集等，具体说明招标控制价（投标报价）编制所依据的设计图纸及有关文件采用的定额、人工、主要材料和机械费用的依据或来源，各项费用取定的依据及编制方法。

(3) 采用(或经合同双方批准、确认)的施工组织设计、施工方案主要内容等。
(4) 综合单价需(或已)包括的风险因素、范围(幅度)。
(5) 采用的计价、计税方法。
(6) 其他需要说明的问题。

2. 招标控制价(投标报价)计价表格

(1) 招标控制价(投标报价)(封面);
(2) 招标控制价(投标报价)(扉页);
(3) 编制说明;
(4) 招标控制价(投标报价)费用表;
(5) 单位(专业)工程招标控制价(投标报价)费用表;
(6) 分部分项工程项目清单与计价表;
(7) 施工技术措施项目清单与计价表;
(8) 综合单价计算表;
(9) 综合单价工料机分析表;
(10) 综合单价调整表;
(11) 施工组织(总价)措施项目清单与计价表;
(12) 其他项目清单及计价汇总表;
(13) 其他项目清单各明细表;
(14) 主要工日一览表;
(15) 发包人提供材料和设备一览表;
(16) 主要材料和工程设备一览表;
(17) 主要机械台班一览表等。

3.1.3 招标控制价(投标报价)编制方法

1. 招投标阶段建筑工程施工费用计算程序

招标投标阶段建筑安装工程施工费用计算程序见表3-1-1。

招投标阶段建筑安装工程施工费用计算程序表 表3-1-1

序号	费用项目		计算方法(公式)
一	分部分项工程费		Σ(分部分项工程数量×综合单价)
	其中	1. 人工费+机械费	Σ分部分项工程(人工费+机械费)
二	措施项目费		(一)+(二)
	(一) 施工技术措施项目费		Σ(技术措施项目工程数量×综合单价)
	其中	2. 人工费+机械费	Σ技术措施项目(人工费+机械费)
	(二) 施工组织措施项目费		按实际发生项之和进行计算
	其中	3. 安全文明施工基本费	(1+2)×费率
		4. 提前竣工增加费	
		5. 二次搬运费	
		6. 冬雨季施工增加费	
		7. 行车、行人干扰增加费	
		8. 其他施工组织措施费	按相关规定进行计算

续表

序号	费用项目		计算方法(公式)
三	其他项目费		(三)+(四)+(五)+(六)
	(三) 暂列金额		9+10+11
	其中	9. 标化工地暂列金额	(1+2)×费率
		10. 优质工程暂列金额	除暂列金额外税前工程造价×费率
		11. 其他暂列金额	除暂列金额外税前工程造价×估算比例
	(四) 暂估价		12+13
	其中	12. 专业工程暂估价	按各专业工程的除税金外全费用暂估金额之和进行计算
		13. 专项措施暂估价	按各专项措施的除税金外全费用暂估金额之和进行计算
	(五) 计日工		∑计日工(暂估数量×综合单价)
	(六)施工总承包服务费		14+15
	其中	14. 专业发包工程管理费	∑专业发包工程(暂估金额×费率)
		15. 甲供材料设备保管费	甲供材料暂估金额×费率+甲供设备暂估金额×费率
四	规费		(1+2)×费率
五	税前工程造价		一+二+三+四
六	税金(增值税销项税或征收率)		五×税率
七	建筑安装工程造价		五+六

2. 各项费用计算

招标投标阶段建筑安装工程施工费用（即工程造价）由税前工程造价和税金（增值税销项税或征收率，下同）组成，招标控制价（投标报价）以单位工程为单位编制，计价内容包括分部分项工程费、措施项目费、其他项目费、规费和税金。

(1) 分部分项工程费

分部分项工程费按分部分项工程数量乘以综合单价以其合价之和进行计算。其中：

1) 工程数量

① 采用“国标清单计价”的工程，分部分项工程数量应根据“计量规范”中清单项目（含浙江省补充清单项目）规定的工程量计算规则和本省有关规定进行计算。

② 采用“定额清单计价”的工程，分部分项工程数量应根据预算“专业定额”中定额项目规定的工程量计算规则进行计算。

③ 编制招标控制价和投标报价时，工程数量应统一按照招标人在发承包计价前依据招标工程设计图纸和有关计价规定计算并提供的工程量确定。

2) 综合单价

① 工料机费用：编制招标控制价时，综合单价所含人工费、材料费、机械费应按照预算“专业定额”中的人工、材料、施工机械（仪器仪表）台班消耗量以相应“基准价格”进行计算。遇未发布“基准价格”的，可通过市场调查以询价方式确定价格；因设计标准未明确等原因造成无法当时确定准确价格，或者设计标准虽已明确但一时无法取得合理询价的材料，应以“暂估单价”计入综合单价。

编制投标报价时，综合单价所含人工费、材料费、机械费可按照企业定额或参照预算

“专业定额”中的人工、材料、施工机械（仪器仪表）台班消耗量以当时当地相应市场价格由企业自主确定。其中，材料的“暂估单价”应与招标控制价保持一致。

② 企业管理费、利润：编制招标控制价时，采用“国标清单计价”的工程，综合单价所含企业管理费、利润应以清单项目中的“定额人工费＋定额机械费”乘以企业管理费、利润相应费率分别进行计算；采用“定额清单计价”的工程，综合单价所含企业管理费、利润应以定额项目中的“定额人工费＋定额机械费”乘以企业管理费、利润相应费率分别进行计算。其中，企业管理费、利润费率应按相应施工取费费率的中值计取。其费率分别见表3-1-2、表3-1-3。

房屋建筑与装饰工程企业管理费费率　　表3-1-2

定额编号	项目名称	计算基数	费率（%）					
			一般计税			简易计税		
			下限	中值	上限	下限	中值	上限
A1	企业管理费							
A1-1	房屋建筑及构筑物工程	人工费＋机械费	12.43	16.57	20.71	12.12	16.16	20.20
A1-2	单独装饰工程		11.37	15.16	18.95	11.15	14.86	18.57
A1-3	专业打桩、钢结构、幕墙及其他专业工程		10.12	13.49	16.86	9.92	13.22	16.52
A1-4	专业土石方工程		4.15	5.53	6.91	3.82	5.09	6.36

注：1. 房屋建筑及构筑物工程适用于工业与民用建筑工程、单独构筑物及其他工程，并包括相应的附属工程；单独装饰工程仅适用于单独承包的装饰工程；专业工程仅适用于房屋建筑与装饰工程中单独承包的专业发包工程；其他专业工程是指本费率表所列专业工程项目以外的，需具有专业工程施工资质施工的专业发包工程。

2. 采用装配整体式混凝土结构的工程，其费率应根据不同PC率（预制装配率）乘以相应系数进行调整。其中，PC率20%至30%的（含20%），调整系数为1.1；PC率30%至40%的（含30%），调整系数为1.15；PC率40%至50%的（含40%），调整系数为1.2；PC率50%以上的，调整系数为1.25。

房屋建筑与装饰工程利润费率　　表3-1-3

定额编号	项目名称	计算基数	费率（%）					
			一般计税			简易计税		
			下限	中值	上限	下限	中值	上限
A2	利润							
A2-1	房屋建筑及构筑物工程	人工费＋机械费	6.08	8.10	10.12	5.93	7.90	9.87
A2-2	单独装饰工程		5.72	7.62	9.52	5.60	7.47	9.34
A2-3	专业打桩、钢结构、幕墙及其他专业工程		5.72	7.63	9.54	5.59	7.45	9.31
A2-4	专业土石方工程		2.03	2.70	3.37	1.87	2.49	3.11

注：利润费率使用说明同企业管理费。

编制投标报价时，采用"国标清单计价"的工程，综合单价所含企业管理费、利润应以清单项目中的"人工费＋机械费"为基础乘以企业管理费、利润费率分别进行计算；采用"定额清单计价"的工程，综合单价所含企业管理费、利润应以定额项目中的"人工费＋机械费"乘以企业管理费、利润相应费率分别进行计算。其中，企业管理费、利润费率可参考相应施工取费费率由企业自主确定。

③ 风险费用：综合单价应包括风险费用，风险费用是指隐含于综合单价之中用于化解发承包双方在工程合同中约定风险内容和范围（幅度）内人工、材料、施工机械（仪器仪表）台班的市场价格波动风险的费用。以"暂估单价"计入综合单价的材料不考虑风险费用。

（2）措施项目费

措施项目费按施工技术措施项目费、施工组织措施项目费之和进行计算。其中：

1）施工技术措施项目费

施工技术措施项目费应以施工技术措施项目工程数量乘以综合单价以其合价之和进行计算。施工技术措施项目工程数量及综合单价的计算原则参照分部分项工程相关内容处理。

2）施工组织措施项目费

施工组织措施项目费分为安全文明施工基本费、标化工地增加费、提前竣工增加费、二次搬运费、冬雨季施工增加费和行车、行人干扰增加费，除安全文明施工基本费属于必须计算的施工组织措施费项目外，其余施工组织措施费项目可根据工程实际需要进行列项，工程实际不发生的项目不应计取其费用。

编制招标控制价时，施工组织措施项目费应以分部分项工程费与施工技术措施项目费中的"定额人工费＋定额机械费"乘以各施工组织措施项目相应费率以其合价之和进行计算。其中，安全文明施工基本费费率应按相应基准费率（即施工取费费率的中值）计取，其余施工组织措施项目费（"标化工地增加费"除外）费率均按相应施工取费费率的中值确定。其费率分别见表 3-1-4。

房屋建筑与装饰工程施工组织措施项目费费率 表 3-1-4

定额编号	项目名称		计算基数	费率（%）					
				一般计税			简易计税		
				下限	中值	上限	下限	中值	上限
A3	施工组织措施项目费								
A3-1-1	安全文明施工基本费								
A3-1-1-1	其中	非市区工程	人工费＋机械费	7.14	7.93	8.72	7.37	8.19	9.01
A3-1-1-2		市区工程		8.57	9.52	10.47	8.84	9.82	10.80
A3-1-2	标化工地增加费								
A3-1-2-1	其中	非市区工程	人工费＋机械费	1.27	1.49	1.79	1.31	1.54	1.85
A3-1-2-2		市区工程		1.54	1.81	2.17	1.58	1.86	2.23
A3-1-3	提前竣工增加费								

续表

定额编号	项目名称		计算基数	费率（%）					
				一般计税			简易计税		
				下限	中值	上限	下限	中值	上限
A3-1-3-1	其中	缩短工期比例10%以内	人工费+机械费	0.01	0.52	1.03	0.01	0.54	1.07
A3-1-3-2		缩短工期比例10%～20%		1.03	1.29	1.55	1.07	1.33	1.59
A3-1-3-3		缩短工期比例20%～30%以内		1.55	1.79	2.03	1.59	1.85	2.11
A3-1-4	二次搬运费		人工费+机械费	0.40	0.50	0.60	0.42	0.52	0.62
A3-1-5	冬雨季施工增加费		人工费+机械费	0.06	0.11	0.16	0.07	0.12	0.17

注：1. 采用装配整体式混凝土结构的工程，其施工组织措施项目费费率应根据不同PC率乘以相应系数进行调整。不同PC率的费率调整系数同企业管理费。

2. 专业土石方工程的施工组织措施项目费费率乘以系数0.35。

3. 房屋建筑与装饰工程的安全文明施工基本费按其取费基数额度（合同标段分部分项工程费与施工技术措施项目费所含“人工费+机械费”）大小采用分档累进以递减方式计算费用。其中，取费基数额度500万元以内的执行标准费率；500万～2000万元以内部分按标准费率乘以系数0.9；2000万～5000万元以内部分按标准费率乘以系数0.8；5000万元以上部分按标准费率乘以系数0.7。

4. 单独装饰工程与专业打桩、钢结构、幕墙及其他专业工程的安全文明施工基本费费率乘以系数0.6。

5. 标化工地增加费费率的下限、中值、上限分别对应设区市级、省级、国家级标化工地，县市区级标化工地的费率按费率中值乘以系数0.7。

编制投标报价时，施工组织措施项目费应以分部分项工程费与施工技术措施项目费中的“人工费+机械费”乘以各施工组织措施项目相应费率以其合价之和进行计算。其中，安全文明施工基本费费率应以不低于相应基准费率的90%（即施工取费费率的下限）计取，其余施工组织措施项目费（“标化工地增加费”除外）可参考相应施工取费费率由企业自主确定。

（3）其他项目费

招标控制价（投标报价）中的其他项目费按暂列金额、暂估价、计日工和施工总承包服务费中实际发生项的合价之和进行计算。招标控制价相关费率见表3-1-5。

1）暂列金额

按标化工地暂列金额、优质工程暂列金额、其他暂列金额之和进行计算。招标控制价与投标报价的暂列金额应保持一致。

2）暂估价

按专业工程暂估价和专项措施暂估价之和进行计算。招标控制价与投标报价的暂估价应保持一致。材料及工程设备暂估价按其暂估单价列入分部分项工程项目的综合单价计算。

3）计日工

按计日工数量乘以计日工综合单价以其合价之和进行计算。计日工数量应统一以招标人在发承包计价前提供的“暂估数量”进行计算。编制招标控制价时，计日工综合单价应按有关计价规定并充分考虑市场价格波动因素，以除税金以外的全部费用进行计算；编制投标报价时，可由企业自主确定。

4）施工总承包服务费

按专业发包工程管理费和甲供材料设备保管费之和进行计算。

① 专业发包工程管理费。发包人对其发包工程中的相关专业工程进行单独发包的，施工总承包人可向发包人计取专业发包工程管理费。专业发包工程管理费按各专业发包工程金额乘以专业发包工程管理费相应费率以其合价之和进行计算。

编制招标控制价和投标报价时，各专业发包工程金额应统一按专业工程暂估价内相应专业发包工程的暂估金额取定。

编制招标控制价时，专业发包工程管理费费率应根据要求提供的服务内容，按相应区间费率的中值计算；编制投标报价时，专业发包工程管理费费率可参考相应区间费率由企业自主确定。

发包人仅要求施工总承包人对其单独发包的专业工程提供现场堆放场地、现场供水供电管线（水电费用可另行按实计收）、施工现场管理、竣工资料汇总整理等服务而进行的施工总承包管理和协调时，施工总承包人可按专业发包工程金额的1%～2%向发包人计取专业发包工程管理费。施工总承包人完成其自行承包工程范围内所搭建的临时道路、施工围挡（围墙）、脚手架等措施项目，在合理的施工进度计划期间应无偿提供给专业工程分包人使用，专业工程分包人不得重复计算相应费用。

发包人要求施工总承包人对其单独发包的专业工程进行施工总承包管理和协调，并同时要求提供垂直运输等配合服务时，施工总承包人可按专业发包工程金额的2%～4%向发包人计取专业发包工程管理费，专业工程分包人不得重复计算相应费用。

发包人未对其单独发包的专业工程要求施工总承包人提供垂直运输等配合服务的，专业承包人应在投标报价时，考虑其垂直运输等相关费用。如施工时仍由总承包人提供垂直运输等配合服务的，其费用由总包、分包人根据实际发生情况自行商定。

当专业发包工程经招标实际由施工总承包人承包的，专业发包工程管理费不计。

② 甲供材料设备保管费。发包人自行提供材料、工程设备的，对其所提供的材料、工程设备进行管理、服务的单位（施工总承包人或专业工程分包人）可向发包人计取甲供材料设备保管费。甲供材料设备保管费按甲供材料金额、甲供设备金额分别乘以各自的保管费费率以其合价之和进行计算。

编制招标控制价和投标报价时，甲供材料金额和甲供设备金额应统一以招标人在发承包计价前按暂定数量和暂估单价（含税价）确定并提供的暂估金额取定。

编制招标控制价时，甲供材料和甲供设备保管费费率应按相应区间费率的中值计算；编制投标报价时，甲供材料和甲供设备保管费费率可参考相应区间费率由企业自主确定。

房屋建筑与装饰工程其他项目费费率　　表3-1-5

定额编号	项目名称	计算基数	费率（%）
A4	其他项目费		
A4-1	优质工程增加费		

续表

定额编号	项目名称		计算基数	费率（%）
A4-1-1	其中	县市区及优质工程	除优质工程增加费外税前工程造价	1.50
A4-1-2		设区市级优质工程		2.00
A4-1-3		省级优质工程		3.00
A4-1-4		国家级优质工程		4.00
A4-2	施工总承包服务费			
A4-2-1	其中	专业发包工程管理费（管理、协调）	专业发包工程金额	1.00～2.00
A4-2-2		专业发包工程管理费（管理、协调、配合）		2.00～4.00
A4-2-3		甲供材料保管费	甲供材料金额	0.50～1.00
A4-2-4		甲供设备保管费	甲供设备金额	0.20～0.50

注：1. 其他项目费不分计税方法，统一按相应费率执行。

2. 优质工程增加费费率按工程质量综合性奖项测定，适用于获得工程质量综合性奖项工程的计价；获得工程质量单项性专业奖项的工程，费率标准由发承包双方自行商定。

3. 施工总承包服务费中专业发包工程管理费的取费基数按其税前金额确定，不包括相应的销项税；甲供材料保管费和甲供设备保管费的取费基数按其含税金额计算，包括相应的进项税。

（4）规费

规费费率包括养老保险费、失业保险费、医疗保险费、生育保险费、工伤保险费和住房公积金等“五险一金”。编制招标控制价时，规费应以分部分项工程费与施工技术措施项目费中的“定额人工费＋定额机械费”乘以规费相应费率进行计算，费率见表3-1-6；编制投标报价时，投标人应根据本企业实际缴纳“五险一金”情况自主确定规费费率，规费应以分部分项工程费与施工技术措施项目费中的“人工费＋机械费”乘以自主确定规费费率进行计算。

房屋建筑与装饰工程规费费率　　表3-1-6

定额编号	项目名称	计算基数	费率（%）	
			一般计税	简易计税
A5	规费			
A5-1	房屋建筑及构筑物工程	人工费＋机械费	25.78	25.15
A5-2	单独装饰工程		27.92	27.37
A5-3	专业打桩、钢结构、幕墙及其他专业工程		25.08	24.49
A5-4	专业土石方工程		12.62	11.65

注：规费费率使用说明同企业管理费。

（5）税金

税金依据国家税法规定的计税基数和费率计取，不得作为竞争性费用。遇税前工程造价包含甲供材料、甲供设备金额的，应在计税基数中予以扣除，税率可选择“增值税销项税税率”或“增值税征收率”，按税前工程造价乘以增值税相应税率进行计算。根据《关于增值税调整后我省建设工程计价依据增值税税率及有关计价调整的通知》（浙建建发〔2019〕92号），计算增值税销项税额时，增值税税率由10%调整为9%（表3-1-7）。

房屋建筑与装饰工程税金费率　　表 3-1-7

定额编号	项目名称	适用计税方法	计算基数	税率（%）
A6	增值税			
A6-1	增值税销项税	一般计税方法	税前工程造价	9.00
A6-2	增值税征收率	简易计税方法		3.00

注：采用一般计税法计税时，税前工程造价中的各费用项目均不包含增值税进项税额；采用简易计税法计税时，税前工程造价中的各费用项目均应包含增值税进项税额。

【例 3-1-1】某县级市区综合大楼，以总承包形式发包，无业主分包，定额工期 400 天，要求工期 350 天竣工，质量要求达到“设区市级”优质工程，预制装配率 25%，并要求创“县市区级标化工地”。已知该综合大楼建筑工程，分部分项工程量清单项目费为 1800 万元，其中：定额人工费（不含机上人工）350 万元，定额机械费 220 万元；技术措施费项目清单费 90 万元，其中：定额人工费 18 万元（不含机上人工）、定额机械费 15 万元（不含大型机械单独计算费用）；施工组织措施费根据《浙江省建设工程计价规则（2018 版）》分别列项计算，行车、行人干扰增加费不考虑。其他暂列金暂按 5%计算；暂估价不考虑；本工程无甲供材料或设备；计日工不考虑；税收按一般计税。根据上述条件，采用综合单价法，试计算招标控制价（费用表金额小数点保留到“元”，费率计算小数点保留 2 位）。

【解】本项目为招投标阶段建筑安装工程费用的计算，按招投标阶段建筑安装工程费用计算程序表计算，具体见表 3-1-8。

因本项目预制装配率为 25%，故施工组织措施项目费费率、规费费率均要乘以系数 1.1。

1）安全文明施工费

依据《浙江省建设工程计价规则（2018 版）》，安全文明施工基本费按其取费基数额度（合同标段分部分项工程费与施工技术措施项目费所含“人工费＋机械费”）大小采用分档累进以递减方式计算费用。其中，取费基数额度 500 万元以内的执行标准费率；500 万～2000 万元以内部分按标准费率乘以系数 0.9。

安全文明施工费费率＝[500＋(570＋33－1－500)×0.9]×9.52%×1.1/(570＋32)＝10.29%

2）提前竣工增加费

提前竣工增加费依据缩短工期的比例进行选择，本项目定额工期 400 天，要求工期 350 天，缩短工期的比例＝(400－350)/400×100%＝12.5%，按缩短工期比例 20%以内考虑，查表可知提前竣工增加费费率为 1.29%。本项目预制装配率为 25%，提前竣工增加费还应乘以相应系数，提前竣工增加费费率＝1.29%×1.1＝1.42%。

3）二次搬运费：二次搬运费费率＝0.5%×1.1＝0.55%。

4）冬雨季施工增加费：冬雨季施工增加费费率＝0.11%×1.1＝0.12%。

5）标化工地增加费：依据《浙江省建设工程计价规则（2018 版）》，标化工地增加费费率的下限、中值、上限分别对应区市级、省级、国家级标化工地，县市区级标化工地的费率按费率中值乘以系数 0.7。

招投标阶段建筑工程施工费用计算

标化工地增加费率＝1.81%×0.7×1.1＝1.39%。

6）规费：规费费率＝25.78%×1.1＝28.36%。

单位工程招标控制价费用计算表见表3-1-8。

单位工程招标控制价费用计算表 表3-1-8

序号	费用名称		计算公式	费率（%）	金额（万元）
一	分部分项工程费		—	—	1800.0000
	其中	1. 人工费＋机械费	350＋220	—	570.0000
二	措施项目费		(一)＋(二)	—	164.6514
	(一)施工技术措施项目费		—	—	90.0000
	其中	2. 人工费＋机械费	18＋15	—	33.0000
	(二)施工组织措施项目费		3＋4＋5＋6＋7＋8	—	74.6514
	其中	3. 安全文明施工费	(1＋2)×10.29%	10.29	62.0487
		4. 提前竣工增加费	(1＋2)×1.42%	1.42	8.5626
		5. 二次搬运费	(1＋2)×0.55%	0.55	3.3165
		6. 冬雨季施工增加费	(1＋2)×0.12%	0.12	0.7236
		7. 行车行人干扰增加费	—	—	0.0000
		8. 其他施工组织措施费	—	—	0.0000
三	其他项目费		(三)＋(四)＋(五)＋(六)	—	157.8781
	(三)暂列金额		9＋10＋11	—	157.8781
	其中	9. 标化工地增加费	(1＋2)×1.39%	1.39	8.3817
		10. 优质工程增加费	(一＋二＋四)×2%	2	42.7132
		11. 其他暂列金额	(一＋二＋四)×5%	5	106.7831
	(四)暂估价		—	—	0.0000
	其中	12. 专业工程暂估价	—	—	0.0000
		13. 专项技术措施暂估价	—	—	0.0000
	(五)计日工		—	—	0.0000
	(六)施工总承包服务费		14＋15	—	0.0000
	其中	14. 专业发包工程管理费	—	—	0.0000
		15. 甲供材料设备管理费	—	—	0.0000
四	规费		(1＋2)×28.36%	28.36	171.0108
五	税前工程造价		一＋二＋三＋四	—	2293.5403
六	税金		五×9%	9	206.4186
七	建筑安装工程造价		五＋六	—	2499.9589

任务3.2 地下工程计量与计价

3.2.1 土石方工程计量与计价

3.2.1.1 基础知识

1. 土方工程概述

土方工程内容主要包括施工前准备工作、场地平整、开挖、夯实、运输、回填，同时依据基础施工图与地质资料等要求，采取排水降水与土方支护等技术措施。

土方工程基本施工内容有：准备工作、定位放线、开挖（放坡开挖、支撑开挖、支护开挖）、夯实（槽或坑底夯实、回填土夯实）、回填（槽坑回填、室内回填）、运输（场内运输、场外运输、弃土外运、借土运输）、排水或降水。

2. 土方开挖

土方开挖是依据土质和水文情况、开挖深度、土体类别及工程性质等综合因素，确定保持土壁稳定的开挖方法和措施，以保证后续房屋基础工程的实施。保证土壁稳定所采取措施可以划分为放坡开挖、支撑开挖和围护开挖。

（1）人力与机械土方开挖

人力土方开挖是指工人采用镐、铲、锄及小型电动工具等，挖土、装土入筐，抛土于槽坑边，修整槽坑土壁，同时将槽坑底夯实等工序。

采用机械槽坑土方开挖时，通常采用不同型号的挖掘机或铲运机为主，推土机、夯实机械及运输机械等为辅组织施工，通过挖土、推土、余土集堆等工序完成土方开挖的施工过程。同时常常配合人力开挖边角土方、修整槽坑土壁、同时将槽坑底夯实等。

（2）沟槽、基坑、一般土石方

挖土列项适用范围的判断按《浙江省预算定额（2018版）》的规定。

（3）基槽（坑）开挖的一般施工工艺

定位、测量、抄平、放线、基槽（坑）切线分层开挖、抛土于槽（坑）边、修整槽、坑边坡壁、槽坑底原土打夯等。

（4）放坡开挖

为防止土方施工过程中出现土方坍塌，影响施工人员安全，以及房屋施工质量与进度，合理地设计基槽、基坑的土方开挖断面，即土方开挖时留设边坡，是防止土方开挖时发生坍塌的有效措施。

影响土方边坡坡度大小的因素有：土方类别、开挖深度、开挖方法、地下工程工期、边坡附近的荷载状况、地下水情况。常见方式有直线放坡、折线放坡与台阶式（复式）放坡。一般情况下，黏性土的边坡可陡些，砂性土则应平缓些；当基坑附近有主要建筑物时，边坡坡度应取1：1.0～1：1.5。

3. 土方回填、运输

（1）土方回填

房屋土方回填工程通常分基槽（坑）回填与室内回填；也按取土的方式分就地回填与借土回填。土方回填一般采用人机配合，通常通过取土（就地或外运）、回填、找平、分层碾压、夯实等工序完成。土方回填的压实方法有碾压、夯实和振动压实法等。采用的机械通常有压路机与打夯机。夯实分为人工夯实（木夯、石夯）和机械夯实（夯锤、内燃夯土机和蛙式打夯机）。

（2）土方运输

土方运输分为场内运输和场外运输；也按施工工艺要求分人力与人机配合。

场内运输是指施工现场范围内的土方运输，如挖方量的运输、回填土的运输等。常采用人力车或机动翻斗车，通过装土、运土、卸土、余土处理等工序采用人机配合方式完成。

场外运输是指超过施工现场范围外的土方运输，如弃土外运、借土回填的土方从外运输至施工现场等。

土方运输距离不超过 1000m 范围，一般采用人力或人力配合机动翻斗车；超出 1000m 范围往往采用自卸汽车运输土方。

3.2.1.2　定额计量及计价

《浙江省预算定额（2018 版）》第一章土石方工程包括：土方工程、石方工程、平整与回填、基础排水，共 4 个小节 96 个子目。

1. 定额说明及套用

（1）土方

1）同一工程的土石方类别不同，除另有规定外，应分别列项计算。

2）干土、湿土的划分，以地质勘测资料的地下常水位为准。常水位以上为干土，以下为湿土；或土壤含水率≥25%时为湿土。

3）挖、运土方除淤泥、流砂为湿土外，均按干土编制（含水率＜25%）。湿土排水（包括淤泥、流砂）均应另列项目计算，如采用井点降水等措施降低地下水位施工时，土方开挖按干土计算，并按施工组织设计要求套用基础排水相应定额，不再套用湿土排水定额。

4）挖桩承台土方时，人工开挖土方定额乘以系数 1.25；机械挖土方定额乘以系数 1.1。

5）在强夯后的地基上挖土方，相应子目人工、机械乘以系数 1.15。

6）土石方、淤泥、流砂如发生外运（弃土外运或回填土运输），各市有规定的，从其规定，无规定的按相关定额执行；弃土外运的处置费等其他费用，按各市的有关规定执行。

7）人工土方：

① 人工挖土方深度超过 3m 时，应按机械挖土考虑。如局部超过 3m 且仍采用人工挖土的，超过 3m 部分土方，每增加 1m 按相应定额乘以系数 1.15 计算。

② 人工挖、运湿土时，相应定额人工乘以系数 1.18。

【例 3-2-1】 人工开挖地坑土方，坑底面积 140m^2，三类土，湿土，挖土深度 2.5m，该工程有桩基。试计算每立方米定额人工费、材料费、机械费。

【解】 1）套定额 1-8H。

2）定额费用：

人工费＝37.70×1.18×1.25＝55.61（元/m^3）；

材料费＝0；

机械费＝0。

8）机械土方：

① 机械挖土方定额已综合了挖掘机挖土后遗留厚度在 30cm 以内的基底清理和边坡修整所需的人工，不再另行计算。遇地下室底板等下翻构件部位的开挖，下翻部分为沟槽、基坑时，执行槽坑规则计算工程量，套用机械挖槽坑相应定额乘以系数 1.25；如下翻部分采用人工开挖时，套用人工挖槽坑相应定额。

② 汽车（包括人力车）的负载上坡降效因素，已综合在相应运输项目中，不另行计算。推土机、装载机负载上坡时，其降效因素按坡道斜长乘以重车上坡降效系数计算。

③ 推土机推土，当土层平均厚度<30cm时，相应项目人工、机械乘以系数1.25。

④ 挖掘机在有支撑的基坑内挖土，挖土深度6m以内时，套用相应定额乘以系数1.2；挖土深度6m以上时，套用相应定额乘以系数1.4，如发生土方翻运，不再另行计算。

⑤ 挖掘机在垫板上作业时，相应定额乘以系数1.25，铺设垫板所增加的材料使用费按每100m³增加14元计算。

⑥ 挖掘机挖含石子的黏质砂土按一、二类土定额计算，挖砂石按三类土定额计算，挖极软岩按四类土定额计算；推土机推运未经压实的堆积土，或土方集中堆放发生二次翻挖的，按一、二类土乘以系数0.77。

⑦ 本章中的机械土方作业均以天然湿度土壤为准，定额中已包括含水率在25%以内的土方所需增加的人工和机械。如含水率超过25%时，挖土定额乘以系数1.15，机械运湿土定额不乘以系数；如含水率超过40%时，另行处理。

【例3-2-2】挖掘机在垫板上挖三类土基坑（含装车），坑底面积145m²，土方含水率为26%，挖土深度为3.9m，该工程无单独降、排水措施。试计算每立方米定额人工费、材料费、机械费。

【解】1）套定额1-24H。

2）定额费用：

人工费＝2.6513×1.15×1.25＝3.81（元/m³）；

材料费＝0.14（元/m³）；

机械费＝2.9505×1.15×1.25＝4.24（元/m³）。

【例3-2-3】挖掘机在有支撑的基坑（坑底面积5000m²）内挖土（不装车），三类土，土方含水率为35%，挖土深度为6.2m，该工程有桩基，基坑施工过程采用了单独降、排水措施。试计算每立方米定额人工费、材料费、机械费。

【解】如采用井点降水等措施降低地下水位施工时，土方开挖按干土计算。

1）套定额1-15H。

2）定额费用：

人工费＝1.6213×1.1×1.4＝2.50（元/m³）；

材料费＝0；

机械费＝2.2508×l.l×1.4＝3.47（元/m³）。

（2）石方

1）同一石方，如其中一种类别岩石的最厚一层大于设计横断面的75%时，按最厚一层岩石类别计算。

2）基坑开挖深度以5m为准，深度超过5m，定额乘以系数1.09，工程量包括5m以内部分。

3）石方爆破定额是按机械凿眼编制的，如用人工凿眼，费用仍按定额计算。

4）爆破定额已综合了不同阶段的高度、坡面、改炮、找平等因素。如设计规定爆破有粒径要求时，需增加的人工、材料和机械费用应按实计算。

5）爆破定额是按火雷管爆破编制的，如使用其他炸药或其他引爆方法费用按实计算。

6）定额中的爆破材料是按炮孔中无地下渗水、积水（雨积水除外）计算的，如带水爆破，所需增加的材料费用另行按实计算。

7）爆破工作面所需的架子，爆破覆盖用的安全网和草袋、爆破区所需的防护费用以及申请爆破的手续费、安全保证费等，定额均未考虑，如发生时另行按实计算。

8）石方爆破，基坑开挖上口面积>150m^2 时，按爆破沟槽、坑开挖相应定额乘以系数 0.5 计算。

9）石方爆破现场必须采用集中供风时，所需增加的临时管道材料及机械安拆费用应另行计算，但发生的风量损失不另计算。

10）液压锤破碎槽坑石方，按相应定额乘以系数 1.3。

11）填石碴定额适用于现场开挖岩石的利用回填。

（3）基础排水

1）轻型井点、喷射井点排水的井管安装、拆除以根为单位计算，使用以“套・天”计算；真空深井、自流深井排水的安装拆除以每座井计算，使用以“每座井・天”计算。

2）井管间距应根据地质条件和施工降水要求，按施工组织设计确定，施工组织设计未考虑时，可按轻型井点管距 1.2m、喷射井点管距 2.5m 确定。

3）湿土排水定额按正常施工条件编制，排水期至基础（含地下室周边）回填结束。回填后如遇后浇带施工需要排水，发生时另行按实计算。

2. 定额清单计量及计价

土石方工程定额清单项目按《浙江省预算定额（2018 版）》列项。

土石方体积应按挖掘前的天然密实体积计算，非天然密实土石方应按照土石方体积折算系数表（表 3-2-1）折算。同一工程的土石方类别不同，除另有规定外，应分别列项计算。

土石方体积折算系数表 表 3-2-1

名称	虚方	松填	天然密实	夯填
土方	1.00	0.83	0.77	0.67
	1.20	1.00	0.92	0.80
	1.30	1.08	1.00	0.87
	1.50	1.25	1.15	1.00
石方	1.00	0.85	0.65	—
	1.18	1.00	0.76	—
	1.54	1.31	1.00	—
块石	1.75	1.43	1.00	（码方）1.67
砂夹石	1.07	0.94	1.00	—

（1）平整场地

平整场地是指建筑物所在现场厚度≤±30cm 的就地挖、填及平整。挖填土方厚度在±30cm 以上时，全部厚度按一般土方相应规定另行计算，不再计算平整场地。

定额清单工程量计算规则：平整场地按设计图示尺寸以建筑物首层建筑面积（或架空层结构外围面积）的外边线每边各放 2m 计算，建筑物地下室结构外边线突出首层结构外边线时，其突出部分的面积合并计算。如遇建筑物首层存在不可计算建筑面积的部位，但该部位仍需平整场地时，该部分的面积应并入计算。

(2) 挖沟槽、基坑、一般土方

挖土列项适用范围的判断：底宽（设计图示有垫层的按垫层，无垫层的按基础底宽，下同）≤7m，且底长>3 倍底宽的为沟槽；底长≤3 倍底宽，且底面积≤150m² 为基坑；超出上述范围，又非平整场地的，为一般土石方。

挖沟槽土方计算公式（图 3-2-1）：

$$V = (B + 2C + KH)HL \tag{3-2-1}$$

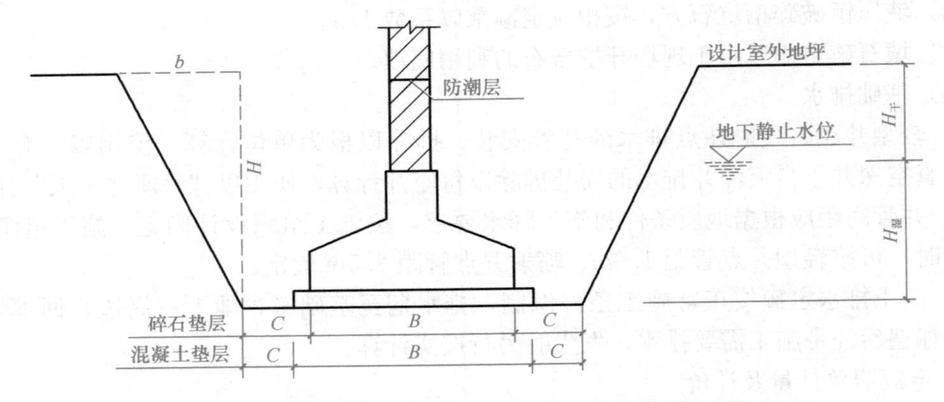

图 3-2-1　地槽挖土工作面宽度（C）及放坡系数（K）

挖基坑土方计算公式（图 3-2-2）：

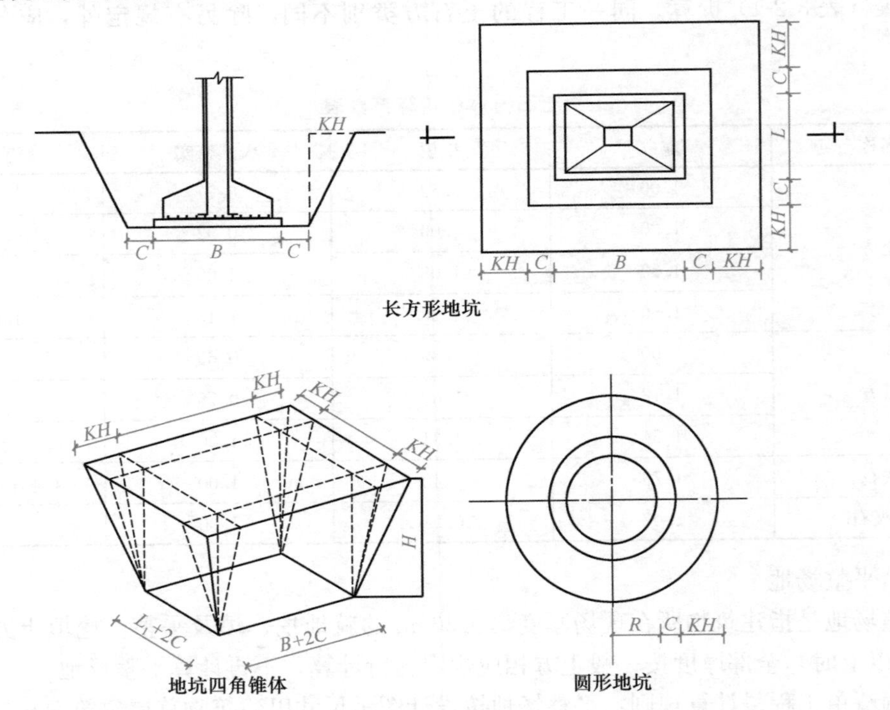

图 3-2-2　挖基坑土方示意图

方形：$$V=(B+2C+KH)\times(L_1+2C+KH)H+K^2H^3/3 \quad (3\text{-}2\text{-}2)$$

圆形：$$V=\pi H[(R+C)^2+(R+C)\times(R+C+KH)+(R+C+KH)^2]/3 \quad (3\text{-}2\text{-}3)$$

式中 V——挖土体积（m^3）；

H——地槽、坑深度（m）；

$B+2C$——基槽、坑底宽度（m）；

L_1+2C——基坑底长度（m）；

$R+C$——坑底半径（m）；

L——地槽长度（m）；

C——工作面宽度（m）；

K——放坡系数。

挖土深度 H 的确定：基础土石方的深度按基础（含垫层）底标高至交付施工场地标高确定，无交付施工场地标高时，应按自然地面标高确定。挖地下室等下翻构件土石方，深度按下翻构件基础（含垫层）底至地下室基础（含垫层）底标高确定。

放坡系数 K 的确定：设计不明确时，土方放坡起点深度和放坡系数按表 3-2-2 确定。

土方放坡起点深度和放坡系数表 **表 3-2-2**

土类	起点深度	放坡系数			
		人工挖土	机械挖土		
			基坑内作业	基坑上作业	沟槽上作业
一、二类土	1.20m 以上	1∶0.50	1∶0.33	1∶0.75	1∶0.50
三类土	1.50m 以上	1∶0.33	1∶0.25	1∶0.67	1∶0.33
四类土	2.00m 以上	1∶0.25	1∶0.10	1∶0.33	1∶0.25

注：放坡起点均自槽、坑底开始；同一槽、坑内土类不同时，分别按其放坡起点、放坡系数、依不同土类别厚度加权平均计算；基础土方支挡土板时，土方放坡不另行计算；凡有围护或地下连续墙的部分，不再计算放坡系数；计算基础土方放坡时，不扣除放坡交叉处的重复工程量。

如遇干、湿土时，应分别计算干、湿土工程量。

地槽遇湿土时：

$$V_{湿}=(B+KH_{湿}+2C)\times H_{湿}L \quad (3\text{-}2\text{-}4)$$

$$V_{干}=V-V_{湿} \quad (3\text{-}2\text{-}5)$$

地坑遇湿土时：

方形：$$V_{湿}=(B+KH_{湿}+2C)\times(L_1+KH_{湿}+2C)\times H_{湿}+K^2H_{湿}{}^3/3 \quad (3\text{-}2\text{-}6)$$

圆形：$$V_{湿}=\pi H_{湿}[(R+C)^2+(R+C)\times(R+C+KH_{湿})+(R+C+KH_{湿})^2]/3 \quad (3\text{-}2\text{-}7)$$

$$V_{干}=V-V_{湿} \quad (3\text{-}2\text{-}8)$$

关于干、湿土的划分：以地质勘测资料的地下常水位为准，常水位以上为干土，以下为湿土；或土壤含水率≥25%的为湿土。采用井点降水等措施降低地下水位施工时，土方开挖按干土计算，并按施工组织设计要求套用基础排水相应定额，不再套用湿土排水定额。含水率超过液限，土和水的混合物呈现流动状态时为淤泥。

【例 3-2-4】某工程基槽挖土深度为 1.80m，人力开挖，根据地质勘察资料，该深度范围分布的土方自上而下分别是：二类土厚 1.10m，三类土厚 0.70m。试计算按该基槽挖土工程量时的放坡系数 K。

【解】同一基槽坑如有不同土类时，开挖深度按某类土的底表面至开挖槽坑上口高度计算，如开挖深度大于某类土方规定的放坡开挖深度，则可计算放坡工程量。本例中三类土开挖深度 1.80m＞1.50m，该基槽挖土应考虑放坡。

计算：$K=(1.1\times0.5+0.7\times0.33)/1.8=0.43$。

工作面宽度 C 的确定：无设计规定或无明确的施工组织设计要求时，按表 3-2-3 确定工作面宽度。

基础施工单面工作面宽度计算表　　表 3-2-3

基础材料	每面增加工作面宽度（mm）
砖基础	200
浆砌毛石、条石基础	150
混凝土基础（支模板）	300
混凝土基础垫层（支模板）	300
基础垂直面做砂浆防潮层、防水层或防腐层	1000（自防潮层面、防水层或防腐层面）

挖地下室、半地下室土方按垫层底宽每边增加工作面 1m（烟囱、水、油池、水塔埋入地下的基础，挖土方按地下室标准考虑工作面）。地下构件设有砖模的，挖土工程量按砖模下设计垫层面积乘以下翻深度，不另增加工作面和放坡；挖管道沟槽土方，沟底宽度设有垫层或基础（管座）时，按其中宽度较大者另加 0.4m 计算；同一槽、坑如遇有多个增加工作面条件时，按其中较大的一个计算。

【例 3-2-5】某工程基础剖面如图 3-2-3、图 3-2-4 所示：已知钢筋混凝土带形基础下设混凝土垫层（需要支模板），混凝土基础上有砌筑砖基础（基础厚 240mm），砖基础两侧要求做防水砂浆防潮层。试计算 1-1 断面地槽挖土采用的工作面及 $B+2C$ 的值。

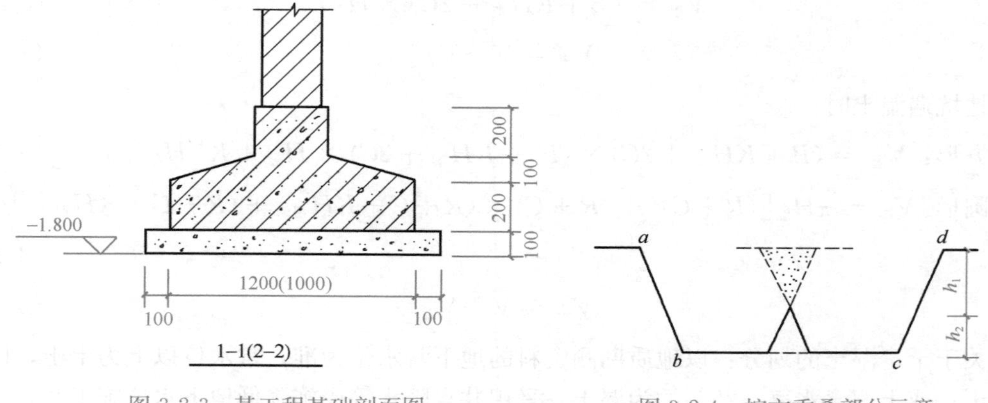

图 3-2-3　某工程基础剖面图　　图 3-2-4　挖方重叠部分示意

【解】 如果采用“混凝土垫层”这一条件加工作面，则 $C=0.3\text{m}$，$B+2C=1.4+2\times 0.3=2.0$（m）。

如果采用“砖基础做防潮层”这一条件加工作面，则 $C=1.0\text{m}$，$B+2C=0.24+2\times 1=2.24$（m）。

$B+2C$ 应取大者：该地槽的工作面应取 1.0m，$B+2C=2.24$（m）。

基槽、坑土方开挖，不扣除放坡交叉处的重复工程量，但因工作面、放坡重叠（见图 3-2-4上面阴影三角部分）造成槽、坑计算体积之和大于实际大开口挖土体积时，按大开口挖土体积计算。

地槽长度 L 的确定：外墙按外墙中心线长度计算。内墙按基础（含垫层）底净长计算，不扣除工作面及放坡重叠部分的长度，附墙垛凸出部分按砌筑工程规定的砖垛折加长度合并计算；不扣除搭接重叠部分的长度，垛的加深部分亦不增加。

（3）挖淤泥、流砂

定额清单工程量计算规则：以实际挖方体积计算。

（4）原土夯实与碾压

定额清单工程量计算规则：按设计图示尺寸以面积计算。

（5）回填土及弃置运输

定额清单工程量计算规则：

1）沟槽、基坑回填：按挖方体积减去交付施工标高（或自然地面标高）以下埋设的建（构）筑物、各类构件及基础（含垫层）等所占的体积计算（图 3-2-5）。

2）室内回填：按主墙间面积乘以回填厚度计算，不扣除间隔墙。

3）场地回填：按回填面积乘以平均回填厚度计算。

4）回填石碴按设计图示尺寸以体积计算。

5）余方弃置运输工程量为挖方工程量减去填方工程量乘以相应的土石方体积折算系数表中的折算系数计算。

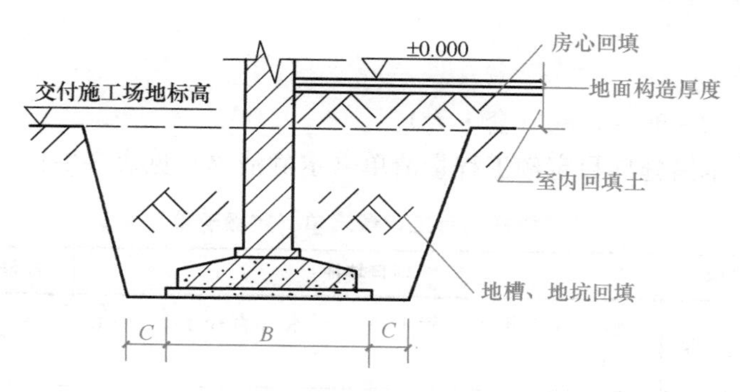

图 3-2-5　槽坑回填、室内回填示意

【例 3-2-6】 某工程基槽挖土方为 1500m³，土方回填（夯实）后余土运出施工现场。试计算该工程弃土运输工程量（假设应扣除构件体积为 500m³）。

【解】 回填土工程量：$V_1=1500-500=1000$（m³）

回填需用土方：$V_2=1000\times 1.15=1150$（m³）

余土运输工程量：$V=1500-1150=350$（m³）

(6) 挖管道沟槽土方

定额清单工程量计算规则：长度按图示管道中心线长度计算，不扣除窨井所占长度，各种井类及管道接口处需增加的土方量不另行计算。管沟回填工程量按挖方体积减去管道及基础等埋入物的体积计算。

(7) 石方

定额清单工程量计算规则：

1) 一般石方、人工凿石、机械凿石，均按图示尺寸以"m^3"计算。

2) 槽坑爆破开挖，按图示尺寸另加允许超挖厚度：极软岩、软岩 0.2m，较软岩、较坚硬岩、坚硬岩 0.15m。石方超挖量与工作面宽度不得重复计算。

3) 人工岩石表面找平按岩石爆破的规定尺寸以面积计算。

4) 土石方运距按挖方区重心至填方区（或堆放区）重心间的最短距离计算。

(8) 基础排水

定额清单工程量计算规则：

1) 湿土排水工程量同湿土工程量（含地下水位以下的岩石开挖体积）。

2) 轻型井点以 50 根为一套，喷射井点以 30 根为一套，使用时累计根数轻型井点少于 25 根，喷射井点少于 15 根，使用费按相应定额乘以系数 0.7。

3) 使用天数以每昼夜（24h）为 1 天，并按施工组织设计要求的使用天数计算。

【例 3-2-7】某工程基坑开挖施工，采用轻型井点降排水，已知井点管环形布置，环形范围总长度为 1300m，轻型井点集水总管 D100，吸水管直径 ϕ40，橡胶管 D50；采用 100mm 污水泵、电动多级离心清水泵 ϕ150，$h \leqslant$180m 抽水设备；基槽坑施工日历天为 90 天。试编制该基坑施工技术措施项目定额工程量清单。

【解】施工组织设计不明确井点管间距时，可以按照 1.2m 设置一根考虑，则：轻型井点安拆工程量：井点管根数＝1300÷1.2＝1083.33(根)，取 1084 根。

轻型井点使用工程量：套数＝1084÷50＝21.68(套)，取 22 套（且不足部分超过 25 根）。

天数＝90（天）。

使用套·天＝22×90＝1980（套·天）。

该基坑施工技术措施项目定额工程量清单（定额清单）见表 3-2-4。

技术措施项目工程量清单（定额清单） 表 3-2-4

定额编号	项目名称	项目特征	计量单位	工程量
1-85	轻型井点安拆	轻型井点集水总管 D100，吸水管直径 ϕ40，橡胶管 D50	根	1084
1-86	轻型井点使用	100mm 污水泵、电动多级离心清水泵 ϕ150，$h \leqslant$180m 抽水设备	套·天	1980

3.2.1.3 国标清单计量及计价

本节工程项目按《房屋建筑与装饰工程工程量计算规范》GB 50854—2013（以下简称《计量规范》）附录 A 编码列项，包括：土方工程、石方工程、回填，共 3 小节 13 个项目。

(1) 土方工程

土方工程包括：平整场地、挖一般土方、挖沟槽土方、挖基坑土方、冻土开挖、挖淤泥、流砂和管沟土方7个项目，分别按010101001×××～010101007×××编码。

1）平整场地：010101001×××。

① 平整场地是指建筑物所在现场厚度≤±30cm的就地挖、填、运及找平。

② 平整场地项目列项时应结合实际情况，明确描述场地现有及平整后需要达到的特征。例如，土壤类别、弃土运距或取土运距（或地点）。

③ 现场土方平整时，可能会遇到±30cm以内全部是挖方或填方的情况，这时应在清单中描述弃土或取土的内容和特征。

清单工程量计算规则：平整场地按设计图示尺寸以建筑物首层建筑面积计算。

依据《计量规范》及浙江省补充规定：挖沟槽、基坑、一般土方，因工作面与放坡增加的工程量并入各土方的工程量中，下列国标计算规则需结合浙江省规定计算。

2）挖一般土方：010101002×××。

挖土列项适用范围判断方法同定额清单。

国标清单工程量计算规则：挖一般土方按设计图示尺寸以体积（m^3）并结合浙江省对于工作面和放坡系数的规定计算，同定额清单工程量计算方法。

① 挖一般土方适用于建筑物场地在±30cm以上的挖土或山坡切土或不适用于沟槽、基坑土方开挖列项的挖土。

② 挖一般土方项目特征应结合工程实际对土壤类别、挖土平均厚度、弃土运距等予以描述。

3）挖沟槽、基坑土方：010101003×××～010101004×××。

① 挖沟槽、基坑土方项目特征应对土壤类别、挖土深度、弃土运距等予以描述。

② 土方开挖的干湿土划分，应按地质勘察资料或以地下常水位为准，地下常水位以下为湿土（此规则同时适用于挖一般土方）。

4）冻土开挖：010101005×××。

① 工程勘探有一定深度的冻土开挖，应予以单独列项。

② 冻土开挖项目特征应对冻土厚度、范围、弃土运距等应予以描述。

国标清单工程量计算规则：冻土开挖按设计图示尺寸开挖面积乘以厚度以体积（m^3）计算。

5）挖淤泥、流砂：010101006×××。

① 在工程地质勘探资料中标有淤泥、流砂时，应将淤泥、流砂单独列项。

② 如按地质资料预先列项的，应在清单特征中描述挖掘深度、范围、弃运淤泥、流砂措施，同时发生在开挖过程中的技术措施，应在措施项目清单列项。

国标清单工程量计算规则：挖淤泥、流砂按设计图示位置、界限以体积（m^3）计算。

6）管沟土方：010101007×××。

① 管沟土方适用于管道（给水排水、工业、电力、通信）、光（电）缆沟[包括人（手）孔、接口坑]及连接井（检查井）等。

② 管沟土方项目特征应对土壤类别、管外径、挖沟平均深度、弃土运距、沟内回填要求等予以描述。

③ 采用多管同一管沟埋设时，管间距离应在清单中描述。

④ 管沟土方工程量是否包括其中的窨井所占位置的土方，应在项目清单中明确。

国标清单工程量计算规则：管沟土方按设计图示以管道中心线长度以 m 计算或以垫层底面积乘以体积（m^3）计算。

（2）石方工程

石方工程包括：挖一般石方、挖沟槽石方、挖基坑石方、挖管沟石方 4 个项目，分别按 010102001×××～010102004×××编码列项。石方开挖适用于人工凿石、人工打眼爆破和机械打眼爆破等，并包括指定范围内的石方清除运输。在场地、基槽坑、人工单独挖孔桩开挖时遇有石方也应按石方开挖列项。

1）挖一般石方、挖沟槽石方、挖基坑石方项目特征应对岩石类别、开凿深度、弃渣运距等予以描述。

2）挖管沟石方项目应对岩石类别、管外径、挖沟深度等予以描述。

国标清单工程量计算规则：

① 挖一般石方按设计图示尺寸以体积（m^3）计算；

② 挖沟槽石方按设计图示尺寸沟底面积乘以挖石深度以体积（m^3）计算；

③ 挖基坑石方按设计图示尺寸基坑底面积乘以挖石深度以体积（m^3）计算；

④ 管沟石方按设计图示以管道中心线长度（m）计算，或按图示截面积乘以长度以体积（m^3）计算。同一管道区段内土方与石方并存的，应分别列项，并按土、石方地质分界线分别计算工程量。

（3）回填

回填包括：回填方、余方弃置 2 个项目，分别按 010103001×××～010103002×××编码。

1）回填方：010103001×××。

适用于场地回填、室内回填和基础回填，并包括指定范围内的运输、压实。

回填方项目特征应对回填方密实度要求、填方材料品种、填方粒径要求、填方来源、运距等予以描述。如需买土回填，应在项目特征填方来源中描述，并注明数量。

国标清单工程量计算规则：回填方按设计图示尺寸以体积（m^3）计算。

① 场地回填：回填面积乘以平均回填厚度。

② 室内回填：主墙间面积乘以回填厚度，不扣除间壁墙。

③ 基础回填：按挖方清单项目工程量减去自然地坪以下埋设的基础体积（包括基础垫层及其他构筑物）。

2）余方弃置：010103002×××。

项目特征应对废弃料品种、运输距离等予以描述。

国标清单工程量计算规则：挖方清单项目工程量减利用回填方体积（正数）计算。

（4）土石方工程技术措施项目

1）成井：011706001×××。

项目特征应对井的类型、成井方式、地层情况；成井直径、井（滤）管类型、直径、成井深度等予以描述。

国标清单工程量计算规则：按照设计图示尺寸以钻孔深度以“m”计算或按照设计图

示数量以“根”计算或以井的数量“座”计算。

2）排水、降水：011706002×××。

项目特征应对机械规格型号、降排水管规格予以描述。

国标清单工程量计算规则：按照降排水日历天数以“昼夜”计算。

（5）国标工程量清单编制注意事项

1）土石方开挖，招标人编制工程量清单不列施工方法（有特殊要求的除外），招标人确定工程数量即可。如招标文件对土石方开挖有特殊要求，在编制工程量清单时，可规定施工方法。

2）因地质情况变化或设计变更引起的土石方工程量的变更，由业主与承包人双方现场确认，依据合同条件进行调整。

3）挡土板支拆如非设计或招标人根据现场具体情况要求，而属于投标人自行采用的施工方案，则清单项目特征中不予描述，工程量计算时也不再考虑放坡系数，投标人应在技术措施项目中予以补充，自行报价。

4）根据地质资料确定有地下水的，清单编制时应在措施项目清单内考虑施工时基槽坑内的施工排水因素。

5）深基础土石方开挖，设计文件中可能提示或要求采用支护结构，但到底用什么支护结构，是打预制混凝土桩还是钢板桩、人工挖孔桩、地下连续墙，是否做水平支撑等，招标人应在措施项目清单中予以列项明示。

【例 3-2-8】某工程基础平面及详图如图 3-2-6、图 3-2-7 所示，已知：基底土质均匀，开挖土方类别为二类干土，设计室外地坪标高－0.15m，交付施工场地标高为－0.3m，采用机械挖土，基槽就地回填土，机械碾压两遍，余土挖掘机装土，自卸汽车外运 5km，已知交付施工场地标高以下埋设的 $V_{混凝土垫层}=5.98m^3$，$V_{砖基础}=8.72m^3$，$V_{带形基础}=21.54m^3$（本题土方回填至交付施工场地标高，技术措施项目清单暂不考虑）。试编制：

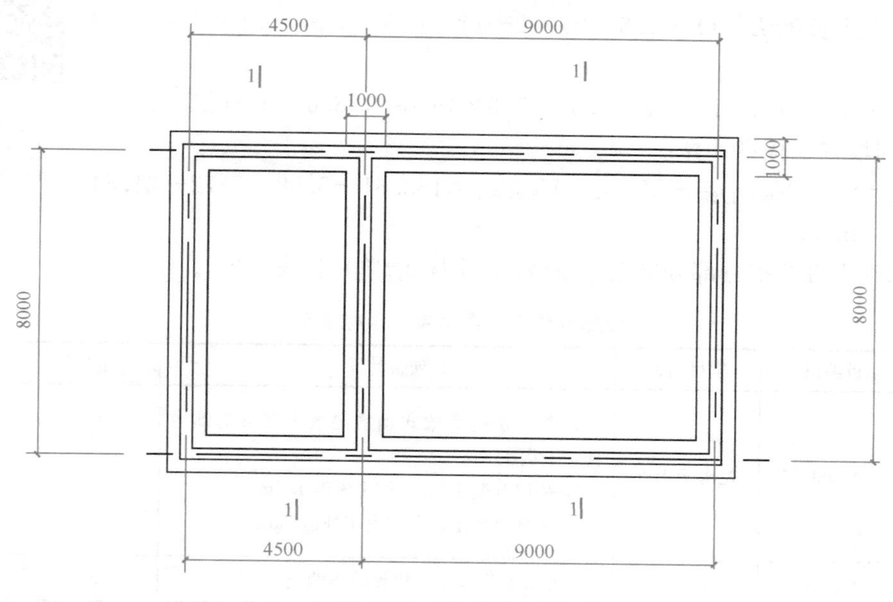

图 3-2-6　基础平面图

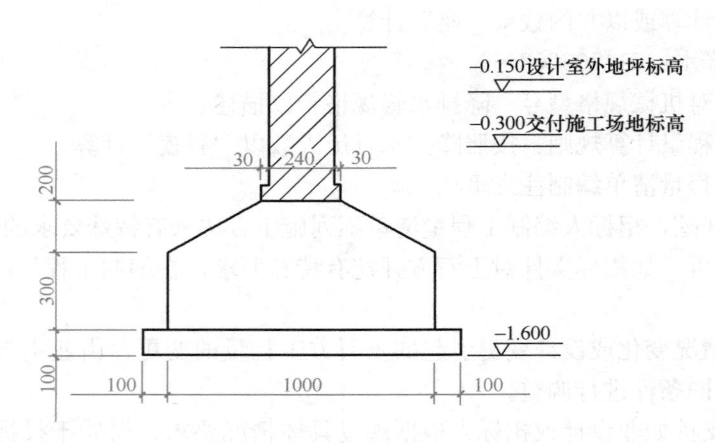

图 3-2-7　基础详图

该基础土方开挖、回填国标工程量清单。且按照《浙江省预算定额（2018 版）》计算国标清单项目的综合单价与合价（本题假设为编制招标控制价，属于房屋建筑工程，采用一般计税法，按照《浙江省土建预算定额（2018 版）》取定人材机价格，不考虑风险费）。

【解】 本工程基础开挖为沟槽土方。按《计量规范》及浙江省补充规定，将挖沟槽、基坑、一般土方因工作面和放坡所增加的工程量并入各土方工程量中计算。挖土方的国标清单工程量与定额工程量一致。

（1）国标清单编制

1）机械开挖带形基础土方（沟槽）工程量计算：

挖土深度 $H=1.6-0.3=1.3$m，工作面宽 $C=0.3$m，挖土放坡系数 $K=0.5$。

基础挖土长度 $L=(8+4.5+9)\times2+(8-0.5-0.5-0.1\times2)=49.8$ (m)；

$V_{挖}=(1.2+0.5\times1.3+2\times0.3)\times1.3\times49.8=158.61$ (m^3)。

条基土方开挖工程量清单与计价（招标）（国标清单计价）

2）回填方工程量计算：

$V_{回填}=V_{挖}-V_{混凝土垫层}-V_{砖基础}-V_{带形基础}=158.61-5.98-8.72-21.54=122.37$ (m^3)。

该基础土方开挖分部分项工程量清单（国标清单）见表 3-2-5。

分部分项工程量清单（国标清单）　　表 3-2-5

序号	项目编码	项目名称	项目特征	计量单位	工程量
1	010101003001	挖沟槽土方	1. 挖掘机挖无梁式钢筋混凝土带形基础沟槽，二类土 2. 垫层宽度 1.2m，挖土深度 1.3m 3. 装载机装土，自卸汽车外运 5km	m^3	158.61
2	010103001001	回填方	沟槽就地回填土，机械碾压两遍	m^3	122.37

（2）国标清单计价

1）根据提供的工程条件及拟定的施工方案，土方按照挖运干土考虑，本题清单项目定额子目见表 3-2-6。

清单项目定额子目表

表 3-2-6

序号	项目编码	项目名称	实际组合的内容		对应的定额子目
1	010101003001	挖沟槽土方	挖土方	挖掘机挖沟槽二类土方，不装车，开挖深度 1.3m	1-20
			装土	挖掘机装车	1-36
			土方运输	自卸汽车运土，运距 5km	1-39＋1-40×4
2	010103001001	回填方	回填土方	沟槽就地回填土，机械碾压两遍	1-82

2）计算计价工程量，因为浙江省在计算土石方工程量时，国标清单工程量与定额清单工程量的计算规则已经趋于一致，所以，本题计价工程量等于国标清单工程量。定额工程量计算如下：

① 机械开挖带形基础土方（沟槽）工程量：$V_{挖}=158.61$（m^3）。

② 回填方工程量：$V_{回填}=122.37$（m^3）。

③ 余土工程量 $V_{余土}=V_{挖}-V_{回填}\times$土方体积折算系数$=158.61-122.37\times1.15=17.88$（$m^3$）。

④ 挖掘机单独装车工程量 $V_{装土}=17.88$（m^3）。

⑤ 自卸汽车运土 5km 工程量 $V_{运输}=17.88$（m^3）。

3）根据《浙江省预算定额（2018 版）》计算人材机费用，《浙江省建设工程计价规则（2018 版）》规定：编制招标控制价的企业管理费和利润应以定额项目中的“定额人工费＋定额机械费”之和计算，本例按照《浙江省预算定额（2018 版）》取定人材机价格，故清单（人工费＋机械费）和定额（人工费＋机械费）相同，需要求出定额（人工费＋机械费）。

① 挖掘机挖沟槽土方：二类土、不装车，套定额 1-20。

定额人工费＝1.69（元/m^3）；

定额机械费＝2.05（元/m^3）。

② 挖掘机装车（土方）：套定额 1-36。

定额人工费＝0.48（元/m^3）；

定额机械费＝2.38（元/m^3）。

③ 自卸汽车运土运距 5km：套定额 1-39＋1-40×4。

定额人工费＝0.33（元/m^3）；

定额机械费＝6.1629＋1.3184×4＝11.44（元/m^3）。

4）计算综合单价。

《浙江省建设工程计价规则（2018 版）》规定：编制招标控制价时企业管理费、利润以清单项目中的“定额人工费＋定额机械费”乘以费率分别进行计算；《浙江省建设工程计价规则（2018 版）》规定：招标控制价的企

基坑土方开挖工程量清单与计价（招标）（国标清单计价）

业管理费和利润按照中值计取，则企业管理费率为16.57%、利润率为8.10%。

计算分部分项综合单价与合价见表3-2-7。

分部分项综合单价与合价计算表（国标清单） 表3-2-7

序号	编号	项目名称	计量单位	数量	综合单价（元）						合计（元）
					人工费	材料费	机械费	管理费	利润	小计	
1	010101003001	挖沟槽土方	m^3	158.61	1.78	—	3.61	0.89	0.43	6.71	1065
	1-20	挖掘机挖沟槽二类土方，不装车	m^3	158.61	1.69	—	2.05	0.62	0.30	4.66	739
	1-36	挖掘机装车	m^3	17.88	0.48	—	2.38	0.47	0.23	3.56	64
	1-39+1-40×4	自卸汽车运土5km	m^3	17.88	0.33	—	11.44	1.95	0.95	14.67	262
2	010103001001	回填方	m^3	122.37	0.46	0.07	0.99	0.24	0.12	1.88	230
	1-82	填土机械碾压两遍	m^3	122.37	0.46	0.07	0.99	0.24	0.12	1.88	230

3.2.2 基础工程计量与计价

3.2.2.1 基础知识

1. 基础工程概述

基础是位于建筑物最下部的承重构件，承重建筑物的全部荷载，并将这些荷载传给地基。作为工程造价管理人员应掌握各种类型基础的构造、施工工艺、计算规则及其尺寸的确定，合理地确定工程造价，为开展造价控制管理等相关工作奠定基础。

（1）垫层按设置部位常见为基础垫层和地面垫层

按所用材料常见为砂石类垫层和混凝土类垫层。

（2）基础受力性能不同分刚性基础和柔性基础

刚性基础是指抗压强度较高，而抗弯和抗拉强度较低的材料建造的基础。所用材料有混凝土、砖、毛石、灰土、三合土等，一般可用于六层及其以下的民用建筑和墙承重的轻型厂房；柔性基础是用抗拉和抗弯强度都很高的材料建造的基础，一般用钢筋混凝土制作。这种基础适用于上部结构荷载比较大、地基比较柔软、用刚性基础不能满足要求的情况。

（3）混凝土基础的主要形式

主要形式有条形基础、独立（杯形）基础、满堂基础（又分为筏形基础和箱形基础）等。主要的施工过程包括模板工程、钢筋工程和混凝土工程。高层建筑筏形基础和箱形基础长度超过40m时，宜设置贯通的后浇施工缝（后浇带），后浇带宽不宜小于80cm，在后浇施工缝处，钢筋必须贯通（图3-2-8～图3-2-12）。

（4）基础的施工工艺

砌筑类基础一般涉及基础砌筑—防水、防潮（可分水平防潮和垂直防潮，刚性防潮和柔性防潮）等；混凝土浇筑类基础一般涉及模板搭设—钢筋制作安装—混凝土浇筑养护—防水、防潮等。

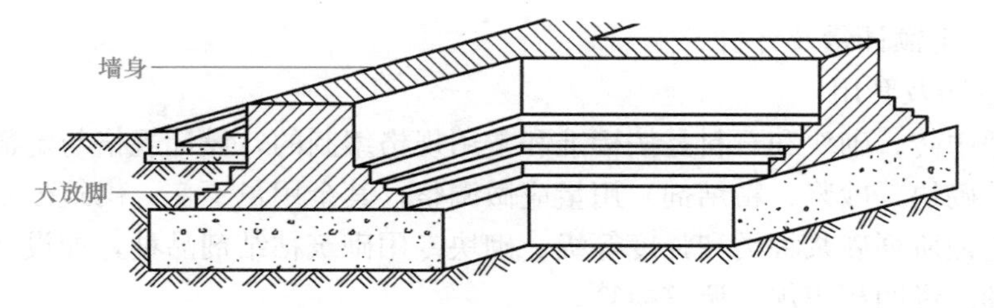

图 3-2-8　墙下条形基础

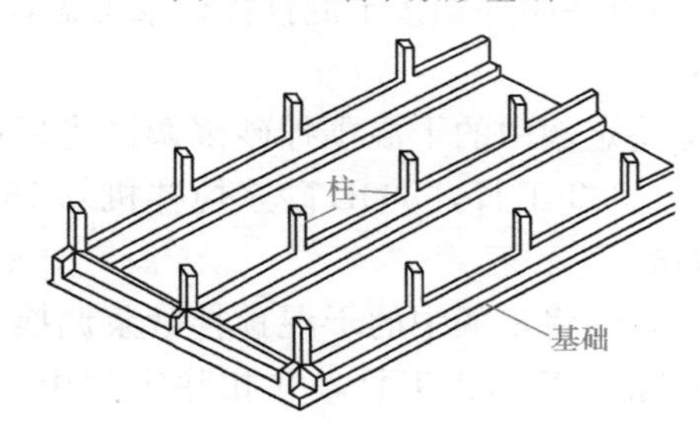

图 3-2-9　柱下条形基础

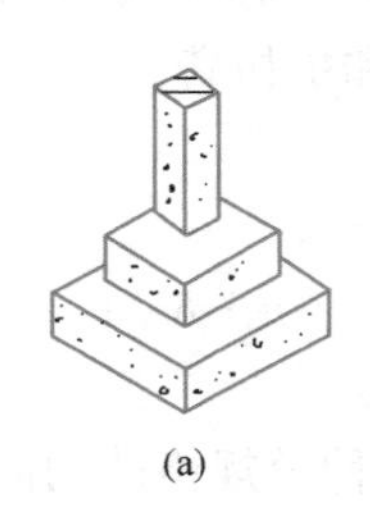

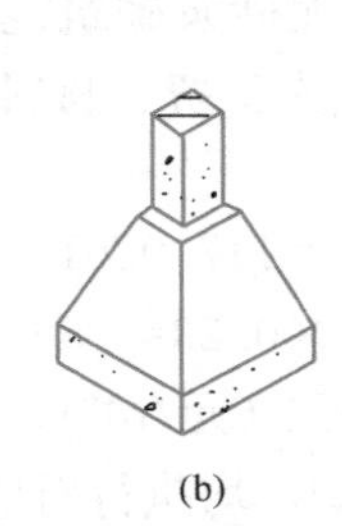

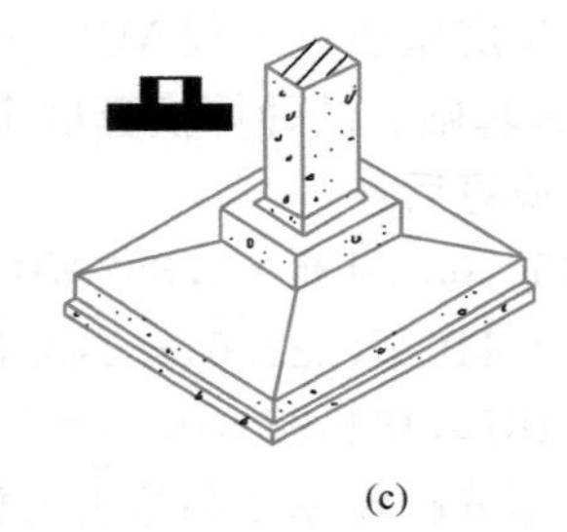

图 3-2-10　独立式基础

(a) 阶梯形；(b) 锥形；(c) 杯形

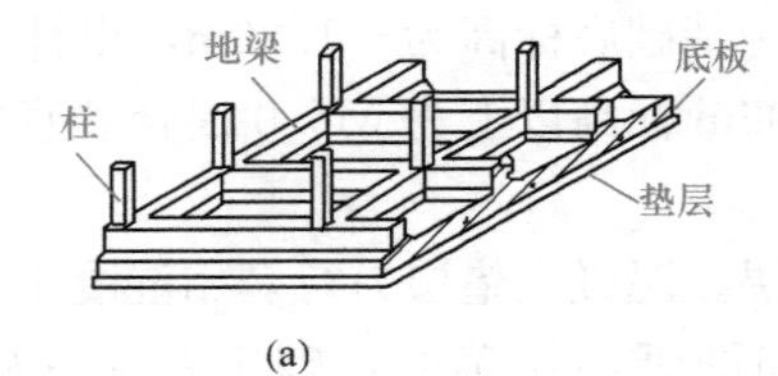

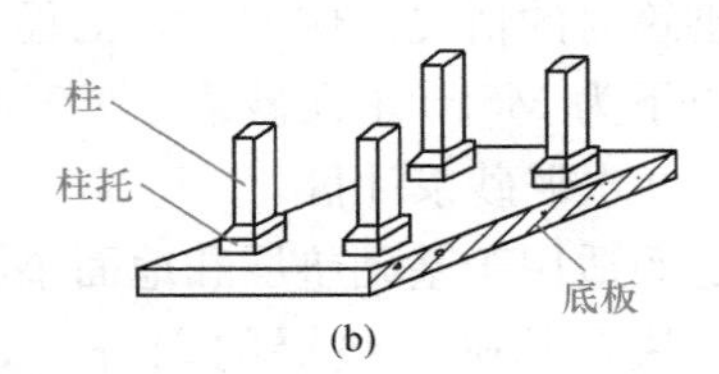

图 3-2-11　筏形基础

(a) 有梁式筏形基础；(b) 无梁式筏形基础

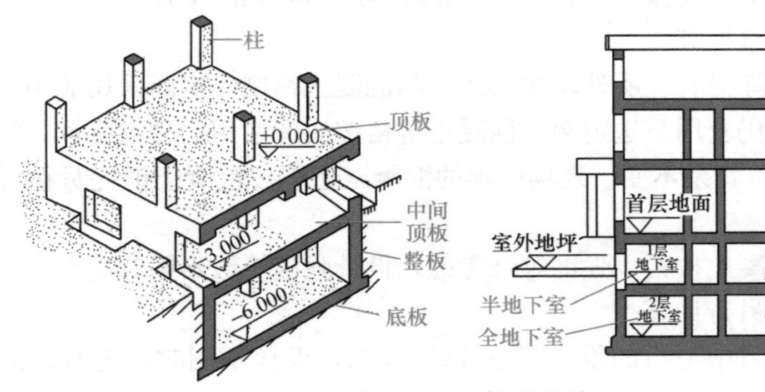

图 3-2-12　箱形基础

3.2.2.2　定额计量及计价

1. 定额说明及套用

(1) 定额中砖、砌块和石料是按标准和常用规格编制的，设计规格与定额不同时，砌体材料（砖、砌块、砂浆、粘结剂）用量应做调整，其余用量不变；砌筑砂浆是按干混砂浆编制的，定额所列砂浆种类和强度等级、砌块专用砌筑粘结剂品种，如设计与定额不同时，应按定额总说明相应规定调整换算。

定额中所使用的砂浆除另有注明外均按干混预拌砂浆考虑，若实际使用现拌砂浆或湿拌砂浆时，按以下方法调整：

1) 使用现拌砂浆的，除将定额中的干混预拌砂浆调换为现拌砂浆外，另按相应定额中每立方米砂浆增加：人工 0.382 工日，200L 砂浆搅拌机 0.167 台班，并扣除定额中干混砂浆罐式搅拌机台班的数量。

2) 使用湿拌预拌砂浆的，除将定额中的干混预拌砂浆调换为湿拌预拌砂浆外，另按相应定额中每立方米砂浆扣除人工 0.2 工日，并扣除定额中干混砂浆罐式搅拌机台班数量。

【例 3-2-9】某房屋建筑工程 M10.0 水泥砂浆砌筑混凝土实心砖（240mm×115mm×53mm）一砖厚砖基础。试计算换算后定额人工费、材料费和机械费。

【解】4-1H 换算后：

人工费＝105.165＋135×0.382×0.23＝117.0261（元/m^3）；

材料费＝300.410＋(222.61－413.73)×0.23＝256.4524（元/m^3）；

机械费＝0.167×154.97×0.23＝5.9524（元/m^3）。

(2) 砖基础不分砌筑厚度和是否大放脚，均执行对应品种及规格砖的同一定额。地下筏板基础下翻混凝土构件所用的砖模、砖砌挡土墙、地垄墙均套用砖基础定额。

砖石基础有多种砂浆砌筑时，以多者为准。这是指同一基础中，设计规定一个标高上下为不同砂浆砌筑时的情况。例如，某工程砖基础底标高为－1.20m，设计规定室内地坪－0.06m 标高以下为 M5.0 水泥砂浆，－0.06m 标高以上为 M5.0 混合砂浆砌筑，则该砖基础全部按 M5.0 水泥砂浆计价。

(3) 垫层定额适用于基础垫层和地面垫层。混凝土垫层另行套用混凝土及钢筋混凝土工程相应定额。块石基础与垫层的划分，如图纸不明确时，砌筑者为基础，铺排者为垫层。

(4) 人工级配砂石垫层是按中（粗）砂 15%、砾石 85%的级配比例编制的。如设计与定额不同时，应做调整换算。

(5) 定额中混凝土除另有注明外均按泵送商品混凝土编制，实际采用非泵送商品混凝土、现场搅拌混凝土时仍套用泵送定额，混凝土价格按实际使用的种类换算，混凝土基础浇捣人工乘以系数 1.5，其余不变。现场搅拌的混凝土还应按混凝土消耗量执行现场搅拌调整费定额。

(6) 定额中商品混凝土按常用强度等级考虑，设计强度等级不同时应予换算；施工图设计要求增加的外加剂另行计算。

(7) 毛石混凝土子目中毛石的投入量按 18%考虑，设计不同时，毛石、混凝土的体积按设计比例调整。

【例3-2-10】 某工程现浇现拌非泵送毛石混凝土基础，设计毛石投入量为19%。试计算该基础每立方工程量毛石和混凝土的用量。

【解】 查定额5-2：毛石含量为0.3654t/m³，混凝土含量为0.8282m³/m³。

按投入比例，毛石用量=0.3654×19%/18%=0.3857（t/m³）。

混凝土用量=0.8282×(1−19%)/(1−18%)=0.8282×0.9878=0.8181(m³/m³)。

（8）杯形基础应按定额附注每10m³工程量增加DM5.0预拌砂浆0.068t。

（9）基础底板下翻构件采用砖模时，砌体按砌筑工程定额规定执行，抹灰按墙柱面工程墙面抹灰定额规定执行。

（10）圆弧形基础模板套用基础相应定额，另按弧形侧边长度计算基础侧边弧形增加费。

（11）地下室底板模板套用满堂基础定额，集水井杯壳模板工程量合并计算。

（12）地下室混凝土外墙、人防墙及有防水等特殊设计要求的内墙，采用止水对拉螺栓时，施工组织设计未明确时，每100m²模板定额中的六角带帽螺栓增加85kg（施工方案明确的按方案数量扣减定额含量后增加）、人工增加1.5工日，相应定额的钢支撑用量乘以系数0.9。止水对拉螺栓堵眼套用墙面螺栓堵眼增加费定额。

2. 定额清单计量及计价

（1）砖基础

工程量：按设计图示尺寸以体积计算。

砖柱不分柱身和柱基，按设计图示尺寸以体积合并计算，扣除混凝土及钢筋混凝土梁垫、梁头、板头所占体积。

基础长度：外墙按外墙中心线，内墙按内墙净长线计算。

砖基础的高度：基础与墙（柱）身使用同一材料时，以设计室内地面为界（有地下室者，以地下室室内设计地面为界），以下为基础，以上为墙（柱）身。基础与墙身使用不同材料，位于设计室内地面高度≤±300mm时，以不同材料为分界线；高度>300mm时，以设计室内地面为分界线。

计算基础长度时，附墙垛基础宽出部分体积按折加长度合并计算，不扣除搭接重叠部分的长度，垛的加深部分也不增加。

计算条形砖基础工程量时，二边大放脚体积并入计算，也可以作为折加高度在砖基础高度内合并计算。折加高度=两边大放脚截面积/砖基础厚度，砖砌墙基工程量的一般计算公式：

$$V = L \times (H \times d + s) - V_{应扣} \tag{3-2-9}$$

式中 V——基础（m³）；

L——墙基长度（m），外墙按中心线，内墙按净长线计算，有砖垛时应计算折加长度，并入所附墙基长度；

H——墙基高度（m）；

d——基础墙厚（m）；

$V_{应扣}$——应扣除嵌入基础墙身的梁、柱、孔洞等体积；

s——大放脚断面积（m²），断面积按以下公式计算：

等高式大放脚：$s=n(n+1)ab$

间隔式大放脚：$s = \sum(ab) + \sum[(a/2)b]$

n——大放脚层数，a——两皮砖高度，b——每皮收（放）宽度。

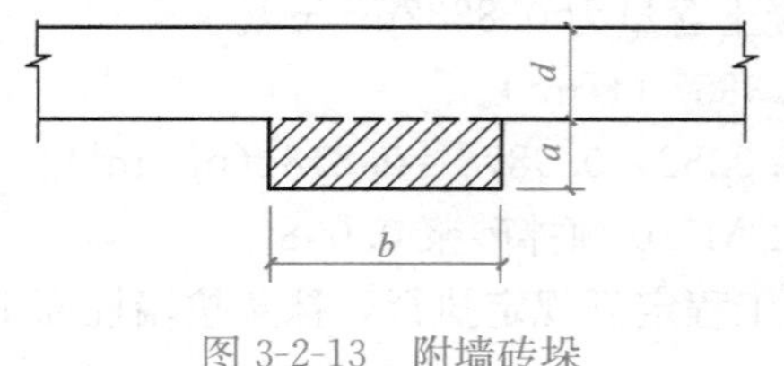

图 3-2-13　附墙砖垛

附墙垛折加长度 L 折计算公式：$L_{折} = ab/d$

式中各计算参数见图 3-2-13，a、b 为附墙垛突出部分断面的长、宽。

砖基础体积也可按下式计算：

$$V = L \times (H + h) \times d - V_{应扣} \quad (3\text{-}2\text{-}10)$$

式中 h 为大放脚的折加高度，大放脚的折加高度＝大放脚面积÷墙厚。

砖柱四边设大放脚时，四边大放脚体积 V 按下式计算：

$$V = n(n+1)ab\left[\frac{2}{3}(2n+1)b + A + B\right] \quad (3\text{-}2\text{-}11)$$

式中　A、B——砖柱断面积的长、宽，其余同上。

（2）砂石垫层

砂石垫层按材料分为砂、砂石、塘渣、块石、碎石、灰土、三合土等，按铺砌要求有干铺、灌浆、疏排夯实等。

垫层按设计垫层面积乘以厚度计算。

1）条形基础垫层：V＝截面积×长度。

长度：外墙按外墙中心线长度；内墙按照内墙垫层底净长计算；附墙垛凸出部分按折加长度计算，不扣除搭接重叠部分的长度，垛的加深部分也不增加；柱网结构的条基垫层长度不分内外墙均按基底垫层底净长计算。

柱基垫层：V＝设计垫层面积×厚度。

2）地面垫层：V＝地面面积×厚度。其中，地面面积按楼地面工程的工程量计算规则计算。

（3）混凝土基础

混凝土基础包括垫层、带形基础、独立基础、地下室底板及满堂基础、挡土墙及地下室外墙。基础混凝土浇捣按混凝土及钢筋混凝土、毛石混凝土列项，带形基础（不分有梁无梁）与独立柱基、设备基础浇捣均执行同一定额，地下室底板与满堂基础执行同一定额。

基础模板除按上述基础分类外，按照基础断面形式进一步划分，如带形基础和满堂基础按无梁式、有梁式划分，独立基础中杯形基础、设备基础需分别列项计算。

1）混凝土工程量计算

按设计图示尺寸以体积计算，不扣除伸入承台基础的桩头所占体积。

① 带形基础：

A. 外墙按中心线，内墙按基底净长线计算，独立柱基间带形基础按基底净长线计算，附墙垛基础并入基础计算。

独基与满堂基础混凝土工程量清单与计价（定额清单计价）

B. 基础搭接体积按图示尺寸计算，常见的基础搭接体积计算见图 3-2-14。

按图 3-2-14 中有梁式带基搭接时，每一个搭接工程量由四个块体组成，其中：

$$V=[(B-b)/2]\times h_2\times L\times 1/3+b\times h\times L/2+b\times L$$
$$=[(2b+B)/6\times h_2+b\times h_1]\times L \tag{3-2-12}$$

无梁式带基搭接时，每一个搭接工程量由三个块体组成：

$$V=[(B-b)/2]\times h_2\times L\times 1/3+b\times h_2\times L/2$$
$$=(2b+B)/6\times h_2\times L \tag{3-2-13}$$

图 3-2-14 中，L 为搭接长度，当搭接和被搭接基础各截面部位高度一致时，搭接长度可以直接从施工图上读出，如果各部位高度不同时，则应根据设计尺寸推算出搭接长度。

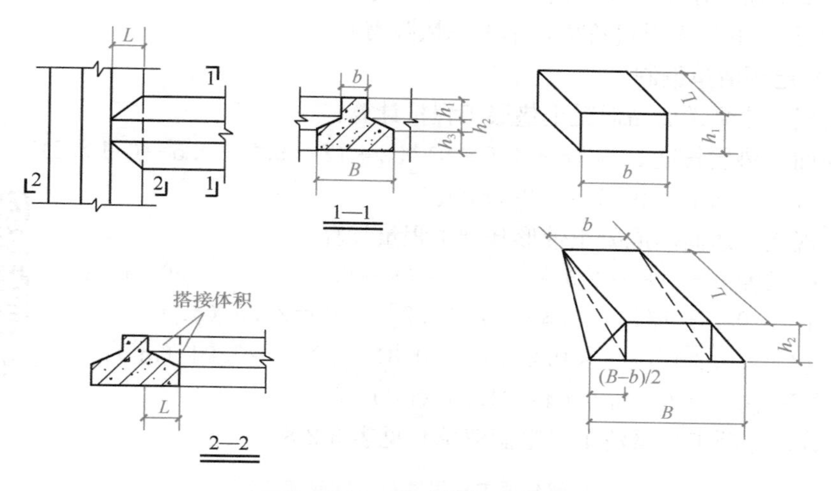

图 3-2-14　基础搭接示意图

C. 有梁带基梁面以下凸出的钢筋混凝土柱并入相应基础内计算。

D. 不分有梁式与无梁式，均按带形基础项目计算，对于有梁式带形基础，梁高（指基础扩大顶面至梁顶面的高）≤1.2m 时，合并计算；>1.2m 时，扩大顶面以下的基础部分，按带形基础项目计算，扩大顶面以上部分，按墙项目计算。

② 满堂基础：满堂基础范围内承台、地梁、集水井、柱墩等并入满堂基础内计算。

③ 箱式基础：箱式基础分别按基础、柱、墙、梁、板等有关规定计算。

④ 设备基础：设备基础除块体（块体设备基础是指没有空间的实心混凝土形状）以外其他类型设备基础分别按基础、柱、墙、梁、板等有关规定计算；工程量不扣除螺栓孔所占的体积，螺栓孔内及设备基础二次灌浆按设计图示尺寸另行计算，不扣除螺栓及预埋铁件体积。

2）模板工程量计算

模板除另有规定者除外，均按模板与混凝土的接触面积计算。

① 有梁式带形（满堂）基础，基础面（板面）上梁高（指基础扩大顶面（板面）至梁顶面的高）<1.2m 时，合并计算；≥1.2m 时，基础底板模板按无梁式带形（满堂）基础计算，基础扩大顶面（板面）以上部分模板按混凝土墙项目计算。有梁带基梁面以下凸出的钢筋混凝土柱并入相应基础内计算；基础侧边弧形增加费按弧形接触面长度计算，每个面计算一道。

② 满堂基础：无梁式满堂基础有扩大或角锥形柱墩时，并入无梁式满堂基础内计算。

③ 设备基础：块体设备基础按不同体积，分别计算模板工程量。设备基础地脚螺栓套以不同深度按螺栓孔数量计算。

④ 地面垫层发生模板时按基础垫层模板定额执行，工程量按实际发生部位的模板与混凝土接触面展开计算。

【例 3-2-11】 根据例 3-2-8 工程图纸条件，C30 现浇泵送商品混凝土带形基础，C20 现浇非泵送商品混凝土垫层。试编制：该混凝土基础定额工程量清单（本题技术措施项目清单暂不考虑）。按照《浙江省预算定额（2018 版）》计算定额清单项目的综合单价与合价（本题假设为编制招标控制价，属于房屋建筑工程，采用一般计税法，按照《浙江省预算定额（2018 版）》取定人材机价格，不考虑风险费）。

【解】 1）定额清单编制

① C20 现浇非泵送商品混凝土垫层工程量计算：

1—1 断面：垫层长度 $L=(8+4.5+9)\times2+(8-0.5-0.5-0.1\times2)=49.8(\mathrm{m})$；

$V_{1-1}=1.2\times0.1\times49.8=5.98(\mathrm{m}^3)$。

② C30 现浇泵送商品混凝土带形基础工程量计算：

1—1 基础长度 $L=(8+4.5+9)\times2+(8-0.5-0.5)=50\ (\mathrm{m})$；

$V_{1-1}=[1\times0.3+1/2\times(0.3+1)\times0.2]\times50=21.5\ (\mathrm{m}^3)$；

$V_{搭接}=[(2\times0.3+1)/6\times0.2\times(1-0.3)/2]\times2=0.04\ (\mathrm{m}^3)$；

汇总：$\sum V_{带形基础}=21.5+0.04=21.54\ (\mathrm{m}^3)$。

该基础分部分项工程量清单（定额清单）见表 3-2-8。

带型基础混凝土工程量清单与计价（定额清单计价）

分部分项工程量清单（定额清单）　　表 3-2-8

序号	项目编码	项目名称	项目特征	计量单位	工程量
1	5-1	垫层	C20 现浇非泵送商品混凝土垫层	m^3	5.98
2	5-3	基础	C30 现浇泵送商品混凝土无梁式带形基础	m^3	21.54

2）定额清单计价

计算分部分项综合单价与合价见表 3-2-9。

分部分项综合单价与合价计算表（定额清单）　　表 3-2-9

序号	编号	项目名称	计量单位	数量	综合单价（元）						合计（元）
					人工费	材料费	机械费	管理费	利润	小计	
1	5-1	C20 现浇非泵送商品混凝土垫层	m^3	5.98	40.88	408.79	0.68	6.89	3.37	460.61	2754
2	5-3	C30 现浇泵送商品混凝土无梁式带形基础	m^3	21.54	24.04	467.36	0.25	4.02	1.97	497.64	10791

3.2.2.3　国标清单计量及计价

本节工程项目按《计量规范》附录 D.1 砖基础、垫层、附录 E.1 现浇混凝土基础、附录 S.2 基础模板列项，包括：

（1）砖基础：010401001×××

1）砖基础项目适用于各种类型砖基础：柱基础、墙基础、管道基础等列项。

2）砖基础工作内容一般包括：砂浆制作、运输；砌砖；防潮层铺设；材料运输。清单项目应对基础的类型（如有墙涉及墙身厚度也要描述）；砖及砂浆的品种、规格、强度等级；防潮层构造等内容特征作出描述。

国标清单工程量计算规则：按设计图示尺寸以体积计算。包括附墙垛基础宽出部分体积，扣除地梁（圈梁）、构造柱所占体积，不扣除基础大放脚T形接头处的重叠部分及嵌入基础内的钢筋、铁件、管道、基础砂浆防潮层和单个面积0.3m² 以内的孔洞所占体积，靠墙暖气沟的挑檐不增加。

【例 3-2-12】浙江省某市区××学校实验室基础平面、剖面如图 3-2-15、图 3-2-16 所示，本工程±0.000 以下设计采用DM M10.0 干混砌筑砂浆砌筑混凝土实心砖标准砖基础(240×115×53)MU10，−0.06m 处设 20mm 厚 DS M15.0 干混地面砂浆防潮层。±0.000

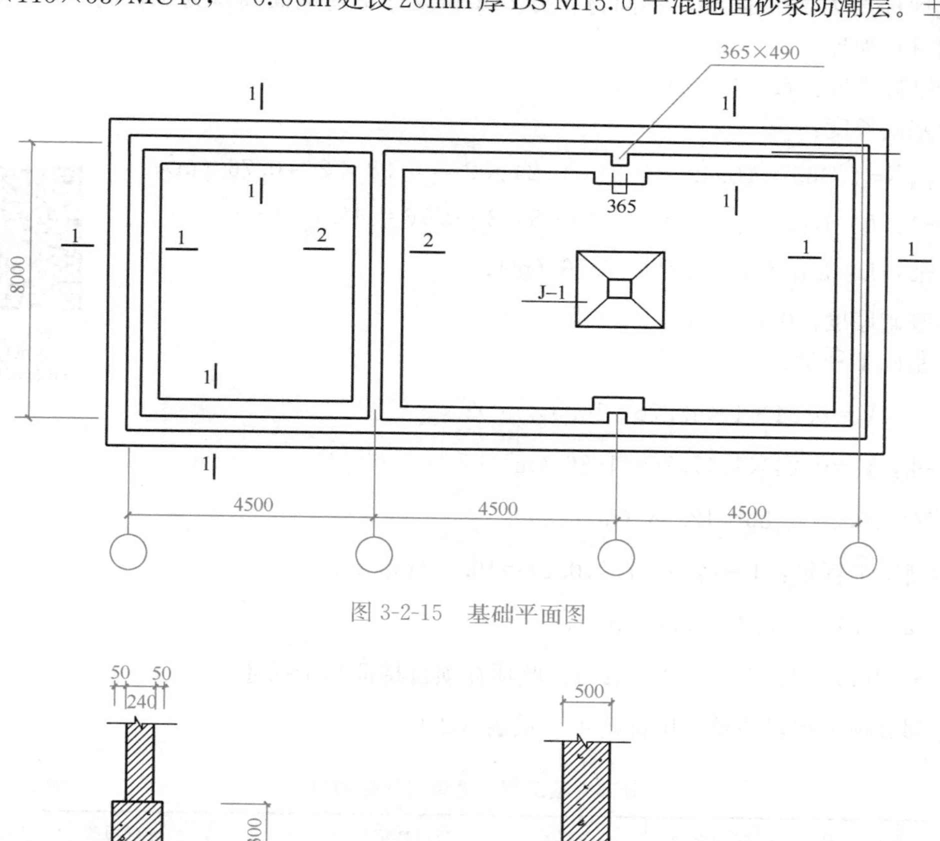

图 3-2-15　基础平面图

图 3-2-16　基础剖面图

以上内外墙体均采用M10混合砂浆砌筑混凝土实心砖墙。设计室外地坪−0.30m，交付施工场地标高为−0.50m。试根据现行国标清单，按照《浙江省预算定额（2018版）》，模拟招标人完成砖基础工程量清单编制及计价。

条件：当地当期信息价二类人工单价为149元/工日，材料信息价等同预算定额价格，企业管理费和利润费率分别为16.57%、8.1%，风险费用隐含于综合单价的人工、材料、机械价格中。

【解】 1）国标清单编制

本工程砖基础工程量计算：由1—1（2—2）剖面图可知，混凝土基础顶面的标高均为−(1.70−0.25−0.15−0.3)=−1（m）。

砖基础为DMM10.0干混砌筑砂浆砌筑混凝土实心砖标准砖，砖砌体为M10混合砂浆砌筑混凝土实心砖墙，基础与墙身材料不同，不同材料分界线标高为±0.000m，设计室内地坪标高为±0.000m，不同材料分界线和设计室内地面高差为零，高差≤300mm，以不同材料为界。

砖基础高度：$H=1$（m）；

砖基础长度：

$L_{折加}=0.365\times(0.49-0.24)/0.24\times2=0.38\times2=0.76$（m）；

1—1：$L=L_{外中}+L_{垛折加}=4.5\times6+8\times2+0.76=43.76$（m）；

2—2：$L=L_{外内}=8-0.24=7.76$（m）；

砖基础厚度：0.24（m）。

砖基础工程量：

砖基工程量
清单与计价
（国标清单计价）

1—1：$V=0.24\times1\times43.76=10.5$（$m^3$）；

2—2：$V=0.24\times1\times7.76=1.86$（$m^3$）；

$\sum V=10.5+1.86=12.36$（m^3）。

防潮层工程量：1—1：$43.76\times0.24=10.5$（m^2）；

2—2：$7.76\times0.24=1.86$（m^2）；

$\sum S=10.5+1.86=12.36$（m^2），此项在项目特征给予描述。

分部分项工程量清单（国标清单）见表3-2-10。

分部分项工程量清单（国标清单）　　　表3-2-10

序号	项目编码	项目名称	项目特征	计量单位	工程数量
1	010401001001	砖基础	DM M10.0干混砌筑砂浆砌筑混凝土实心砖基础（240×115×53）MU10，底标高−1m，20mm厚DSM15.0干混地面砂浆防潮层	m^3	12.36

2）国标清单计价

① 根据提供的工程条件，本题清单项目应组合的定额子目见表3-2-11。

清单项目定额子目　　表 3-2-11

序号	项目编码	项目名称	实际组合的内容		对应的定额子目
1	010401001001	砖基础	砌筑砖基础	DMM10.0 干混砌筑砂浆砌筑（240×115×53）混凝土实心砖一砖条形基础	4-1
			砖基础上防潮层	砖基础上设 20mm 厚 DSM15.0 干混地面砂浆防潮层	9-44

② 计算计价工程量，本题计价工程量等于国标清单工程量。

砖基础工程量：V=12.36（m³）；防潮层工程量：S=12.36（m²）。

③ 根据《浙江省预算定额（2018 版）》计算人材机费用，《浙江省建设工程计价规则（2018 版）》规定：编制招标控制价的企业管理费和利润应以定额项目中的"定额人工费+定额机械费"之和计算，本例按照《浙江省预算定额（2018 版）》取定人材机价格，故清单（人工费+机械费）和定额（人工费+机械费）相同，需要求出定额（人工费+机械费）。

A. 砌筑砖基础：墙厚 1 砖，套定额 4-1。

定额人工费=7.79×149÷10=116.07（元/m³）；

定额材料费=300.41（元/m³）；

定额机械费=2.229（元/m³）。

B. 砖基础上防潮层：套定额 9-44。

定额人工费=0；

定额材料费=11.6282（元/m²）；

定额机械费=0.2055（元/m²）。

④ 计算综合单价：

《浙江省建设工程计价规则（2018 版）》规定：编制招标控制价时企业管理费、利润以清单项目中的"定额人工费+定额机械费"乘以费率分别进行计算；《浙江省建设工程计价规则（2018 版）》规定：招标控制价的企业管理费和利润按照中值计取，则企业管理费率为 16.57%、利润率为 8.10%。

计算分部分项综合单价与合价见表 3-2-12。

分部分项综合单价计算表（国标清单）　　表 3-2-12

序号	编号	项目名称	计量单位	数量	综合单价（元）						合计（元）
					人工费	材料费	机械费	管理费	利润	小计	
1	010401001001	砖基础	m³	12.36	116.07	312.04	2.44	19.63	9.60	459.78	5683
	4-1	砌筑砖基础	m³	12.36	116.07	300.41	2.23	19.60	9.58	447.89	5536
	9-44	砖基础上防潮层	m²	12.36	0.000	11.63	0.21	0.03	0.02	11.89	147

（2）石基础：010403001×××

石基础、石勒脚、石墙的划分：基础与勒脚应以设计室外地坪为界，勒脚与墙身应以设计室内地坪为界。

内外地坪标高不同时，应以较低地坪标高为界，以下为基础；内外标高之差为挡土墙时，挡土墙以上为墙身。

石基础适用于墙基、柱基基础。石基础包括剔打石料天、地座荒包等全部工序。

石基础工作内容一般包括：砂浆制作、运输、吊装、砌石、防潮层铺设、材料运输。清单项目应对石料种类、规格；基础的类型；砂浆强度等级、配合比等内容特征做出描述。

国标清单工程量计算规则：石基础按设计图示尺寸以体积计算。包括附墙垛基础宽出部分体积，不扣除基础砂浆防潮层及单个面积 0.3m^2 以内的孔洞所占体积，靠墙暖气沟的挑檐不增加体积。基础长度：外墙按中心线，内墙按净长计算，交叉基础搭接增加体积应并入计算。

（3）垫层：010404×××

只有垫层一个项目（010404001），适用于块石、碎石、砂石、塘渣、灰土、三合土等混凝土以外材料的垫层。工程内容包括：垫层材料的拌制、垫层铺设、材料运输。项目特征要求描述垫层材料种类、配合比、厚度。

国标清单工程量计算规则：按设计图示尺寸以“m^3”计算。

（4）垫层 010501001×××、带形基础 010501002×××、独立基础 010501003×××、满堂基础 010501004×××、桩承台基础 010501005×××、设备基础 010501006×××。

垫层混凝土工程清单及计价（国标清单计价）

这里的垫层项目，适用于混凝土材料的垫层。

（5）混凝土基础

国标清单工程量计算规则：按设计图示尺寸以体积计算。不扣除伸入承台基础的桩头所占体积。

基础构件的列项，应按《计量规范》的规定（见附录表 E.1 备注）及计价定额的应用予以分解列项（表 3-2-13）。

现浇混凝土基础项目特征和工作内容（附录 E.1） 表 3-2-13

项目编码	项目名称	项目特征	工作内容
010501001	垫层	1. 混凝土种类； 2. 混凝土强度等级	1. 模板及支撑制作、安装、拆除、堆放、运输及清理模内杂物、刷隔离剂等； 2. 混凝土制作、运输、浇筑、振捣、养护
010501002	带形基础	1. 混凝土种类； 2. 混凝土强度等级	1. 模板及支撑制作、安装、拆除、堆放、运输及清理模内杂物、刷隔离剂等； 2. 混凝土制作、运输、浇筑、振捣、养护
010501003	独立基础		
010501004	满堂基础		
010501005	桩承台基础		
010501006	设备基础	1. 混凝土种类； 2. 混凝土强度等级； 3. 灌浆材料及其强度等级	

注：1. 有肋带形基础、无肋带形基础应按 E.1 中相关项目列项，并注明肋高。

2. 箱式满堂基础中柱、梁、墙、板按 E.2、E.3、E.4、E.5 相关项目分别编码列项；箱式满堂基础底板按 E.1 的满堂基础项目列项。

3. 框架式设备基础中柱、梁、墙、板分别按 E.2、E.3、E.4、E.5 相关项目编码列项；基础部分按 E.1 相关项目编码列项。

4. 如为毛石混凝土基础，项目特征应描述毛石所占比例。

以浙江省为例，根据浙江省计价定额的使用，设备基础子目增补项目特征，增加描述设备螺栓孔数量及三维尺寸。

（6）模板工程

1）根据《计量规范》，模板工程采用两种列项方式进行编制，一种为模板不单独列项，在构件混凝土浇捣的“工作内容”中包括模板工程的内容，另一种为模板单独列项，在措施项目中编列现浇混凝土模板工程清单项目（具体解释详见 3.3.1）。

2）应注意的问题：

① 不采用支模施工的混凝土构件不应计算模板，如：满槽浇捣的基础垫层、基础等；《计量规范》未列出基础垫层的模板子目，如有发生可按其附录 S.2 基础模板清单项目第五级编码列项。

②《计量规范》未列砖模子目，可按其附录 S.2 基础模板清单项目第五级编码列项。

地下室底板下翻构件不能拆模的一般采用砖模施工，计算砖模后不再计算模板工程量；而可以拆模的地下构件部位一般应按模板工程计算编列清单。

（7）钢筋及螺栓、铁件工程（详见本教材 3.3.1 内容）

3.2.3　地基处理与边坡支护工程计量与计价

3.2.3.1　基础知识

1. 地基加固处理

土木工程的地基问题，概括地说，可包括以下四个方面：

1）强度和稳定性问题。当地基的承载能力不足以支承上部结构的自重及外荷载时，地基就会产生局部或整体剪切破坏。

2）压缩及不均匀沉降问题。当地基在上部结构的自重及外荷载作用下产生过大的变形时，会影响结构物的正常使用，特别是超过结构物所能容许的不均匀沉降时，结构可能开裂破坏。沉降量较大时，不均匀沉降往往也较大。

3）地基的渗漏量超过容许值时，会发生水量损失，导致发生事故。

4）地震、机器以及车辆的振动、波浪作用和爆破等动力荷载可能引起地基土，特别是饱和无黏性土的液化、失稳和震陷等危害。

当结构物的天然地基存在上述问题时，必须采用相应的地基处理措施以保证结构物的安全与正常使用。地基处理的方法有很多，工程中人们常常采用的一类方法是采取措施使土中空隙减少，土颗粒之间靠近，密度加大，土的承载力提高；另一类方法是在地基中掺加各种物料，通过物理化学作用把土颗粒胶结在一起，使地基承载力提高，刚度加大，变形减小。

（1）换填地基法

当建筑物基础下的持力层比较软弱，不能满足上部荷载对地基的要求时，常采用换填地基法来处理软弱地基。换填地基法是先将基础底面以下一定范围内的软弱土层挖去，然后回填强度较高、压缩性较低且没有侵蚀性的材料，如中粗砂、碎石或卵石、灰土、素土、石屑、矿渣等，再分层夯实后作为地基的持力层。换填地基按其回填的材料可分为灰土地基、砂和砂石地基、粉煤灰地基等。

（2）土工合成材料地基

土工合成材料地基可以分为土工织物地基和加筋土地基。

土工织物地基又称土工聚合物地基，是在软弱地基中或边坡上埋设土工织物作为加筋，使其共同作用形成弹性复合土体，达到排水、反滤、隔离、加固和补强等方面的目的，以提高土体承载力，减少沉降并增加地基的稳定性。

加筋土地基是由填土、填土中布置的一定量带状筋体（或称拉筋）以及直立的墙面板三部分组成的一个整体的复合结构。

（3）夯实地基法

夯实地基法主要有重锤夯实法和强夯法两种。

1）重锤夯实法。重锤夯实法是利用起重机械将夯锤（2～3t）提升到一定的高度，然后自由下落产生较大的冲击能来挤密地基、减少孔隙、提高强度，经不断重复夯击，使地基得以加固，达到建筑物对地基承载力和变形要求。该方法适用于地下水距地面 0.8m 以上稍湿的黏土、砂土、湿陷性黄土、杂填土和分层填土，但在有效夯实深度内存在软黏土层时不宜采用。

2）强夯法。强夯法是用起重机械将大吨位（一般 8～30t）夯锤起吊到 6～30m 高度后，自由落下，给地基土以强大的冲击能量的夯击，使土中出现冲击波和很大的冲击应力，迫使土层孔隙压缩，土体局部液化，在夯击点周围产生裂隙，形成良好的排水通道，孔隙水和气体逸出，使土料重新排列，经时效压密达到固结，从而提高地基承载力，降低其压缩性的一种有效的地基加固方法，也是我国目前最为常用和最经济的深层地基处理方法之一。该方法适用于加固碎石土、砂土、低饱和度粉土、黏性土、湿陷性黄土、高填土、杂填土以及“围海造地”地基、工业废渣、垃圾地基等的处理；也可用于防止粉土及粉砂的液化，消除或降低大孔隙土的湿陷性；对于高饱和度淤泥、软黏土、泥炭、沼泽土，如采取一定技术措施也可采用，还可用于水下夯实。强夯不得用于不允许对工程周围建筑物和设备有一定振动影响的地基加固，必须采用时，应采取防振、隔振措施。

（4）预压地基

预压地基又称排水固结法地基，在建筑物建造前，直接在天然地基或在设置有袋状砂井、塑料排水带等竖向排水体的地基上先行加载预压，使土体中孔隙水排出，提前完成土体固结沉降，逐步增加地基强度的一种软土地基加固方法。该方法适用于处理道路、仓库、罐体、飞机跑道、港口等各类大面积淤泥质土、淤泥及冲填土等饱和黏性土地基。预压荷载是其中的关键因素，因为施加预压荷载后才能引起地基土的排水固结。

（5）振冲地基

振冲法又称振动水冲法，是以起重机吊起振冲器，启动潜水电机带动偏心块使振动器产生高频振动；同时启动水泵通过喷嘴喷射高压水流，在边振边冲的共同作用下，将振动器沉到土中的预定深度，经清孔后，从地面向孔内逐段填入碎石（或不加填料），使地基在振动作用下被挤密实，达到要求的密实度后即可提升振动器，如此重复填料和振密直至地面，在地基中形成一个大直径的密实桩体与原地基构成复合地基，从而提高地基的承载力，减少沉降和不均匀沉降，是一种快速、经济、有效的加固方法。

（6）砂桩、碎石桩和水泥粉煤灰碎石桩

碎石桩和砂桩合称为粗颗粒土桩；是指用振动、冲击或振动水冲等方式在软弱地基中成孔，再将碎石或砂挤压入孔，形成大直径的由碎石或砂所构成的密实桩体，具有挤密、置换、排水、垫层和加筋等加固作用。

水泥粉煤灰碎石桩（CFG桩）是在碎石桩基础上加进一些石屑、粉煤灰和少量水泥，加水拌和制成的具有一定黏结强度的桩。桩的承载能力来自桩全长产生的摩阻力及桩端承载力。桩越长承载力越高，桩土形成的复合地基承载力提高幅度可达4倍以上且变形量小，适用于多层和高层建筑地基，是近年来新开发的一种地基处理技术。

褥垫层是保证桩和桩间土共同作用承担荷载，是水泥粉煤灰碎石桩形成复合地基的重要条件。褥垫层不仅仅用于CFG桩，也用于碎石桩、管桩等，以形成复合地基，保证桩和桩间土的共同作用。

（7）土桩和灰土桩

土桩和灰土桩挤密地基是由桩间挤密土和填夯的桩体组成的人工“复合地基”，适用于处理地下水位以上，深度5～15m的湿陷性黄土或人工填土地基。土桩主要适用于消除湿陷性黄土地基的湿陷性，灰土桩主要适用于提高人工填土地基的承载力。地下水位以下或含水量超过25%的土不宜采用。

（8）深层搅拌桩地基

深层搅拌法是利用水泥、石灰等材料作为固化剂的主剂，通过特制的深层搅拌机械，在地基深处就地将软土和固化剂（浆液或粉体）强制搅拌，利用固化剂和软土之间所产生的一系列物理-化学反应，使软土硬结成具有整体性的并具有一定承载力的复合地基。该型地基适用于加固各种成因的淤泥质土、黏土和粉质黏土等，用于增加软土地基的承载能力，减少沉降量，提高边坡的稳定性和各种坑槽工程施工时的挡水帷幕。

（9）柱锤冲扩桩

柱锤冲扩桩法是指反复将柱状重锤提到高处使其自由下落冲击成孔，然后分层填料夯实形成扩大桩体，与桩间土组成复合地基的处理方法。该型桩适用于处理杂填土、粉土、黏性土、素填土、黄土等地基，对地下水位以下饱和松软土层应通过现场试验确定其适用性。地基处理深度不宜超过6m，复合地基承载力特征值不宜超过160kPa。

（10）高压喷射注浆桩

高压喷射注浆桩是以高压旋转的喷嘴将水泥浆喷入土层与土体混合，形成连续搭接的水泥加固体。高压喷射注浆法适用于处理淤泥、淤泥质土、流塑、软塑或可塑黏性土、粉土、砂土、黄土、素填土和碎石土等地基。高压喷射注浆法分旋喷、定喷和摆喷三种类别。根据工程需要和土质要求，施工时可分别采用单管法、二重管法、三重管法和多重管法。高压喷射注浆法固结体形状可分为垂直墙状、水平板状、柱列状和群状。

2. 边坡支护工程

支护结构是由承受土压力与水压力的围护墙体系、保持结构整体稳定的支撑体系，二者共同搭建的一个空间整体结构。其中，围护墙体系可选择挡板、排桩、土钉墙、地下钢筋混凝土连续墙等形式；支撑常用钢支撑、钢筋混凝土支撑、钢锚杆等，按结构又分水平支撑体系与垂直斜支撑体系。实施的基本程序是先围护、随开挖随支撑，基础完工后拆除。

（1）挡板支撑支护

挡板支撑围护是用木质或钢板材质作土壁挡板配以木或钢支撑，起防止塌方作用。该措施适用于基槽基坑深挖软土3m以内，其他6m以内，且无地下水的土方工程。

按挡土板排列方式分横撑式与竖撑式两种，又分连续式和断续式。连续式适合松散、湿度大的土，断续式适合湿度较小的黏土，施工时随挖随撑、随拆随填。

（2）钢板桩支护

钢板桩支护是在土方开挖前将钢桩体（排桩）通过锤击式或电力静压式桩机打入土层。钢板桩围护好后，进行开挖土方，一边开挖，一边安装支撑，起到挡土的作用。常用钢板桩类型有锁口（也称组合）钢板桩与型钢钢板桩。钢板桩支护施工工艺如下：

施工准备→桩机吊装机械安装→打或压钢板桩→土方开挖→搭设支撑体系→垫层与基础工程完成后拆除。

（3）搅拌桩支护

1）深层水泥搅拌桩

深层水泥搅拌桩是利用水泥作为固化剂，通过深层搅拌机械在地基将软土或沙等和固化剂强制拌和，使软基硬结而提高地基强度，是“排桩”的一种形式。该方法适用于软基处理，如淤泥、砂土、淤泥质土、泥炭土和粉土等，效果显著。施工工艺如下：

施工准备→定位→预搅下沉→制配水泥浆（或砂浆）→喷浆搅拌→提升→重复搅拌下沉→重复搅拌提升直至孔口→关闭搅拌机→清洗→移至下一根桩，重复以上工序。

2）SMW 工法桩

SMW 是 Soil Mixing Wall 的缩写，即 SMW 工法连续墙。目前最常用的是三轴型钻掘搅拌机，广泛用于房屋工程土方围护措施中。

SMW 工法是以多轴型钻头搅拌机按施工单元向一定深度进行钻掘，同时在钻头处喷出水泥系列的强化剂，与地基土反复混合搅拌，在混合体未硬结前插入 H 型钢或钢板，至水泥结硬，便形成一道具有一定强度和刚度的、连续完整的、无接缝的地下墙体。该工法也是“排桩”的一种形式。施工工艺如下：

施工准备→放样定位→导沟开挖→安放定位型钢→SMW 搅拌机搭设就位→套打成桩→插入型钢→废土外运→型钢顶端连接梁混凝土浇捣和桩机拆除。

（4）钢筋混凝土地下连续墙

地下连续墙是沿未开挖前的基坑周围，设置导墙安置挖槽机，逐节开挖单元槽段，槽段护壁清渣后，安放钢筋笼，浇筑混凝土形成的地下混凝土连续墙体。该工法多用于地下12mm 以下的深基坑。

钢筋混凝土地下连续墙施工时对周围环境影响小，能紧邻建（构）筑物等进行施工；达到强度后，刚度大、强度高，可以挡土、承重、截水、抗渗，所以广泛用于有地下室的房屋工程中。施工工艺如下：

施工准备→修筑导墙（含支撑）→安放挖槽机→开挖单元槽段→泥浆护壁→钢筋笼加工→清渣→安放接头管浇捣混凝土→初凝拔除接头管→安放钢筋笼→安放支架与导管→完成混凝土墙体浇筑→拆除支架与导管→转移下个单位槽段。

3.2.3.2　定额计量及计价

1. 定额说明及套用

（1）定额包括地基处理和基坑与边坡支护等。

（2）定额均未考虑施工前的场地平整、压实地表、地下障碍物处理等，发生时另行计算。

（3）探桩位已综合考虑在各类桩基定额内，不另行计算。

（4）地基处理：

1）换填加固

定额适用于基坑开挖后对软弱土层或不均匀土层地基的加固处理，按不同换填材料分别套用定额子目。定额未包括软弱土层挖除，发生时套用土石方工程相应定额子目。

填筑毛石混凝土子目中毛石投入量按24%考虑，设计不同时混凝土及毛石按比例调整。

2）强夯地基加固

强夯地基加固定额分点夯和满夯；点夯按设计夯击能和夯点击数不同，满夯按设计夯击能和夯锤搭接量分别设置定额子目，按设计不同分段计算。

点夯定额已包含夯击完成后夯坑回填平整，如设计要求夯坑填充材料的，则材料费另行计算。

满夯定额按一遍编制，设计遍数不同，每增一遍按相应定额乘以系数0.75计算。

定额未考虑场地表层软弱土或地下水位较高时设计需要处理的，按具体处理方案套用相应定额。

3）填料桩

定额按不同施工工艺、不同灌注填充材料编制。

空打部分按相应定额的人工及机械乘以系数0.5计算，其余不计。

振冲碎石桩泥浆池建拆、泥浆外运工程量按成桩工程量乘以系数0.2计算，套用桩基工程中泥浆处理定额子目。

沉管桩中的钢筋混凝土桩尖，定额已包括埋设费用，但不包括桩尖本身，发生时按成品购入构件另计材料费。遇不埋设桩尖时，每10个桩尖扣除人工0.40工日。

4）水泥搅拌桩

水泥搅拌桩的水泥掺入量定额按加固土重（$1800kg/m^3$）的13%考虑，如设计不同时，水泥掺量按比例调整，其余不变。

定额按不掺添加剂（如：石膏粉、三乙醇胺、硅酸钙等）编制，如设计有要求，按设计要求增加添加剂材料费。

空搅（设计不掺水泥部分）按相应定额的人工及搅拌桩机台班乘以系数0.5计算，其余不计。

桩顶凿除套用桩基工程中的凿灌注桩定额子目乘以系数0.10计算。

施工产生涌土、浮浆的清除，按成桩工程量乘以系数0.20计算，套用土石方工程中土方汽车运输定额子目。

【例3-2-13】 Ø500单轴喷水泥浆搅拌桩每米桩水泥掺量50kg，实际工程加固土重$1500kg/m^3$，请确定其定额人工费、材料费和机械费。

【解】 本工程水泥搅拌桩水泥掺量为：

$50/(\pi\times0.25^2\times1\times1500)\times1500/1800=14.15\%$（注：π取3.142）。

① 查定额2-30H。

② 定额费用：人工费=352.49（元/$10m^3$）；

材料费$=832.08+0.34\times2363\times(14.15\%/13\%-1)=903.15$（元/$10m^3$）；

机械费＝392.58(元/10m³)。

5）旋喷桩

旋喷桩的水泥掺入量统一按加固土重（1800kg/m³）的21％考虑，如设计不同时，水泥掺量按比例调整，其余不变。

定额按不掺添加剂（如：石膏粉、三乙醇胺、硅酸钙等）编制；如设计有要求，按设计要求增加添加剂材料费。

定额已综合了常规施工的引孔，当设计桩顶标高到交付地坪标高深度＞2.0m时，超过部分的引孔按每10m增加人工0.667工日、旋喷桩机0.285台班。

施工产生涌土、浮浆的清除，按成桩工程量乘以系数0.25计算，套用土石方工程中土方汽车运输定额子目。

6）若单位工程的填料桩、水泥搅拌桩、旋喷桩的工程量≤100m³时，其相应项目的人工、机械乘以系数1.25。

7）注浆地基

定额所列的浆体材料用量应按设计要求的材料品种、含量进行调整，其他不变。

施工产生废浆清除，按成桩工程量乘以系数0.10计算，套用土石方工程中土方汽车运输定额子目。

（5）基坑与边坡支护

1）地下连续墙

导墙开挖定额已综合了土方挖填。导墙浇灌定额已包含了模板安拆。

地下连续墙成槽土方运输按成槽工程量计算，套用土石方工程中相应定额子目成槽产生的泥浆按成槽工程量乘以系数0.2计算。泥浆池建拆、泥浆运输套用桩基工程中泥浆处理定额子目。

钢筋笼、钢筋网片、十字钢板封口、预埋铁件及导墙的钢筋制作、安装，套用混凝土及钢筋混凝土工程中相应定额子目。

地下连续墙墙底注浆管埋设及注浆定额执行桩基工程中灌注桩相应子目。

地下连续墙墙顶凿除，套用桩基工程中的凿灌注桩定额子目。

成槽机、地下连续墙钢筋笼吊装机械不能利用原有场地内路基需单独加固处理的，应另列项目计算。

2）水泥土连续墙

水泥土连续墙水泥掺入量按加固土重（1800kg/m³）的18％考虑，如设计不同时，水泥掺量按比例调整，其余不变。

三轴水泥土搅拌墙设计要求全截面套打时，相应定额的人工及机械乘以系数1.5计算，其余不变。

空搅（设计不掺水泥部分）按相应定额的人工及搅拌桩机台班乘以系数0.5计算，其余不计。

墙顶凿除，套用桩基工程中的凿灌注桩定额子目乘以系数0.10计算，水泥土连续墙压顶梁执行混凝土及钢筋混凝土工程相应定额子目。

施工产生涌土、浮浆的清除，按成桩工程量乘以系数0.25计算，套用土石方工程中土方汽车运输定额子目。

插、拔型钢定额仅考虑施工费用和施工损耗，定额未包括型钢的使用费。遇设计（或场地原因）要求只插不拔时，每吨定额扣除：人工 0.292 工日、50t 履带式起重机 0.057 台班、液压泵车 0.214 台班、200t 立式油压千斤顶 0.428 台班，并增加型钢用量 950.0kg。

3）混凝土预制板桩

定额按成品桩以购入成品构件考虑，已包含了场内必须的就位供桩和开挖导向沟、送桩，发生时不再另行计算。

若单位工程的混凝土预制板桩工程量<100m³ 时，其相应项目的人工、机械乘以系数 1.25。

4）钢板桩

定额按拉森钢板桩编制，仅考虑打、拔施工费用和施工损耗，定额未包括钢板桩的使用费。

打、拔其他钢板桩（如槽钢或钢轨等）的，定额机械乘以系数 0.75 计算，其余不变。

若单位工程的钢板桩工程量<30t 时，其人工及机械乘以系数 1.25 计算。

5）土钉、锚杆与喷射联合支护

土钉支护按钻孔注浆和打入注浆施工工艺综合考虑。注浆材料定额按水泥浆编制，如设计不同时，价格换算，其余不变。

锚杆定额按水平施工编制，当设计为（≥75°）垂直锚杆时钻孔定额人工及机械定额机械乘以系数 0.85 计算，其余不变。

锚杆、锚索支护注浆材料定额按水泥砂浆编制，如设计不同时，价格换算，其余不变。

定额未包括钢绞线锚索回收，发生时另行计算。

喷射混凝土按喷射厚度及边坡坡度不同分别设置子目。其中钢筋制作、安装套用混凝土及钢筋混凝土工程中相应定额子目。

6）钢支撑

钢支撑、预应力型钢组合支撑定额仅考虑施工费和施工损耗，定额不包括钢支撑、预应力型钢组合支撑的使用费。

2. 定额清单计量及计价

地基处理与边坡支护工程定额清单项目按《浙江省预算定额（2018 版）》列项，包括地基处理、边坡支护 2 节。

（1）地基加固

1）换填加固，按设计图示尺寸或经设计验槽确认工程量，以体积计算。

2）强夯地基加固按设计的不同夯击能、夯点击数和夯锤搭接量分别计算，点夯按设计图示布置以点数计算；满夯按设计图示范围以面积计算。

3）填料桩

① 振冲碎石桩按设计桩长（包括桩尖）另加加灌长度乘以设计桩径截面积，以体积计算。

② 沉管桩（砂、砂石、碎石填料）不分沉管方法均按钢管外径截面积（不包括桩箍）乘以设计桩长（不包括预制桩尖）另加加灌长度，以体积计算。

③ 填料桩的加灌长度，设计有规定者，按设计要求计算；设计无规定者，按 0.50m 计算。若设计桩顶标高至交付地坪标高差<0.50m 时，加灌长度计算至交付地坪标高。

④ 空打部分按交付地坪标高至设计桩顶标高的长度减加灌长度后乘以桩截面积计算。

4）水泥搅拌桩

① 按桩长乘桩单个圆形截面积以体积计算，不扣除重叠部分的面积。桩长按设计桩顶标高至桩底长度另加加灌长度计算。当发生单桩内设计有不同水泥掺量时应分段计算。

② 加灌长度，设计有规定的，按设计要求计算；设计无规定的，按 0.50m 计算。若设计桩顶标高至交付地坪标高差<0.50m 时，加灌长度计算至交付地坪标高。

③ 空搅（设计不掺水泥，下同）部分的长度按设计桩顶标高至交付地坪标高减去加灌长度计算。

④ 桩顶凿除按加灌体积计算。

5）旋喷桩

按设计桩长乘以桩径截面积，以体积计算，不扣除桩与桩之间的搭接。当发生单桩内设计有不同水泥掺量时应分段计算。

6）注浆地基

钻孔按交付地坪至设计桩底的长度计算，注浆按下列规定计算：

① 设计图纸明确加固土体体积的，按设计图纸注明的体积计算。

② 设计图纸以布点形式图示土体加固范围的，则按两孔间距的一半作为扩散半径，以布点边线各加扩散半径，形成计算平面，计算注浆体积。

③ 如果设计图纸注浆点在钻孔灌注桩之间，按两注浆孔的一半作为每孔的扩散半径，以此圆柱体积计算注浆体积。

7）树根桩

按设计桩长乘以桩外径截面积，以体积计算。

8）圆木桩

按设计桩长（包括接桩）及梢径，按木材材积表计算，其预留长度的材积已考虑在定额内。送桩深度按设计桩顶标高至打桩前的交付地坪标高另加 0.50m 计算。

（2）基坑与边坡支护

1）地下连续墙

① 导墙开挖按设计中心线长度乘以开挖宽度及深度以体积计算；现浇导墙混凝土按设计图示以体积计算。

② 成槽按设计图示墙中心线长乘以墙厚乘以成槽深度（交付地坪至连续墙底深度），以体积计算。入岩增加费按设计图示墙中心线长乘以墙厚乘以入岩深度，以体积计算。

③ 锁口管安、拔按连续墙设计施工图划分的槽段数计算，定额已包括锁口管的摊销费用。

④ 清底置换以“段”为单位（段指槽壁单元槽段）。

⑤ 浇筑连续墙混凝土，按设计图示墙中心线长乘以墙厚及墙深另加加灌高度，以体

积计算。加灌高度：设计有规定的，按设计规定计算；设计无规定的，按 0.50m 计算。若设计墙顶标高至交付地坪标高差<0.50m 时，加灌高度计算至交付地坪标高。

⑥ 地下连续墙凿墙顶按加灌混凝土体积计算。

2）水泥土连续墙

① 三轴水泥土搅拌墙按桩长乘以桩单个圆形截面积以体积计算，不扣除重叠部分的面积。桩长按设计桩顶标高至桩底长度另加加灌长度 0.50m 计算；若设计桩顶标高至交付地坪标高<0.50m 时，加灌长度计算至交付地坪标高。单桩内设计有不同水泥掺量时，应分段计算。

② 渠式切割水泥土连续墙，按设计图示中心线长度乘以墙厚及墙深另加加灌长度以体积计算；加灌高度：设计有规定的，按设计要求计算；设计无规定的，按 0.50m 计算；若设计墙顶标高至交付地坪标高<0.50m 时，加灌高度计算至交付地坪标高。

③ 空搅部分的长度按设计桩顶标高至交付地坪标高减去加灌长度计算。

④ 插、拔型钢工程量按设计图示型钢规格以质量计算。

⑤ 水泥土连续墙凿墙顶按加灌体积计算。

3）混凝土预制板桩按设计桩长（包括桩尖）乘以桩截面积以体积计算。

4）打、拔钢板桩按入土长度乘以单位理论质量计算。

5）土钉、锚杆与喷射联合支护。

① 土钉支护钻孔、注浆按设计图示入土长度以延长米计算。

② 土钉的制作、安装按设计长度乘以单位理论质量计算。

③ 锚杆、锚索支护钻孔、注浆分不同孔径按设计图示入土长度以延长米计算。

④ 锚杆制作、安装按设计长度乘以单位理论质量计算。

⑤ 锚索制作、安装按张拉设计长度乘以单位理论质量计算。

⑥ 锚墩、承压板制作、安装，按设计图示以“个”计算。

⑦ 边坡喷射混凝土按不同坡度按设计图示尺寸，以面积计算。

6）钢支撑

钢支撑、预应力型钢组合支撑按设计图示尺寸以质量计算，不扣除孔眼质量，不另增焊条、铆钉、螺栓等质量。

【例 3-2-14】 某工程基坑围护采用下图三轴水泥搅拌桩（图 3-2-17、图 3-2-18），桩径为 850mm，桩轴（圆心）距为 600mm，设计有效桩长 15m，设计桩顶相对标高－3.65m，设计桩底标高－18.65m，交付地坪标高－2.65m，采用 P·O 42.5 普通硅酸盐水泥，土体重度按 1800kg/m^3 考虑，水泥掺入量 18%。按全截面套打施工方案。按《浙江省预算定额（2018 版）》。试计算该工程三轴水泥搅拌桩定额工程量并编制定额工程量清单。

【解】 1）定额清单工程量计算

桩径截面积：$S=(0.85/2)^2\times3.142\times80=45.402$（$m^2$）。

三轴水泥搅拌桩实桩工程量：$V=45.402\times(15+0.5)=703.73$（$m^3$）。

三轴水泥搅拌桩空搅工程量：$V=45.402\times(3.65-2.65-0.5)=22.70$（$m^3$）。

2）根据定额的项目划分，编列分部分项工程量清单（定额清单）见表 3-2-14。

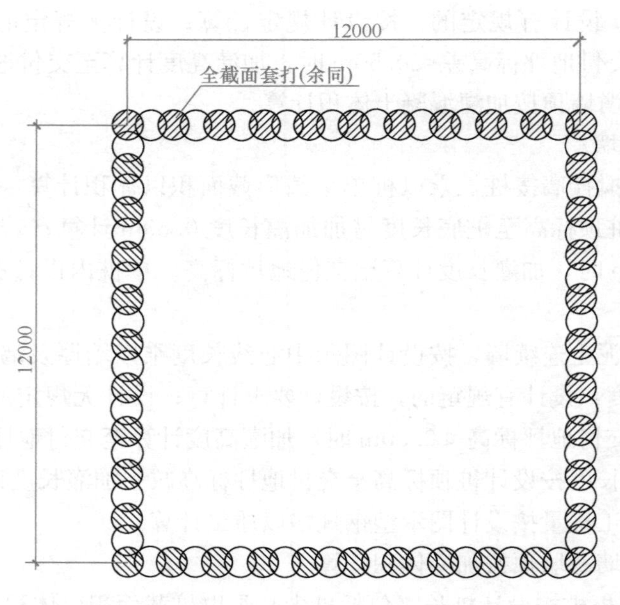

图 3-2-17　三轴水泥搅拌桩平面图

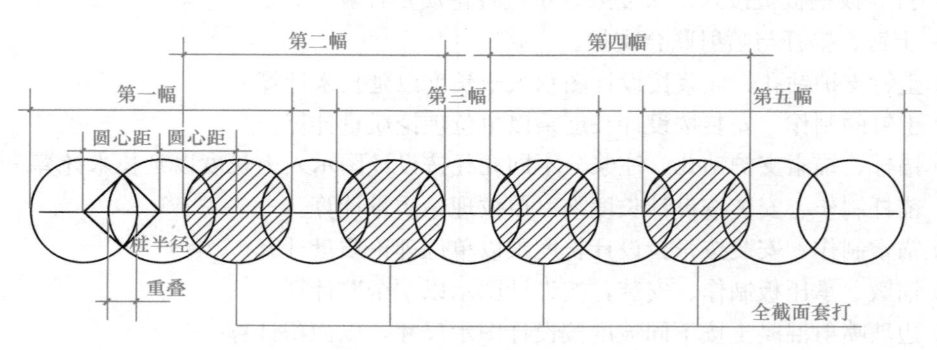

图 3-2-18　三轴水泥搅拌桩截面

分部分项工程量清单（定额清单）　　表 3-2-14

序号	项目编码	项目名称	项目特征	计量单位	工程数量
1	2-58	三轴水泥土搅拌墙	三轴水泥搅拌桩，桩径 Ø850，桩轴（圆心）距为 600mm；设计桩长 15m，设计桩顶相对标高－3.65m，设计桩底标高－18.65m，交付地坪标高－2.65m；采用 P·O 42.5 普通硅酸盐水泥，土体密度按 1800kg/m³ 考虑，水泥掺入量 18%；全截面套打施工；实桩体积	m³	703.73
2	2-58	三轴水泥土搅拌墙	三轴水泥搅拌桩，桩径 Ø850，桩轴（圆心）距为 600mm；设计桩长 15m，设计桩顶相对标高－3.65m，设计桩底标高－18.65m，交付地坪标高－2.65m；采用 P·O 42.5 普通硅酸盐水泥，土体密度按 1800kg/m³ 考虑，水泥掺入量 18%；全截面套打施工；空桩体积	m³	22.7

3.2.3.3　国标清单计量及计价

本节工程项目按现行《计量规范》附录B编码列项，适用于地基处理与边坡支护工程。包括地基处理、基坑与边坡支护2小节，共28个项目。

(1) 地基处理

地基处理包括换填垫层、铺设土工合成材料、预压地基、强夯地基、振冲密实（不填料）、振冲桩（填料）、砂石桩、水泥粉煤灰碎石桩、深层搅拌桩、粉喷桩、夯实水泥土桩、高压喷射注浆桩、石灰桩、灰土（土）挤密桩、柱锤冲扩桩、注浆地基、褥垫层，共17个项目，分别按010201001×××～0102010017×××编码。

1) 清单项目设置

① 换填垫层。换填垫层适合于挖去软弱土层或不均匀土层，回填坚硬、较粗粒径的材料，并夯压密实形成的垫层。

② 铺设土工合成材料。

③ 预压地基。预压地基是对地基进行堆载预压或真空预压，或联合使用堆载预压和真空预压，形成的地基土固结压密后的地基。

④ 强夯地基。强夯地基适用于采用强夯机械对松软地基进行强力夯击以达到一定密实要求的工程。强夯地基按设计地基尺寸范围需要增加范围的，应予以明确要求。地基强夯涉及现场试验、障碍物处理等因素，应在措施项目清单中予以列项。

⑤ 振冲密实（不填料）。

⑥ 振冲桩（填料）。振冲灌注碎石适用于地基内振动、冲孔方式成孔灌注碎石的地基加固。

⑦ 砂石桩。砂石灌注桩适用于各种成孔方式（振动沉管、锤击沉管等）的砂桩、砂石灌注桩。

砂石桩灌注的砂石密实系数设计有要求时，清单特征中应该予以明确。

⑧ 水泥粉煤灰碎石桩。

⑨ 深层搅拌桩。深层搅拌桩适用于饱和软黏土、淤泥质亚黏土、新吹填软土、沼泽地带炭土、沉积粉土等土层的建筑物基础地基加固。

⑩ 粉喷桩。喷粉桩项目适用于水泥、生石灰粉等喷粉桩。

⑪ 夯实水泥土桩。夯实水泥土桩是用人工或机械成孔，选用相对单一的土质材料，与水泥按一定配比，在孔外充分拌和均匀制成水泥土，分层向孔内回填并强力夯实，制成均匀的水泥土桩。桩、桩间土和褥垫层一起形成复合地基。

⑫ 高压喷射注浆桩。高压喷射注浆桩适用于高压旋喷桩，注浆类型包括旋喷、摆喷、定喷，注浆方式包括单管法、双重管法、三重管法。

喷射浆体的配合比应按设计要求予以明确。

⑬ 石灰桩。石灰桩适用于石灰砂桩，是指采用机械或人工在地基中成孔，然后灌入生石灰和掺和料，经振密或夯实而形成的桩体。

⑭ 灰土（土）挤密桩。灰土挤密桩适用于各种成孔方式的灰土、石灰、水泥粉、煤灰、碎石等挤密桩。

⑮ 柱锤冲扩桩。柱锤冲扩桩是借用强夯的原理，采用桩的形式，与地基土体共同作用形成复合地基，可用于处理杂填土、粉土、黏性土、素填土和黄土等地基。

⑯ 注浆地基。注浆地基适用于将水泥浆或其他化学浆液注入地基土层中，增强土颗粒间的联结，使土体强度提高、变形减少、渗透性降低。

⑰ 褥垫层。褥垫层是CFG复合地基中解决地基不均匀的一种方法。褥垫层材料宜用中砂、粗砂、级配砂石和碎石，最大粒径不宜>30mm，不宜采用卵石。

褥垫层不仅用于CFG桩，也用于碎石桩、管桩等，以形成复合地基，保证桩和桩间土的共同作用。

2）清单项目工程量计算

① 换填垫层，按设计图示尺寸以体积"m^3"计算。换填垫层是指挖去浅层软弱土层和不均匀土层，回填坚硬、较粗粒径的材料，并夯压密实形成的垫层。根据换填材料不同可分为土、石垫层和土工合成材料加筋垫层，可根据换填材料不同，区分土（灰土）垫层、石（砂石）垫层等分别编码列项。项目特征描述：材料种类及配比、压实系数、掺加剂品种。

② 铺设土工合成材料，按设计图示尺寸以面积"m^2"计算。土工合成材料是以聚合物为原料的材料名词的总称，主要起反滤、排水、加筋、隔离等作用，可分为土工织物、土工膜、特种土工合成材料和复合型土工合成材料。

③ 预压地基、强夯地基、振冲密实（不填料），按设计图示处理范围以面积"m^2"计算。预压地基是指采取堆载预压、真空预压、堆载与真空联合预压方式对淤泥质土、淤泥、冲击填土等地基土固结压密处理后而形成的饱和黏性土地基。强夯地基属于夯实地基，即反复将夯锤提到高处使其自由落下，给地基以冲击和振动能量，将地基土密实处理或置换形成密实墩体的地基。振冲密实是利用振动和压力水使砂层液化，砂颗粒相互挤密，重新排列，空隙减少，提高砂层的承载能力和抗液化能力，又称振冲挤密砂石桩，可分为不加填料和加填料两种。

④ 振冲桩（填料）以"m"计量，按设计图示尺寸以桩长计算；以"m^3"计量，按设计桩截面乘以桩长以体积计算。项目特征应描述：地层情况；空桩长度、桩长；桩径；填充材料种类。

⑤ 砂石桩以"m"计量，按设计图示尺寸以桩长（包括桩尖）计算；以"m^3"计量，按设计桩截面乘以桩长（包括桩尖）以体积计算。砂石桩是将碎石、砂或砂石混合料挤压入已成的孔中，形成密实砂石竖向增强桩体，与桩间土形成复合地基。

⑥ 水泥粉煤灰碎石桩、夯实水泥土桩、石灰桩、灰土（土）挤密桩，按设计图示尺寸以桩长（包括桩尖）"m"计算。

⑦ 深层搅拌桩、粉喷桩、柱锤冲扩桩，高压喷射注浆桩，按设计图示尺寸以桩长"m"计算。

⑧ 注浆地基以"m"计量，按设计图示尺寸以钻孔深度计算；以"m^3"计量，按设计图示尺寸以加固体积计算。

⑨ 褥垫层以"m^2"计量，按设计图示尺寸以铺设面积计算；以"m^3"计量，按设计图示尺寸以体积计算。

3）相关说明

① 项目特征中地层情况的描述按土壤分类和岩石分类的规定，并根据岩土工程勘察报告按单位工程各地层所占比例（包括范围值）进行描述或分别列项，对无法准确描述的

地层情况，可注明由投标人根据岩土工程勘察报告自行决定报价。

② 项目特征中的桩长应包括桩尖，空桩长度=孔深-桩长，孔深为自然地面至设计桩底的深度。

③ 高压喷射注浆类型包括旋喷、摆喷、定喷，高压喷射注浆方法包括单管法、双重管法、多重管法。

④ 浆护壁成孔，工作内容包括土方、废泥浆外运；如采用沉管灌注成孔，工作内容包括桩尖制作、安装。

(2) 基坑与边坡支护

基坑与边坡支护包括：地下连续墙、咬合灌注桩、圆木桩、预制钢筋混凝土板桩、型钢桩、钢板桩、锚杆（锚索）、土钉、喷射混凝土（水泥砂浆）、钢筋混凝土支撑、钢支撑11个项目，分别按010202001×××～010202011×××编码。

1) 清单项目设置

① 地下连续墙。地下连续墙适用于各种导墙施工的复合型地下连续墙工程。

② 咬合灌注桩。咬合灌注桩是桩与桩之间形成相互咬合排列的一种基坑围护结构，相邻混凝土排桩间部分圆周相嵌，并与后次序相间施工的桩内置入钢筋笼，使之形成具有良好防渗作用的整体连续防水、挡土围护结构。

③ 圆木桩。

④ 预制钢筋混凝土板桩。预制钢筋混凝土板桩适用于低边坡、基坑等的防护。

⑤ 型钢桩。型钢桩适用于基坑支护，包括插拔型钢。

⑥ 钢板桩。钢板桩是一种边缘带有联动装置，且这种联动装置可以自由组合以便形成一种连续紧密的挡土或者挡水墙的钢结构体，常被用作垂直密封的挡土墙。

⑦ 锚杆（锚索）。锚杆（锚索）是一种将拉力传至稳定岩层或土层的结构体系，适用于边坡处置。

⑧ 土钉支护。土钉支护适用于土层的锚固。土钉置入方式包括钻孔置入、打入或射入等。

⑨ 喷射混凝土、水泥砂浆。喷射混凝土（水泥砂浆）是借助喷射机械，利用压缩空气或其他动力，将按一定比例配合的拌合料通过管道输送并以高速喷射到受喷面上凝结硬化而成的一种混凝土（砂浆）护坡（壁）层，适用于基坑边坡、隧道支护，也适用于地下工程、薄壁结构工程、维修加固工程、岩土工程、耐火防水工程等领域。

⑩ 钢筋混凝土支撑。钢筋混凝土支撑是深基坑支护体系的一种，采用钢筋混凝土构件作为支撑。钢筋混凝土支撑能有效地传递和平衡作用在挡墙上的水、土压力，和挡土墙共同增加围护结构的稳定性。

⑪ 钢支撑。钢支撑是深基坑支护体系的一种，采用钢结构作为支撑。钢结构支撑自重小、安拆方便、可以重复利用，可随挖随撑，但支撑整体刚度较差，安装节点多。

2) 清单项目工程量计算

① 地下连续墙，按设计图示墙中心线长乘以厚度乘以槽深以体积“m^3”计算。

② 咬合灌注桩以“m”计量，按设计图示尺寸以桩长计算；以“根”计量，按设计图示数量计算。所谓咬合桩是指在桩与桩之间形成相互咬合排列的一种基坑围护结构。桩的排列方式为一条不配筋并采用超缓凝素混凝土桩（A桩）和一条钢筋混凝土桩（B桩）

间隔布置。施工时，先施工A桩，后施工B桩，在A桩混凝土初凝之前完成B桩的施工。A桩、B桩均采用全套管钻机施工，切割掉相邻A桩相交部分的混凝土，从而实现咬合。

③ 圆木柱、预制钢筋混凝土板桩以“m”计量，按设计图示尺寸以桩长（包括桩尖）计算，以“根”计量，按设计图示数量计算。

④ 型钢桩以“t”计量，按设计图示尺寸以质量计算，以“根”计量，按设计图示数量计算。

⑤ 钢板桩以“t”计量，按设计图示尺寸以质量计算；以“m^2”计量，按设计图示墙中心线长乘以桩长以面积计算。

⑥ 锚杆（锚索）、土钉以“m”计量，按设计图示尺寸以钻孔深度计算；以“根”计量，按设计图示数量计算。

⑦ 喷射混凝土（水泥砂浆），按设计图示尺寸以面积“m^2”计算。

⑧ 钢筋混凝土支撑，按设计图示尺寸以体积“m^3”计算。

⑨ 钢支撑，按设计图示尺寸以质量“t”计算，不扣除孔眼质量，焊条、铆钉、螺栓等不另增加质量。

3）相关说明

① 项目特征中地层情况的描述按土壤分类和岩石分类的规定，并根据岩土工程勘察报告按单位工程各地层所占比例（包括范围值）进行描述或分别列项，对无法准确描述的地层情况，可注明由投标人根据岩土工程勘察报告自行决定报价。

② 土钉置入方法包括钻孔置入、打入或射入等。在清单列项时要正确区分锚杆项目和土钉项目。锚杆是指由杆体（钢绞线、普通钢筋、热处理钢筋或钢管）、注浆形成的固结体、锚具、套管、连接器所组成的一端与支护结构构件连接，另一端锚固在稳定岩土体内的受拉杆件。杆体采用钢绞线时，亦可称为锚索。土钉是设置在基坑侧壁土体内的承受拉力与剪力的杆件。例如，成孔后植入钢筋杆体并通过孔内注浆在杆体周围形成固结体的钢筋土钉，将设有出浆孔的钢管直接击入基坑侧壁土中并在钢管内注浆的钢管土钉。

③ 混凝土种类：指清水混凝土、彩色混凝土等，如在同一地区既使用预拌（商品）混凝土，又允许现场搅拌混凝土时也应注明（下同）。

④ 地下连续墙和喷射混凝土（砂浆）的钢筋网、咬合灌注桩的钢筋笼及钢筋混凝土支撑的钢筋制作、安装，按“混凝土及钢筋混凝土工程”中相关项目列项。基坑与边坡支护的排桩按“桩基工程”中相关项目列项。水泥土墙、坑内加固按“地基处理”中相关项目列项。砖、石挡土墙、护坡按“砌筑工程”中相关项目列项。混凝土挡土墙按“混凝土及钢筋混凝土工程”中相关项目列项。

【例 3-2-15】根据例 3-2-14 的工程基坑围护资料及施工图，试计算该工程基坑围护三轴水泥搅拌桩国标清单工程量并编制国标工程量清单，并按《浙江省预算定额（2018版）》计算该国标清单的综合单价及合价（假设为编制招标控制价，企业管理费、利润以定额人工费与定额机械费之和为取费基数，费率按中值分别为 16.57%、8.10%，风险费暂不考虑。属于房屋建筑工程，采用一般计税法，假设当时当地人工、材料、机械除税信息价与定额取定价格相同）。

【解】1）国标清单编制

① 工程量计算：$L=15\times80=1200$（m）。

② 根据清单规范的项目划分，编列分部分项工程量清单（国标清单）见表3-2-15。

分部分项工程量清单（国标清单）　　表3-2-15

序号	项目编码	项目特征	计量单位	工程数量
1	010201009001	三轴水泥搅拌桩，桩径 ϕ850，桩轴（圆心）距为600mm；设计桩长15m，设计桩顶相对标高−3.65m，设计桩底标高−18.65m，交付地坪标高−2.65m；采用P·O 42.5普通硅酸盐水泥，土体重度按1800kg/m^{3}考虑，水泥掺入量18%；全截面套打施工	m	1200

2）国标清单计价

① 根据提供工程条件及拟定的施工方案，本题清单项目应组合的定额子目见表3-2-16。

清单项目定额子目表　　表3-2-16

项目编码	项目名称	计量单位	实际组合的主要内容	对应的定额子目
010201009001	深层水泥拌桩搅	m	三轴水泥土搅拌墙（全截面套打实桩）	2-58H
			三轴水泥土搅拌墙（全截面套打空桩）	2-58H

② 计算项目计价工程量：清单及清单工程量按表3-2-14，相应定额工程量可按照【例3-2-14】的工程量，具体如下：

010201009001　深层水泥搅拌桩：

三轴水泥土搅拌墙（全截面套打实桩）703.73（m^3）；

三轴水泥土搅拌墙（全截面套打空桩）22.7（m^3）。

③ 根据组合内容套用《浙江省预算定额(2018版)》确定相应分部分项人材机费用：

A. 三轴水泥土搅拌墙（全截面套打实桩）：套定额2-58H。

人工费：$170.24\times1.5=255.36$（元/10m^3）；

材料费：1149.40（元/10m^3）；

机械费：$835.17\times1.5=1252.76$（元/10m^3）。

B. 三轴水泥土搅拌墙（全截面套打空桩）：套定额2-58H。

人工费：$170.24\times1.5\times0.5=127.68$（元/10m^3）；

材料费：0；

机械费：$0.201\times2826.15\times1.5\times0.5=426.04$（元/10m^3）。

④ 计算分部分项综合单价，见表3-2-17。

分部分项综合单价计算表（国标清单）　　表3-2-17

序号	编号	项目名称	计量单位	数量	综合单价（元）						合计（元）
					人工费	材料费	机械费	管理费	利润	小计	
11	010201009001	深层水泥搅拌桩	m	1200	15.22	67.41	74.27	14.83	7.25	178.98	214776

续表

序号	编号	项目名称	计量单位	数量	综合单价（元）						合计（元）
					人工费	材料费	机械费	管理费	利润	小计	
	2-58	三轴水泥土搅拌墙	10m³	70.37	255.35	1149.40	1252.75	249.89	122.16	3029.55	213199
	2-58	三轴水泥土搅拌墙	10m³	2.27	127.68	0	426.04	91.75	44.85	690.32	1567

3.2.4 桩基础工程计量与计价

3.2.4.1 基础知识

桩基按受力性质可分为端承桩和摩擦桩两种。当桩体穿过软弱土层时，荷载主要由桩尖端部承受的为端承桩；荷载主要是由桩身侧面和土之间的摩擦力承受上部结构荷载的桩体，称为摩擦桩。

钢筋混凝土桩按施工方法不同分为预制桩和现场灌注桩。预制桩是在工厂或施工现场制成品桩，再用相应桩设备将桩打（或压）入土中。现场灌注桩是在施工现场的桩位上直接成孔，灌筑混凝土而成的桩体。根据成孔施工方法的不同，可分为钻孔、冲孔、沉管、人工挖孔及爆扩等。

1. 混凝土预制桩

混凝土预制桩包括钢筋混凝土方桩、板桩与管桩。其中以预应力混凝土管桩、方桩应用最广。

预应力混凝土管桩、方桩是一种细长的空心或实心预制混凝土构件，是在工厂经先张预应力、离心成型、高压蒸养等工艺生产而成。

预应力混凝土管桩工程主要的沉桩方法有锤击沉桩、振动沉桩和静力沉桩等。通常采用人机配合完成，涉及起重工、混凝土工、电焊工、普工及对应各种机械操作工等工种；对应的材料如管桩、金属护筒、垫木、电焊条、辅助性材料等；涉及机具有桩机、起重机、电焊机、切割机、铲揪等。

在打完预制桩开挖基坑时，按设计要求的桩顶标高将桩头多余的部分截去。截桩头时不可破坏桩身，要保证桩身的主筋伸入承台，伸入长度应符合设计要求。当桩顶标高在设计标高以下时，在桩位上挖出喇叭口形状，凿掉桩头混凝土，剥出主筋并焊接接长至设计要求，与承台钢筋绑扎在一起，用桩身同强度等级的混凝土与承台一起浇筑接长桩身。

施工工艺为：施工准备→桩机安装→桩位探测→桩机行走→桩起吊→定位→安或拆桩帽→桩尖→打或压桩体→接桩→送桩→接下一根→基槽基坑开挖完成后的凿或截桩头。

2. 沉管混凝土灌注桩

沉管混凝土灌注桩是利用锤击或振动方式，先将一定直径的带桩尖（或钢板靴）或带有活瓣式桩靴的钢管沉入土层，然后往钢管内放入钢筋笼并浇筑混凝土，同时从土层中逐步拔出钢管，未凝结混凝土与土壁结合形成桩体。

根据沉管方法和拔管时振动不同，可分为锤击沉管灌注桩和振动沉管灌注桩。前者多用于一般黏性土、淤泥质土、砂土和人工填土地基，后者除以上范围外，还可用于稍密及中密的碎石土地基，应用较广泛。但由于钢管直径、机械设备的限制，为了提高桩体的承载能力，沉管混凝土灌注桩设计在“单打法”（即“单桩”）基础上，会依据工程实际需求，设计采用“复打法”也称“扩大桩”；或“局部打法”也称“夯扩桩”等施工工艺。

“单打法（单桩）”工艺是：沉管、灌注混凝土、拔管一次完成，形成与钢管直径相仿的圆柱形桩体；每提升0.5～1.0m，振动5～10s，然后再拔管0.5～1.0m，这样反复进行，直至全部拔出；

“复打法”（扩大桩）工艺是：在同一桩孔位，根据房屋工程设计要求，在混凝土初凝之前，多次进行沉管、灌注混凝土、拔管过程，以此“复打”方法，扩大由于钢管直径局限的桩体直径，提升桩体的承载力；

“局部打法”（夯扩桩）工艺是：通过桩根部段的反复沉管、灌注混凝土、拔管过程，扩大桩基的桩，满足房屋桩基设计要求，即增大桩根部与土层的接触面积，使桩根部有良好的支撑力。

施工工艺为：施工准备→桩机安装→桩位探测→桩机行走→安放桩靴→吊放钢管在桩靴上→校正垂直度→锤击桩管至设计的贯入度或标高→检查成孔质量→放置钢筋骨架→浇灌混凝土→边浇筑边拔出钢管→接下一根桩→基槽基坑开挖完成后的凿或截桩头。

3. 钻孔混凝土灌注桩

钻孔灌注桩是利用钻孔机在桩位成孔，然后在桩孔内放入钢筋骨架再灌混凝土而成的就地灌注桩。其主要特点有：能在各种土质条件下施工，具有无振动、对土体无挤压等优点，一般情况下，比预制桩更经济。常用的施工方法根据地质条件的不同可分为干作业成孔灌注桩和泥浆护壁成孔灌注桩。

（1）干作业钻孔灌注桩

施工工艺流程：螺旋钻机就位对中→钻进成孔→排土→钻至预定深度→停钻、起钻→测孔深、孔斜、孔径→清理孔底虚土→钻机移位→安放钢筋笼→安放混凝土溜筒→灌注混凝土成桩→桩头养护。

（2）泥浆护壁成孔灌注桩

施工工艺流程：测定桩位→埋设护筒→桩机就位→钻孔（同时制备泥浆、泥浆循环排渣）→清孔→安放钢筋笼→安放混凝土溜筒→灌注混凝土成桩→桩头养护。

3.2.4.2 定额计量及计价

本节工程项目按《浙江省预算定额（2018版）》第三章列项，包括混凝土预制桩与钢管桩、灌注桩2个部分，共15类项目。

1. 定额说明及套用

（1）定额包括混凝土预制桩与钢管桩、灌注桩两部分。

（2）定额适用于陆地上桩基工程。所列打桩机械的规格、型号是按常规施工工艺和方法综合取定。

（3）定额所涉及砂、黏土层，碎、卵石层，岩石层，依据《工程岩体分级标准》GB/T 50218—2014，按以下标准鉴别：

砂、黏土层：粒径在2～20mm的颗粒质量不超过总质量50%的土层，包括黏土、粉质黏土、粉土、粉砂、细砂、中砂、粗砂、砾砂。

碎、卵石层：粒径在2～20mm的颗粒质量超过总质量50%的土层，包括角砾、圆砾及粒径 20～200mm 的碎石、卵石、块石、漂石，此外亦包括极软岩、软岩。

岩石层：除极软岩、软岩以外的各类较软岩、较硬岩、坚硬岩。

（4）桩基施工前的场地平整、压实地表、地下障碍物处理等定额均未考虑，发生时另行计算。

（5）探桩位已综合考虑在各类桩基定额内，不另行计算。

（6）混凝土预制桩

1）定额按非预应力混凝土预制桩（包含方桩、空心方桩、异形桩等非预应力预制桩）和预应力混凝土预制桩（包含管桩、空心方桩、竹节桩等预应力预制桩），分锤击、静压两种施工方法分别编制。

2）定额已综合考虑了穿越砂、黏土层，碎、卵石层的因素。

3）非预应力混凝土预制桩。

① 定额按成品桩以购入构件考虑；如采用现场预制，场内（单位工程内）供运桩套用场内供运桩定额子目；如采用场外（单位工程外）预制，桩运输费另行计算。桩的预制执行混凝土及钢筋混凝土工程相应定额。

② 发生单桩单节长度超过 18m 时，按锤击、静压相应定额（不含预制桩主材）乘以系数 1.2 计算。

③ 定额已综合了接桩所需的打桩机械台班，但未包括接桩本身费用，发生时套用相应定额子目。

4）预应力混凝土预制桩

① 定额按成品桩以购入成品构件考虑，已包含了场内必需的就位供桩，发生时不再另行计算。

② 定额已综合了电焊接桩。如采用机械接桩，相应定额扣除电焊条和交流弧焊机台班用量；机械连接件材料费已含在相应预制桩信息价中，不得另计。

③ 桩灌芯、桩芯取土按钢管桩相应定额执行，如设计要求桩芯取土长度小于 2.5m 时，相应定额乘以系数 0.75；设计要求设置的钢骨架、钢托板分别按混凝土及钢筋混凝土工程中的桩钢筋笼和预埋铁件相应定额计算。

④设计要求设置桩尖时，如果桩尖价值不包括在成品桩构件单价内，则按成品桩尖以购入构件材料费另计。

（7）钢管桩

1）定额按锤击施工方法编制，已综合考虑了穿越砂、黏土层，碎、卵石层的因素。

2）定额已包含了场内必需的就位供桩，发生时不再另行计算。

3）钢管内取土、填芯按设计材质不同分别套用定额。

（8）混凝土预制桩与钢管桩发生送桩时，按沉桩相应定额的人工及打桩机械乘以表 3-2-18中的系数，其余不计。

送桩深度系数表　　表 3-2-18

送桩深度（m）	系数
≤2	1.20
≤4	1.37
≤6	1.56
＞6	1.78

(9) 灌注桩

1) 转盘式、旋挖钻机成孔定额按砂土层编制，如设计要求进入岩石层时，套用相应定额计算岩石层成孔增加费；如设计要求穿越碎、卵石层时，按岩石层成孔增加费子目乘以表3-2-19调整系数计算穿越增加费。

岩石层成孔增加费系数 表3-2-19

成孔方式	系数
转盘式钻机成孔	0.35
旋挖钻机成孔	0.25

2) 除空气潜孔锤成孔外，灌注桩成孔定额未包含钢护筒埋设及拆除，需发生时直接套用埋设钢护筒定额。

3) 冲孔桩机成孔、空气潜孔锤成孔按不同土（岩）层分别编制定额子目。

4) 旋挖钻机成孔定额按湿作业成孔工艺考虑，如实际采用干作业成孔工艺，相应定额扣除黏土、水用量和泥浆泵台班，并不计入泥浆工程量。

5) 产生的泥浆（渣土）按泥浆处置定额执行。

6) 沉管灌注桩

① 定额已包括桩尖埋设费用，预制桩尖按购入构件另计材料费。遇不设桩尖时，每10个桩尖扣除人工0.4工日。

② 沉管灌注桩安放钢筋笼的，成孔定额人工和机械乘以系数1.15，钢筋笼制作安放套用混凝土及钢筋混凝土工程相应定额。

7) 成孔工艺灌注桩的充盈系数按常规地质情况编制，未考虑地下障碍物、溶洞、暗河等特殊地层。灌注混凝土定额中混凝土材料消耗量已包含了灌注充盈量，见表3-2-20。

灌注桩充盈系数表 表3-2-20

项目名称	充盈系数
转盘式钻机成孔、长螺旋钻机成孔	1.20
旋挖钻机成孔	1.15
空气潜孔锤成孔	1.20
冲孔桩机成孔	1.35
沉管桩机成孔	1.18

8) 人工挖孔桩

① 人工挖孔按设计注明的桩芯直径及孔深套用定额；桩孔土方需外运时，按土方工程相应定额计算；挖孔时若遇淤泥、流砂、岩石层，可按实际挖、凿的工程量套用相应定额计算挖孔增加费。

② 人工挖孔子目中，已综合考虑了孔内照明、通风。孔内垂直运输方式按人工考虑。护壁不分现浇或预制，均套用安设混凝土护壁定额。

9) 预埋管及后压浆

① 后注浆定额按桩底注浆考虑，如设计采用侧壁注浆，则人工和机械费乘以系数1.20。

② 注浆管、声测管埋设，如遇材质、规格不同时，材料单价换算，其余不变。

10）泥浆处置

① 定额分泥浆池建拆、泥浆运输、泥浆固化。定额未考虑泥浆废弃处置费，发生时按工程所在地市场价格计算。

② 桩施工产生的渣土和泥浆经过固化后的渣土处理，套用土石方工程中土方汽车运输定额。

（10）桩孔需回填的，填土按土石方工程中松填土方定额计算，填碎石按地基处理与边坡支护工程中填铺碎石子目乘以系数 0.7 计算。

（11）单独打试桩、锚桩，按相应定额的打桩人工及机械乘以系数 1.50。

（12）设计要求打斜桩时，斜度在 1：6 以内时，相应项目人工、机械乘以系数 1.25；如斜度＞1：6 时，相应项目人工、机械乘以系数 1.43。

（13）定额按平地（坡度＜15°）打桩为准；坡度＞15°时，按相应项目人工、机械乘以系数 1.15。如在基坑内（基坑深度＞1.5m，基坑面积＜500m²）打桩或在地坪上打坑槽内（坑槽深度＞1m）桩时，按相应项目人工、机械乘以系数 1.11。

（14）在桩间补桩按相应项目人工、机械乘以系数 1.15。

（15）在强夯后的地基上混凝土预制桩及钢管桩施工按相应定额的人工及机械乘以系数 1.15，灌注桩按相应定额的人工及机械乘以系数 1.03。

（16）单位（群体）工程的桩基工程量少于表 3-2-21 对应数量时，相应项目人工、机械乘以系数 1.25。

桩基工程量表　　　　表 3-2-21

项目	单位工程的工程量	项目	单位工程的工程量
混凝土预制桩	1000m	机械成孔灌注桩	150m³
钢管桩	50t	人工挖孔灌注桩	50m³

2. 定额清单计量及计价

（1）混凝土预制桩与钢管桩

1）混凝土预制桩

① 锤击（静压）非预应力混凝土预制桩按设计桩长（包括桩尖），以长度计算。

② 锤击（静压）预应力混凝土预制桩按设计桩长（不包括桩尖），以长度计算。

③ 送桩深度按设计桩顶标高至打桩前的自然地坪（或交付地坪）标高另加 0.50m，分不同深度以长度计算。

④ 非预应力混凝土预制桩的接桩按设计图示以角钢或钢板的重量，以质量计算。

⑤ 预应力混凝土预制桩顶灌芯按设计长度乘以填芯截面积，以体积计算。

⑥ 因地质原因沉桩后的桩顶标高高出设计标高，在长度＜1m 时，不扣减相应桩的沉桩工程量；在长度超过 1m 时，其超过部分按实扣减沉桩工程量，但桩体的价格不扣除。

2）钢管桩

① 锤击钢管桩按设计桩长（包括桩尖），以长度计算。送桩深度按设计桩顶标高至打桩前的自然地坪（或交付地坪）标高另加 0.50m，分不同深度以长度计算。

② 钢管桩接桩、内切割、精割盖帽按设计要求的数量计算。

③ 钢管桩管内钻孔取土、填芯，按设计桩长（包括桩尖）乘以填芯截面积，以体积计算。

（2）灌注桩

1）转盘式钻机成孔、旋挖钻机成孔。

① 成孔按成孔长度乘以设计桩径截面积，以体积计算。成孔长度为打桩前的自然地坪（或交付地坪）标高至设计桩底的长度。

② 成孔入岩增加费按实际入岩石层深度乘以设计桩径截面积，以体积计算。

③ 设计要求穿越碎（卵）石层按地质资料表明长度乘以设计桩径截面积，以体积计算。

④ 桩底扩孔按设计桩数量计算。

⑤ 钢护筒埋设及拆除，正常（土层）施工按 2.0m 计算；当遇地质资料表明桩位上层（砂砾、碎卵石、杂填土层）深度＞2.0m 时，按实际长度计算。

2）冲孔桩机成孔、空气潜孔锤成孔分别按进入各类土层、岩石层的成孔长度乘以设计桩径截面积以体积计算。

3）长螺旋钻机成孔按成孔长度乘以设计桩径截面积以体积计算。成孔长度为打桩前的自然地坪（或交付地坪）标高至设计桩底的长度。

4）沉管成孔

① 单桩成孔按打桩前的自然地坪（或交付地坪）标高至设计桩底的长度（不包括预制桩尖）乘以钢管外径截面积（不包括桩箍）以体积计算。

② 夯扩（静压扩头）桩工程量＝单桩成孔工程量＋夯扩（扩头）部分高度×桩管外径截面积，式中夯扩（扩头）部分高度按设计规定计算。

③ 扩大桩的体积按单桩体积乘以复打次数计算，其复打部分乘以系数 0.85。

5）灌注混凝土工程量按桩长乘以设计桩径截面积计算，桩长＝设计桩长＋设计加灌长度，设计未规定加灌长度时，加灌长度（不论有无地下室）按不同设计桩长确定：25m 以内按 0.50m；35m 以内按 0.80m；45m 以内按 1.10m；55m 以内按 1.4m；65m 以内按 1.70m；65m 以上按 2.00m 计算。灌注桩设计要求扩底时，其扩底扩大工程量按设计尺寸，以体积计算，并入相应的工程量内。

【例 3-2-16】 某工程采用 ϕ500 扩大桩，设计桩长 20m（不包括预制桩尖及加灌长度），复打一次。试计算其每根桩的工程量。

【解】 每根桩的工程量＝$\pi \times 0.25^2 \times (20+0.5) \times (1+0.85) = 7.45 (m^3)$。

【例 3-2-17】 某工程桩基采用 ϕ1000、C30 混凝土灌注桩，设计有效桩长 40m，成孔长度为 48m，总桩数为 200 根。试计算其灌注水下混凝土的工程量。

【解】 灌注水下混凝土的工程量＝$\pi \times 1^2 \div 4 \times (40+1.1) \times 200 = 6456.81$（$m^3$）。

6）人工挖孔灌注桩

① 人工挖孔按护壁外围截面积乘孔深以体积计算，孔深按打桩前的自然地坪（或交付地坪）标高至设计桩底标高的长度计算。

② 挖淤泥、流砂、入岩增加费按实际挖、凿数量以体积计算。

③ 护壁按设计图示截面积乘护壁长度以体积计算，护壁长度按打桩前的自然地坪（或交付地坪）标高至设计桩底标高（不含入岩长度）另加 0.20m 计算。

④ 灌注桩芯混凝土按设计图示截面积乘以设计桩长另加加灌长度，以体积计算；加灌长度设计无规定时，按 0.25m 计算。

7）预埋管及后压浆

① 注浆管、声测管按打桩前的自然地坪（或交付地坪）标高至设计桩底标高的长度另加 0.2m 计算。

② 桩底（侧）后注浆工程量按设计注入水泥用量计算。

8）泥浆处置

① 各类成孔灌注桩泥浆（渣土）产生工程量按表 3-2-22 计算。

各类成孔灌注桩泥浆（渣土）产生工程量　　表 3-2-22

桩型	泥浆（渣土）产生工程量	
	泥浆	渣土
转盘式钻机成孔灌注桩	按成孔工程量	—
旋挖钻机成孔灌注桩	按成孔工程量乘以 0.2 系数	按成孔工程量
长螺旋钻机成孔灌注桩	—	按成孔工程量
空气潜孔锤成孔灌注桩	按成孔工程量乘以 0.2 系数	按成孔工程量
冲抓锤成孔灌注桩	按成孔工程量乘以 0.2 系数	按成孔工程量
冲击锤成孔灌注桩	按成孔工程量	—
人工挖孔灌注桩	—	按挖孔工程量

② 泥浆池建造和拆除、泥浆运输、泥浆固化、泥浆固化后的渣土工程量都按表 3-2-22所列泥浆工程量计算，泥浆及泥浆固化后的渣土场外运输距离按实计算。

③ 施工产生的渣土按表 3-2-22 工程量计算，套用土石方工程相应定额子目。

9）桩孔回填按桩（加灌后）顶面至打桩前自然地坪（或交付地坪）标高的长度乘以桩孔截面积计算。

10）截（凿）桩

① 预制混凝土桩截桩按截桩的数量计算。

② 凿桩头按设计图示桩截面积乘以桩头凿除长度，以体积计算。混凝土预制桩凿除长度，设计有规定的按设计规定，设计无规定的按 40d（d 为桩体主筋直径，主筋直径不同时取大者）计算；灌注混凝土桩按加灌长度计算。

③ 凿桩后的桩头钢筋清（整）理，已综合在凿桩头定额中，不再另行计算。

【例 3-2-18】某工程 110 根 C60 预应力钢筋混凝土管桩，采用静压沉桩、外径 ϕ600、内径 ϕ400，每根桩总长 25m（含预制混凝土桩尖长 0.35m）；桩顶灌注 C30 混凝土 1.5m 高，管内无须取土；桩顶钢筋共重 3300kg，ϕ16、ϕ10，螺纹钢 HRB400，钢托板共 878kg，Q235 钢板 8mm 厚，重 632kg，铁脚 2ϕ8，长 120mm，重 246kg。设计桩顶标高 −3.5m，现场自然地坪标高为 −0.45m，场内就位供桩。试编制该预应力钢筋混凝土管桩工程量定额清单并计算预应力钢筋混凝土管桩的综合单价（招标方设定的方案：采用压桩机静压沉桩。商品混凝土除税单价 385 元/m^3，管桩除税市场信息价为 220 元/m，购入成品桩尖除税价 50 元/个，其余人材机价格假设与《浙江省预算定额（2018 版）》取定价格相同；施工取费按企业管理费 16.57%、利润 8.1%计算）。计算过程小数点位数保留两位，表内合计取整。

【解】1）定额工程量计算见表 3-2-23。

定额工程量计算表　　　　表 3-2-23

序号	项目名称	工程量计算式	单位	数量
1	压管桩	110×（25－0.35）	m	2711.5
2	送桩	110×（3.5－0.45＋0.5）	m	390.5
3	桩顶灌芯	$110\times0.2^2\times\pi\times1.5$	m^3	20.73
4	桩尖制作安装	—	个	110
5	钢骨架	—	t	3.3
6	钢托板	—	t	0.878

2）套用《浙江省预算定额（2018 版）》确定相应分部分项工料机费。

① 压管桩套定额 3-18H：

人工费＝4.28（元/m）；

材料费＝2.7102＋220×1.01＝224.91（元/m）；

机械费＝17.36（元/m）。

预制桩工程量清单与计价（定额清单计价）

② 送桩套定额 3-18H，人工及打桩机械乘以系数 1.37，其余不计：

人工费＝4.2755×1.37＝5.86（元/m）；

材料费＝0；

机械费＝2044.05×0.00675×1.37＝18.90（元/m）。

③ 桩顶灌芯套定额 3-37H：

人工费＝65.25（元/m^3）；

材料费＝443.794＋（385－438）×1.01＝390.26（元/m^3）；

机械费＝0.20（元/m^3）。

④ 桩尖制作安装：按成品桩尖材料费。

人工费＝0；

材料费＝50（元/个）；

机械费＝0。

⑤ 钢骨架套定额 5-55：

人工费＝400.95（元/t）；

材料费＝4034.39（元/t）；

机械费＝223.02（元/t）。

⑥ 钢托板套定额 5-95：

人工费＝2551.64（元/t）。

由题可知，中厚钢板 632kg，圆钢重量 246kg 按此比例调整材料消耗量，得出：

材料费＝64×4.74＋(0.555＋0.101＋0.152＋0.202)×632÷(632＋246)×3750＋(0.555＋0.101＋0.152＋0.202)×246÷(632＋246)×3981＋179.41×1
＝4335.64(元/t)；

机械费＝1742.26（元/t）。

3）计算分部分项综合单价，见表 3-2-24。

分部分项综合单价计算表（定额清单） 表 3-2-24

序号	编号	项目名称	计量单位	数量	综合单价（元）						合计（元）
					人工费	材料费	机械费	管理费	利润	小计	
1	3-18H	静压沉桩	m	2711.5	4.28	224.91	17.36	3.59	1.75	251.89	682996
2	3-18H	送桩	m	390.5	5.86	0.00	18.90	4.10	2.01	30.87	12054
3	3-37	钢管内填芯-填混凝土	m^3	20.73	65.25	390.26	0.20	10.85	5.30	471.86	9782
4	材料价	桩尖制作安装	个	110	0.00	50.00	0.00	0.00	0.00	50.00	5500
5	5-55	混凝土灌注桩钢筋笼带肋钢筋	t	3.3	400.95	4034.39	223.02	103.39	50.54	4812.29	15881
6	5-95	预埋铁件	t	0.878	2551.64	4334.64	1742.26	711.50	347.81	9687.85	8506

3.2.4.3 国标清单计量及计价

本节工程项目按《计量规范》附录 C 列项，适用于桩基工程。包括打桩、灌注桩 2 个部分，共 11 个项目。

（1）打桩

打桩包括：预制钢筋混凝土方桩、预制钢筋混凝土管桩、钢管桩、截（凿）桩头 4 个项目，分别按 010301001×××～010301004×××编码。

1）清单项目设置

① 预制钢筋混凝土方桩：

A. 预制钢筋混凝土方桩适用于打成品桩、现场预制桩，沉桩方式有锤击、静力压入。如果用现场预制，应包括现场预制桩的所有费用。

B. 预制钢筋混凝土方桩项目特征应对地层情况、送桩深度、桩长、桩截面（尺寸及形式）桩倾斜度、沉桩方式、接桩方式、混凝土强度等级等予以描述。

② 预制钢筋混凝土管桩：

A. 预制钢筋混凝土管桩按打成品桩编制，接桩包含在打桩、压桩定额内。

B. 预制钢筋混凝土管桩项目特征应对地层情况、送桩深度、桩长、桩外径、壁厚、桩倾斜度、沉桩方法、桩尖类型、混凝土强度等级、填充材料种类、防护材料种类等予以描述。

③ 钢管桩：

A. 钢管桩按桩径、桩长分别列项，如有接桩，接桩费用另计，按实际接头数量套用钢管桩接桩。

B. 钢管桩项目特征应对地层情况、送桩深度、桩长、材质、管径、壁厚、桩倾斜度、内切割、精割盖帽、沉桩方法、填充材料种类、防护材料种类等予以描述。

④ 截（凿）桩头：

A. 截（凿）桩头适用于《计量规范》附录 B、附录 C 所列桩的桩头截（凿）。

B. 截（凿）桩头特征应对桩类型、桩头截面、高度、混凝土强度等级、有无钢筋等予以描述。

2）清单工程量计算

① 预制钢筋混凝土方桩计量单位有 3 种可选择：

A. 计量单位为 m，按设计图示尺寸以桩长（包括桩尖）计算。

B. 计量单位为 m^3，按设计图示截面积乘以桩长（包括桩尖）以实际体积计算。

C. 计量单位为根，按设计图示数量计算。

② 预制钢筋混凝土管桩计量单位有 3 种可选择：

A. 计量单位为 m，按设计图示尺寸以桩长（包括桩尖）计算；浙江省在具体贯彻实施时根据实际情况，其工程量计算规则修改为“以米计量，按设计图示尺寸以桩长（不包括桩尖）计算”。

B. 计量单位为 m^3，按设计图示截面积乘以桩长（包括桩尖）以实际体积计算。

C. 计量单位为根，按设计图示数量计算。

③ 钢管桩计量单位有 2 种可选择：

A. 计量单位为 t，按设计图示尺寸以质量计算。

B. 计量单位为根，按设计图示数量计算。

④ 截（凿）桩头计量单位有 2 种可选择：

A. 计量单位为 m^3，按设计图示截面积乘以桩头长度以实际体积计算。其中浙江省计价定额凿桩单位为“m^3”。

B. 计量单位为根，按设计图示数量计算。其中浙江省计价定额截桩单位为“根”。

3）其他说明

① 地层情况按《计量规范》表 A. 1-1 和表 A. 2-1 的规定，并根据岩土工程勘察报告按单位工程各地层所占比例（包括范围值）进行描述。对无法准确描述的地层情况，可注明由投标人根据岩土工程勘察报告自行决定报价。

② 打试验桩、斜桩应按相应项目编码单独列项。

③ 预制钢筋混凝土管桩桩顶与承台的连接构造按《计量规范》附录 E 相关项目列项。

（2）灌注桩

混凝土灌注桩包括：泥浆护壁成孔灌注桩、沉管灌注桩、干作业成孔灌注桩、挖孔桩土（石）方、人工挖孔灌注桩、钻孔压浆桩、灌注桩后压浆 7 个项目，分别按 010302001×××～010302007×××编码。

1）清单项目设置

① 泥浆护壁成孔灌注桩：

A. 泥浆护壁成孔灌注桩是指在泥浆护壁条件下成孔，采用水下灌注混凝土桩。其成孔方法包括冲击成孔、冲抓锤成孔、回旋钻成孔、潜水钻成孔、泥浆护壁旋挖成孔等。

B. 泥浆护壁成孔灌注桩项目特征应对地层情况、空桩长度、桩长、桩径、成孔方法、护筒类型长度、混凝土类别、强度等级等予以描述。

C.《计量规范》附录 C 桩基础工程工作内容包括了打桩场地硬化，在贯彻实施时根据浙江省实际情况，该费用按措施项目单独列项计算。

② 沉管灌注桩：

A. 沉管灌注桩的沉管方法包括锤击沉管法、振动沉管法、振动冲击沉管法、内夯沉管法等。

B. 沉管灌注桩项目特征应对地层情况、空桩长度、桩长、复打长度、桩径、沉管方法、桩尖类型、混凝土类别、强度等级等予以描述。

③ 干作业成孔灌注桩：

A. 干作业成孔灌注桩是指不用泥浆护壁的情况下，用钻机成孔后，下钢筋笼，灌注混凝土桩，适用于地下水位以上的土层使用。其成孔方法包括螺旋钻成孔、螺旋钻成孔扩底、干作业的旋挖成孔等。

B. 干作业成孔灌注桩特征应对地层情况、空桩长度、桩长、桩径、扩孔直径高度、成孔方法、混凝土类别、强度等级等予以描述。

④ 挖孔桩土（石）方：

A. 挖孔桩土（石）方包括人工挖孔、挖淤泥流砂增加、入岩增加、弃土运输等内容。

B. 挖孔桩土（石）方特征应对地层情况、挖孔深度、运输等予以描述。

⑤ 人工挖孔灌注桩：

A. 人工挖孔灌注桩包含混凝土护壁制作安装、桩芯混凝土灌注等工作。

B. 人工挖孔灌注桩特征应对桩芯长度、桩芯直径、扩底直径、扩底高度、护壁混凝土类别、强度等级、桩芯混凝土类别、强度等级等予以描述。

⑥ 钻孔压浆桩：

A. 钻孔压浆桩是通过在土层中钻孔后下注浆管，将水泥浆或其他化学浆液通过注浆管注入地基土层中，增强土颗粒间的连接，使土体强度提高、变形减少、渗透性降低的一种方法。钻孔压浆桩既可作为工程基桩，又可作为护壁桩和止水帷幕桩。

B. 钻孔压浆桩特征应对地层情况、空钻长度、桩长、钻孔直径、水泥强度等级等予以描述。

⑦ 灌注桩后压浆：

A. 灌注桩后压浆就是桩身混凝土达到预定强度后，用压浆泵将水泥浆通过预置于桩身中的压浆管压入桩周或桩端土层中，利用浆液对桩端土层或桩周土进行压密、固结、渗透、填充，使之成为高强度新土层、局部扩颈，提高桩端桩侧阻力，以提高桩的承载力，减少桩顶沉降量。有桩底注浆和桩侧注浆两种方式。

B. 灌注桩后压浆特征应对注浆导管材料、规格，注浆导管长度、单孔注浆量、水泥强度等级等予以描述。

2）清单工程量计算

① 泥浆护壁成孔灌注桩计量单位有 3 种可选择：

A. 计量单位为 m，按设计图示尺寸以桩长（包括桩尖）计算。

B. 计量单位为 m^3，按不同截面在桩上范围内以体积计算。

C. 计量单位为根，按设计图示数量计算。

② 沉管灌注桩计量单位有 3 种可选择：

A. 计量单位为 m，按设计图示尺寸以桩长（包括桩尖）计算。

B. 计量单位为 m^3，按不同截面在桩上范围内以体积计算。

C. 计量单位为根，按设计图示数量计算。

③ 干作业成孔灌注桩计量单位有 3 种可选择：

A. 计量单位为 m，按设计图示尺寸以桩长（包括桩尖）计算。

B. 计量单位为 m^3，按不同截面在桩上范围内以体积计算。

C. 计量单位为根，按设计图示数量计算。

④ 挖孔桩土（石）方按设计图示尺寸（含护壁）截面积乘以挖孔深度以“m^3”计算。

⑤ 人工挖孔灌注桩计量单位有 2 种可选择：

A. 计量单位为 m^3，按桩芯混凝土体积计算。

B. 计量单位为根，按设计图示数量计算。

⑥ 钻孔压浆桩计量单位有 2 种可选择：

A. 计量单位为 m，按设计图示尺寸以桩长计算。

B. 计量单位为根，按设计图示数量计算。

⑦ 灌注桩后压浆计量单位是孔，按设计图示以注浆孔数计算。

3）其他说明

① 地层情况按《计量规范》表 A. 1-1 和表 A. 2-1 的规定，并根据岩土工程勘察报告按单位工程各地层所占比例（包括范围值）进行描述。对无法准确描述的地层情况，可注明由投标人根据岩土工程勘察报告自行决定报价。

② 项目特征中的桩长应包括桩尖，空桩长度＝孔深－桩长，孔深为自然地面至设计桩底的深度。

③ 混凝土灌注桩的钢筋笼制作、安装按《计量规范》附录 E 相关项目列项。

④ 混凝土品种与方式是指现浇现拌（泵送、非泵送）混凝土、现浇（泵送、非泵送）水下混凝土、现浇（泵送、非泵送）商品混凝土等。

4）桩基础等工程施工前场地需要平整、压实地表、地下障碍物处理的，应在清单编制说明中予以明确，在措施项目清单中予以提示。

【例 3-2-19】 某工程采用泥浆护壁成孔灌注桩，桩径 ϕ1200mm，原地面标高－0. 45m，桩顶标高－4. 8m，桩底标高－49. 8m，入岩起始标高为－48. 1m，加灌长度 1. 5m。试计算招标控制价的“成孔灌注桩”的综合单价（混凝土按商品水下混凝土 C35 考虑计价，桩按 120 根计算）。C35 商品混凝土除税单价按 385 元/m^3、其余按照定额取定工料机价格计算，企业管理费按 16. 57%、利润按 8. 1%计算，施工方案确定采用转盘式钻孔桩机成孔，钢护筒不考虑，泥浆运输 5km，泥浆不考虑固化，桩孔空钻部分回填另列项计算。计算过程小数点位数保留 2 位，表内合计取整。

【解】 1）根据清单规范有关规定，泥浆护壁成孔灌注桩清单项目为（010302001），采用《浙江省预算定额（2018 版）》计价时，可组合的主要内容见表 3-2-25。

泥浆护壁成孔灌注桩（010302001）清单项目计价表　　表 3-2-25

序号	项目编码	项目名称	可组合的主要内容		对应的定额子目
1	010302001	泥浆护壁成孔灌注桩	成孔	转盘式钻孔桩机	3-40～3-49
				旋挖桩机	3-50～3-59
				钢护筒埋设及拆除、桩底扩孔	3-60～3-69
				冲孔桩机	3-70～3-84
			混凝土灌注		3-101～3-103
			泥浆池建造、拆除，泥浆固化处理及泥浆运输		3-121～3-124
			其他		—

2）根据提供工程条件及企业拟订的施工方案，本题中要求计价的清单应组合的定额子目见表 3-2-26。

清单项目定额子目表　　表 3-2-26

序号	项目编码	项目名称	实际组合的内容	对应的定额子目
1	010302001001	泥浆护壁成孔灌注桩	钻孔灌注桩成孔	3-43、3-48
			钻孔桩灌注水下混凝土	3-101
			泥浆池建造、拆除及泥浆运输	3-121、3-123

3）应用定额，进行计价。

泥浆护壁成孔灌注桩，清单工程量＝（49.8－4.8）×120＝5400（m）。

① 根据组合内容套用《浙江省预算定额（2018 版）》，计算相关组合子目的计价工程量：

A. 钻孔桩成孔：

V_1＝120×0.6^2×3.14×（49.8－0.45）＝6694.23（m^3）；

其中入岩体积矿 V_2＝120×0.6^2×3.14×1.7＝230.60（m^3）。

灌注桩工程量清单与计价（国标清单计价）

B. 商品水下混凝土灌注：

空钻部分矿 V_3＝120×0.6^2×3.14×（4.8－加灌 1.5－0.45）＝386.6（m^3）；

成桩工程量 V_Z＝6694.23－386.6＝6307.63（m^3）。

C. 泥浆池建造和拆除、泥浆外运：V＝6694.23（m^3）。

② 根据组合内容套用《浙江省预算定额（2018 版）》确定相应分部分项工料机费，并计算分部分项综合单价，见表 3-2-27。

分部分项综合单价计算表（国标清单）　　表 3-2-27

序号	编号	项目名称	计量单位	数量	综合单价（元）						合计（元）
					人工费	材料费	机械费	管理费	利润	小计	
1	010302001001	泥浆护壁成孔灌注桩	m	5400	154.42	572.60	177.22	54.95	26.86	986.05	5324692
	3-43	转盘式钻孔桩机成孔	m^3	6694.23	57.62	21.94	71.32	21.37	10.44	182.69	1222966
	3-48	岩石层增加费	m	230.60	462.85	5.80	441.46	149.84	73.25	1133.20	261317
	3-101H	钻孔桩灌注水下混凝土	m^3	6307.63	15.76	463.77	0.00	2.61	1.28	483.42	3049222
	3-121	泥浆池建造和拆除	m^3	6694.23	2.70	2.77	0.02	0.45	0.22	6.16	41243
	3-123	泥浆运输	m^3	6694.23	33.45	0.00	56.41	14.89	7.28	112.03	749944

注：灌注混凝土单价调整，材料费＝556.17＋（385－462）×1.2＝463.77（元）。

任务 3.3　主体工程计量与计价

3.3.1　混凝土结构工程计量与计价

3.3.1.1　基础知识

1. 现浇混凝土工程

按构件部位、作用及其性质划分，建筑物中的现浇混凝土工程有：基础（详见本教材 3.2.2 节，此章节不再赘述）、柱、梁、墙、板、楼梯、后浇带以及其他小型构件等。

（1）柱

按其作用可以分为独立柱和构造柱。

独立柱作为建（构）筑物的支撑构件，常见于承重独立柱、框架柱、有梁板柱、无梁板柱、构架柱等。按其断面分类有矩形柱、圆形柱、异形柱。

构造柱是指根据建筑物刚性要求在砌体墙中浇筑的柱，根据设计规范，构造柱设置了马牙槎与墙体咬合，为先砌墙后浇捣的柱。

（2）梁

按其作用可以分为基础梁、单梁、圈梁。

基础梁简单地说是在地基土层上的梁。基础梁一般用于框架结构、框架-剪力墙结构，框架柱落于基础梁上或基础梁交叉点上，其主要作用是作为上部建筑的基础，将上部荷载传递到地基上。

单梁就是指框架梁或者单独承重梁，按其断面或外形分类有矩形梁、异形梁、弧形梁、拱形梁等。

圈梁是根据建（构）筑物刚性要求设置在墙体水平封闭位置。

过梁是设置在洞口上方的单独小梁。

（3）墙

按其外形分类有直行墙、弧形墙。按部位分还有地下室墙。

（4）板

可分为平板、有梁板、无梁板、井字梁板。按外形分还有拱形板、薄壳屋盖等。

（5）楼梯

按荷载的传递形式可以分为板式楼梯（图 3-3-1）和梁式楼梯，按外形可分为直形和弧形楼梯，按楼梯段的布置可以分为单跑楼梯、双跑楼梯和多跑楼梯。

（6）后浇带

根据设计或施工规范要求，在板、墙、梁相应位置预留施工缝，将结构暂时分为若干部分，经过若干时间后再进行浇捣，将结构连成整体，常为 800～1200mm；有防水要求的部位设置后浇带的，应考虑止水带构造；还应考虑模板等措施项目的设置；填充后浇带的混凝土强度等级须比原结构提高一级。

（7）其他

定额中列了地沟（断面内空面积＜$0.4m^3$）、扶手、压顶、小型构件（单件体积 $0.1m^3$ 以内）、场馆看台。

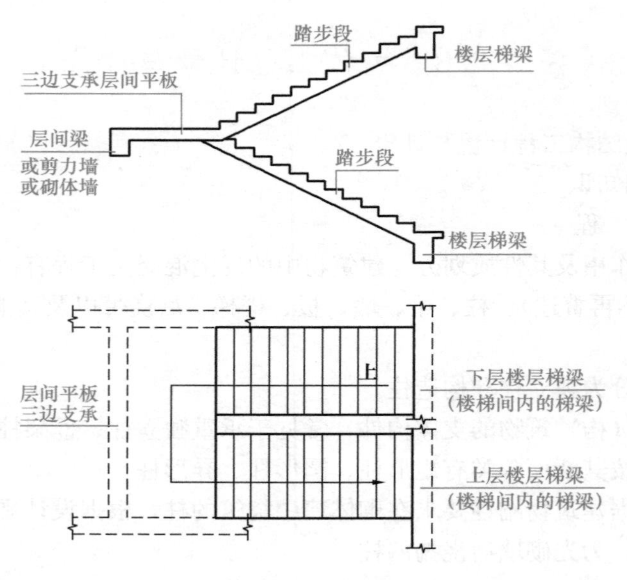

图 3-3-1　板式、双跑楼梯

2. 钢筋工程

钢筋混凝土结构使用的钢筋主要为普通钢筋，分为热轧钢筋和冷加工钢筋两大类。热轧钢筋是最常用的钢筋，有热轧光圆钢筋（HPB）、热轧带肋钢筋（HRB）和余热处理钢筋（RRB）三种。

钢筋工程施工过程由下列工序组成：施工准备→钢筋翻样→搬运→调直→除锈→下料→切断→弯曲成形→堆放（前工序为钢筋制作）→运输→清理模内杂物→入模→摆放→绑扎（连接）（前工序为钢筋安装）→钢筋成品保护（安装施工或混凝土施工时）。

3. 现浇混凝土模板工程

模板系统由模板板块和支架两大部分组成。模板板块由面板、次肋、主肋等组成（图 3-3-2）；支架则有支撑、桁架、系杆及对拉螺栓等不同的形式。模板施工过程由以下工序组成：

施工准备→模板放样→制作→运输定位→搭设支模架→放线→定位→找平→支模→拼

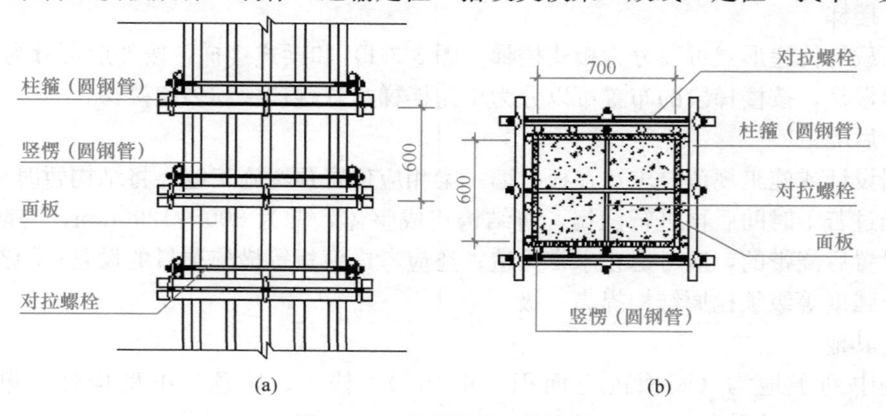

图 3-3-2　现浇混凝土柱模板

（a）柱立面图；（b）柱剖面图

装→矫正→加固→嵌缝→清理模内杂物→刷隔离油→拆除（钢筋工程、混凝土工程结束）→维护整理→场内外运输→回库或周转。

施工准备由施工方案、人员机具组织两方面同步开展。施工过程的实施一般是以班组形式，人员由技工与普工组成，主要施工机具有木工圆锯机、电动手提气枪、榔头、扳手、螺丝刀，并配套有运输与起重机械等。

混凝土成形并养护一段时间后，当强度达到一定要求时，即可拆除模板。模板拆除应遵循“先支后拆、后支先拆”“先非承重部位、后承重部位”以及自上而下的原则。重大复杂模板的拆除，事前应制订拆除方案。

4. 装配式混凝土构件

装配式预制构件包括预制实心柱、梁、楼板及预制实心剪力墙、楼梯等。

安装工艺流程如下：安装吊具、缆风绳→构件调平、起吊→拆除临边防护→构件的吊运及落位→安装斜支撑、卸钩→构件校核→质量验收→塞缝灌浆。

3.3.1.2　定额计量及计价

定额包括混凝土、钢筋、现浇混凝土模板、装配式混凝土构件，共4节251个子目。

1. 定额说明及套用

（1）现浇混凝土工程

1）定额中混凝土除另有注明外均按泵送商品混凝土编制，实际采用非泵送商品混凝土、现场搅拌混凝土时仍套用泵送定额，混凝土价格按实际使用的种类换算，混凝土浇捣人工乘以表3-3-1相应系数，其余不变。现场搅拌的混凝土还应执行现场搅拌调整费定额。

建筑物人工调整系数表　　**表3-3-1**

序号	项目名称	人工调整系数
1	基础	1.5
2	柱	1.05
3	梁	1.4
4	墙、板	1.3
5	楼梯、雨篷、阳台、栏板及其他	1.05

【例3-3-1】试计算C20非泵送商品混凝土雨篷浇捣的定额基价（保留两位小数点）。

【解】套用定额5-22H：

换算后基价＝5483.61＋(412－461)×10.1＋5.244×135×(1.05－1)

＝5483.61－494.9＋35.397＝5024.11(元/10m³)

计算式中，C20非泵送混凝土单价按《浙江省预算定额（2018版）》下册附录四查得定额基期价格取定为412元/m³，实际工程使用时应按相应区域、期间的市场信息价取用。

2）定额中商品混凝土按常用强度等级考虑，设计强度等级不同时应予换算；施工图设计要求增加的外加剂另行计算。

【例3-3-2】某房屋建筑工程矩形梁，采用现场搅拌C30（40）混凝土现场浇筑，设计要求混凝土内掺水泥用量10%的膨胀剂（UEA，单价：550元/t）。试计算该定额基价（计算结果保留两位小数）。

【解】套用定额 5-9H+5-35H：

换算后基价=366.53×1.4+10.1×529.47/10+4698.24+10.1×(305.8−461)+10.1×1.62/10+(550−340)×0.341×10%×10.1+4.19+10.1×64.61/10
=4322.04(元/10m³)

3）毛石混凝土子目中毛石的投入量按18%考虑，设计不同时混凝土及毛石按设计比例调整。

4）杯形基础应按定额附注每10m³工程量增加DM5.0预拌砂浆0.068t。

5）斜梁（板）按坡度10°<α≤30°综合编制的。坡度不大于10°的斜梁（板）的执行普通梁、板项目；坡度30°<α≤45°时，按斜板、斜梁定额的人工乘以系数1.05；坡度45°以上时，按墙相应定额执行。

【例3-3-3】 C30泵送商品混凝土现浇斜梁，坡度为40°。试计算其定额基价（计算结果保留两位小数）。

【解】套用定额 5-11H：

换算后基价=5114.43+2.897×135×（1.05−1）=5114.43+19.55=5133.98（元/10m³）

6）压型钢板上浇捣混凝土执行平板项目，人工乘以系数1.10。

7）楼梯设计指标超过表3-3-2定额取定值时，混凝土浇捣定额按比例调整，其余不变。

楼梯底板折实厚度取定表　　表3-3-2

项目名称	指标名称	取定值（mm）	备注
直形楼梯	底板厚度	180	梁式楼梯的梯段梁并入楼梯底板内计算折实厚度
弧形楼梯		300	

【例3-3-4】 某工程直形楼梯底板厚200，采用C30非泵送商品混凝土浇捣。试计算其定额基价（计算结果保留两位小数）。

【解】套用定额 5-24H：

换算后基价=[1303.45+(438−461)×2.43+1.155×135×(1.05−1)]×200/180
=(1303.45−55.89+7.796)×200/180=1394.84(元/10m³)

小型构件是指定额未列项目且单件体积0.1m³以内的混凝土构件，小型构件定额已综合考虑了原位浇捣和现场内预制、运输及安装的情况，统一执行小型构件定额。

(2) 现浇混凝土模板工程

现浇混凝土构件的模板按照不同构件，分别以组合复合木模、铝模、钢模单独编制，模板的具体组成规格、比例、复合木模的材质及支撑方式等定额已综合考虑；定额未注明模板类型的，均按复合木模考虑。铝模考虑实际工程使用情况，仅适用上部主体结构。

1）基础底板下翻构件采用砖模时，砌体按砌筑工程定额规定执行，抹灰按墙柱面工程墙面抹灰定额规定执行。

2）圆弧形基础模板套用基础相应定额，另按弧形侧边长度计算基础侧边弧形增加费。

3）地下室底板模板套用满堂基础定额，集水井杯壳模板工程量合并计算。

4）现浇钢筋混凝土柱（不含构造柱）、梁（不含圈、过梁）、板、墙的支模高度按结构层高3.6m以内编制，超过3.6m时，工程量包括3.6m以下部分，另按相应超高定额计算；斜板（梁）或拱形结构按板（梁）顶平均高度确定支模高度，电梯井壁按建筑物自然层层高确定支模高度。

5）异形柱、梁是指柱、梁的断面形状为：L形、十字形、T形、⺄形的柱、梁，套用异形柱、梁定额。地圈梁模板套用圈梁定额；梯形、变截面矩形梁模板套用矩形梁定额；单独现浇过梁模板套用矩形梁定额；与圈梁连接的过梁模板套用圈梁定额。

6）当一字形柱 $a/b \leqslant 4$ 时按矩形柱相应定额执行，异形柱 $a/b \leqslant 4$ 时按异形柱相应定额执行，$a/b > 4$ 时套用墙相应定额；截面厚度 $b \leqslant 300$mm，且 a/b 的最大值大于4且不大于8时，套短肢剪力墙定额。

一字形、L形、T形柱（见图3-3-3），当 a 与 b 的比值有一个大于4时，套用墙相应定额。

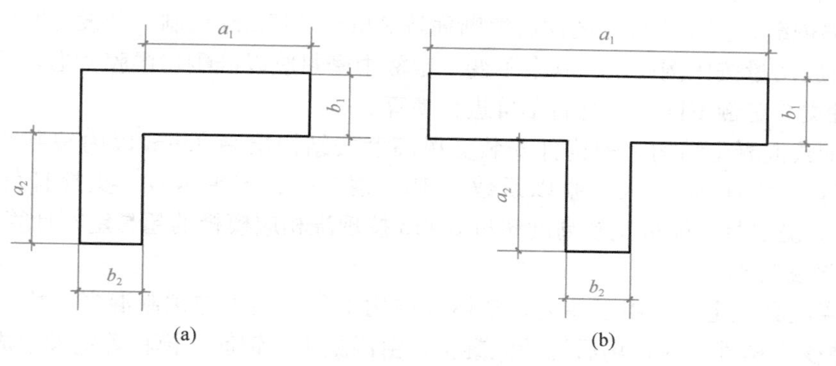

图3-3-3　部分异形柱示意图

(a) L形柱；(b) T形柱

7）地下室混凝土外墙、人防墙及有防水等特殊设计要求的内墙，采用止水对拉螺栓时，施工组织设计未明确时，每100m² 模板定额中的六角带帽螺栓增加85kg（施工方案明确的按方案数量扣减定额含量后增加）、人工增加1.5工日，相应定额的钢支撑用量乘以系数0.9。止水对拉螺栓堵眼套用墙面螺栓堵眼增加费定额。

（3）装配式混凝土结构工程

1）构件安装

① 构件按成品购入构件考虑，构件安装相应定额子目内成品构件属于未计价（消耗量带括号）的，实际工程计价时应该根据合同约定情况考虑是否将构件费用计入构件价格，应包含构件运输至施工现场指定区域、卸车、堆放发生的费用。

② 构件安装包含结合面清理、指定位置堆放后的构件移位及吊装就位、构件临时支撑、注浆、拆除临时支撑全部过程。构件临时支撑的搭设及拆除已综合考虑了支撑（含支撑用预埋铁件）种类、数量、周转次数及搭设方式，实际不同不予调整。

③ 构件安装定额中，构件底部坐浆按砌筑砂浆铺筑考虑，遇设计采用灌浆料的，除灌浆材料单价换算外，每10m³ 构件安装定额另行增加人工0.60工日、液压注浆泵HYB50-50-1型0.30台班，其余不变。

④ 墙板安装定额不分是否带有门窗洞口，均按相应定额执行。凸（飘）窗安装定额

适用于单独预制的凸（飘）窗安装，依附于外墙板制作的凸（飘）窗，其工程量并入外墙板计算，该板块安装整体套用外墙板安装定额，人工和机械用量乘以系数1.3。

⑤ 阳台板安装不区分板式或梁式，均套用同一定额。空调板安装定额适用于单独预制的空调板安装，依附于阳台板制作的栏板、翻檐、空调板，并入阳台板内计算。非悬挑的阳台板安装，分别按梁、板安装有关规则计算并套用相应定额。

⑥ 女儿墙安装按构件净高以0.6m以内和1.4m以内分别编制，构件净高1.4m以上时套用外墙板安装定额。压顶安装定额适用于单独预制的压顶安装。

⑦ 轻质条板隔墙安装按构件厚度的不同，分别套用相应定额。定额已考虑了隔墙的固定配件、补（填）缝、抗裂措施构造，以及板材遇门窗洞所需要的切割改锯、孔洞加固的内容。

⑧ 烟道、通风道安装按构件外包周长套用相应定额，安装定额中未包含了排烟（气）止回阀的材料及安装。

⑨ 外墙嵌缝、打胶定额中的注胶缝断面按20mm×15mm编制，若设计断面与定额不同时，密封胶用量按比例调整，其余不变。定额中密封胶以硅酮耐候胶考虑，遇设计采用的密封胶种类与定额不同时，材料单价进行换算。

⑩ 装配式混凝土结构工程构件安装支撑高度按结构层高3.6m以内编制的，高度超过3.6m时，每增加1m，人工乘以系数1.15，钢支撑、零星卡具、支撑杆件乘以系数1.3计算。后浇混凝土模板支模高度超过3.6m按现浇相应模板的超高定额计算。

2）后浇混凝土

① 后浇混凝土定额适用于装配式整体式结构工程，用于与预制混凝土构件连接，使其形成整体受力构件。在现场后浇的混凝土，由混凝土、钢筋、模板等定额组成。除下列部位外，其他现浇混凝土构件按现浇混凝土、钢筋和模板相应项目及规定执行：

预制混凝土柱与梁、梁与梁接头，套用梁、柱接头定额；预制混凝土梁、板顶部及相邻叠合板间的梁，套用叠合梁、板定额；预制双叶叠合墙板内及叠合墙板端部边缘，套用叠合剪力墙定额；预制墙板与墙板间、墙板与柱间等端部边缘连接墙、柱，套用连接墙、柱定额。预制墙板或柱等预制垂直构件之间设计采用现浇混凝土墙连接的，连接墙长度在2m以内的，套用后浇混凝土连接墙、柱定额，连接墙长度大于2m的，按现浇混凝土构件相应项目及规定执行。

② 同开间内预制叠合楼板或整体楼板之间设计采用现浇混凝土板带拼缝的，板带混凝土浇捣并入后浇混凝土叠合梁、板计算。相应拼缝处需支模才能浇筑的混凝土模板工程套用板带定额。

③ 后浇混凝土钢筋制作、安装定额按钢筋品种、型号、规格综合连接方法及用途划分，相应定额内的钢筋型号以及比例已综合考虑，各类钢筋的制作成型、绑扎、接头、固定以及与预制构件外露钢筋的绑扎、焊接等所用人工、材料、机械消耗已综合考虑在相应定额内。钢筋接头采用机械连接的，按现浇混凝土构件相应接头项目及规定执行。

④ 后浇混凝土模板按复合模板考虑，定额消耗量已考虑了伸出后浇混凝土与预制构件抱合部分的模板用量。

2. 定额清单计量及计价

（1）混凝土柱

混凝土柱浇捣按施工工序要求划分为独立柱（矩形、圆形、异形）、构造柱，模板结合部位、工序、断面形式划分不同子目。

现浇混凝土柱的浇捣工程量按设计图示尺寸以体积（m^3）计算：

V=柱高×柱断面面积+依附体积

柱高的确定见图 3-3-4。

1）柱高按基础顶面或楼板上表面算至柱顶面或上一层楼板上表面。

2）无梁板柱高按基础顶面（或楼板上表面）算至柱帽下表面。

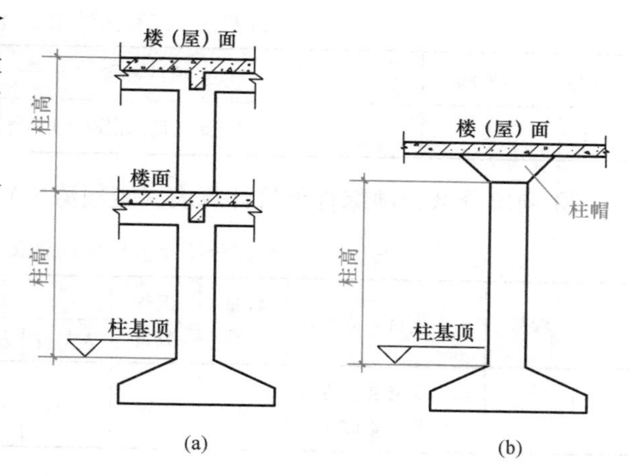

图 3-3-4　柱高示意图

（a）框架柱或有梁板柱；（b）无梁板柱

【例 3-3-5】 某工程现浇框架结构平面图如图 3-3-5 所示，柱基顶面标高－0.70m，楼面结构标高为 3.75m，柱、梁、板均采用 C30 现浇泵送商品混凝土，柱截面均为 500mm×500mm，板厚度 120mm；试列出混凝土柱定额工程量及工程量清单表。试计算综合单价（计算结果保留两位小数）及合价（取整）。企业管理费取 15%，利润取 10%，信息价参考《浙江省预算定额（2018 版）》取定，风险费隐含于综合单价的人工、材料、机械单价中。

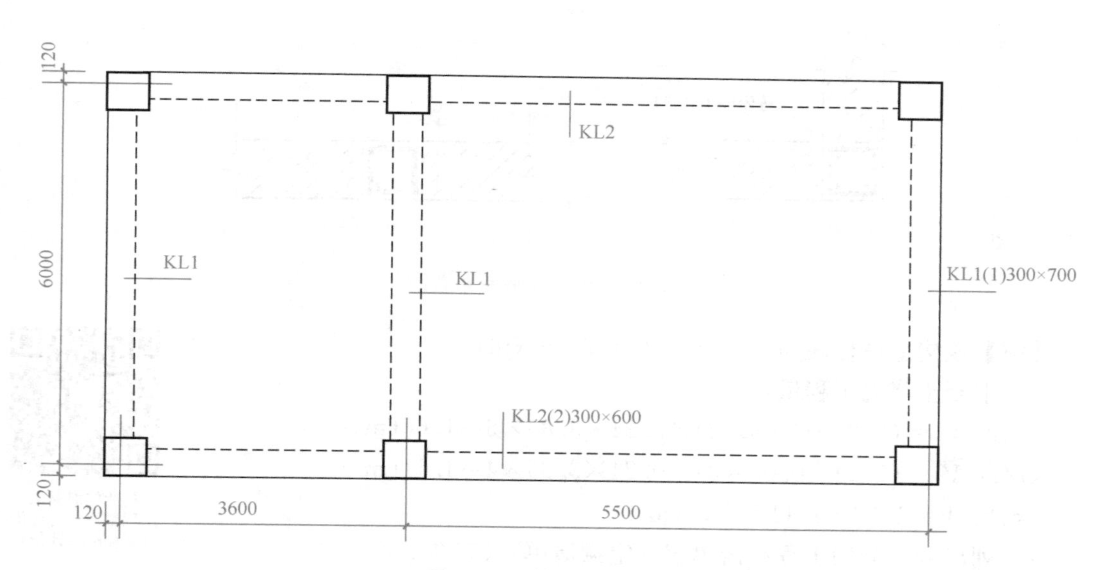

图 3-3-5　某工程平面图

【解】 ① 计算混凝土柱体积：

柱高＝0.7＋3.75＝4.45（m）；

V＝0.5×0.5×4.45×6＝6.68（m^3）。

② 列出分部分项工程量清单表（定额清单）（表 3-3-3）

矩形柱混凝土工程量清单与计价（定额清单计价）

分部分项工程量清单表（定额清单） 表 3-3-3

序号	定额编号	项目名称	计量单位	工程数量
1	5-6	C30 现浇泵送商品混凝土矩形柱	m^3	6.68

③ 列出分部分项综合单价计算表（定额清单）（表 3-3-4）

分部分项综合单价计算表（定额清单） 表 3-3-4

序号	编号	项目名称	计量单位	工程数量	综合单价（元）						合计（元）
					人工费	材料费	机械费	管理费	利润	小计	
1	5-6	C30 现浇泵送商品混凝土矩形柱	m^3	6.68	87.62	470.39	0.42	13.21	8.8	580.44	3877

3）构造柱高度按基础顶面或（或楼板上表面）至框架梁、连续梁等单梁（不含圈、过梁）底标高计算，与墙咬接的马牙槎混凝土浇捣按柱高每侧 30mm 合并计算。

【例 3-3-6】 某建筑楼层层高 4.5m，墙厚 240mm，构造柱顶部设有 KJL300×650，其中 GZ1 有 6 个，GZ2 有 4 个。按图 3-3-6 所示构造柱平面布置情况，列出 GZ1、GZ2 构造柱混凝土浇捣（非泵送商品混凝土 C25）的定额工程量及工程量清单表，计算综合单价（计算结果保留两位小数）及合价（取整）。企业管理费取 15%，利润取 10%，信息价参考《浙江省预算定额（2018 版）》取定，风险费隐含于综合单价的人工、材料、机械单价中。

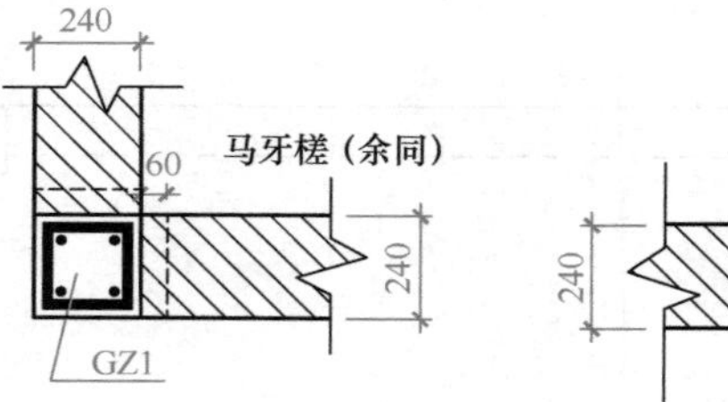

图 3-3-6 构造柱平面布置图

【解】 该构造柱柱高为：4.5－0.65＝3.85（m）

构造柱混凝土工程量清单与计价（定额清单计价）

1）混凝土浇捣工程量：

GZ1：$V_1=(0.24+0.03\times2)\times0.24\times3.85\times6=1.66(m^3)$

GZ2：$V_2=(0.24+0.03\times2)\times0.24\times3.85\times4=1.11(m^3)$

合计：$V=1.66+1.11=2.77(m^3)$

2）列出分部分项工程量清单表（定额清单）（表 3-3-5）

分部分项工程量清单表（定额清单） 表 3-3-5

序号	定额编号	项目名称	计量单位	工程数量
1	5-7	C25 非泵送商品混凝土构造柱	m^3	2.77

3）列出分部分项综合单价计算表（定额清单）（表 3-3-6）

分部分项综合单价计算表（定额清单）　　表 3-3-6

序号	编号	项目名称	计量单位	工程数量	综合单价（元）						合计（元）
					人工费	材料费	机械费	管理费	利润	小计	
1	5-7	C25 非泵送商品混凝土构造柱	m^3	2.77	148.68	426.19	0.63	22.40	14.93	612.83	1698

4）依附柱上的牛腿，并入柱身体积内计算。

5）钢管混凝土柱以管内设计灌混凝土高度乘以钢管内径以体积计算。

（2）混凝土梁

现浇梁的混凝土浇捣工程量按体积（m^3）计算：

V＝梁长×梁断面面积＋依附体积

梁与柱、次梁与主梁、梁与混凝土墙交接时，按净空长度计算；伸入砌筑墙体内的梁头及现浇的梁垫并入梁内计算。

圈梁与板整体浇捣的，圈梁按断面高度计算。

【例 3-3-7】根据例 3-3-5 中图 3-3-5 某工程现浇框架结构平面图，柱基顶面标高－0.70m，楼面结构标高为 3.75m，柱、梁、板均采用 C30 现浇泵送商品混凝土，柱截面均为 500×500，板厚度 120mm；试计算混凝土梁定额工程量及工程量清单表，计算综合单价（计算结果保留两位小数）及合价（取整）。企业管理费取 15%，利润取 10%，信息价参考《浙江省预算定额（2018 版）》取定，风险费隐含于综合单价的人工、材料、机械单价中。

矩形梁混凝土工程量清单与计价（定额清单计价）

【解】1）计算梁的混凝土体积：

KL1＝(6＋0.12×2－0.5×2)×0.3×0.7×3＝3.30(m^3)

KL2＝(3.6＋5.5＋0.12×2－0.5×3)×0.3×0.6×2＝2.82(m^3)

合计：V＝3.30＋2.82＝6.12(m^3)

2）列出分部分项工程量清单表（定额清单）（表 3-3-7）

分部分项工程量清单表（定额清单）　　表 3-3-7

序号	定额编号	项目名称	计量单位	工程数量
1	5-9	C30 现浇泵送商品混凝土矩形梁	m^3	6.12

3）列出分部分项综合单价计算表（定额清单）（表 3-3-8）

分部分项综合单价计算表（定额清单）　　表 3-3-8

序号	编号	项目名称	计量单位	工程数量	综合单价（元）						合计（元）
					人工费	材料费	机械费	管理费	利润	小计	
1	5-9	C30 现浇泵送商品混凝土矩形梁	m^3	6.12	36.65	469.82	0.42	5.56	3.71	516.16	3159

（3）混凝土板

现浇板的混凝土浇捣工程量按梁、墙间净距尺寸以体积（m^3）计算，不扣除单个 0.3m^2 以内的柱、垛及孔洞所占体积：

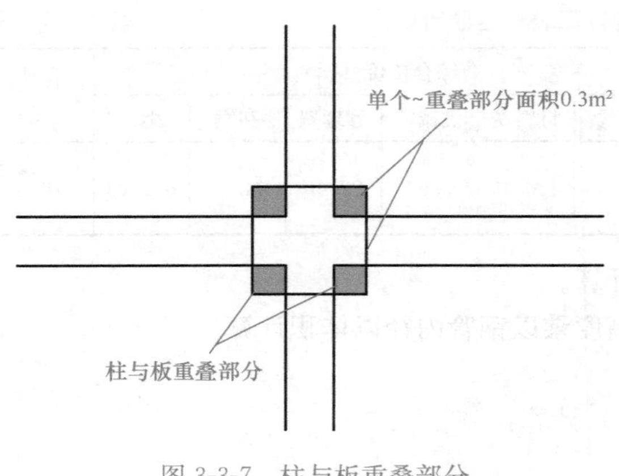

图 3-3-7 柱与板重叠部分

1）柱与板垂直相交单个面积在 0.3m² 以上的，板应扣除与柱重叠部分的工程量，如图 3-3-7 所示。

2）无梁板按板和柱帽体积之和计算。

3）各类板伸入砖墙内的板头并入板体积内计算，依附于拱形板、薄壳屋盖的梁及其他构件工程量均并入所依附的构件内计算。

板混凝土工程量清单与计价（定额清单计价）

4）板垫及与板整体浇捣的翻边（净高 250mm 以内的）并入板内计算；板上单独浇捣的砌筑墙下素混凝土翻边按圈梁定额计算，高度大于 250mm 且厚度与砌体相同的翻边无论整浇或后浇均按混凝土墙体定额执行。

5）压型钢板混凝土楼板扣除构件内压形钢板所占的体积。

（4）混凝土墙

现浇混凝土墙浇捣按墙面积乘以墙厚计算，墙高按基础顶面（或楼板上表面）算至上一层楼板上表面；应扣除门窗洞口及 0.3m² 以上的其他孔洞所占体积，墙垛及突出部分并入墙体积内计算。柱与墙连接时柱并入墙体积，墙与板连接时墙算至板顶，平行嵌入墙上的梁不论凸出与否，均并入墙内计算，与墙连接的暗梁暗柱并入墙体积，墙与梁相交时梁头并入墙内。

弧形墙与直形墙连接时，模板工程量以交接点为界分别计算套用相应定额。

（5）后浇带

定额按地下室底板、梁板、墙分别列出混凝土浇捣和模板增加费子目。

1）设计梁、板、墙设后浇带时，后浇带混凝土浇捣应单独列项按体积计算执行后浇带相应定额，相应构件混凝土浇捣工程量应扣除后浇带体积。

2）相应构件模板工程量不扣除后浇带部分，后浇带另行按延长米（含梁宽）计算增加费。

【例 3-3-8】 按图 3-3-8 所示计算楼层后浇带相应工程量并确定所套用的定额，工程采用泵送商品混凝土浇捣。

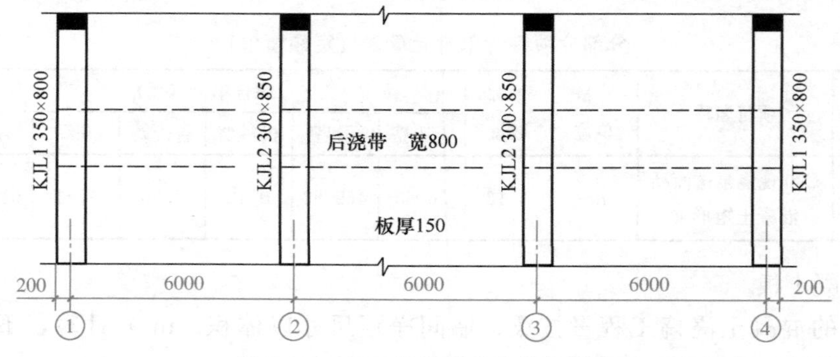

图 3-3-8 某工程楼层后浇带布置图

【解】1）后浇带混凝土浇捣工程量包括梁板体积合并计算，其中：

梁：$V_1=(0.35\times0.8+0.3\times0.85)\times2\times0.8=0.86$（m³），KJL1-2 整体工程量应扣除该体积。

板：$V_2=(18-0.15\times2-0.3\times2)\times0.15\times0.8=2.05$（m³），楼面板整体工程量应扣除该体积。

后浇带浇捣工程量 $V=V_1+V_2=0.86+2.05=2.91$（m³）。

板厚为 20cm 以内，混凝土浇捣套用定额 5-31。

2）后浇带范围模板工程量在整体梁板计算时一并计算不予扣除，另按梁板合并计算后浇带模板增加费：$L=18+0.2\times2=18.4$m，按板厚套用定额 5-185。

（6）楼梯

现浇楼梯混凝土浇捣和模板均分为直形楼梯和弧形楼梯。楼梯定额不包括楼梯基础、起步以下的基础梁、楼梯柱、栏板扶手等，应按设计内容另行列项计算。自行车坡道带有台阶及 4 步以上的混凝土台阶的，按楼梯相应定额执行。

楼梯（休息平台、平台梁、斜梁及楼梯与楼面的连接梁）的混凝土量均按图示尺寸以水平投影面积计算，不扣除宽度<50cm 的楼梯井，伸入墙内部分不另行计算。当整体楼梯与现浇楼板无梯梁连接时，算至最上一级踏步沿加 30cm 处；与楼梯休息平台脱离的平台梁按梁或圈梁计算。

【例 3-3-9】按图 3-3-9 尺寸如图所示，已知某四层标准楼梯，采用 C30 泵送商品混凝土直形楼梯，楼梯井宽度为 120mm，梯梁宽度为 240mm。试计算楼梯的混凝土定额工程量及工程量清单表、综合单价（计算结果保留两位小数）及合价（取整）。企业管理费取 15%，利润取 10%，信息价参考《浙江省预算定额（2018 版）》取定，风险费隐含于综合单价的人工、材料、机械单价中。

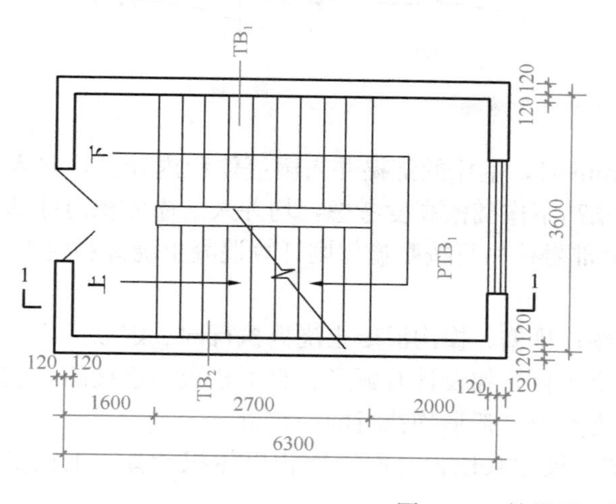

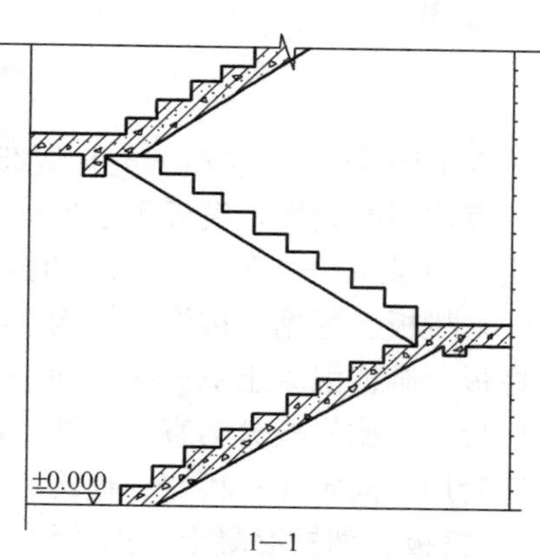

图 3-3-9　楼梯平、剖面图

楼梯混凝土
工程量清单与计价
（定额清单计价）

【解】1）计算直形楼梯定额工程量

直形楼梯水平投影面积：

$S=(3.6-0.12\times2)\times(2.7+2.0-0.12+0.24)\times4=64.78(\text{m}^2)$

2）列出分部分项工程量清单表（定额清单）（表 3-3-9）

分部分项工程量清单表（定额清单） 表 3-3-9

序号	定额编号	项目名称	计量单位	工程数量
1	5-24	C30 现浇泵送商品混凝土直形楼梯	m^2	64.78

3）列出分部分项综合单价计算表（定额清单）（表 3-3-10）

分部分项综合单价计算表（定额清单） 表 3-3-10

序号	编号	项目名称	计量单位	工程数量	综合单价（元）						合计（元）
					人工费	材料费	机械费	管理费	利润	小计	
1	5-24	C30 现浇泵送商品混凝土直形楼梯	m^2	64.78	15.59	114.60	0.15	2.36	1.57	134.28	8699

（7）阳台、雨篷

阳台、雨篷定额仅适用于全悬挑时的现浇阳台、雨篷，半悬挑及非悬挑的阳台、雨篷，按梁、板有关定额执行。

混凝土浇捣按挑出墙（梁）外体积以“m^3”计算，外挑牛腿（挑梁）、台口梁、高度<250mm 的翻檐均合并在阳台、雨篷内计算。当阳台、雨篷无台口梁而设上下翻檐时，上下翻檐合并计算高度；图 3-3-10 所示为雨篷不同翻檐设置情况。

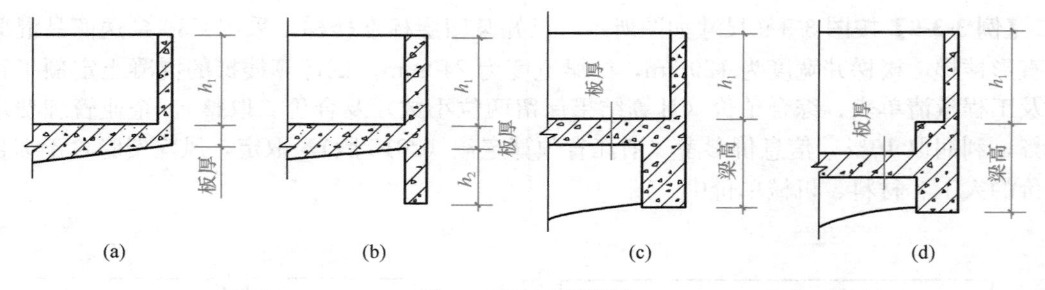

图 3-3-10 雨篷翻檐

图 3-3-10 中 h_1（或 h_1+h_2）$\leqslant$250mm 时，翻檐的浇捣并入雨篷体积内计算，并入雨篷内计算体积的翻檐，模板不予另计；梁高不作翻檐高度考虑，均并入雨篷体积内计算。

当 h_1（或 h_1+h_2）>250mm 时，全部翻檐另行按翻檐规则计算混凝土浇捣和模板。

（8）栏板、翻檐，挑檐、檐沟

栏板、翻檐混凝土浇捣执行同一定额；挑檐、檐沟混凝土浇捣执行同一定额。

栏板、翻檐模板分为直形、弧形两个子目，如设计有弧形、直形栏板相连接的，应分别计算套用不同定额；挑檐、檐沟不考虑直形、弧形均执行同一定额。

1）栏板、翻檐混凝土浇捣按设计图示尺寸乘以设计断面面积以体积计算，工程量包括栏板上的整浇扶手。

2）栏板内设短柱时，短柱并入栏板内计算。

3）檐沟、挑檐混凝土浇捣工程量按图示尺寸以体积计算，工程量包括底板、侧板及与板整浇的挑梁。

（9）地沟、扶手、压顶、场馆看台及小型构件

1）地沟、扶手、压顶、场馆看台及小型构件、混凝土后浇带按设计图示尺寸以体积计算。

2）场馆看台模板按设计图示尺寸，以水平投影面积计算。

地沟设计有预制混凝土或其他材质盖板的，盖板应另行列项计算。

（10）装配式混凝土结构构件安装

矩形柱模板
工程量清单与计价
（定额清单计价）

1）结构构件安装工程量：构件安装工程量按成品构件设计图示尺寸的实体积以“m^3”计算，依附于构件制作的各类保温层、饰面层体积并入相应的构件安装中计算，不扣除构件内钢筋、预埋铁件、配管、套管、线盒及单个面积不大于0.3m^2的孔洞、线箱等所占体积，外露钢筋体积亦不再增加。

套筒注浆按设计数量以“个”计算。

轻质条板隔墙安装工程量按构件图示尺寸以“m^2”计算，应扣除门窗洞口、过人洞、空圈、嵌入墙板内的钢筋混凝土柱、梁、圈梁、挑梁、过梁、止水翻边及凹进墙内的壁龛、消防栓箱及单个面积大于0.3m^2的孔洞所占的面积，不扣除梁头、板头及单个面积不大于0.3m^2的孔洞所占面积。

预制烟道、通风道安装工程量按图示长度以“m”计算，排烟（气）止回阀、成品风帽安装工程量按图示数量以“个”计算。

外墙嵌缝、打胶按构件外墙接缝的设计图示尺寸以“m”计算。

2）后浇混凝土工程量：后浇混凝土浇捣工程量按设计图示尺寸以实体积计算，不扣除混凝土内钢筋、预埋铁件及单个面积不大于0.3m^2的孔洞等所占体积。

装配式混凝土构件
（叠合板）工程量
清单与计价
（定额清单计价）

3）后浇混凝土钢筋工程量：后浇混凝土钢筋工程量按设计图示钢筋的长度、数量乘以钢筋单位理论质量计算。

4）后浇混凝土模板工程量：后浇混凝土模板工程量按后浇混凝土与模板接触面以“m^2”计算，超出后浇混凝土接触面与预制构件抱合部分的模板面积不增加计算。

（11）现浇混凝土构件模板工程量计算

1）现浇混凝土构件模板，除另有规定者外，均按模板与混凝土的接触面积计算。梁、板、墙设后浇带时，计算构件模板工程量不扣除后浇带面积，后浇带另行按延长米（含梁宽）计算增加费。

构造柱模板
工程量清单与计价
（定额清单计价）

2）现浇混凝土的柱、梁、板、墙的模板按混凝土相关划分规定执行。构造柱高度的计算规则同混凝土，宽度按与墙咬接的马牙槎每侧加60mm合并计算。堵墙面模板止水对拉螺栓孔眼增加费按对应范围内的墙的模板接触面工程量计算。

【例3-3-10】 结合例3-3-6中构造柱的参数及图3-3-6所示构造柱平面布置情况，列出GZ1、GZ2构造柱模板的定额工程量及工程量清单表，计算综合单价（计算结果保留两位小数）及合价（取整）。企业管理费取16.57%，利润取8.1%，信息价参考《浙江省预算定额（2018版）》取定，风险费隐含于综合单价的人工、材料、机械单价中。

装配式混凝土
构件（柱）工程
量清单与计价
（定额清单计价）

【解】 该构造柱柱高为：4.5－0.65＝3.85（m）。

① 构造柱模板工程量：

GZ1：$S_1=(0.24\times2+0.06\times4)\times3.85\times6=16.63(m^2)$

GZ2：$S_2=(0.24\times2+0.06\times4)\times3.85\times4=11.09(m^2)$

合计：S=16.63+11.09=27.72(m^2)

② 列出技术措施项目工程量清单（定额清单）（表 3-3-11）

技术措施项目工程量清单（定额清单） 表 3-3-11

序号	定额编号	项目名称	计量单位	工程数量
1	5-123	构造柱模板	m^2	27.72

③ 列出技术措施项目清单综合单价计算表（定额清单）（表 3-3-12）

技术措施项目清单综合单价计算表（定额清单） 表 3-3-12

序号	编号	项目名称	计量单位	工程数量	综合单价（元）						合计（元）
					人工费	材料费	机械费	管理费	利润	小计	
1	5-123	构造柱模板	m^2	27.72	20.84	19.03	0.72	3.57	1.75	45.91	1273

3）计算墙、板工程量时，应扣除单孔面积大于 0.3m^2 以上的孔洞，孔洞侧壁模板工程量另加；不扣除单孔面积小于 0.3m^2 以内的孔洞，孔洞侧壁模板也不予计算。

4）柱、墙、梁、板、栏板相互连接时，应扣除构件平行交接及 0.3m^2 以上构件垂直交接处的面积。

【例 3-3-11】 根据例 3-3-5 中图 3-3-5 所示某工程现浇框架结构平面图，柱基顶面标高 −0.70m，楼面结构标高为 3.75m，柱、梁、板均采用 C30 现浇泵送商品混凝土，柱截面均为 500mm×500mm，板厚度 120mm。试计算混凝土梁模板定额工程量，编制措施项目工程量清单表，计算综合单价（计算结果保留两位小数）及合价（取整）。企业管理费取 16.57%，利润取 8.1%，信息价参考《浙江省预算定额（2018 版）》取定，风险费隐含于综合单价的人工、材料、机械单价中。

【解】 ① 计算梁模板的面积：

KL1：S_1 =(6.24−0.5×2)×[(0.3+0.7×2−0.12)×2+(0.3+0.7×2−0.12×2)]
=24.21(m^2)

KL2：S_2 =(3.6+5.5+0.24−0.5×3)×(0.3+0.6×2−0.12)×2
=21.64(m^2)

合计：S=24.21+21.64=45.85(m^2)

矩形梁模板工程量清单与计价（定额清单计价）

② 列出技术措施项目工程量清单（定额清单）（表 3-3-13）

技术措施项目工程量清单（定额清单） 表 3-3-13

序号	定额编号	项目名称	计量单位	工程数量
1	5-131	矩形梁复合木模	m^2	45.85
2	5-137	梁支模超高每增加 1m	m^2	45.85

③ 列出分部分项综合单价计算表（定额清单）（表 3-3-14）

分部分项综合单价计算表（定额清单） 表 3-3-14

序号	编号	项目名称	计量单位	工程数量	综合单价（元）						合计（元）
					人工费	材料费	机械费	管理费	利润	小计	
1	5-131	矩形梁复合木模	m^2	45.85	32.84	18.90	2.19	5.80	2.84	62.57	2869
2	5-137	梁支模超高每增加 1m	m^2	45.85	3.10	1.13	0.20	0.55	0.27	5.25	241

5）弧形板并入板内计算，另按弧长计算弧形板增加费。梁板结构的弧形板弧长工程量应包括梁板交接部位的弧线长度。

6）挑檐、檐沟与板（包括屋面板、楼板）连接时，以外墙外边线为分界线；与梁（包括圈梁等）连接时，以梁外边线为分界线；外墙外边线以外或梁外边线以外为挑檐檐沟。

7）现浇混凝土阳台、雨篷按阳台、雨篷挑梁及台口梁外侧面（含外挑线条）范围的水平投影面积计算，阳台、雨篷外梁上有外挑线条时，另行计算线条模板增加费。阳台、雨篷含净高 250mm 以内的翻檐模板，超过 250mm 时，全部翻檐另按栏板项目计算。

定额未考虑阳台、雨篷平面形状，均按直形考虑，如为弧形阳台、雨篷仍按定额执行，另行计算弧形模板增加费。

阳台、雨篷支模高度超过 3.6m 时，按板支模超高增加费定额执行，有梁时展开计算并入板工程量内。

8）现浇混凝土楼梯（包括休息平台、平台梁、楼梯段、楼梯与楼层板连接的梁）按水平投影面积计算。不扣除宽度＜500mm 楼梯井所占面积，楼梯的踏步、踏步板、平台梁等侧面模板不另行计算，伸入墙内部分亦不增加。当整体楼梯与现浇楼板无梯梁连接时，以楼梯的最上一级踏步边缘加 300mm 为界。

9）装饰线：装饰线条模板增加费定额适用于设计因立面装饰需要凸出混凝土柱、梁、墙侧面线条的模板增加费。线条混凝土浇捣及模板制、安、拆均不另行单独列项，应并入相应构件工程量内计算。

① 定额按线条凸出的棱线道数划分为三道以内、三道以上两个子目；线条断面为外凸弧形的，一个曲面按一道考虑（图 3-3-11b）。

② 单阶线条凸出宽度大于 300mm 的，按雨篷定额执行；单独窗台板、栏板扶手、墙上压顶的单阶挑檐等按单独扶手、压顶或小型构件定额执行的构件不再另计模板增加费。

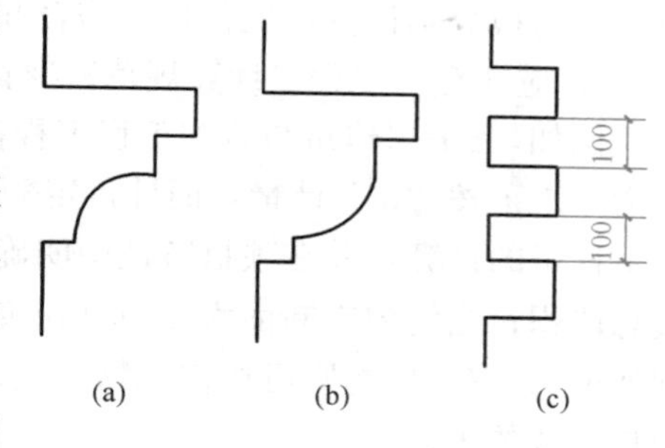

图 3-3-11　装饰线条示意图

凸出的线条模板增加费以凸出棱线的道数不同分别按延长米计算，两条及多条线条相互之间净距＜100mm 的，每两条线条按一条计算工程量（图 3-3-11c）。

3.3.1.3　国标清单计量及计价

本节工程项目按现行《工程量计算规范》附录 E.2～E.16、附录 S.2 编码列项。

因《工程量计算规范》中对本章内容所涉及的模板工程有两种处理办法，即列入分部分项清单项目工作内容或者单独按技术措施项目列项，在浙江省的清单编制时一般采用单独按技术措施项目列项。

（1）现浇混凝土构件

1）清单项目设置

现浇混凝土工程项目按构件部位、作用和形体等划分设置，计量规范的附录划分为八个（E.1～E.8）。

因《清单计价规范》的项目内容与计价定额存在一定差异，在按《清单计价规范》项目列项时应考虑计价定额的使用，在清单列项时应结合计价定额的项目划分，以便清单计价时能方便使用计价定额。

例如，《工程量计算规范》附录表 E.5 中的有梁板，按规范工程量计算规则为梁板体积合并计算，但按计价定额梁、板工程量是分别列项计算的，为方便计价，在清单列项时可以不再使用“有梁板”子目来列项。

《工程量计算规范》附录 E 各现浇构件项目中均列有模板工作内容，而附录 S.2 又单独列有混凝土模板及支架（撑）清单项目，清单编制人应根据工程的实际情况在同一个标段（或合同段）中在两种方法中选择一种予以考虑列项方式。

2）清单项目的特征描述

现浇混凝土结构构件的清单项目一般组合内容较少，应统筹考虑计价时能合理执行合适的定额子目，并根据计价定额使用时的有关要求进行项目特征描述。

例如，《工程量计算规范》附录 E.3 表中圈、过梁分别编码列项且不区分各种情况，而计价定额规定单独过梁模板在用矩形梁定额（混凝土浇捣应套用圈、过梁定额）、与圈梁连接的过梁套用圈梁定额，故不同情况的过梁（包括模板单独列项时）应分别列项，项目名称均为“过梁”，但项目特征中需描述过梁的不同情况。

3）清单项目工程量的计算

①《清单计价规范》与计价定额的现浇混凝土工程量计算规则基本相同，仅注意因项目划分不同时引起的规则差异。

例如，《工程量计算规范》附录表 E.5 中的“有梁板”，按本省计价定额的使用情况，可将梁与板分别计算，工程量不需合并。

② 应注意《工程量计算规范》项目与计价定额项目计量单位不同引起的差异。

例如，《房屋建筑与装饰工程工程量计算规范》GB 50854—2013 附录表 E.7 电缆沟、地沟，规范按“m”计量，而计价定额按“m^3”计量，清单编制时应同时考虑执行定额计价工程量的计算，并在项目特征中明确描述两个不同计量单位之间的关系（如每米沟体积或总体积；当沟内空断面大于 $0.4m^2$ 时，尚需将沟底、壁、顶分别描述或以连续编码分别列项）。室外地沟则可按构筑物工程计算规范附录 A.9 编码列项，则计量单位与计价定额是一致的了。

4）应注意的事项

① 项目特征描述时对于混凝土种类需按工程设计、工程当地有关规定进行描述。

② 根据浙江省计价定额的使用，增补《工程量计算规范》清单项目的项目特征：设备基础子目增加描述设备螺栓孔数量及三维尺寸；楼梯相关子目增加描述底板厚度。

③ 同一构件的列项，应按《工程量计算规范》附录规定（见《工程量计算规范》附录表 E.1 备注）及计价定额的应用，分解列项。

④“异形梁”应按不同性质（如薄腹梁、吊车梁等）分别列项，弧形、拱形梁分别列项。

⑤ 现浇混凝土墙除按直形、弧形区分外，尚应按不同墙厚、部位、性质等分别编码列项，如：一般的墙按厚度以 10cm 内、10cm 以上分别列项；地下室内墙与外墙、高度＜1.2m 和＞1.2m 的女儿墙、无筋混凝土或毛石混凝土挡土墙等应分别列项。

⑥ 因《工程量计算规范》中檐沟不分内、外且按“天沟”列项，按照计价定额整体现浇梁板组成的跨中排水沟（内天沟）按梁板规则列项，故清单特征必须描述部位并分别

列项：挑檐板应按外挑尺寸、平挑还是带翻檐的予以区别。

⑦ 现浇混凝土小型池槽、垫块、门框等，应按附录表 E.7 中其他构件项目编码列项。

檐沟混凝土工程量清单与计价（国标清单计价）

⑧《工程量计算规范》附录项目中列有两种计量单位的，如楼梯、扶手、压顶等，应结合本省计价定额子目的计量单位选取一种来计算列项。

⑨ 当施工图设计要求混凝土掺外加剂时，项目特征应明确描述外加剂的品种、掺量。

【例 3-3-12】 某工程 C30 商品混凝土雨篷如图 3-3-12 所示。试列出分部分项工程量清单表（国标清单），计算该雨篷的综合单价（计算结果保留两位小数）及合价（取整）。企业管理费为取 15%，利润为取 10%，市场信息价参照《浙江省预算定额（2018 版）》中人材机价格，风险费隐含于综合单价的人工、材料、机械单价中。

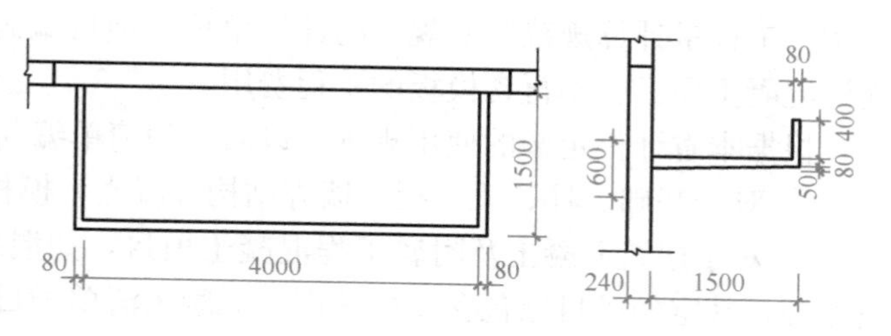

图 3-3-12　雨篷平面图、剖面图

【解】 1）计算雨篷浇捣清单工程量：雨篷工程量包括雨篷板、台口梁及挑梁体积之和，因翻檐高度超过 250mm，故翻檐体积计入时，必须在项目特征内予以描述，否则应单独计算另行列项。

雨篷混凝土工程量清单与计价（国标清单计价）

2）雨篷浇捣工程量：

$V_{底板}=1.5\times(4+0.08\times2)\times(0.08+0.13)\div2=0.655(m^3)$

$V_{翻檐}=0.4\times0.08\times(4+1.5\times2)=0.192(m^3)$

清单工程量合计：$V=0.655+0.192=0.847(m^3)$

3）列出分部分项工程量清单（国标清单）（表 3-3-15）

分部分项工程量清单（国标清单）　　表 3-3-15

序号	项目编码	项目名称	项目特征	计量单位	工程数量
1	010505008001	雨篷	C30 商品混凝土，雨篷板 0.655m³，翻檐 0.192m³	m³	0.847

4）计算分部分项工程量清单综合单价计算表（国标清单）（表 3-3-16）

分部分项工程量清单综合单价计算表（国标清单）　　表 3-3-16

序号	编号	项目名称	计量单位	工程数量	综合单价（元）						合计（元）
					人工费	材料费	机械费	管理费	利润	小计	
1	010505008001	雨篷	m³	0.847	84.54	474.86	0.61	12.77	8.52	582.15	493
	5-22	C30 商品混凝土雨篷	m³	0.655	70.79	476.95	0.61	10.71	7.14	566.20	371
	5-20	翻檐	m³	0.192	131.45	467.74	0.63	19.81	13.21	632.84	122

注：雨篷与翻檐应分别套用相应的子目，因此需要计算相应定额工程量，根据定额工程量计算规则，计算过程与清单工程量的相同。

(2) 模板工程

1) 根据《工程量计算规范》，模板工程采用两种列项方式进行编制：一种为模板不单独列项，在构件混凝土浇捣的“工作内容”中包括模板工程的内容，这时不再编列现浇混凝土模板清单项目，模板工程与混凝土工程项目一起组成混凝土浇捣项目的综合单价，即现浇混凝土工程项目的综合单价包括了模板的工程费用。这时混凝土构件的项目特征需描述模板工程相关特征（如数量、招标人要求的模板种类等）。另一种为模板单独列项，在措施项目中编列现浇混凝土模板工程清单项目，单独组成综合单价，模板单独列项时，必须按《工程量计算规范》所规定的计量单位、项目编码、项目特征描述编列清单，同时，现浇混凝土项目中不再含模板的工程费用。

根据本省计价定额的使用规则，以后一种清单编列较合适。

① 对于基础、柱、梁、板、墙等结构混凝土，模板应按措施项目单独列项。

② 对于建筑混凝土及附属工程混凝土项目，如混凝土找平层、混凝土散水、混凝土坡道等，其定额子目已包含支模费用，混凝土清单子目不需要再组合模板费用。

③ 不论采用哪种方法，都必须在编制说明或项目特征中予以说明，对于编制说明或项目特征中未说明的，模板工程按措施项目单独列项处理。

2) 模板工程量计算

按照《工程量计算规范》对模板工程的两种列项方式，模板工程量的计算各有不同。

① 如按模板在混凝土浇捣项目内组价的，则模板工程量在清单中不能体现（见附录E.1　010501001～010501003）。

按本省现行定额计价的，则需由计价人另行按照图纸及计价定额规则计算模板工程的计价工程量，并按计算得到的模板工程量组合到混凝土浇捣项目内计价形成相应构件的综合单价。故该清单编制时也须按本省计价定额有关模板工程的使用规则对构件项目特征进行描述才能满足计价需要。

② 如将模板工程单独计量、编列清单项目的，模板工程量应按《工程量计算规范》附录S.2相应项目工程量计算规则计算；同时应结合计价所采用的定额使用规则，对具体定额细分子目分别计算出清单项目组合的内容予以描述，或按涉及计价的不同特征项目以清单项目第五级编码分别列项。

对于《工程量计算规范》附录中工程量计算规则与计价定额不同之处，按《工程量计算规范》计算工程量时，应结合计价定额使用规则计算出相关项目特征值并予以描述。

3) 应注意的问题

① 不采用支模施工的混凝土构件不应计算模板。

② 当现浇混凝土柱、梁、板、墙等构件支模高度大于3.6m时，按支模高度（层高）不同进行描述并分别列项，或将支模超高工程量按不同超高（以1m为步距）单独以第五级编码分别列项。

③ 悬挑式阳台、雨篷如带梁及250mm以内翻檐的，当支模高度超过3.6m时，工程量按《工程量计算规范》计算规则计算，但应描述混凝土与模板接触面展开面积。

半悬挑及非悬挑的阳台、雨篷，按梁、板有关编码列项。

【例3-3-13】 结合例3-3-12，该雨篷工程支模高度5.15m，模板工程采用复合木模施工。试列出雨篷模板的措施项目工程量清单表（国标清单），计算该雨篷的综合单价（计算结果保留两位小数）及合价（取整）。企业管理费为定额人工费及定额机械费之和的16.57%，利润为定额人工费及定额机械费之和的8.1%，市场信息价参照《浙江省预算定额（2018版）》中人材机价格，风险费隐含于综合单价的人工、材料、机械单价中。

【解】 1）根据《工程量计算规范》计算规则计算国标清单工程量：

水平投影面积 $S=1.5\times(4+0.08\times2)=6.24(m^2)$。

雨篷模板
工程量清单与计价
（国标清单计价）

2）根据《浙江省预算定额（2018版）》附注说明：雨篷支模高度超高时按板的支模超高定额计算；有梁时，展开计算并入板内工程量。

水平投影面积 $S=6.24(m^2)$

雨篷板混凝土与模板的接触面积 $S=1.5008\times(4+0.08\times2)+0.08\times(4+0.08\times2)+1.5\times(0.08+0.13)/2\times2=6.89(m^2)$

雨篷翻檐模板面积 $S=0.4\times(4+0.008\times2+1.5\times2)+0.4\times(4-0.08\times2+1.5\times2)=5.6(m^2)$

3）列出技术措施项目工程量清单（国标清单）（表3-3-17）

技术措施项目工程量清单（国标清单）　　表3-3-17

序号	项目编码	项目名称	项目特征	计量单位	工程数量
1	011702023001	雨篷模板	1. 悬挑雨篷模板及支架（撑） 2. 悬挑雨篷复合木模 3. 支模高度5.15m，板模板接触面积6.89m²；超250mm翻檐模板接触面积5.73m²	m²	6.24

4）列出技术措施项目综合单价计算表（国标清单）（表3-3-18）

技术措施项目综合单价计算表（图标清单）　　表3-3-18

序号	编号	项目名称	计量单位	工程数量	综合单价（元）						合计（元）
					人工费	材料费	机械费	管理费	利润	小计	
1	011702023001	雨篷模板	m²	6.24	94.37	55.54	6.53	16.72	8.18	181.33	1131
	5-174	雨篷复合模板	m²	6.24	65.99	33.19	4.87	11.74	5.74	121.53	758
	5-151×2	雨篷支模高度5.15m，超高1.55m增加费	m²	6.89	4.70	2.7	0.47	0.86	0.42	9.15	63
	5-176	现浇混凝土雨篷翻檐模板，翻檐高度400mm	m²	5.6	25.84	21.58	1.27	4.49	2.2	55.38	310

④ 涉及弧形构件的模板，如在其模板定额中未考虑弧形的，则在相应的构件模板清单里组合计价，项目特征必须描述相应的弧长。

⑤ 现浇混凝土构件设有后浇带时，模板工程量不扣除后浇带所占位置，但应在项目特征中描述后浇带长度及相应的计价定额划分步距。

（3）钢筋及螺栓、铁件工程

房屋建筑工程钢筋及螺栓、铁件工程量清单应按《工程量计算规范》规范附录项目列项。

单位工程钢筋及螺栓、铁件工程量包括混凝土构件（含桩基础）、砌体加固及楼屋面构造层等包含的用钢量。

1）项目设置。钢筋工程量清单项目按构件性质、钢种及工艺等划分，按《工程量计算规范》附录 E.15 分为 10 个项目编码列项；螺栓、铁件工程量清单项目按《工程量计算规范》附录 E.16 分为 3 个项目编码列项。

① 各类构件钢筋应根据构件性质按圆钢筋，带肋钢筋，箍筋，桩及地下连续墙钢筋笼（分圆钢、带肋钢筋），后张法预应力钢筋束，钢筋焊接、机械连接、植筋，预埋铁件、螺栓制作安装等分别列项。

② 圆钢筋、带肋钢筋及箍筋应根据钢种、规格分别列项。例如，直径 25mm 以内 HRB400 带肋钢筋。

③ 后张法预应力钢筋应分别按钢丝束、钢绞线分别列项。

④ 预埋铁件应按单只重量 25kg 以内、以上分别列项。

⑤ 设计规定采用直螺纹、锥螺纹、冷挤压、电渣压力焊、气压焊连接时，应分别列项。

⑥ 砌体内的加固钢筋、屋面（或楼面）细石混凝土找平层内的钢筋制作、安装，按现浇混凝土钢筋或钢筋网片编码列项。

2）清单项目的特征描述

① 钢筋工程项目特征中的钢筋种类按上述列项划分内容予以描述，并应结合本省计价定额钢筋相应子目的规格描述。

② 后张预应力钢筋设计明确采用的锚具在项目特征中予以描述。

③ 后张法预应力钢绞线、钢丝束应按设计要求描述有粘结还是无粘结的，如预应力孔道灌浆设计材料有特殊要求时需予以描述。

④ 钢筋采用机械连接及需要单独计算的焊接接头，应描述具体接头方式。

⑤ 预埋铁件除描述每块重量的界限以外，尚应描述组成铁件不同钢材的比例或用量。

⑥ 如施工图设计标注做法见标准图集时，项目特征注明标准图集的编码、页号及节点大样即可；但如果标准图集有要求单体设计予以明确的（如规格、品种等），必须要求设计图纸予以明确后按设计要求描述。

3）清单项目工程量计算。各类钢筋、预埋件的工程量按施工图设计图示钢筋（网）、钢丝束、钢绞线长度（面积）乘以单位理论质量以净用量计算，计量单位为“t”；机械连接按设计要求适用范围以“个”计算。

① 制作、安装、运输损耗考虑在计价内。

② 现浇构件中固定位置的支撑钢筋、双层钢筋用的撑脚、伸出构件的锚固钢筋、预制构件的吊钩等，应计算钢筋工程量，按所属构件和钢种、规格与构件钢筋合并列项编码或根据前述特征要求单独按 010515009 编码列项。

③ 现浇构件中伸出构件的锚固钢筋应并入钢筋工程量内。除设计（包括规范规定）标明的搭接外，其他施工搭接计价需要时可以列入清单工程量并在特征中描述。

④ 按机械连接、计价定额单独列项的焊接计算了接头时，不再计算钢筋搭接增加长度。

4）应注意的问题

① 关于钢筋定尺长度引起的搭接：因《工程量计算规范》规定了现浇构件中的钢筋除设计（包括规范规定）标明的搭接外，其他施工搭接不计算工程量，在综合单价中考虑。

本省在具体贯彻实施时，对于现浇构件中因定尺长度引起的钢筋连接，应按以下原则处理：设计图纸注明的，按设计有关规定计算；设计图纸未注明的，单根钢筋连续长度超过 9m 可按设计规定计算一个接头，该接头按绑扎搭接计算时，钢筋搭接工程量并入清单钢筋工程量。

如按照本省计价定额规则钢筋定尺长度搭接需计入清单工程量的，应在清单说明中注明定尺长度，如未计入清单工程量的，也应予以说明。

② 发生植筋时，植筋按钢筋工程量清单第五级编码分别列项，并明确描述植筋规格和植筋根数。

③ 预应力构件中的非预应力筋应按钢种分别编码列项；预应力筋设计要求人工时效时，应在清单项目特征中明确。

④ 后张预应力构件不能套用标准图集计算时，其预应力筋按设计构件尺寸，并区别不同的锚固类型，钢筋长度按孔道长度为基础分别计算；锚具按套计算，在项目特征中明确并应注明是单锚还是群锚。

⑤ 滑模工程如设计利用提升支撑杆作结构钢筋时，不得重复计算。

⑥ 除钢筋混凝土构件以外，其他分部工程内涉及的钢筋应按钢筋工程第五级编码分别列项，并描述具体配筋部位、钢种类别和规格等；如在其他分部分项内综合组价的，按其他分部分项工程量清单编制规定执行。

【例 3-3-14】 某框架结构，局部如图 3-3-13 所示，基础、柱、梁混凝土强度等级均为 C30，梁、柱混凝土强度等级均为 C30，梁、柱混凝土保护层厚 30mm，抗震等级为一级抗震。柱的截面尺寸为 400mm×400mm，轴线与柱中心线重合。试计算图中楼层框架梁 KL1 中的钢筋工程量（不考虑板的因素）。

【解】 列出钢筋工程量计算表（表 3-3-19）：

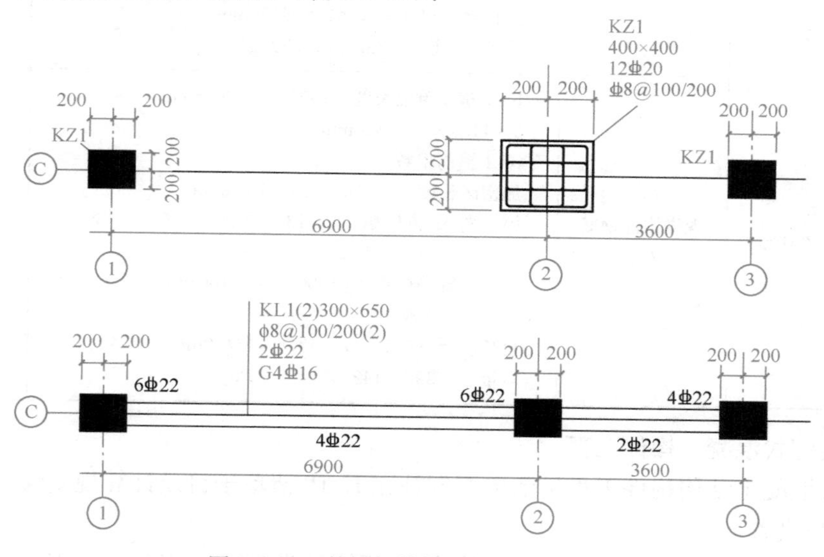

图 3-3-13　某框架结构局部结构施工图

钢筋工程量计算表　　表 3-3-19

序号	项目编码	项目名称	计算式	计量单位	工程数量
1	010515001001	现浇构件钢筋 (梁Φ22)	直锚长度＝40×22＝880mm＞400mm，按弯锚计算 (1) KL1 上部通长钢筋 (2Φ22) 弯锚锚固长度：400－30＋15×22＝700mm [700＋(6900＋3600－400)＋700]×2＝23000mm (2)KL1 上部支座负筋 左支座负筋(4Φ22)： (700＋6500/3)×4＝11467mm 中支座及右支应通跨布置的负筋(2Φ22) (6500/3＋3600＋700)×2＝12933mm 中支座负筋(2Φ22)： (6500/3＋400＋6500/3)×2＝9467mm (3)KL1 下部钢筋 第一跨下部纵筋(4Φ22)： (700＋6500＋880)×4＝32320mm 第二跨下部纵筋(2Φ22)： (880＋3200＋700)×2＝9560mm 合计长度：98747mm 质量＝2.984×98747＝294.66kg	t	0.295
2	010515001002	现浇构件钢筋 (Φ16)	KL1 侧面构造钢筋(4Φ16)： (5×16＋10100＋15×16)×4＝42320mm 质量＝1.578×42.320＝66.78kg	t	0.067
3	010515001003	现浇构件钢筋 (Φ10)	(1) DJ$_J$01 的 X 向钢筋： 单根长度＝1500－40×2＝1420mm 根数＝[1500－2×max(75150/2)]/150＋1＝10 根 (2) DJ$_J$01 的 Y 向钢筋：与 X 向钢筋一样 总长度＝1420×10×2＝28400mm 质量＝0.617×28.4＝17.52kg	t	0.018
4	010515001004	现浇构件钢筋 (Φ8)	KL1 箍筋单根长度：(300－2×30＋650－2×30)×2＋2×11.9×8＝1850mm KL1 箍筋根数： 加密区长度＝(2×650.5)＝1300mm 第一跨箍筋根数＝[(1300－50)/100＋1]×2＋(3900/200－1)＝47 根 第二跨箍筋根数＝(1300－50)/100＋17×2＋(600/200－1)＝30 根 总长度＝1850×(47＋30)＝142450mm 质量＝0.395×142.45＝56.27kg	t	0.056

(4) 装配式混凝土构件工程

装配式混凝土结构构件工程量清单按省补充 E.18 清单子目及计算规则编制。

1) 项目设置

① 清单项目列项：装配式混凝土构件按分项构件类型及后浇部位在 E.18 中分为 PC

矩形柱、异形柱、单梁、叠合梁、叠合楼板、阳台、楼梯等项目，项目编码为Z010518001～Z010518020。

② 项目特征描述：PC构件项目主要是描述图代号、单件体积、截面尺寸、混凝土强度等级、钢筋种类、规格及含量、其他预埋要求、灌（嵌）缝材料种类等。后浇连接项目主要是描述混凝土种类、强度等级等。

2）工程量计算：PC构件安装清单项目计量单位除了按"m^3"外还有根、段、块等，以"m^3"计量，按设计图示尺寸以体积计算；以根、段、块计量，按设计图示尺寸以数量计算。

后浇连接混凝土浇捣项目计量单位为"m^3"，按设计图示尺寸以体积计算。

外墙嵌缝打胶按设计图示尺寸以长度计算。

3）应注意的问题

① 预制构件安装以根、段、块等为单位计量时，必须描述单件体积。

② 预制楼梯清单项目特征中的结构形式，可根据其受力形式按固支和简支进行描述。

③ 设计要求有套筒、结构连接用预埋件，以及水、电安装所需配管、线盒、线箱者，应在构件项目特征"其他预埋要求"中进行描述，其费用计入相应清单项目的综合单价内。

④ 工程量计算时，不扣除构件内钢筋、预埋铁件、线管、线盒及单个面积不大于300mm×300mm以内孔洞等所占体积，构件外露钢筋、预埋铁件所占体积也不增加。

⑤ 成品构件设有保温层者，保温层不另行编码列项，构件的单件体积及按体积计量时的工程量应包含保温层体积，其项目特征应增加对保温材料种类、保温层厚度的描述，并注明混凝土部分的体积。

⑥ 依附于外墙板制作的飘窗，并入外墙板内计算并单独列项；依附于阳台板制作的栏板、翻檐、空调板，并入阳台板内计算。

⑦ PC其他构件适用于未列项目，且单件构件体积在0.3m^3以内的混凝土预制构件。

3.3.2　门窗砌筑工程计量与计价

3.3.2.1　基础知识

1. 砌筑工程

砌体结构是当今主要的一种建筑结构类型，适合于低层、多层建筑结构房屋，在高层建筑的围护结构中也有使用。按工程形象部位主要有砖（石）砌基础、墙体及附属构件砌筑等。根据块体材料不同，砌体结构可分为砖砌体、砌块砌体、石材砌体和配筋砌体等结构类型。砌体工程中砌筑材料主要有：混凝土类砖（砌块）、烧结类砖（砌块）、蒸压类砖（砌块）、轻集料混凝土类砖（砌块）等。

（1）砖砌基础

详见本教材3.1.2节，本节不再赘述。

（2）砌筑墙体

墙体可以按其部位分为外墙、内墙；按其作用可以分为围护墙和隔断墙；按其受力情况可分为承重墙和非承重墙；按墙面装饰情况可分为清水墙（只勾缝，不抹灰）和混水墙。

砖砌墙体按其墙厚砖数称作1/4墙、半砖墙（1/2墙）、3/4墙、一砖墙、一砖半墙等，其厚度均按砌筑用砖的基本模数加灰缝来确定（表3-3-20）。

砖墙的厚度尺寸（单位：mm） 表 3-3-20

墙厚名称	1/2 砖	3/4 砖	1 砖	1 砖半	2 砖	2 砖半
标志尺寸	120	180	240	370	490	620
构造尺寸	115	178	240	365	490	615
习惯称谓	12 墙	18 墙	24 墙	37 墙	49 墙	62 墙

（3）附墙砖垛

当墙体承受集中荷载时，该集中荷载的支座下墙砌体会在墙的一侧凸出，以增加支座承压面积。砖垛与墙身同时接槎砌筑，凸出墙身尺寸一般为 125mm、250mm、375mm 等，宽度按砖数确定。

（4）砌体出檐及附墙烟道等

某些建筑因构造要求，在墙身面做出砖挑檐，以起分隔立面装饰、滴水等构造作用；因排烟、排气（通风）需要设置的附墙烟道、风道一般随墙体同时砌筑。

（5）砌筑柱

在些简易的砖混工程或木结构工程中，当不能用墙体来承重时，会用到砌筑的柱，柱的结构也分为基础和柱身两部分。砖砌的柱下往往做成四边大放脚，其构造原理和尺寸同砌筑墙基础。

（6）构筑物及其他砌体

常见的有池壁、筒壁、烟道、地沟、井壁、花坛等砌体。

（7）砌筑材料

常用的砌筑材料由砖、石、砌块和砌筑砂浆组成。

1）砖。砖的种类按材质不同分为黏土砖和非黏土砖，按砖的制作工艺分为烧结砖和非烧结砖，砖的结构形状分为实心砖、多孔砖和空心砖。

2）石。按石材加工情况有一般块石和方整石两种，有的地区也会用卵石作砌筑材料。

3）砌块。按结构形状分为实心砌块和空心砌块；按制作材料分为加气混凝土砌块（图 3-3-14）、混凝土砌块（实心和空心）、轻集料混凝土小型空心砌块（图 3-3-15）、粉煤灰砌块、膨胀珍珠岩砌块、煤渣混凝土砌块等。

图 3-3-14 加气混凝土砌块墙

图3-3-15 轻集料混凝土小型空心砌块

4）砌筑砂浆。砌筑砂浆是指将砖、石、砌块等块材经砌筑黏结成一个整体，起黏结、衬垫和传力作用的砂浆。

预拌砌筑砂浆是指专业生产厂家生产的湿拌砌筑砂浆和干混砌筑砂浆。按砂浆的胶凝材料不同，常用的砌筑砂浆有水泥砂浆和混合砂浆，其中水泥砂浆一般用在有防水、防潮要求的砌体中，如基础、水池、地下砌体等。砂浆按照设计要求的强度等级划分，常用的等级有 M2.5、M5.0、M7.5、M10.0 等。

5）砖砌体的组砌方式

为提高砌体的整体性、稳定性和承载力，砖块排列应遵循上下错缝的原则，避免垂直通缝出现，错缝或搭砌长度一般≥60mm。实心墙体的组砌方法有一顺一丁、三顺一丁、梅花丁、全顺砌法、全丁砌法、两平一侧砌法等（图 3-3-16）。

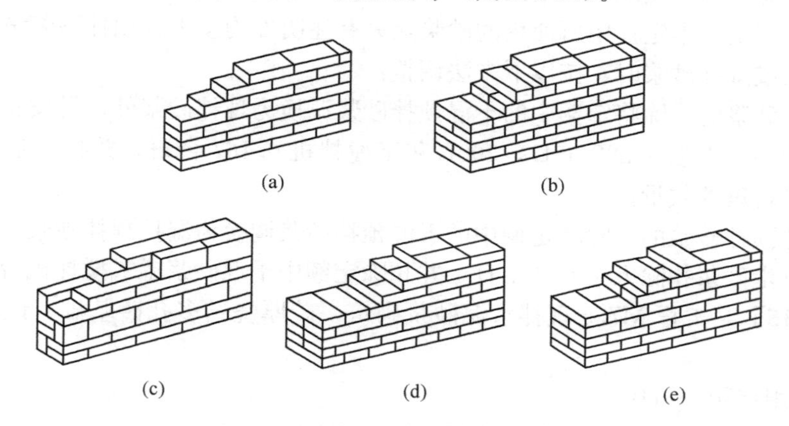

图 3-3-16 砖墙的组砌形式

（a）全顺式；（b）一顺一丁式；（c）两平一侧式；（d）三顺一丁式；（e）每皮丁顺相间式

2. 门窗工程

建筑工程中所用的门窗种类很多，按材质分为木门窗、铝合金门窗、钢门窗、塑料门窗、特殊门窗以及配件材料；按其功能可分为普通门窗、保温门窗、隔声门窗、防火门窗、防爆门等；按其结构形式可分为推拉门窗、平开门窗、弹簧门窗、自动门窗等。

（1）铝合金门窗

铝合金材料是由纯铝加入锰、镁等金属元素而成，具有质轻、高强、耐蚀、耐磨、韧度大等特点。经氧化着色表面处理后，可得到银白色、金色、翠绿色、米黄色、青铜色和古铜色等几种颜色，其外表色泽雅致、美观，经久、耐用。铝合金门窗的制作及安装工艺可归纳为：门窗扇制作、门窗框制作、定位、画线、吊正、找平、框周边塞缝、安装。

（2）塑钢门窗

塑料门窗的种类很多。根据原材料的不同，塑料门窗可以分为以聚氯乙烯树脂为主要原材料的钙塑门窗（又称"硬 PVC 门窗"）；以改性聚氯乙烯为主要原材料的改性聚氯乙烯门窗（又称"改性 PVC 门窗"）；以合成树脂为基料，以玻璃纤维及其制品为增强材料的玻璃钢门窗。

塑钢门窗的制作及安装和铝合金窗的制作及安装方法、工艺顺序是一样的，只是使用的型材不同而已。有些有地弹簧的安装，塑钢门窗的制作及安装工艺，可归纳为：门窗扇制作、门窗框制作、门窗框安装、门窗扇安装、调节、封胶、门窗锁安装。

3.3.2.2　定额计量及计价

1. 定额说明及套用

（1）砌筑工程

《浙江省预算定额（2018版）》第四章砌筑工程包括：砖砌体、砌块砌体、石砌体、垫层，共4个小节90个子目。

1）定额中砖、砌块和石料石按标准和常用规格编制的，设计规格与定额不同时，砌体材料（砖、砌块、砂浆、胶粘剂）用量应做调整，其余用量不变；砌筑砂浆是按干混砂浆编制的，定额所列砂浆种类和强度等级、砌块专用砌筑胶粘剂品种，如设计与定额不同时，应按定额总说明相应规定调整换算。

总说明中指出，本定额中所使用的砂浆除另有注明外均按干混预拌砂浆考虑，若实际使用现拌砂浆或湿拌砂浆时，按以下方法调整：

使用现拌砂浆的，除将定额中的干混预拌砂浆调换为现拌砂浆外，另按相应定额中每立方米砂浆增加：人工0.382工日，200L灰浆搅拌机0.167台班，并扣除定额中干混砂浆罐式搅拌机台班的数量。

使用湿拌预拌砂浆的，除将定额中的干混预拌砂浆调换为湿拌预拌砂浆外，另按相应定额中每立方米砂浆扣除人工0.2工日，并扣除定额中干混砂浆罐式搅拌机台班数量。

【例3-3-15】某工程M7.5现拌水泥砂浆砌筑一砖厚烧结多孔砖基础。试计算换算后定额基价。

【解】套用定额4-4H：

人工费＝78.705＋135×0.382×0.18＝87.9876(元/m^3)

材料费＝239.447＋(612－491)×0.336＋(215.81－413.73)×0.18＝235.4774(元/m^3)

机械费＝1.744＋0.167×154.97－193.83×0.009＝25.8795(元/m^3)

2）基础与墙（柱）身划分：基础与墙（柱）身使用同一材料时，以设计室内地面为界（有地下室者，以地下室内设计地面为界），以下为基础，以上为墙（柱）身。

基础与墙（柱）身使用不同材料时，位于设计室内地面高度≤±300mm时，以不同材料为分界线，高度＞±300mm时，以设计室内地面为分界线。

围墙以设计室外地坪为界，以下为基础，以上为墙身。

3）砖基础不分是否有大放脚，均执行相应品种及规格砖的同一定额。地下筏板基础下翻混凝土构件所用的砖模、砖砌挡土墙、地垄墙均套用砖基础定额。

4）砖砌体和砌块砌体不分内、外墙，均执行对应品种及规格砖的同一定额。地下筏板基础下翻混凝土构件所用的砖模、砖砌挡土墙、地垄墙套用砖基础定额。

5）夹心保温墙（包括两侧）按单侧墙厚套用定额，人工乘以系数1.15，保温填充料另行套用定额第十章保温、隔热、防腐工程的相应定额。

6）多孔砖、空心砖及砌块砌筑的墙体，若以实心砖作为导墙砌筑的，导墙与上部墙身主体需分别计算，导墙部分套用零星砌体相应定额。设计要求空斗墙的窗间墙、窗下墙、楼板下、梁头下等的实砌部分，应另行计算，套用零星砌体定额。石墙定额中未包括的砖砌体（门窗口立边、窗台虎头砖等），套用零星砌体定额。

7）空花墙适用于各种类型的空花墙，使用混凝土花格砌筑的空花墙，实砌墙体与混凝土花格应分别计算。

8）定额中各类砖及砌块的砌筑定额均按直形砌筑编制，如砌筑圆弧形砌体者，按相应定额人工消耗量乘以系数1.10，砖、砌块、石材及砂浆（胶粘剂）消耗量乘以系数1.03。

【例3-3-16】DMM7.5干混砂浆砌筑一砖厚非黏土烧结实心砖弧形墙。试计算定额基价（计算结果保留两位小数）。

【解】套用定额：4-27H：

人工费＝1363.50×1.1＝1499.85(元/10m³)

材料费＝3238.94＋(5.29×426＋2.36×413.73)×(1.03－1)＝3335.84(元/10m³)

机械费＝22.87(元/10m³)

9）垫层定额适用于基础垫层和地面垫层。混凝土垫层另行套用混凝土及钢筋混凝土工程相应定额。块石基础与垫层的划分，如图纸不明确时，砌筑者为基础，铺排者为垫层。

10）人工级配砂石垫层是按中（粗）砂15%、砾石85%的级配比例编制的。如设计与定额不同时，应做调整换算。

（2）门窗工程

《浙江省预算定额（2018版）》第八章门窗工程包括木门、金属门、金属卷帘门、厂库房大门、特种门、其他门、木窗、金属窗等。

1）普通木门、装饰门扇、木窗按现场制作安装综合编制，厂库房大门按制作、安装分别编制，其余门、窗均按成品安装编制。

2）采用一、二类木材木种编制的定额，如设计采用三、四类木种时，除木材单价调整外，按相应项目执行，人工和机械乘以系数1.35。

3）定额所注木材断面、厚度均以毛料为准，如设计为净料，应另加刨光损耗：板枋材单面加3mm，双面加5mm，其中普通门门板双面刨光加3mm，木材断面、厚度如设计与定额说明中的木门窗用料断面规格尺寸表不同时，木材用量按比例调整，其余不变。

4）木门：成品套装门安装包括门套（含门套线）和门扇的安装，纱门按成品安装考虑。成品套装木门、成品木移门的门规格不同时，调整套装木门、成品木移门的单价，其余不调整。

5）金属门、窗

① 铝合金成品门窗安装项目按隔热断桥铝合金型材考虑。如设计为普通铝合金型材时，按相应定额项目执行，采用单片玻璃时，除材料换算外，相应定额子目的人工乘以系数0.80；采用中空玻璃时，除材料换算外，相应定额子目的人工乘以系数0.90。

② 铝合金百叶门、窗和格栅门按普通铝合金型材考虑。

③ 当设计为组合门、组合窗时，按设计明确的门窗图集类型套用相应定额。

④ 飘窗按窗材质类型分别套用相应定额。

⑤ 弧形门窗套相应定额，人工乘以系数1.15；型材弯弧形费用另行增加。

6）防火卷帘按金属卷帘（闸）项目执行，定额材料中的金属卷帘替换为相应的防火卷帘，其余不变。

7）厂库房大门、特种门

① 厂库房大门的钢骨架制作以钢材重量表示，已包括在定额中，不再另列项计算。

② 厂库房大门、特种门门扇上所用铁件均已列入定额内，当设计用量与定额不同时，定额用量按比例调整；墙、柱、楼地面等部位的预埋铁件，按设计要求另行计算。

③ 厂库房大门、特种门定额取定的钢材品种、比例与设计不同时，可按设计比例调整；设计木门中的钢构件及铁件用量与定额不同时，按设计图示用量调整。

④ 人防门、防护密闭封堵板、密闭观察窗的规格、型号与定额不同时，只调整主材的材料费，其余不做调整。

⑤ 厂库房大门如实际为购入构件，则套用安装定额，材料费按实计入。

8）其他门

① 全玻璃门扇安装项目按地弹门考虑，其中地弹簧消耗量可按实际调整。

② 全玻璃门门框、横梁、立柱钢架的制作安装及饰面装饰按门钢架相应项目执行。

③ 全玻璃门有框亮子安装按全玻璃有框门扇安装项目执行，人工乘以系数 0.75，地弹簧换为膨胀螺栓，消耗量调整为 277.55/100m^2；无框亮子安装按固定玻璃安装项目执行。

④ 电子感应自动门传感装置、伸缩门电动装置安装已包括调试用工。

9）门钢架、门窗套

① 门窗套（筒子板）、门钢架基层、面层项目未包括封边线条，设计要求时，另按《浙江省预算定额（2018 版）》其他装饰工程中相应线条项目执行。

② 门窗套、门窗筒子板均执行门窗套（筒子板）项目。

10）窗台板

① 窗台板与暖气罩相连时，窗台板并入暖气罩，按《浙江省预算定额（2018 版）》其他装饰工程中相应暖气罩项目执行。

② 石材窗台板安装项目按成品窗台板考虑。

11）门五金

① 普通木门窗一般小五金，如普通折页、蝴蝶折页、铁插销、风钩、铁拉手、木螺钉等已综合在五金材料费内，不另计算。地弹簧、门锁、门拉手、闭门器及铜合页等特殊五金另套用相应定额计算。

② 成品木门（扇）、成品全玻璃门扇安装项目中五金配件的安装，仅包括门普通合页、地弹簧安装，其中合页材料费包括在成品门（扇）内，设计要求的其他五金另按“门五金”中门特殊五金相应项目执行。

③ 成品金属门窗、金属卷帘门、特种门、其他门安装项目包括五金安装人工，五金材料费包括在成品门窗价格中。

④ 防火门安装项目包括门体五金安装人工，门体五金材料费包括在防火门价格中，不包括防火闭门器、防火顺位器等特殊五金，设计有要求时另按“门五金”中门特殊五金相应项目执行。

⑤ 厂库房大门项目均包括五金铁件安装人工，五金铁件材料费另执行相应项目，当设计与定额取定不同时，按设计规定计算。

12）门连窗，门、窗应分别执行相应项目；木门窗定额采用普通玻璃，如设计玻璃品种与定额不同时，单价调整；厚度增加时，另按定额的玻璃面积每 10m^2 增加玻璃用工

0.73工日。

2. 定额清单计量及计价

(1) 砌筑工程

1) 砖墙、砌块墙按设计图示尺寸以体积计算：

墙体工程量$V=$（墙体长度×高度－应扣除的洞口面积等）×墙体厚度－应扣嵌入墙身的构件体积＋应增加的体积

① 墙身高度：按照设计图示墙体高度计算。

外墙：斜（坡）屋面无檐口天棚者算至屋面板底；有屋架且室内外均有天棚者，算至屋架下弦底另加200mm，无天棚者算至屋架下弦底另加300mm，出檐宽度超过600mm时按实砌高度计算；有钢筋混凝土楼板隔层者算至板顶。平屋面算至钢筋混凝土板底(图3-3-17)。

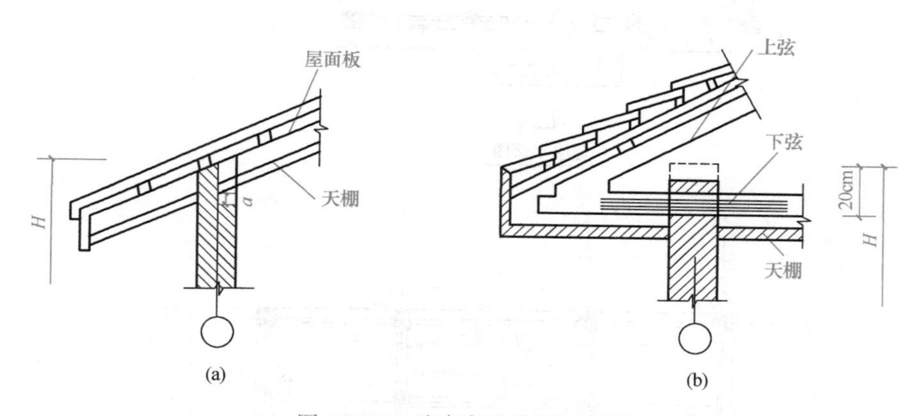

图3-3-17　墙身高度计算示意图

内墙：位于屋架下弦者，算至屋架下弦底；无屋架者算至天棚底另加100mm；有钢筋混凝土楼板隔层者算至楼板底；有框架梁时算至梁底。

女儿墙：从屋面板上表面算至女儿墙顶面（如有混凝土压顶时算至压顶下表面）。

内、外山墙：按其平均高度计算。

② 墙长度：外墙按外墙中心线长度计算，内墙按内墙净长计算，附墙垛按折加长度合并计算，框架墙不分内、外墙均按净长计算。

③ 墙体厚度：墙体厚度按定额砖墙厚度表计算。定额中砖砌体灰缝厚度统一按10mm考虑。实际与定额取定不同时，其砌体厚度应根据组合砌筑方式，结合砖实际规格和灰缝厚度计算。

【例3-3-17】某单层建筑物背景资料如下：图3-3-18为首层建筑平面图，外砖墙为370mm厚，内砖墙为240mm厚，层高3.6m，均采用DM M7.5干混砌筑砂浆砌筑混凝土多孔砖MU10（240×115×90）砖墙；墙上梁宽同墙厚，梁高均为500mm。柱定位轴线居中设置，并与墙外皮平齐。已知外墙上的门窗面积为20.52m^2，过梁体积0.93m^3；内墙上的门窗面积为6.21m^2，过梁体积0.1m^3。Z1（500×500）、Z2（400×500）、Z3（400×400）。要求编制该工程±0.000以上砌体砌筑的定额工程量及工程量清单表，计算综合单价（保留两位小数点）及合价（取整）。企业管理费取16.57%，利润取8.1%，信息价参考《浙江省预算定额（2018版）》取定，风险费隐含于综合单价的人工、材料、机械单价中。

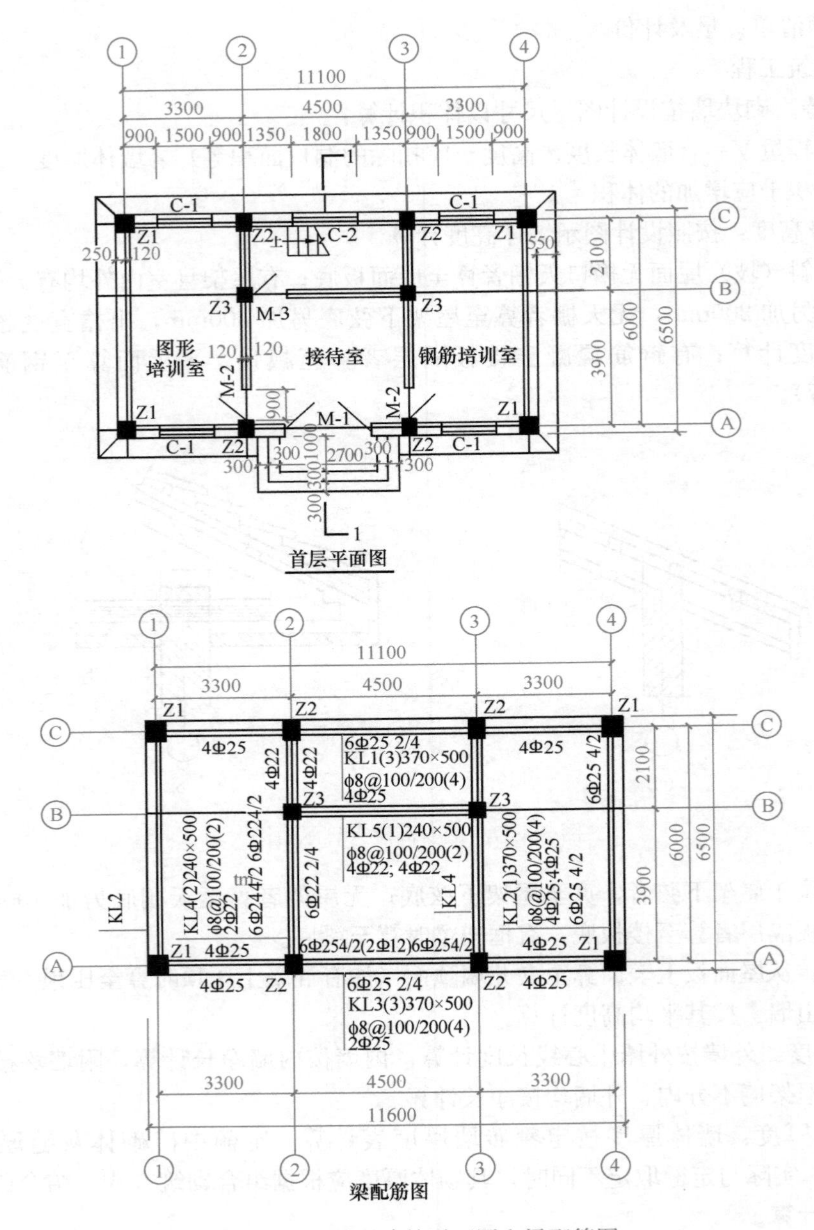

图 3-3-18　首层建筑平面图和梁配筋图

【解】1）砌体墙工程量计算：

外墙 370 墙：

墙长 $L=(11.1-0.5-0.4\times2+6-0.5)\times2=30.6(\text{m})$(长扣柱 Z1、Z2)

墙高 $H=3.6-0.5=3.1(\text{m})$(高扣梁 KL1、KL2、KL3)

$V_{过梁}=0.93(\text{m}^3)$

砌体墙 $V=(L\times H-S_{应扣})\times墙厚-V_{应扣}$

$=0.365\times(30.6\times3.1-20.52)-0.93=26.2(\text{m}^3)$

内墙 240 墙：

$L=(6-0.5-0.4)\times2+4.5-0.4=14.3(\text{m})$（长扣柱 Z2、Z3）

$H=3.6-0.5=3.1(\text{m})$（高扣梁 KL4、KL5）

$V_{过梁}=0.10(\text{m}^3)$

$V_{内}=0.24\times(14.3\times3.1-6.21)-0.10=9.05(\text{m}^3)$

合计：混凝土多孔砖墙 $V=26.20+9.05=35.25(\text{m}^3)$

门窗砌筑
工程清单及计价
（定额清单计价）

2）列出分部分项工程量清单（定额清单）（表 3-3-21）

分部分项工程量清单（定额清单）　　表 3-3-21

序号	定额编号	项目名称	计量单位	工程数量
1	4-22	混凝土多孔砖墙	m^3	35.25

3）列出定额综合单价表（表 3-3-22）

定额综合单价表　　表 3-3-22

序号	编号	项目名称	计量单位	工程数量	综合单价（元）						合计（元）
					人工费	材料费	机械费	管理费	利润	小计	
1	4-22	混凝土多孔砖墙	m^3	35.25	111.51	243.88	1.80	18.77	9.18	385.14	13576

④ 框架间墙：不分内外墙按墙体净尺寸以体积计算。

⑤ 围墙：高度算至压顶上表面（如有混凝土压顶时算至压顶下表面），围墙柱并入围墙体积内。

2）砌体设置导墙时，砖砌导墙需单独计算，厚度与长度按墙身主体，高度以设计要求砌筑高度计算，墙身主体的高度相应扣除。

3）附墙烟囱、通风道、垃圾道，应按设计图示尺寸以体积（扣除孔道所占体积）计算，按孔（道）不同厚度并入相同厚度的墙体体积内。当设计规定孔道内需抹灰时，墙、柱面装饰与隔断、幕墙工程相应定额。

4）砌体工程量计算应扣门窗、洞口、嵌入墙内的钢筋混凝土柱、梁、圈梁、挑梁、过梁及凹进墙内的壁龛、管槽、暖气槽、消火栓箱所占体积，不扣除梁头、檩头、垫木、木楞头、沿缘木、木砖、门窗走头、砖墙内加固钢筋、木筋、铁件、钢管及单个 0.3m^2 以内的孔洞所占的体积。突出墙身的统腰线、1/2 砖以上的门窗套、二出檐以上的挑檐等的体积应并入所依附的砖墙内计算。突出墙身的砖垛并入墙体体积内计算。

5）空斗墙按设计图示尺寸以空斗墙外形体积计算。墙角、内外墙交接处、门窗洞口立边、窗台砖、屋檐处的实砌部分体积并入空斗墙体积内。

6）地沟的砖基础和沟壁按设计图示尺寸以体积合并计算，套砖砌地沟定额。

7）轻质砌块专用连接件按设计数量计算。

8）柔性材料嵌缝根据设计要求，按轻质填充墙与混凝土梁或楼板、柱或墙之间的缝隙长度计算。

石基础、石墙、石挡土墙、石护坡按设计图示尺寸以体积计算。

（2）门窗工程

门窗工程定额清单项目按《浙江省预算定额（2018 版）》列项，包括木门、金属门、金属卷帘门、厂库房大门特种门、其他门、木窗、金属窗、门钢架门窗套、窗台板、窗帘盒轨、门五金共11小节197个项目。

1）木门

① 项目设置：包括普通木门制作安装、装饰门扇制作安装、成品木门及门框安装三大类共39个项目。下面以成品木门（单扇门）安装为例。

② 工作内容包括：开箱、解捆、定位、划线、吊正、找平、框周边塞缝、安装等。

③ 项目特征描述：门代号及洞口尺寸、门框或扇外围尺寸、门框及门材质、玻璃品种及厚度。

④ 工程量计算：以设计图示数量以“樘”计算。

⑤ 清单项目编制应注意的问题：

A. 项目特征必须描述洞口尺寸。

B. 成品木门（扇）、成品全玻门扇安装项目中五金配件的安装仅包括普通合页、地弹簧安装，设计要求的其他五金另按“门五金”中门特殊五金相应项目执行。

【例3-3-18】有1扇成品木门（双扇），其尺寸为1800mm×2100mm，安装执手锁（双开）和门吸。试编制该工程品木门（双扇）的定额清单子目。

【解】1）清单项目设置：本例门的工程量清单项目为：

成品木门安装（双扇）：8-34；

执手门锁安装（双开）：8-166；

门吸：8-176。

2）工程量清单编制：其工程内容分别为：成品木门（双扇）安装，执手锁（双开）安装，门吸安装。

3）清单工程量的计算：分别为1樘、1把、2个。

分部分项工程量清单（定额清单）见表3-3-23。

分部分项工程量清单（定额清单） 表3-3-23

定额编号	项目名称	计量单位	工程数量
8-34	成品木门安装（双扇），尺寸1800×2100	樘	1
8-166	执手锁（双开）安装	把	1
8-176	门吸安装	个	2

2）金属门

①项目设置：包括铝合金门、塑钢门、彩板钢门、钢质防火门、钢质防盗门等10个项目。下面以隔热断桥铝合金门安装（平开）为例：

② 工作内容：开箱、解捆、定位、画线、吊正、找平、框周边塞缝、安装等。

③ 项目特征描述：门代号及洞口尺寸、门框或扇外围尺寸、门框及门材质、玻璃品种及厚度、单双扇等。

④ 工程量计算：以设计图示门洞口面积计算。

⑤ 清单项目编制应注意的问题：五金安装人工，铝合金门五金材料费已包括在成品门价格中。

3）金属卷帘门

① 项目设置：包括金属卷帘门、金属格栅门、电动装置、活动小门等5个项目。下

面以金属卷帘门为例。

② 工作内容：门、五金配件安装。

③ 项目特征描述：门代号及洞口尺寸、门材质，五金材料的品种、规格，高度等。

④ 程量计算：以设计门洞口面积计算。

⑤ 清单项目编制应注意的问题：在编制工程量清单的过程中必须把金属卷帘门的高度、洞口尺寸、是否电动及有活动小门等描述清楚。

4）厂库房大门、特种门

① 项目设置：包括木板大门、平开钢木大门、推拉钢木大门、全钢板大门、围墙钢大门、钢木折叠门、特种门等41个项目。下面以单扇人防门（宽度1500mm以内）为例：

② 工作内容：门安装、五金安装等。

③ 项目特征描述：门代号及洞口尺寸（门材质，抗力等级，是否活门槛、防护、密闭等），启动装置的品种、规格，五金种类、规格等。

④ 工程量计算：按图示数量以“樘”为计量单位。

⑤ 清单项目编制应注意的问题：

A. 项目特征必须描述洞口尺寸。

B. 五金安装人工，五金材料费已包括在成品门价格中。

5）其他门

① 项目设置：包括全玻璃门扇安装、固定玻璃安装、全玻璃门安装、电子感应门传感装置、不锈钢伸缩门安装、伸缩门电动装置、电动对讲门等9个项目。下面以全玻门扇安装（有框门扇）为例：

② 工作内容：定位、安装地弹簧、门扇（玻璃）、校正等。

③ 项目特征描述：门扇尺寸，框材质及规格，玻璃的品种、厚度，砂浆种类，地弹簧规格品牌等。

④ 工程量计算：按设计图示框外边线尺寸以面积计算，有框亮子按门扇与亮子分界线以面积计算。

⑤ 清单项目编制应注意的问题：五金安装人工，五金材料费已包括在成品门扇价格中。

6）木窗

① 项目设置：包括平开窗、玻璃推拉窗、百叶窗、翻窗、半圆形玻璃窗5个项目。下面以玻璃推拉窗为例：

② 工作内容：制作安装窗框、窗扇，刷防腐油，装配小五金及玻璃。

③ 项目特征描述：窗代号及洞口尺寸，框截面及外围展开面积，玻璃品种、厚度，五金材料、品种、规格。

④ 工程量计算：以设计窗洞口面积计算。

⑤ 清单项目编制应注意的问题：

A. 木窗五金包括：折页、插销、风钩、铁拉手、木螺钉、滑轮滑轨（推拉窗）等。

B. 窗框与洞之间的填塞应包括在报价内。

C. 无设计图示洞口尺寸的，按窗框外围以面积计算。

7）金属窗

① 项目设置：包括铝合金窗、塑钢窗、彩板钢窗、防盗钢窗、防火窗等 15 个项目。下面以隔热断桥铝合金（推拉）窗为例：

② 工作内容包括：开箱、解捆、定位、划线、吊正、找平、框周边塞缝、安装等。

③ 工程量计算：以设计图示窗洞口面积计算。

④ 清单项目编制应注意的问题：

A. 五金安装人工，五金材料费已包括在成品窗价格中。

B. 无设计图示洞口尺寸的，按窗框、扇外围以面积计算。

8）门钢架、门窗套

① 项目设置：包括门钢架、木门窗套等 20 个项目。下面以门窗套（装饰胶合板面层）为例：

② 工作内容：定位、划线、放样、下料、安装面层板等。

③ 项目特征描述：门窗代号及洞口尺寸，门窗套展开宽度，筒子板宽度，面层材料品种、规格、品牌、颜色，贴脸板宽度，粘结层厚度、砂浆配合比，线条品种、规格，防护层材料种类。

④ 工程量计算：门窗套（筒子板）按设计图示饰面外围尺寸展开面积计算。

⑤ 清单项目编制应注意的问题：门窗套、筒子板均执行门窗套（筒子板）项目。

9）窗台板

① 项目设置：包括木龙骨基层板、装饰胶合板、铝塑板、不锈钢板、石材板及成品木窗台板等 7 个项目。下面以石材窗台板（胶粘剂粘贴）为例：

② 工作内容：基层清理、刷胶、成品窗台板安装、调运砂浆等。

③ 项目特征描述：粘结层厚度、砂浆配合比，窗台面板材质、规格、颜色。

④ 工程量计算：窗台板按设计图示长度乘宽度以面积计算。图纸未注明尺寸的，窗台板长度可按窗框的外围宽度两边共加 100mm 计算。窗台板凸出墙面的宽度按墙面外加 50mm 计算。

10）窗帘盒、轨

① 项目设置：包括窗帘盒基层、窗帘盒面层、成品窗帘轨等 13 个项目。下面以窗帘盒面层（实木板）为例：

② 工作内容：定位、下料、安装面层。

③ 项目特征描述：窗帘盒材质、规格等。

④ 工程量计算：按实铺面积计算。

11）门五金

① 项目设置：包括门特殊五金、厂库房大门五金铁件两大类共 33 个项目。下面以执手锁（双开）为例：

② 工程内容：执手锁（双开）安装。

③ 项目特征描述：执手锁品牌、规格等。

④ 工程量计算：按图示数量以把计算。

3.3.2.3　国标清单计量及计价

1. 砌筑工程

《工程量计算规范》附录 D 砌筑工程包括：砖砌体、砌块砌体、石砌体、垫层 4 个小节，共27个清单项目。

（1）砖砌体：010401

砖砌体包括：砖基础、砖砌挖孔桩护壁、实心砖墙、多孔砖墙、空心砖墙、空斗墙、空花墙、填充墙、实心砖柱、多孔砖柱、砖检查井、零星砌砖、砖散水（地坪）、砖地沟（明沟）14个项目，分别按010401001×××～010401014×××编码。

1）砖基础：010401001×××

详见本教材3.1.2节，此处不再赘述。

2）砖砌挖孔桩护壁：010401002×××

适用于人工挖孔桩砖砌护壁。工作内容一般包括：砂浆制作、运输，砌砖，材料运输等。

3）实心砖墙010401003×××、多孔砖墙010401004×××、空心砖墙010401005×××

① 实心砖（多孔砖、空心砖）墙项目适用于各类实心砖（多孔砖、空心砖）砌筑的清水、混水实心墙（多孔砖、空心砖），包括直形、弧形及不同厚度、不同砂浆（强度）砌筑的外墙、内墙、围墙等。

②“实心砖墙”（多孔砖墙、空心砖墙）的工作内容一般包括：砂浆制作、运输，砌砖，材料运输，刮缝，有砖砌压顶时包括压顶的砌筑。涉及的项目特征有：砖品种、规格、强度等级，墙体类型（如直形、弧形等），墙体厚度，砂浆强度等级、配合比等。

③ 设计有突出墙面的腰线、挑檐、附墙烟囱、通风道等构造内容的，清单应该考虑有关计价要求。例如，砖挑檐外挑出檐数等予以明确描述。

砖砌体勾缝按《计量规范》附录M.1中相关项目编码列项。

国标清单工程量计算规则：墙体（实心砖墙、多孔砖墙、空心砖墙）：按设计图示尺寸以体积计算。应扣除门窗、洞口、嵌入墙内的钢筋混凝土柱、梁、圈梁、挑梁、过梁及凹进墙内的壁龛、管槽、暖气槽、消火栓箱所占体积。不扣除梁头、板头、檩头、垫木、木楞头、沿缘木、木砖、门窗走头、砖墙内加固钢筋、木筋、铁件、钢管及单个面积$\leqslant 0.3m^2$的孔洞所占的体积。凸出墙面的腰线、挑檐、压顶、窗台线、虎头砖、门窗套的体积亦不增加。凸出墙面的砖垛并入墙体体积内计算。

4）空斗墙：010401006×××

① 适用于各种砌法砌筑的空斗墙，一般常用于隔墙和围墙的砌筑。

② 空斗墙砌筑的工作内容、项目特征与实心砖墙基本一致，但特征描述应明确具体的组砌方式，如设计要求空斗灌注时，应对灌注材料要求予以明确描述。

③ 空斗墙的窗间墙、窗台下、楼板下、梁头下的实砌部分，应另行计算按零星砌砖项目编码列项。

国标清单工程量计算规则：空斗墙工程量按设计图示尺寸以空斗墙外形体积计算。墙角、内外墙交接处、门窗洞口立边、窗台砖、屋檐处的实砌部分体积并入空斗墙体积内计算。

5）空花墙：010401007×××

① 适用于各种类型空花墙。使用混凝土花格砌筑的空花墙，实砌墙体与混凝土花格应分别计算，混凝土花格按《工程量计算规范》附录E.14中相应项目编码列项。

② 空花墙项目除按一般墙的特征描述以外，尚应对空花外框形状、尺寸等予以描述。

国标清单工程量计算规则：空花墙工程量按设计图示尺寸以空花部分外形体积计算，不扣除空洞部分体积。

6）填充墙：010401008×××

① 适用于各类砖砌筑的双层夹墙，夹墙内按需要填充各种保温、隔热材料。

② 填充墙项目除按一般墙的特征描述以外，应对两侧夹心墙的厚度、填充层的厚度、填充材料种类、规格及填充要求等予以描述。

国标清单工程量计算规则：填充墙工程量按设计图示尺寸以填充墙外形体积计算。

7）实心砖柱 010401009×××、多孔砖柱 010401010×××

① 适用于各种砖砌筑的不同类型的柱，如：矩形、异形、圆形柱及柱外包柱砌体。

② 项目特征包括：砖品种、规格、强度等级，砂浆强度等级，柱类型等。

国标清单工程量计算规则：实心砖柱、多孔砖柱工程量按设计图示尺寸以体积计算。应扣除混凝土及钢筋混凝土梁垫、梁头、板头所占体积。

8）砖检查井：010401011×××

① 适用于各种砖砌检查井。

② 工程内容包括：砂浆制作、运输，铺设垫层，底板混凝土制作、运输、浇筑、振捣、养护，砌砖，安装混凝土井圈盖，刮缝，井池底、壁抹灰，抹防潮层，材料运输等。

③ 清单编制时，应对以下项目特征予以细化描述：

A. 井截面、外围、深度等涉及计价考虑的尺寸。

B. 垫层各向尺寸及材料种类。

C. 底、盖板各向尺寸及材料种类。

D. 井壁砌筑材料种类、规格。

E. 内外抹灰、勾缝做法及要求。

F. 防潮、防水层材料种类及做法。

G. 所用混凝土强度等级，砂浆强度等级、配合比。

如施工图设计标注做法见标准图集时，应在项目特征描述中注明标注图集的编码、页码及节点大样。

国标清单工程量计算规则：检查井按设计图示数量以“座”计算。应注意：①工程量按“座”计算，应包括完成井底板、井壁、井盖板，井内隔断、隔墙、隔栅小梁、隔板、滤板等全部工作内容。②检查井内爬梯按《计量规范》附录 E 中相关项目编码列项。井内的混凝土构件（不包括井底、混凝土井圈盖板）按《计量规范》附录 E 混凝土及钢筋混凝土预制构件编码列项。③“井”的土方挖、运、填工程内容按土石方工程管沟土方清单项目列项考虑。

9）零星砌砖：010401012×××

① 适用于台阶、台阶挡墙、梯带、锅台、炉灶、蹲台、池槽、池槽腿、砖胎模、花台、花池、楼梯栏板、阳台栏板、地垄墙、0.3m^2 以内孔洞填塞、空斗墙的窗间、窗下墙等、楼板下、梁头下等的实砌部分以及框架外表面的镶贴砌砖等。

② 零星砌砖项目清单除同各类砌体基本构造内容和特征以外，应将砌砖的部位、名称、相关构造（如垫层、基层、埋深、基础等）予以明确描述，必要时可将面层做法予以

描述（必须有明确内容和规格、尺寸要求）以便计价内容的组合。

国标清单工程量计算规则：零星砌砖工程量按设计图示尺寸以体积计算。按具体工程内容不同，可以在“m^3、m^2、m、个”中选择适当的、利于计价组合和分析的计量单位。例如：

台阶工程量可按水平投影面积计算，但不包括台阶翼墙面积，翼墙可按“m”或将计算另行列项。

小型池槽、锅台、炉灶可按“个”计算，以“长×宽×高”顺序标明外形尺寸。

小便槽、地垄墙可按长度计算、其他工程量按“m^3”计算。

按照《工程量计量规范》规定编制可以分别列项的项目，如工程量不大，也可以在列项时合并。例如，成品水池下的砖砌搁脚，按零星砌砖以“个”计算列项，可将面层的抹灰或镶贴块料合并到砌筑工程中。但清单编制时应该将该合并的内容，结合计价定额明确面层做法、每个搁脚面层施工工程量等特征，以便计价人计价。

10）砖地沟、明沟：010401014×××

① 适用于砖砌的地沟、明沟。

② 工作内容包括：土方挖、运、填，铺垫层，底板混凝土制作、运输、浇筑、振捣、养护，砌砖，刮缝、抹灰，材料运输。

③ 项目特征描述除砖品种、规格、强度等级及砂浆强度等级外，还需要描述沟截面尺寸、垫层材料种类、厚度，混凝土强度等级。

国标清单工程量计算规则：以“m”计量，按设计图示以中心线计算。

（2）砌块砌体：010402

砌块砌体按照墙、柱划分，包括：砌块墙、砌块柱两个项目，分别按010402001×××～010402000×××编码。适用于各种规格、品种砌块砌筑的各种类型墙和柱。砌块砌体的工程内容包括：砂浆制作、运输，砖、砌块的砌筑，勾缝，材料运输。

1）砌块墙：010402001×××

清单项目特征描述一般应包括：墙体类型，墙体厚度，砌块品种、规格、强度等级，勾缝要求（此勾缝为砌块墙在砌筑时随砌随勾的刮缝，非“清水墙”砌筑后另行加浆/剂的勾缝），砂浆强度等级、配合比等。其他有关特征参照砖砌墙体。

国标清单工程量计算规则：按设计图示尺寸以体积计算。扣除门窗、洞口、嵌入墙内的钢筋混凝土柱、梁、圈梁、挑梁、过梁及凹进墙内的壁龛、管槽、暖气槽、消火栓箱所占体积，不扣除梁头、板头、檩头、垫木、木楞头、沿缘木、木砖、门窗走头、砌块墙内加固钢筋、木筋、铁件、钢管及单个面积≤$0.3m^2$的孔洞所占的体积。凸出墙面的腰线、挑檐、压顶、窗台线、虎头砖、门窗套的体积亦不增加。凸出墙面的砖垛并入墙体体积内计算。

2）砌块柱：010402002×××

清单项目特征描述一般应包括：柱截面尺寸，砌块品种、规格、强度等级，勾缝要求，砂浆强度等级、配合比等。

（3）石砌体：010403

石砌体按砌体内容划分为：石基础、石勒脚、石墙、石挡土墙、石柱、石栏杆、石护坡、石台阶、石坡道、石地沟、石明沟项目。适用于各种规格的方整石、块石砌筑列项。

石墙勾缝，有平缝、平圆凹缝、平凹缝、平凸缝、半圆凸缝、三角凸缝。各项目均应包括搭拆简易起重架。

1）石基础 010403001×××、石勒脚 010403002×××、石墙 010403003×××、石挡土墙 010403004×××、石柱 010403005×××：

石基础、石勒脚、石墙的划分：基础与勒脚应以设计室外地坪为界，勒脚与墙身应以设计室内地坪为界。

内外地坪标高不同时，应以较低地坪标高为界，以下为基础；内外标高之差为挡土墙时，挡土墙以上为墙身。

石墙、柱包括石料天、地座打平，拼缝打平，打扁口等工序。石表面加工包括：打钻路、钉麻石、剁斧、扁光等，项目清单描述时应明确具体加工程度和要求。

石挡土墙设有变形缝、泄水孔、滤水层要求的，均应在项目清单中予以描述。

国标清单工程量计算规则：石基础，按设计图示尺寸以体积计算。包括附墙垛基础宽出部分体积，不扣除基础砂浆防潮层及单个面积 0.3m^2 以内的孔洞所占体积，靠墙暖气沟的挑檐不增加体积。基础长度：外墙按中心线，内墙按净长计算，交叉基础搭接增加体积应并入计算。

石勒脚，按设计图示尺寸以体积计算，应扣除单个面积 0.3m^2 以上的孔洞所占的体积。

石墙，同砖砌墙体工程量计算规则。

石挡土墙，按设计图示尺寸以体积计算。

石柱，按设计图示尺寸以体积计算，工程量应扣除混凝土梁头、板头和梁垫所占体积。

2）石栏杆 010403006×××、石护坡 010403007×××、石台阶 010403008×××、石坡道 010403009×××：

石栏杆项目适用于无雕饰的一般石栏杆。

石台阶项目包括石梯带（垂带），不包括石梯膀，石梯膀按石挡土墙项目编码列项。

护坡项目适用于各种石质和各种石料（条石、片石、毛石、块石、卵石等）的护坡。

国标清单工程量计算规则：石栏杆，按设计图示以长度（m）计算。石护坡、石台阶，按设计图示尺寸以体积（m^3）计算。石坡道，按设计图示尺寸以水平投影面积（m^2）计算。

3）石地沟、明沟：010403010×××

项目工程内容包括：土石方挖、运、填，砂浆制作、运输，铺设垫层，砌石，石表面加工，勾缝，回填，材料运输等。项目特征描述应包括：沟截面尺寸，土壤类别、运距，垫层种类、厚度，石料种类、规格，石表面加工要求，勾缝要求，砂浆强度等级、配合比等。对埋地深度等涉及计价的相关因素，也应予以一定描述。

国标清单工程量计算规则：石地沟、石明沟，按设计图示以中心线长度（m）计算。

（4）垫层：010404

详见本教材 3.1.2 节，此处不再重复。

2. 门窗工程

《房屋建筑与装饰工程工程量计算规范》GB50854—2013 附录 H 门窗工程包括：木

门，金属门，金属卷帘（闸）门，厂库房大门、特种门，其他门，木窗，金属窗，门窗套，窗台板，窗帘、窗帘盒、轨共10个小节55个项目。

（1）木门

1）项目设置：包括木质门、木质门带套、木质连窗门、木质防火门、木门框、门锁安装6个项目。清单项目编码为010801001×××～010801006×××。

2）工作内容包括：门制作（或成品采购）、安装，五金、玻璃安装。

3）项目特征描述：门代号及洞口，框截面尺寸、单扇面积，骨架材料种类，面层材料品种、规格、品牌、颜色，玻璃品种、厚度、五金材料、品种、规格。

4）工程量计算：木门项目以“樘”或“m^2”为计量单位，以“樘”为计量单位时，按设计图示数量计算；以“m^2”为计量单位时，按图示洞口尺寸以面积计算。单独木门框项目以“樘”或“m^2”为计量单位，以“樘”为计量单位时，按设计图示数量计算；以“m^2”为计量单位时，按图示框的中心线以延长米计算。门锁按图示数量以“个”或“套”计算。

5）清单项目编制注意的问题

① 项目特征中的木质门分镶板木门、企口木板门、实木装饰门、胶合板门、夹板装饰门、木纱门、全玻门（带木质扇框）、木质半玻门（带木质扇框）等项目，分别编码列项。

② 木门五金包括：折页、插销、门碰珠、弓背拉手、搭机、木螺钉、弹簧折页（自动门）、管子拉手（地弹门）、地弹簧（地弹门）、角铁、门轧头（地弹门）等。

③ 木质门带套计量按洞口尺寸以面积计算，不包括门套的面积，但门套应计算在综合单价中。此项目只适用于门与门套是成品整体供应时。

④ 以“樘”为计量单位时，项目特征必须描述洞口尺寸；以“m^2”为计量单位时，项目特征可不描述洞口尺寸。

⑤ 单独制作安装木门框按木门框项目编码列项。

⑥ 如果按樘计量，图示门的大小不同或用材不同时，应分列清单子目。

⑦ 凡面层材料有品种、规格、品牌、颜色要求的，应在项目特征中进行描述。

（2）金属门

1）项目设置：包括金属（塑钢）门、彩板门、防盗门、钢质防火门4个项目。清单项目编码为010802001×××～010802004×××。

2）工作内容包括：门安装、五金安装、玻璃安装。

3）项目特征描述：门代号及洞口尺寸、门框或扇外围尺寸、门框及门材质、玻璃品种及厚度。

4）工程量计算：以“樘”或“m^2”为计量单位，以“樘”为计量单位时，按设计图示数量计算；以“m^2”为计量单位时，按图示洞口尺寸以面积计算。

5）清单项目编制应注意的问题

① 金属门应区分断桥隔热铝合金门、普通铝合金门、塑钢门、彩钢门、钢制防火门、钢制防盗门等，并区分开启方式分别编码列项。

② 铝合金门五金包括：地弹簧、门锁、拉手、门插、门铰、螺钉等。

③ 金属门五金包括L型执手插锁（双舌）、执手锁（单舌）、门轨头、地锁、防盗门机、门眼（猫眼）、门碰珠、电子锁（磁卡锁）、闭门器、装饰拉手等。

④ 以“樘”为计量单位时，项目特征必须描述洞口尺寸，如没有洞口尺寸时，必须描述门框和扇外围尺寸；以“m^2”为计量单位时，项目特征可不描述洞口尺寸及框、扇外围尺寸。

⑤ 特殊五金是指贵重五金及业主认为应单独列项的五金配件。

（3）金属卷帘（闸）门

1）项目设置：包括金属卷帘（闸）门、防火卷帘（闸）门 2 个项目。清单项目编码为 010803001×××～010803002×××。

2）工作内容包括：门运输、安装，启动装置、活动小门、五金安装。

3）项目特征描述：门代号及洞口尺寸、门材质，启动装置品种、规格、品牌，五金材料的品种、规格。

4）工程量计算：以“樘”或“m^2”为计量单位，以“樘”为计量单位时，按设计图示数量计算；以“m^2”为计量单位时，按图示洞口尺寸以面积计算。

5）清单项目编制应注意的问题

① 在编制工程量清单的过程中必须把金属卷帘门的材质、门高、洞口面积、是手动还是电动、是否有小门、两侧轨道的材质及长度描述清楚。

② 以“樘”为计量单位时，项目特征必须描述洞口尺寸，以“m^2”为计量单位时，项目特征可不描述洞口尺寸。

（4）厂库房大门、特种门

1）项目设置：包括木板大门、钢木大门、全钢板大门、防护铁丝门、金属格栅门、钢质花饰大门、特种门 7 个项目。清单项目编码为 010804001×××～010801007×××。

2）工程内容包括：门（骨架）制作、运输、安装，门启动装置、五金配件安装，刷防护材料。

3）项目特征描述：门代号及洞口尺寸，门框或扇外围尺寸，门框、扇材质，启动装置的品种、规格，五金种类、规格。

4）工程量计算：以“樘”或“m^2”为计量单位，以“樘”为计量单位时，按设计图示数量计算；以“m^2”为计量单位时，木质大门、钢木大门、全钢板大门、金属格栅门、特种门按图示洞口尺寸以面积计算，防护铁丝门、钢质花饰门按图示框或扇以面积计算。

5）清单项目编制应注意的问题

① 特种门应区分冷藏门、冷冻间门、保温门、变电室门、隔音门、防射线门、人防门、金库门等项目，分别编码列项。

② 以“樘”为计量单位时，项目特征必须描述洞口尺寸，没有洞口尺寸的，必须描述门框和扇外围尺寸；以“m^2”为计量单位时，项目特征可不描述洞口尺寸及框、扇外围尺寸。

③ 以“m^2”为计量单位时，无设计图示洞口尺寸的，按门框、扇外围以面积计算。

（5）其他门

1）项目设置：包括电子感应门、旋转门、电动对讲门、电动伸缩门、全玻门自由门、镜面不锈钢饰面门、复合材料门 7 个项目。清单项目编码为 010805001×××～010805007×××。

2）工作内容包括：门安装，启动装置、五金、电子配件安装。

3）项目特征描述：门材质、品牌、框外围尺寸，玻璃品种、厚度、五金材料、品种、规格，电子配件品种、规格品牌。

4）工程量计算：以“樘”或“m^2”为计量单位，以“樘”为计量单位时，按设计图示数量计算；以“m^2”为计量单位时，按图示洞口尺寸以面积计算。

5）清单项目编制应注意的问题

① 以“樘”为计量单位时，项目特征必须描述洞口尺寸，没有洞口尺寸的，必须描述门框（或条夹）和扇外围尺寸；以 m^2 为计量单位时，项目特征可不描述洞口尺寸及框、扇外围尺寸。

② 以“m^2”为计量单位时，无设计图示洞口尺寸的，按门框、扇外围以面积计算。

【例 3-3-19】某工程有 900mm×2100mm 的单开无框 12 厚钢化玻璃门 1 樘和 1500mm×2200mm 双开无框 12 厚钢化玻璃门 1 樘。每樘门均配置 ϕ50 不锈钢门拉手 1 副，地弹簧 1 副，门夹 2 只，地锁 1 把。试编制该工程无框玻璃门的工程量清单表。

【解】1）清单项目设置：本例门窗工程的工程量清单项目为全玻自由门，工作内容有：无框玻璃门、不锈钢门拉手、地弹簧、门夹、地锁的安装。

2）工程量清单编制：清单项目有两个：单开 900mm×2100mm 全玻自由门（010805005001）和双开 1500mm×2100mm 全玻自由门（010805005002）。

依据《工程量计算规范》项目特征描述，分部分项工程量清单（国标清单）见表 3-3-24。

分部分项工程量清单（国标清单）　　表 3-3-24

序号	项目编码	项目名称	项目特征	计量单位	工程数量
1	010805005001	全玻自由门	门扇外围尺寸 900×2100（未包括条夹高度）；单开无框门；12 厚钢化玻璃；ϕ50 不锈钢门拉手、地弹簧、门夹、地锁	樘	1
2	010805005002	全玻自由门	门扇外围尺寸 1500×2100（未包括条夹高度）；双开无框门；12 厚钢化玻璃；ϕ50 不锈钢门拉手、地弹簧、门夹、地锁	樘	1

（6）木窗

1）项目设置：包括木质窗、木飘（凸）窗、木橱窗、木纱窗 4 个项目。清单项目编码为 010806001×××～010806004×××。

2）工作内容包括：窗制作（或成品采购）、安装，五金、玻璃安装，刷防护材料。

3）项目特征描述：窗代号及洞口尺寸，框截面及外围展开面积，玻璃品种、厚度、窗纱材料品种、规格，五金材料、品种、规格。

4）工程量计算：以“樘”或“m^2”为计量单位。以“樘”为计量单位时，按设计图示数量计算；以“m^2”为计量单位时，木质窗按设计图示洞口尺寸以面积计算，木飘窗、木橱窗、木纱窗按框外围尺寸以面积计算。

5）清单项目编制应注意的问题

① 木质窗应区分平开窗、玻璃推拉窗、百叶窗、翻窗、半圆形玻璃窗等项目，分别编码列项。

② 木橱窗、木飘（凸）窗以樘计量，项目特征必须描述框截面及外围展开面积。

③ 木窗五金包括：折页、插销、风钩、木螺钉、滑轮滑轨（推拉窗）等。

④ 窗框与洞之间的填塞应包括在报价内。

⑤ 如遇框架结构的连续长窗也以“樘”计算，对连续长窗的扇数和洞口尺寸应在工程量清单中进行描述。

⑥ 以“樘”为计量单位时，项目特征必须描述洞口尺寸，没有洞口尺寸的，必须描述门框和扇外围尺寸；以“m^2”为计量单位时，项目特征可不描述洞口尺寸及框、扇外围尺寸。

⑦ 以“m^2”为计量单位时，无设计图示洞口尺寸时，按门框、扇外围以面积计算。

（7）金属窗

1）项目设置：包括金属（塑钢、断桥）窗、金属防火窗、金属百叶窗、金属纱窗、金属格栅窗、金属（塑钢、断桥）橱窗、金属（塑钢、断桥）飘（凸）窗、彩板窗、复合材料窗 9 个项目。清单项目编码为 010807001×××～010807009×××。

2）工作内容包括：窗制作、运输、安装，五金、玻璃安装，刷防护材料。

3）项目特征描述：窗代号及洞口尺寸，框、扇材质，玻璃品种、厚度。

4）工程量计算：以“樘”为计量单位时，按设计图示数量计算；以“m^2”为计量单位时，金属百叶窗、金属格栅窗按图示洞口尺寸以面积计算，金属纱窗、金属橱窗、金属飘窗按设计图示尺寸以框外围展开面积计算，彩板窗、复合材料窗按设计图示以洞口尺寸或框外围以面积计算。

5）清单项目编制应注意的问题：

① 金属窗应区分金属组合窗、防盗窗等项目，分别编码列项。

② 金属橱窗、飘（凸）窗以樘计量，项目特征必须描述框外围展开面积。

③ 金属窗五金包括：折页、螺钉、执手、卡锁、铰拉、风撑、滑轮、滑轨、拉把、拉手、角码、牛角制等。

④ 以“樘”为计量单位时，项目特征必须描述洞口尺寸，没有洞口尺寸的，必须描述窗框尺寸；以“m^2”为计量单位时，项目特征可不描述洞口尺寸及框的外围尺寸。

⑤ 以“m^2”为计量单位时，无设计图示洞口尺寸的，按窗框外围以面积计算。

（8）门窗套

1）项目设置：包括木门窗套、木筒子板、饰面夹板筒子板、金属门窗套、石材门窗套、门窗木贴脸、成品木门窗套 7 个项目。清单项目编码为 010808001×××～010808007×××。

2）工作内容包括：清理基层，立筋制作、安装，基层抹灰、基层板安装，铺贴、线条安装，刷防护材料。

3）项目特征描述：门窗代号及洞口尺寸，门窗套展开宽度，筒子板宽度，基层材料种类，面层材料品种、规格，贴脸板宽度，粘结层厚度、砂浆配合比，线条品种、规格，防护材料种类。

4）工程量计算：以“樘”为计量单位时，按图示数量计算；以“m^2”为计量单位时，按设计图示尺寸以展开面积计算；以“m”为计量单位时，按设计图示中心以延长米计算。

5）清单项目编制应注意的问题

① 以"樘"为计量单位时，项目特征必须描述洞口尺寸、门窗套展开宽度。

② 以"m^2"为计量单位时，项目特征可不描述洞口尺寸、门窗套展开宽度。

③ 以"m"为计量单位时，项目特征必须描述门窗套展开宽度、筒子板及贴脸宽度。

④ 木门窗套适用于单独门窗套的制作、安装。

（9）窗台板

1）项目设置：包括木窗台板、铝塑窗台板、金属窗台板、石材窗台板4个项目。清单项目编码为010809001×××～010809004×××。

2）工作内容包括：基层清理，基层制作、安装，抹找平层，窗台板制作、安装，刷防护材料。

3）项目特征描述：基层材料种类，粘结层厚度、砂浆配合比，窗台面板材质、规格、颜色，防护材料种类。

4）工程量计算：按设计图示尺寸以展开面积计算。

（10）窗帘、窗帘盒、轨

1）项目设置：包括窗帘，木窗帘盒，饰面夹板，塑料窗帘盒，铝合金窗帘盒、窗帘轨5个项目。清单项目编码为010810001×××～010810005×××。

2）工程内容包括：制作、运输、安装，刷防护材料。

3）项目特征描述：窗帘材质，窗帘高度、宽度，窗帘层数，带幔要求，窗帘盒材质、规格，窗帘轨材质、规格、轨的数量、防护材料种类。

4）工程量计算：按设计图示尺寸以长度计算，其中窗帘以成活后长度计算。

5）清单项目编制应注意的问题

① 窗帘若是双层，项目特征必须描述每层材质。

② 窗帘以"m"为计量单位时，项目特征必须描述窗帘高度和宽度。

3.3.3 屋面防水工程计量与计价

3.3.3.1 基础知识

1. 屋面防水工程

房屋屋面工程的结构层一般采用钢筋混凝土楼板形式，除保证结构设计要求外，还应具备防水、保温与隔热等功能。通常将屋面工程按屋面防水性质进行划分，分为刚性自防水屋面和用各种防水卷材、防水涂料作为防水层的柔性防水屋面。屋面防水施工分为卷材防水屋面施工和涂膜防水屋面施工。

（1）卷材防水屋面结构

卷材防水屋面施工工艺如图3-3-19所示。

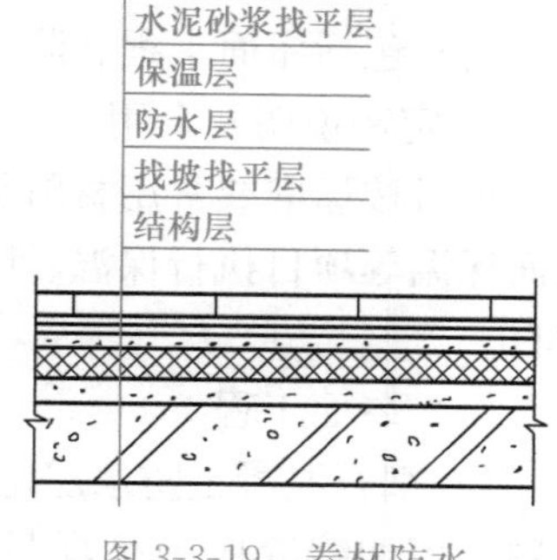

图3-3-19　卷材防水屋面施工工艺

卷材防水层的施工方法：可分为热施工法、冷施工法和机械固定法三大类。热施工法包括热熔法、热风焊接法、热玛瑺脂粘贴法，冷施工法包括冷黏法、自黏法、冷玛瑺脂粘贴法，机械固定法有机械钉压法、压埋法。

（2）涂膜防水屋面施工工艺

涂膜防水屋面结构如图3-3-20所示。

涂膜防水层施工时应注意：基层应干净、坚实、平整，

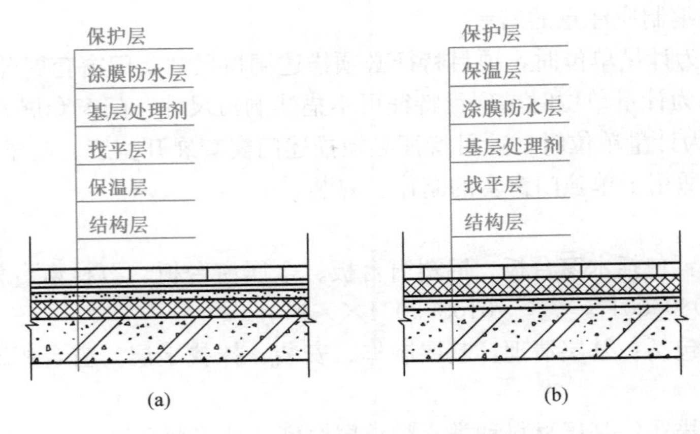

图 3-3-20　涂膜防水屋面结构

(a) 正置式涂膜屋面；(b) 倒置式涂膜屋面

无孔隙、起砂和裂缝。基层处理剂应与上部涂料的材性相容，常用防水涂料的稀释液进行刷涂或喷涂，喷涂前应进行充分搅拌、喷涂均匀、覆盖完全，干燥后方可进行涂膜防水层施工。

在管道根部、阴阳角等部位，应做不少于一布二涂的附加层；在天沟、檐沟与屋面交界处以及找平层分隔处均应空铺宽度≥200～300mm 的附加层，构造做法应符合设计要求。

涂料的涂布应按照“先高跨后低跨、先远后近、先檐口后屋脊”顺序进行。同一屋面上先涂布排水较集中的水落口、天沟、檐口等节点部位，再进行大面积涂布。

2. 室内防水工程

室内防水工程指的是建筑室内厕浴间、厨房、浴室、水池、游泳池等防水工程。厕浴间、厨房是建筑物中不可忽视的防水工程部位，此类位置施工面积小、穿墙管道多、设备多、阴阳转角复杂，房间长期处于潮湿受水状态等不利条件。针对厕浴间、厨房的特点，以涂膜防水代替各种卷材防水，尤其是选用高弹性的聚氨酯涂膜防水，可以使地面和墙面形成一个没有接缝、封闭严密的整体防水层，从而提高其防水工程的质量。

聚氨酯涂膜防水一般施工流程如下：清理基层→涂刷基层处理剂→涂刷附加层防水涂料→涂刮第一遍涂料→涂刮第二、三遍涂料→第一次蓄水试验→稀撒砂粒→质量验收→保护层施工→第二次蓄水试验。

3.3.3.2　定额计量及计价

定额包括屋面工程、防水及其他两节，共 138 个子目。

1. 定额说明及套用

项目按标准或常用材料编制，设计与定额不同时，材料可以换算，人工、机械不变；屋面保温等项目执行保温、隔热、防腐工程相应项目，找平层等项目执行楼地面工程相应项目。

(1) 屋面工程

1) 细石混凝土防水层定额，已综合考虑了滴水线、泛水和伸缩缝翻边等各种加高的工料，但伸缩缝应另列项目计算。使用钢筋网时，执行混凝土及钢筋混凝土工程相关项目。

2）细石混凝土防水层定额按非泵送商品混凝土编制，如使用泵送商品混凝土时，除材料换算外相应项目人工乘以系数 0.95。

【例 3-3-20】 40 厚 C25 泵送细石商品混凝土：500 元/m^3。试计算其定额基价。

【解】 套用定额：9-1 换：

人工费＝1061.64×0.95＝1008.56（元/100m^2）

材料费＝2242.35＋4.36×（500－412）＝2626.03（元/100m^2）

机械费＝12.66（元/100m^2）

3）水泥砂浆保护层定额已综合了预留伸缩缝的工料，掺防水剂时材料费另加。

4）瓦规格按以下考虑：水泥瓦 420mm×330mm、水泥天沟瓦及脊瓦 420mm×220mm、小青瓦 180mm×（170～180）mm、黏土平瓦（380～400）mm×240mm、黏土脊瓦 460mm×200mm、西班牙瓦 310mm×310mm、西班牙脊瓦 285mm×180mm、西班牙 S 盾瓦 250mm×90mm、瓷质波形瓦 150mm×150mm、石棉水泥瓦及玻璃钢瓦 1800mm×720mm；如设计规格不同，瓦的数量按比例调整，其余不变。

5）瓦的搭接按常规尺寸编制，除小青瓦按 2/3 长度搭接，搭接不同时可调整瓦的数量，其余瓦的搭接尺寸均按常规工艺要求综合考虑。

6）瓦屋面定额未包括木基层，木基层项目执行木结构工程相应项目。

7）黏土平瓦若穿铁丝钉圆钉，每 100m^2 增加 11 工日，增加镀锌低碳钢丝（22 号）3.5kg，圆钉 2.5kg。

8）采光板屋面如设计为滑动式采光顶，可以按设计增加 U 形滑动盖帽等部件，调整材料，人工乘以系数 1.05。

9）膜结构屋面的钢支柱、锚固支座混凝土基础等执行其他章节相关项目。膜构屋面中膜材料可以调整含量。

10）瓦屋面以坡度≤0.25 为准，0.25＜坡度≤0.45 的，相应项目的人工乘以系数 1.3；坡度＞0.45 的，人工乘以系数 1.43。

（2）防水工程及其他

1）平（屋）面以坡度≤0.15 为准，0.15＜坡度≤0.25 的，相应项目的人工乘以系数 1.18；0.25＜坡度≤0.45 的，人工乘以系数 1.3；坡度＞0.45 的，人工乘以系数 1.43。

【例 3-3-21】 按图 3-3-21 进行定额换算。水泥瓦 420mm×332mm：2.5 元/张；屋脊瓦 420mm×220mm：4 元/张；其余人工、材料、机械均执行定额价。

【解】 ① 水泥瓦 420mm×332mm 铺设：套用定额 9-10，换算内容：屋面坡度 0.58，人工应乘以系数 1.43，瓦规格与定额不同，应调整消耗量。

定额费用：

人工费＝7.992×1.43＝11.43(元/m^2)

材料费＝(0.42×0.33)/(0.42×0.332)×1.113×2500/100＋5.57×5.6/100＝27.97(元/m^2)

机械费＝0

② 屋脊瓦 420mm×220mm 铺设：套用定额 9-14。

定额费用：

人工费＝3.01×1.3＝3.91(元/m)

材料费=[1475.56+0.306×(4000−3461)]/100=16.41(元/m)

机械费=0.09(元/m)

2）防水卷材、防水涂料及防水砂浆，定额以平面和立面列项，实际施工桩头、地沟时，相应项目的人工乘以系数1.43。

3）胶粘法以满铺为依据编制，点、条铺粘者按其相应项目的人工乘以系数0.91，胶粘剂乘以系数0.7。

4）防水卷材的接缝、收头（含收头处油膏）、冷底子油、胶粘剂等工料已计入定额内，不另行计算。设计有金属压条时，材料费另计。

5）卷材部分“每增一层”特指双层卷材叠合，中间无其他构造层。

6）卷材厚度大于4mm时，相应项目的人工乘以系数1.1。

7）要求对混凝土基面进行抛丸处理的，套用基面抛丸处理定额，对应的卷材或涂料防水层扣除清理基层人工0.912工日/100m²。

8）变形缝与止水带。变形缝断面或展开尺寸与定额不同时，材料用量按比例换算。

2. 定额清单计量及计价

（1）屋面工程

1）定额清单项目设置：屋面工程包括：刚性屋面、瓦屋面、沥青瓦屋面、金属板屋面、采光屋面、膜结构屋面、种植屋面，分别按定额号9-1～9-41编码。

2）定额清单工程量计算：

① 刚性层面、各种瓦屋面和金属屋面（包括挑檐部分）均按设计图示尺寸以面积计算（斜屋面按斜面面积计算），不扣除房上烟囱、风帽底座、风道、小气窗、斜沟和脊瓦等所占面积，小气窗的出檐部分也不增加。瓦屋面挑出基层的尺寸，按设计规定计算，如设计无规定时，水泥瓦、黏土平瓦、西班牙瓦、瓷质波形瓦按水平尺寸加70mm、小青瓦按水平尺寸加50mm计算。

② 西班牙瓦、瓷质波形瓦、水泥瓦屋面的正斜脊瓦、檐口线，按设计图示尺寸以长度计算。

③ 采光板屋面和玻璃采光顶屋面按设计图示尺寸以面积计算，不扣除单个面积0.3m² 以内的孔洞所占面积。

④ 膜结构屋面按设计图示尺寸以需要覆盖的水平投影面积计算。

⑤ 种植屋面按设计尺寸以铺设范围计算；不扣除房上烟囱、风帽底座、风道、屋面小气窗等所占面积，以及单个0.3m² 以内的孔洞所占面积，屋面小气窗的出檐部分也不增加。

（2）防水及其他

1）定额清单项目设置：防水及其他包括：刚性防水、防潮，卷材防水，涂料防水，板材防水，屋面排水，变形缝与止水带，分别按定额号9-42～9-138编码。

2）定额清单工程量计算：

① 屋面防水按设计图示尺寸以面积计算（斜屋面按斜面面积计算），天沟、挑檐按展开面积计算并入相应防水工程量，不扣除房上烟囱、风帽底座、风道、屋面小气窗和斜沟等所占面积，上翻部分也不另计算；屋面的女儿墙、伸缩缝和天窗等处的弯起部分，按设计图示尺寸计算；设计无规定时，伸缩缝、女儿墙、天窗的弯起部分按500mm计算，计

入屋面工程量内。

② 楼地面防水、防潮层按设计图示尺寸以主墙间净空面积计算，扣除凸出地面的构筑物、设备基础等所占面积，不扣除间壁墙及单个 0.3m² 以内的柱、垛、烟囱和孔洞所占面积，平面与立面交接处，上翻高度<300mm 时，按展开面积并入平面工程量内计算；高度≥300mm 时，上翻高度全部按立面防水层计算。

③ 墙基防水、防潮层按设计图示尺寸以面积计算。

④ 墙的立面防水、防潮层，不论内墙、外墙，均按设计图示尺寸以面积计算。

⑤ 基础底板的防水、防潮层按设计图示尺寸以面积计算，不扣除桩头所占面积。桩头处外包防水按桩头投影面积每侧外扩 300mm 以面积计算，地沟处防水按展开面积计算，均计入平面工程量，执行相应规定。

⑥ 屋面、楼地面及墙面、基础底板等，其防水搭接、拼缝、压边、留槎用量已综合考虑，不另行计算，卷材防水附加层、加强层按设计铺贴尺寸以面积计算。

⑦ 屋面排水：金属板排水、泛水按延长米乘以展开宽度计算，其他泛水按延长米计算。

⑧ 变形缝与止水带（条）：变形缝（嵌填缝与盖板）与止水带（条）按设计图示尺寸以长度计算。

【例 3-3-22】 某瓦屋面如图 3-3-21 所示，已知做法为：用 1：3 水泥砂浆粘贴黏土平瓦，檐口做封檐板条天棚和封檐板，假设封檐板条天棚暂定价为 35 元/m²。试编制该屋面工程的定额工程量清单表，并计算综合单价（保留两位小数）及合价（取整）（企业管理费取 16.57%，利润取 8.1%，信息价参考《浙江省预算定额（2018 版）》取定，风险费隐含于综合单价的人工、材料、机械单价中）。

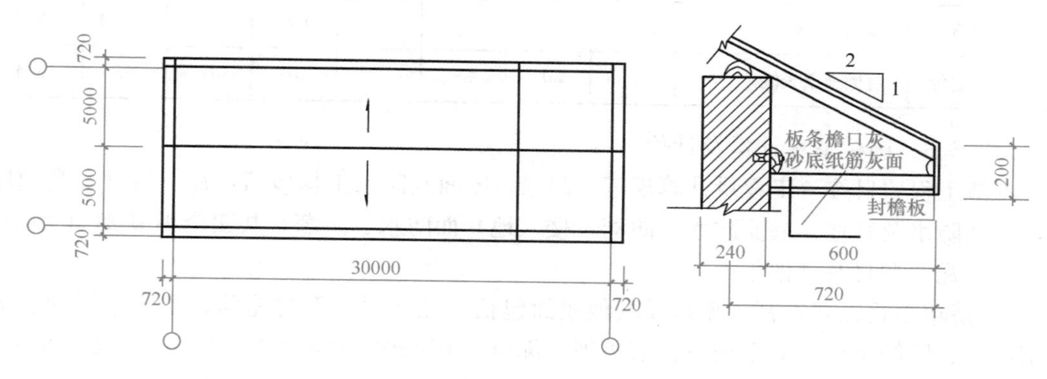

图 3-3-21　某瓦屋面平面图、剖面图

【解】 1）列项并计算定额工程量：

延尺系数 $C=\sqrt{1^2+2^2}/2=1.118$

延尺系数是指坡屋面的斜长与水平长度的比值。即斜屋面面积＝水平投影面积×延尺系数

瓦屋面及防水工程
工程量清单与计价
（定额清单计价）

① 瓦屋面工程量：

斜面积：$S=(10+0.72\times2)\times(30+0.72\times2)\times1.118=402.12(m^2)$

② 屋脊：$L=30+0.72\times2=31.44(m)$

③ 封檐板条天棚工程量：

天棚中心线：$L=(5+0.12+0.3)\times1.118\times4+(30+0.24+0.6)\times2=85.92(\text{m})$

$S_{封檐板条天棚}=85.92\times0.6=51.55(\text{m}^2)$

④ 封檐板工程量：$L=(5+0.72)\times1.118\times4+(30+0.72\times2)\times2=88.46(\text{m})$

2）列出分部分项工程量清单表（定额清单）（表 3-3-25）

分部分项工程量清单表（定额清单） 表 3-3-25

序号	定额编号	项目名称	计量单位	工程数量
1	9-18	水泥砂浆黏土平瓦瓦屋面	m^2	402.12
2	9-19	屋脊	m	31.44
3	7-33	封檐板	m	88.46
4	暂定价	封檐板条天棚	m^2	51.55

3）列出分部分项综合单价计算表（定额清单）（表 3-3-26）

分部分项综合单价计算表（定额清单） 表 3-3-26

序号	编号	项目名称	计量单位	工程数量	综合单价（元）						合计（元）
					人工费	材料费	机械费	管理费	利润	小计	
1	9-18H	水泥砂浆黏土平瓦瓦屋面	m^2	402.12	10.22	36.08	0.49	1.77	0.87	49.43	19877
2	9-19H	屋脊	m	31.44	4.30	12.31	0.21	0.75	0.37	17.94	564
3	7-33	20cm 封檐板	m	88.46	5.04	9.45	0	0.84	0.41	15.74	1392
4	暂定价	封檐板条天棚	m^2	51.55	0	35	0	0	0	35	1804

3.3.3.3 国标清单计量及计价

本节工程项目按《工程量计算规范》附录J屋面及防水工程包括：瓦、型材及其他屋面，屋面防水及其他，墙面防水、防潮，楼（地）面防水、防潮，共四个小节 21 个项目。

（1）瓦、型材及其他屋面

1）清单项目设置：瓦、型材及其他屋面包括：瓦屋面、型材屋面、阳光板屋面、玻璃钢屋面、膜结构屋面 5 个项目，清单项目编码为 010901001×××～010901005×××。

2）清单项目工作内容

① 瓦屋面包括砂浆制作、运输、摊铺、养护，安瓦、做瓦脊。

② 型材屋面包括檩条制作、运输、安装，屋面型材安装，接缝、嵌缝。

③ 阳光板屋面包括骨架制作、运输、安装、刷防护材料、油漆，阳光板安装，接缝、嵌缝。

④ 玻璃钢屋面包括骨架制作、运输、安装、刷防护材料、油漆，玻璃钢制作、安装，接缝、嵌缝。

⑤ 膜结构屋面包括膜布热压胶接，支柱（网架）制作、安装，膜布安装，穿钢丝绳、锚头锚固，锚固基座挖土、回填，刷防护材料、油漆。

3）清单项目特征描述

① 瓦屋面包括瓦品种、规格，粘结层砂浆的配合比，屋面坡度。

② 型材屋面包括型材品种、规格，金属檩条材料品种、规格，接缝、嵌缝材料种类。

③ 阳光板屋面包括阳光板品种、规格，骨架材料品种、规格，接缝、嵌缝材料种类，油漆品种、刷漆遍数。

④ 玻璃钢屋面包括玻璃钢品种、规格，骨架材料品种、规格，玻璃钢固定方式，接缝、嵌缝材料种类，油漆品种、刷漆遍数。

⑤ 膜结构屋面包括膜布品种、规格，支柱（网架）钢材品种、规格，钢丝绳品种、规格，锚固基座做法，油漆品种、刷漆遍数。

4）清单项目工程量计算

① 瓦屋面、型材屋面按设计图示尺寸以斜面积（m^2）计算。不扣除房上烟囱、风帽底座、风道、小气窗、斜沟等所占面积。小气窗的出檐部分不增加面积。

② 阳光板屋面、玻璃钢屋面按设计图示尺寸以斜面积（m^2）计算。不扣除屋面面积≤0.3m^2 的孔洞所占面积。

③ 膜结构屋面按设计图示尺寸以需要覆盖的水平投影面积（m^2）计算。

（2）屋面防水及其他

1）清单项目设置：屋面防水及其他包括：屋面卷材防水，屋面涂膜防水，屋面刚性层，屋面排水管，屋面排（透）气管，屋面（廊、阳台）泄（吐）水管，屋面天沟、檐沟，屋面变形缝8个项目，清单项目编码为010902001×××～010902008×××。

2）清单项目工作内容

① 屋面卷材防水包括：基层处理，刷底油，铺油毡卷材、接缝。

② 屋面涂膜防水包括：基层处理，刷基层处理剂，铺布、喷涂防水层。

③ 屋面刚性层包括：基层处理，混凝土制作、运输、铺筑、养护，钢筋制安。

④ 屋面排水管包括：排水管及配件安装、固定，雨水斗、山墙出水口、雨水篦子安装，接缝、嵌缝，刷漆。

⑤ 屋面天沟、檐沟包括：天沟材料铺设，天沟配件安装、接缝、嵌缝，刷防护材料。

⑥ 屋面变形缝包括：清缝，填塞防水材料，止水带安装，盖缝制作、安装，刷防护材料。

3）清单项目特征描述

① 屋面卷材防水包括：卷材品种、规格、厚度，防水层数，防水层做法。

② 屋面涂膜防水包括：防水膜品种，涂膜厚度、遍数，增强材料种类。

③ 屋面刚性层包括：刚性层厚度，混凝土强度等级，嵌缝材料种类，钢筋规格、型号。

④ 屋面排水管包括：排水管品种、规格，雨水斗、山墙出水口品种、规格，接缝、嵌缝材料种类，油漆品种、刷漆遍数。

⑤ 屋面天沟、檐沟包括：材料品种、规格，接缝、嵌缝材料种类。

⑥ 屋面变形缝包括：嵌缝材料种类，止水带材料种类，盖缝材料，防护材料种类。

4）清单项目工程量计算

① 屋面卷材防水、屋面涂膜防水按设计图示尺寸以面积（m^2）计算：A. 斜屋顶（不

包括平屋顶找坡）按斜面积算，平屋顶按水平投影面积计算；B. 不扣除房上烟囱、风帽底座、风道、屋面小气窗和斜沟所占面积；C. 屋面的女儿墙、伸缩缝和天窗等处的弯起部分并入屋面工程量内。

② 屋面刚性层按设计图示尺寸以面积（m^2）计算。不扣除房上烟囱、风帽底座、风道等所占面积。

③ 屋面排水管按设计图示尺寸以长度（m）计算。如设计未标注尺寸，以檐口至设计室外散水上表面垂直距离计算。

④ 屋面排（透）气管按设计图示尺寸以长度（m）计算。

⑤ 屋面（廊、阳台）泄（吐）水管按设计图示数量计算，计量单位为“根”或“个”。

⑥ 屋面天沟、檐沟按设计图示尺寸以展开面积（m^2）计算。

⑦ 屋面变形缝按设计图示尺寸以长度（m）计算。

以上屋面防水搭接及附加层用量不另行计算，在综合单价中考虑，工程量清单项目特征描述附加层具体做法、相关尺寸。

(3) 墙面防水、防潮

1) 清单项目设置：墙面防水、防潮包括：墙面卷材防水、墙面涂膜防水、墙面砂浆防水（防潮）、墙面变形缝 4 个项目，清单项目编码为 010903001×××～010903004×××。

2) 清单项目工作内容

① 墙面卷材防水包括：基层处理，刷胶粘剂，铺防水卷材，接缝、嵌缝。

② 墙面涂膜防水包括：基层处理，刷基层处理剂，铺布、喷涂防水层。

③ 墙面砂浆防水（防潮）包括：基层处理，挂钢丝网片，设置分格缝，砂浆制作、运输、摊铺、养护。

④ 墙面变形缝包括：清缝，填塞防水材料，止水带安装，盖缝制作、安装，刷防护材料。

3) 清单项目特征描述

① 墙面卷材防水包括：卷材品种、规格、厚度，防水层做法。

② 墙面涂膜防水包括：防水膜品种，涂膜厚度、遍数，增强材料种类。

③ 墙面砂浆防水（防潮）包括：防水层做法，砂浆厚度、配合比，钢丝网规格。

④ 墙面变形缝包括：嵌缝材料种类、止水带材料种类、盖缝材料、防护材料种类。

4) 清单项目工程量计算

① 墙面卷材防水、墙面涂膜防水、墙面砂浆防水（防潮）按设计图示尺寸以面积（m^2）计算。墙面防水搭接及附加层用量不另行计算，在综合单价中考虑。

② 墙面变形缝按设计图示以长度（m）计算。墙面变形缝，若做双面，工程量乘以系数 2。

(4) 楼（地）面防水、防潮

1) 清单项目设置：楼（地）面防水、防潮包括：楼（地）面卷材防水、楼（地）面涂膜防水、楼（地）面砂浆防水（防潮）、楼（地）面变形缝 4 个项目，清单项目编码为 010904001×××～010904004×××。

2）清单项目工作内容

① 楼（地）面卷材防水：基层处理，刷粘结剂，铺防水卷材，接缝、嵌缝。

② 楼（地）面涂膜防水：基层处理，刷基层处理剂，铺布、喷涂防水层。

③ 楼（地）面砂浆防水（防潮）：基层处理，砂浆制作、运输、摊铺、养护。

④ 楼（地）面变形缝：清缝，填塞防水材料，止水带安装，盖缝制作、安装，刷防护材料。

3）清单项目特征描述

① 楼（地）面卷材防水包括：卷材品种、规格、厚度，防水层数，防水层做法，反边高度。

② 楼（地）面涂膜防水包括：防水膜品种，涂膜厚度、遍数，增强材料种类，反边高度。

③ 楼（地）面砂浆防水（防潮）包括：防水层做法，砂浆厚度、配合比，反边高度。

④ 楼（地）面变形缝包括：嵌缝材料种类，止水带材料种类，盖缝材料，防护材料种类。

4）清单项目工程量计算

① 楼（地）面卷材防水、楼（地）面涂膜防水、楼（地）面砂浆防水（防潮）按设计图示尺寸以面积（m^2）计算。其中，A. 楼（地）面防水：按主墙间净空面积计算，扣除凸出地面的构筑物、设备基础等所占面积，不扣除间壁墙及单个面积 0.3m^2 以内的柱、垛、烟囱和孔洞所占面积；B. 楼（地）面防水反边高度≤300mm 算作地面防水，反边高度大于 300mm 按墙面防水计算。楼（地）面防水搭接及附加层用量不另行计算，在综合单价中考虑。

② 楼（地）面变形缝按设计图示以长度（m）计算。

（5）清单编制时应注意的问题

1）瓦屋面，若是在木基层上铺瓦，项目特征不必描述粘结层砂浆的配合比，木基层按《工程量计算规范》H. 23 屋面木基层中相关项目编码列项，瓦屋面铺防水层，按《工程量计算规范》J. 2 屋面防水及其他中相关项目编码列项。

2）型材屋面、阳光板屋面、玻璃钢屋面的柱、梁、屋架，按《工程量计算规范》附录 F 金属结构工程、附录 G 木结构工程中相关项目编码列项。

3）屋面刚性层上铺贴防水层，按屋面卷材防水、屋面涂膜防水项目编码列项；屋面刚性层无钢筋，其钢筋项目特征不必描述。

4）屋面保温层按《工程量计算规范》附录 K 保温、隔热、防腐工程“保温隔热屋面”项目编码列项。

5）屋面找平层按《工程量计算规范》附录 L 楼地面装饰工程“平面砂浆找平层”项目编码列项。

6）防水卷材搭接及附加层用量不另行计算，在综合单价中考虑。

7）墙面找平层按《工程量计算规范》附录 M 墙、柱面装饰与隔断工程“立面砂浆找平层”项目编码列项。

8）楼（地）面防水找平层按《工程量计算规范》附录 L 楼地面装饰工程“平面砂浆找平层”项目编码列项。

【例 3-3-23】某住宅屋面如图 3-3-22 所示，现浇钢筋混凝土板结构，刚性屋面做法（自上而下）：40 厚 C20 细石混凝土面层；2 厚改性沥青防水涂料；20 厚水泥砂浆保护层；40 厚聚氨酯硬泡；20 厚干混砂浆找平层；CL7.5 炉渣混凝土找坡最薄处 30 厚；现浇钢筋混凝土板结构。试列出该屋面工程工程量清单表（国标清单），计算国标综合单价（保留两位小数点）及合价（取整）。企业管理费为定额人工费及定额机械费之和的 16.57%，利润为定额人工费及定额机械费之和的 8.1%，市场信息价参照《浙江省预算定额（2018 版）》中人材机价格，风险费隐含于综合单价的人工、材料、机械单价中。

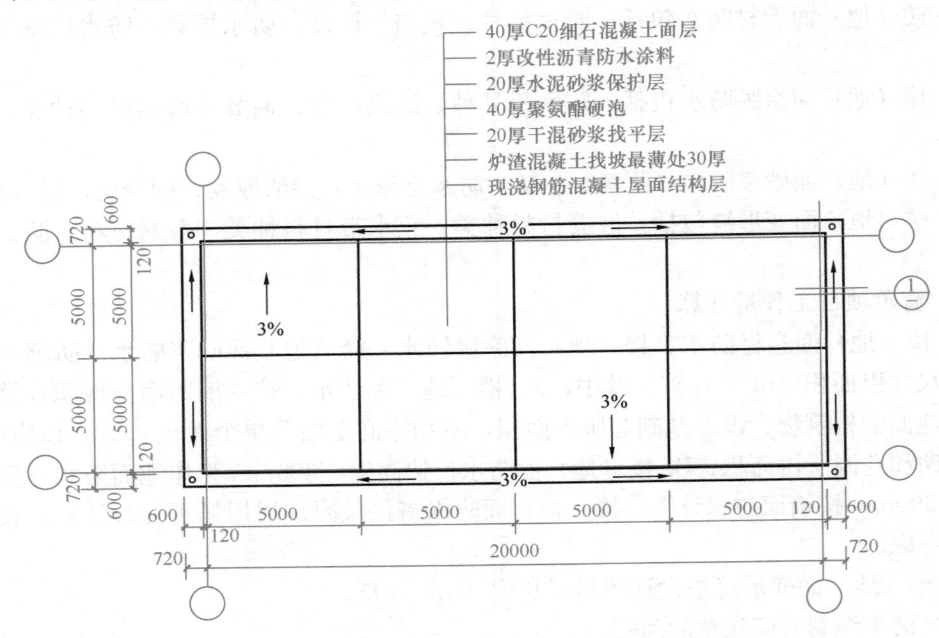

图 3-3-22　某住宅屋面平面图

【解】1）根据《工程量计算规范》，应列出以下项目：

010902003　屋面刚性层　$S=(20+0.12\times2)\times(10+0.12\times2)=207.26(m^2)$

010902002　屋面涂膜防水　$S=207.26(m^2)$

011001001　保温隔热屋面　$S=207.26(m^2)$

011101006　平面砂浆找平层　$S=207.26(m^2)$

2）定额清单工程量列项及计算：

40 厚 C20 细石混凝土面层：$S=207.26$（m^2）

20 厚水泥砂浆保护层：$S=207.26$（m^2）

2 厚改性沥青防水涂料：$S=207.26$（m^2）

40 厚聚氨酯硬泡：$S=207.26$（m^2）

CL7.5 炉渣混凝土找坡最薄处 30 厚：

$$V=207.26\times\{[0.03+(5+0.12)\times3\%+0.03]\div2\}=22.14(m^3)$$

20 厚干混砂浆找平层　$S=207.26$（m^2）

3）列出分部分项工程量清单（国标清单）（表 3-3-27）

分部分项工程量清单（国标清单） 表3-3-27

序号	项目编码	项目名称	项目特征	计量单位	工程数量
1	010902003001	屋面刚性层	平屋面；屋面刚性层；40厚C20细石混凝土面层；20厚水泥砂浆保护层	m²	207.26
2	010902002001	屋面涂膜防水	平屋面；2厚改性沥青防水涂料	m²	207.26
3	011001001001	保温隔热屋面	平屋面；40厚聚氨酯硬泡；CL7.5炉渣混凝土找坡最薄处30厚	m²	207.26
4	011101006001	平面砂浆找平层	平屋面；20厚干混砂浆找平层	m²	207.26

4）列分部分项综合单价计算表（国标清单）（表3-3-28）

分部分项综合单价计算表（国标清单） 表3-3-28

序号	编号	项目名称	计量单位	工程数量	综合单价（元）						合计（元）
					人工费	材料费	机械费	管理费	利润	小计	
1	010902003001	屋面刚性层	m²	207.26	20.23	33.10	0.33	3.41	1.67	58.73	12173
	9-1	40厚C20细石混凝土面层	m²	207.26	10.62	22.42	0.13	1.78	0.87	35.82	7424
	9-5	20厚水泥砂浆保护层	m²	207.26	9.61	10.68	0.20	1.63	0.79	22.91	4748
2	010902002001	屋面涂膜防水	m²	207.26	3.13	42.23	0.00	0.52	0.25	46.13	9561
	9-76	2厚改性沥青防水涂料	m²	207.26	3.13	42.23	0.00	0.52	0.25	46.13	9561
3	011001001001	保温隔热屋面	m²	207.26	15.38	79.17	4.18	3.24	1.58	103.55	21462
	10-31	40厚聚氨酯硬泡	m²	207.26	7.95	40.03	3.09	1.83	0.89	53.79	11149
	10-40	CL7.5炉渣混凝土找坡最薄处30厚	m³	22.14	69.53	366.42	10.18	13.21	6.46	465.79	10313
4	011101006001	平面砂浆找平层	m²	207.26	8.03	9.23	1.98	1.66	0.81	21.71	4500
	11-1	20厚干混砂浆找平层	m²	207.26	8.03	9.23	1.98	1.66	0.81	21.71	4500

3.3.4 保温隔热工程计量与计价

3.3.4.1 保温隔热工程基础知识

建筑保温材料是用于建造节能建筑的各种保温材料，主要有屋面、墙面保温材料。材料保温性能的好坏是由材料导热系数的大小决定的，导热系数越小，保温性能越好。保温材料的品种较多，按材质可分为无机保温材料、有机保温材料和金属保温材料三大类。按形态又可分为纤维状、多孔（微孔、气泡）状、层状等。

（1）外墙外保温工程

外墙外保温系统是指由保温层、保护层和固定材料（如胶粘剂、锚固件等）构成，并且适用于安装在外墙外表面的非承重保温构造总称。通过组合、组装施工或安装固定在外墙外表面上所形成的建筑物实体即为外墙外保温工程。

1）EPS板薄抹灰系统

该系统由聚苯板、胶粘剂，必要时使用的锚栓、抹面胶浆（薄抹面层、防裂砂浆）和耐碱玻纤网布及涂料组成。薄抹灰增强防护层的厚度宜控制在：普通型3～5mm，加强型5～7mm建筑物高度在20m以上时，在受负压作用较大的部位宜使用锚栓辅助固定或按设计要求施工。

2）胶粉EPS颗粒保温砂浆系统

胶粉EPS颗粒保温砂浆系统由界面层胶粉EPS颗粒保温浆料保温层、抗裂砂浆薄抹面层和饰面组成。胶粉EPS颗粒保温浆料经现场拌和后喷涂或抹在基层上形成保温层。薄抹面层中应满铺玻纤网，薄抹面层增强了柔性变形、抗裂和防水性能。

3）EPS板无网现浇系统

EPS板无网现浇系统以现浇混凝土外墙作为基层，EPS板作为保温层，EPS板内表面（与现浇混凝土接触的表面）沿水平方向开有矩形齿槽（或燕尾槽），内、外表面均满涂界面砂浆。施工时将EPS板置于外模板内侧，并安装锚栓作为辅助固定件。浇灌混凝土后，墙体与板以及锚栓结合为一体。板表面抹抗裂砂浆薄抹面层，外表以涂料为饰面层，薄抹面层中满铺玻纤网布。

（2）屋面保温工程

屋面保温工程常见材料介绍如下：

1）板状材料：聚苯乙烯泡沫塑料、硬质聚氨酯泡沫塑料、膨胀珍珠岩制品、泡沫玻璃制品、加气混凝土砌块、泡沫混凝土砌块。

2）纤维材料：玻璃棉制品、岩棉、矿岩棉制品。

3）整体材料：喷涂硬泡聚氨酯、现浇泡沫混凝土。

3.3.4.2 定额计量及计价

保温隔热、耐酸防腐工程定额清单项目按《浙江省预算定额（2018版）》列项，包括保温、隔热和耐酸、防腐两节。

1. 定额说明及套用

保温层定额中的保温材料品种、型号、规格和厚度等与设计不同时，应按设计规定进行调整；屋面、墙面聚苯乙烯板、挤塑保温板、硬泡聚氨酯防水保温板等保温板材铺贴子目中，厚度不同，板材单价调整，其他不变；本节中未包含基层界面剂涂刷、找平层、基层抹灰及装饰面层，发生时套用相应子目另行计算；定额中采用乳化石油沥青作为胶结材料的子目均指适用于有保温、隔热要求的工业建筑及构筑物工程。

（1）墙、柱面保温隔热

1）墙体保温砂浆子目按外墙外保温考虑，如实际为外墙内保温，人工乘以系数0.75，其余不变。

2）弧形墙、柱、梁等保温砂浆抹灰、抗裂防护层抹灰、保温板铺贴按相应项目的人工乘以系数1.15，材料乘以系数1.05。

3）柱面保温根据墙面保温定额项目人工乘以系数1.19，材料乘以系数1.04。

4）墙面保温板如使用钢骨架，钢骨架按《浙江省预算定额（2018版）》墙、柱面装饰与隔断、幕墙工程相应项目执行。

5）抗裂保护层中抗裂砂浆厚度设计与定额不同时，抗裂砂浆、灰浆搅拌机定额用量按比例调整，其余不变。增加一层网格布子目已综合了增加抗裂砂浆一遍粉刷的人工、材料及机械。当玻璃纤维网格布采用塑料膨胀锚栓固定时，每100m^2增加塑料膨胀锚栓612套，人工3工日，其他材料费5元。

6）抗裂防护层网格布（钢丝网）之间的搭接及门窗洞口周边加固，定额中已综合考虑，不另行计算。

（2）屋面保温隔热

1）屋面泡沫混凝土按泵送70m以内考虑，泵送高度超过70m的，每增加10m，每10m^2定额增加：人工0.07工日，搅拌机械0.01台班，水泥发泡机0.012台班。

2）陶粒混凝土按现场搅拌混凝土考虑，主材消耗量暂按C20级配，如实际采用其他级配的，材料按实调整，其余不变；如实际采用商品陶粒混凝土的，则应扣除定额内的混凝土搅拌机台班，并扣除搅拌人工3.9工日。

3）保温层排气管按ϕ50UPVC管及综合管件编制，排气孔：ϕ50UPVC管按180°单出口考虑（2只90°弯头组成），双出口时应增加三通1只；ϕ50钢管、不锈钢管按180°煨制弯考虑，当采用管件拼接时另增加弯头2只，管材用量乘以系数0.7。管材、管件的规格、材质不同，单价换算，其余不变。

（3）天棚保温隔热、吸声

天棚混凝土板下安装聚苯乙烯泡沫板定额是按不带龙骨编制的，如设计有带木龙骨，则每10m^2增加杉板0.75m^3，铁件45.45kg，扣除聚苯乙烯泡沫板0.63m^3。

2. 定额清单计量及计价

墙体及混凝土板下铺贴隔热层不扣除木框架及木龙骨的体积；单个面积大于0.3m^2孔洞侧壁周围及梁头、连系梁等其他零星工程保温隔热工程量，并入墙面的保温隔热工程量内；柱帽保温隔热层按设计图示尺寸并入天棚保温隔热层工程量内；保温隔热层的厚度按隔热材料净厚度（不包括胶结材料厚度）尺寸计算；池槽保温隔热计算时，池壁并入墙面保温隔热工程量内，池底并入地面保温隔热工程量内。

（1）墙、柱面保温隔热

墙面保温隔热层工程量按设计图示尺寸以面积（m^2）计算。扣除门窗洞口及单个面积0.3m^2以上梁、孔洞所占面积；门窗洞口侧壁以及与墙相连的柱，并入保温墙体工程量内，门窗洞口侧壁粉刷材料与墙面粉刷材料不同，按墙、柱面装饰与隔断、幕墙工程零星粉刷计算。其中外墙按隔热层中心线长度计算，内墙按隔热层净长度计算。

柱、梁保温隔热层工程量按设计图示尺寸以面积（m^2）计算。柱按设计图示柱断面保温层中心线展开长度乘以高度以面积计算，扣除单个断面0.3m^2以上梁所占面积。梁按设计图示梁断面保温层中心线展开长度乘以保温层长度以面积计算。

按立方米（m^3）计算的隔热层，如：软木板、用乳化沥青作为胶结材料的聚苯乙烯泡沫板、加气混凝土块、沥青玻璃（矿渣）棉，外墙按围护结构的隔热层中心线、内墙按隔热层净长乘以图示尺寸的高度及厚度以“m^3”计算。应扣除门窗洞口、单个面积0.3m^2以上孔洞所占体积。

（2）屋面保温隔热

1）屋面保温砂浆、泡沫玻璃、聚氨酯喷涂、保温板铺贴等按设计图示面积（m^2）计算，不扣除屋面排烟道、通风孔、伸缩缝、屋面检查洞及单个面积 0.3m^2 以内孔洞所占面积，洞口翻边也不增加。

2）屋面其他保温材料工程量按设计图示面积乘以厚度以体积计算，找坡层按平均厚度计算，计算面积时应扣除单个面积 0.3m^2 以上的孔洞所占面积。

保温层排气管按设计图示尺寸以长度（m）计算，不扣除管件所占长度，保温层排气孔以数量计算。

（3）天棚保温隔热、吸声

保温砂浆、天棚保温吸声层工程量按设计图示尺寸以面积（m^2）计算。扣除单个面积 0.3m^2 以上柱、垛、洞所占面积，与天棚相连的梁按展开面积计算，其工程量并入天棚内。

聚苯乙烯泡沫板工程量按设计图示面积乘以厚度以“m^3”计算，计算面积时应扣除单个面积 0.3m^2 以上柱、垛、孔洞所占面积，与天棚相连的梁按展开面积计算，其工程量并入天棚内。

（4）楼地面保温隔热、隔声工程量按设计图示尺寸以面积（m^2）计算。扣除柱、垛及单个面积 0.3m^2 以上孔洞所占面积。门洞、空圈、暖气包槽、壁龛的开口部分不增加面积。

（5）其他保温隔热层工程量按设计图示尺寸以展开面积（m^2）计算。扣除单个面积 0.3m^2 以上孔洞所占面积。

3.3.4.3 国标清单计量及计价

本节工程项目按《工程量计算规范》附录 K 屋面及防水工程包括：瓦、型材及其他屋面，屋面防水及其他，墙面防水、防潮，楼（地）面防水、防潮，共四个小节 21 个项目。

1. 清单项目设置

（1）保温、隔热工程量清单项目包括：保温隔热屋面、保温隔热天棚、保温隔热墙面、保温柱（梁）、保温隔热楼地面、其他保温隔热 6 个项目，清单项目编码为 011001001×××～011001006×××。其中“保温隔热屋面”项目适用于工业与民用建筑屋面的保温隔热；“保温隔热天棚”项目适用于工业与民用建筑室内、室外天棚的保温隔热；“保温隔热墙面”项目适用于工业与民用建筑物外墙、内墙的保温隔热；“保温柱、梁”项目适用于工业与民用建筑物不与墙、天棚相连的独立柱、梁的保温隔热；“保温隔热楼地面”项目适用于工业与民用建筑物室内地面、楼面的保温隔热。

（2）注意事项

保温隔热装饰面层按《工程量计算规范》附录 L、M、N、P、Q 中相关项目编码列项；仅做找平层按《工程量计算规范》附录 L 楼地面装饰工程“平面砂浆找平层”或附录 M 墙、柱面装饰与隔断、幕墙工程“立面砂浆找平层”项目编码列项。

1）柱帽保温隔热应并入天棚保温隔热工程量内。

2）池槽保温隔热应按其他保温隔热项目编码列项。

3）保温隔热方式：指内保温、外保温、夹心保温。

4）保温柱、梁项目适用于不与墙、天棚相连的独立柱、梁。

2. 清单项目工程量计算

（1）保温隔热屋面按设计图示尺寸以面积（m^2）计算。扣除面积大于 0.3m^2 孔洞及占位面积。

（2）保温隔热天棚按设计图示尺寸以面积（m^2）计算。扣除面积大于 0.3m^2 柱、垛、孔洞所占面积，与天棚相连的梁按展开面积计算，并入天棚工程量内。

（3）保温隔热墙面按设计图示尺寸以面积（m^2）计算。扣除门窗洞口以及面积大于 0.3m^2 梁、孔洞所占面积；门窗洞口侧壁以及与墙相连的柱，并入保温墙体工程量内。

（4）保温柱、梁按设计图示尺寸以面积（m^2）计算。柱按设计图示柱断面保温层中心线展开长度乘保温层高度以面积计算，扣除面积大于 0.3m^2 梁所占面积。梁按设计图示梁断面保温层中心线展开长度乘保温层长度以面积计算。

（5）保温隔热楼地面按设计图示尺寸以面积（m^2）计算。扣除面积大于 0.3m^2 柱、垛、孔洞所占面积。门洞、空圈、暖气包槽、壁龛的开口部分不增加面积。

（6）其他保温隔热按设计图示尺寸以展开面积（m^2）计算。扣除面积大于 0.3m^2 孔洞及占位面积。

【例 3-3-24】某工程教学楼外墙做法自内而外依次为：基层墙体、20 厚水泥砂浆抹灰、107 胶素水泥浆界面处理、30 厚无机轻集料保温砂浆、5 厚聚合物抗裂砂浆（压入两层耐碱玻纤网格布，第一层网格布抗裂砂浆 3 厚、第二层网格布抗裂砂浆 2 厚）、仿石外墙防水涂料，其中外墙外保温面积为 500m^2。试编制该保温隔热墙面国标清单工程量表，并按《浙江省预算定额（2018 版）》计算该清单的综合单价及合价。已知该工程为房屋建筑工程，采用一般计税法，假设当时当地人工、材料、机械价格与定额取定价格相同，企业管理费、利润以人工费与机械费之和为取费基数，费率按中值分别为 16.57%、8.10%，风险费按零计算。

【解】依据题意和清单特征，本题保温隔热工程可组合的定额子目见表 3-3-29。

清单项目定额子目表　　　　表 3-3-29

序号	项目编码	项目名称	计量单位	实际组合的主要内容	对应的定额子目
1	011001003001	保温隔热墙面	m^2	30 厚无机轻集料保温砂浆	10-3、10-4
				抗裂保护层	10-22、10-23
				基层界面处理	12-18

1）定额清单工程量：

30 厚无机轻集料保温砂浆 $S=500$（m^2）

抗裂保护层 $S=500$（m^2）

107 胶素水泥浆界面处理 $S=500$（m^2）

2）国标清单工程量：

011001003　保温隔热墙面 $S=500$（m^2）

3）列出分部分项工程量清单表（国标清单）（表 3-3-30）

分部分项工程量清单表（国标清单）　　　　表 3-3-30

序号	项目编码	项目名称	项目特征	计量单位	工程数量
1	011001003001	保温隔热墙面	107 胶素水泥浆界面处理、30 厚无机轻集料保温砂浆、5 厚聚合物抗裂砂浆（压入两层耐碱玻纤网格布，第一层网格布抗裂砂浆 3 厚、第二层网格布抗裂砂浆 2 厚）、仿石外墙防水涂料，其中外墙外保温面积为 500m^2	m^2	500

4）列出分部分项综合单价计算表（国标清单）（表 3-3-31）

分部分项综合单价计算表（国标清单）　　表 3-3-31

序号	项目编码	项目名称	计量单位	数量	综合单价（元）						合计（元）
					人工费	材料费	机械费	管理费	利润	小计	
1	011001003001	保温隔热墙面	m²	500.00	36.45	40.06	0.55	6.13	2.99	86.18	43090
	10-3+10-4	30 厚无机轻集料保温砂浆（外保温）	m²	500.00	18.16	25.39	0.49	3.09	1.51	48.64	24320
	10-22H	墙柱面耐碱玻纤网格布抗裂砂浆 3mm 厚	m²	500.00	11.98	8.26	0.04	1.99	0.97	23.24	11620
	10-23	墙柱面增加一层网格布	m²	500.00	5.06	5.84	0.02	0.84	0.41	12.17	6085
	12-18	107 胶素水泥浆界面处理	m²	500.00	1.25	0.57	0.00	0.21	0.10	2.13	1065

任务 3.4　装饰工程计量与计价

3.4.1　楼地面工程计量与计价

3.4.1.1　基础知识

1. 整体面层及找平层

（1）水泥砂浆

水泥砂浆面层厚度为 15～20mm，水泥采用强度等级不低于 32.5 的硅酸盐水泥普通硅酸盐水泥，砂应为中粗砂，当采用石屑时，其粒径应为 1～5mm，且含泥量不应大于 3%，体积比为 1∶2（水泥∶砂），强度等级不应小于 M15。

施工工艺流程：基层处理→找标高弹线→洒水湿润→抹灰饼和标筋→刷水泥浆结合层→铺水泥砂浆面层→木抹子搓平→铁抹子压第一遍→第二遍压光→第三遍压光→养护。

（2）混凝土面层

水泥混凝土（含细石混凝土）面层厚度 30～40mm，粗骨料最大粒径不应大于面层厚度的 2/3，细石混凝土面层采用的石子粒径不应大于 15mm。面层强度等级不应低于 C20，水泥混凝土垫层兼面层强度等级不应低于 C15，坍落度不宜大于 30mm，其工艺流程基本同水泥砂浆面层，不同点在于面层细石混凝土铺设。

（3）水磨石面层

水泥强度等级不应低于 42.5 级。水磨石地面所用的石粒应当坚硬可磨，一般常用白云石、大理石粒。石粒应洁净无杂物，粒径要求 4～12mm，在特殊情况下，也可以使用大于 12mm 的石粒。石子的最大粒径应比水磨石面层的厚度小 1～2mm。

施工工艺流程：找平层做冲筋和灰饼→地面分格条→抹石子浆→地面磨光补灰→擦草酸→上蜡。

2. 块料面层

（1）石材、瓷砖类块料面层

块料面层一般采用大理石、花岗岩块、缸砖、马赛克、瓷砖等块料。块料按照颜色和花纹分类，对有裂缝、掉角和表面有缺陷的均应剔除。强度等级和品种不同的块料不得混合使用。

铺设的结合层一般用1：2～1：3水泥砂浆，厚10～15mm，水灰比<0.4，垫层表面必须清理、冲洗干净，弹水平线、找规矩。铺结合层前洒扫纯水泥浆一道，做标志块、标筋，抹找平层。铺贴由中间向四周排列，其顺序为先地面，次镶边，后做踢脚板。安放块料时，四角同时下落，用木槌敲击，水平尺找平，铺至平整密实为止，表面应加以覆盖保护，3d内禁止上人。

(2) 木质类块料面层

木地板包括实木地板、中密度（强化）复合地板、竹地板等。木格栅和木板要做防腐处理。木格栅两端应垫实钉牢，且格栅间加钉剪刀撑。木格栅和墙间应留出≥30mm的缝隙，木格栅的表面应平直，用2m直尺检查，其间隙≤3mm。在钢筋混凝土楼板上铺设木格栅及木板面层时，格栅的截面尺寸、间距和稳固方法等均应符合设计要求。

铺设木板面层时，木板的接缝应间隔错开，板与板之间仅允许个别地方有缝，但缝隙宽度<1mm；如用硬木长条形板，个别地方缝隙宽度不大于0.5mm。木板面层与墙之间一般留10～20mm缝隙，并用踢脚板和踢脚条封盖。应将每块木板钉牢在其下相应的每根格栅上。钉子的长度应为面层厚度的2～2.5倍，并以斜向钉入木板中，钉子不应露出。

3.4.1.2　定额计量及计价

定额包括找平层及整体面层、块料面层、橡塑面层、其他材料面层、踢脚线、楼梯面层、台阶装饰、零星装饰项目、分格嵌条、防滑条、酸洗打蜡等，共10节157个子目。

1. 定额说明及套用

(1) 概述

1) 定额中凡砂浆、混凝土的厚度、种类、配合比及材料的品种、型号、规格、间距等设计与定额不同时，可按设计规定调整。

2) 整体面层、块料面层中的楼地面项目均不包括找平层，发生时套用找平层的相应定额。

3) 同一铺贴面上有不同种类、材质的材料时，应分别按相应项目执行。

(2) 找平层及整体面层

1) 找平层及整体面层设计厚度与定额不同时，根据厚度每增减子目按比例调整。

【例3-4-1】某工程混凝土基层上铺设25mm厚DS M20.0干混砂浆找平层。试确定其定额人工费、材料费和机械费。

【解】查定额11-1+3×5

定额费用：

人工费=803.21+15.81×5=882.26（元/100m²）

材料费=923.29+46.07×5=1153.64（元/100m²）

机械费=19.77+0.97×5=24.62（元/100m²）

2) 楼地面找平层上如单独找平扫毛，每平方米增加人工0.04工日、其他材料费0.50元。

3) 厚度100mm以内的细石混凝土按找平层项目执行，定额已综合找平层分块浇捣等支模费用；厚度100mm以上的按《浙江省预算定额（2018版）》混凝土及钢筋混凝土工程垫层项目执行。

4）细石混凝土找平层定额混凝土按非泵送商品混凝土编制，如使用泵送商品混凝土时除材料换算外相应定额人工乘以系数0.95。

5）其他注意事项

① 找平层包括干混砂浆找平层和细石混凝土找平层，其中干混砂浆找平层又分混凝土或硬基层上及填充材料上两种，需根据实际情况进行选用。

② 环氧地坪涂料、环氧自流平涂料定额条目均列在楼地面装饰工程定额中，而不在油漆、涂料、裱糊工程定额中。

【例3-4-2】 某楼地面找平层采用30mm厚C20泵送混凝土。试确定其定额的人工费、材料费和机械费。

【解】 查定额附录可知C20泵送混凝土的定额价为431元/m³，查定额11-5H。

定额费用：

人工费＝1189.01×0.95＝1129.56(元/100m²)

材料费＝1275.80＋(431－412)×3.03＝1333.37(元/100m²)

机械费＝3.01(元/100m²)

（3）块料面层

1）块料面层砂浆粘结层厚度设计与定额不同时，按水泥砂浆找平层厚度每增减子目进行调整换算。

【例3-4-3】 25厚DS M20.0干混砂浆密缝铺贴300×300地砖，人材机单价同定额取定价。试确定其定额的人工费、材料费和机械费。

【解】 查定额11-44H＋3H：其粘结层中的DS M15.0需换算为DS M20.0，另在11-44中根据其干混砂浆的消耗量可知定额测定时是按20厚考虑的，故其厚度还需按水泥砂浆找平层厚度每增减子目11-3进行调整换算。

定额费用：

人工费＝3194.40＋15.81×5＝3273.45(元/100m²)

材料费＝5668.31＋(443.08－443.08)×1.53＋46.07×5＝5898.66(元/100m²)

机械费＝19.77＋0.97×5＝24.62(元/100m²)

2）块料面层结合砂浆如采用干硬性砂浆的，除材料单价换算外，人工乘以系数0.85。

3）块料面层铺贴定额子目包括块料安装的切割，未包括块料磨边及弧形块的切割。如设计要求磨边者套用磨边相应子目，如设计弧形块贴面时，弧形切割费另行计算。

4）块料面层铺贴，设计有特殊要求的，可根据设计图纸调整损耗率。

5）块料离缝铺贴灰缝宽度均按8mm计算，设计块料规格及灰缝大小与定额不同时，面砖及勾缝材料用量做相应调整。

【例3-4-4】 离缝8mm铺贴250×300地砖，地砖厚度8mm，DS M25.0干混地面砂浆嵌缝，地砖单价4.2元/片，其余价格同定额取定价。试确定其定额的人工费、材料费和机械费。

【解】 ① 查定额11-52H，由于地砖规格与定额不一致，需对地砖含量进行计算调整：

计算地砖含量＝1/[(规格长＋缝宽)×(规格宽＋缝宽)]×(规格长×规格宽)×(1＋损耗)
＝1/[(0.25＋0.008)×(0.3＋0.008)]×0.25×0.3×(1＋3%)
＝0.9721(m^2)

地砖单价＝4.2/(0.25×0.3)＝56(元/m^2)

计算嵌缝砂浆定额含量＝[1－地砖含量/(1＋地砖损耗)]×地砖厚度×(1＋砂浆损耗)
＝[1－0.9721/(1＋0.03)]×0.08×(1＋0.02)
＝0.00046(m^3)

② 定额费用：

人工费＝3040.02(元/100m^2)

材料费＝5396.15－96.77×44.83＋97.21×56＋(0.046－0.042)×460.16＝6503.55(元/100m^2)

机械费＝20.16(元/100m^2)

计算公式中的损耗可以查阅《浙江省预算定额（2018版）》附录中的“建筑工程主要材料损耗率确定表”。

6）镶嵌规格在100mm×100mm以内的石材执行点缀项目。

7）石材楼地面拼花按成品考虑。

8）石材楼地面需做分格、分色的，按相应定额人工乘以系数1.1。

9）广场砖铺贴定额所指拼图案，指铺贴不同颜色或规格的广场砖形成环形、菱形等图案。分色线性铺装按不拼图案定额套用。

（4）踢脚线

1）踢脚线高度超过300mm者，按墙、柱面工程相应定额执行。

2）弧形踢脚线按相应项目人工、机械乘以系数1.15。

【例3-4-5】某办公室内弧形墙采用干混砂浆踢脚线，其所用材料及消耗量同定额。试确定其定额的人工费、材料费和机械费。

【解】查定额11-95H。定额费用：

人工费＝3449.68×1.15＝3967.13（元/100m^2）

材料费＝1209.99（元/100m^2）

机械费＝24.62×1.15＝28.31（元/100m^2）

（5）楼梯、台阶

1）楼梯面层定额不包括楼梯底板装饰，楼梯底板装饰套天棚工程。砂浆楼梯、台阶面层包括楼梯、台阶侧面抹灰。

2）螺旋形楼梯的装饰套用相应定额子目，人工与机械乘以系数1.10，块料面层材料用量乘以系数1.15，其他材料用量乘以系数1.05。

3）石材螺旋形楼梯按弧形楼梯项目人工乘以系数1.20。

【例3-4-6】某螺旋形楼梯采用粘结剂铺贴陶瓷地面砖饰面。试确定其定额的人工费、材料费和机械费。

【解】查定额11-119H。定额费用：

人工费＝3106.20×1.10＝3416.82(元/100m^2)

材料费＝144.69×32.76×1.15＋(6283.33－144.69×32.76)×1.05＝7071.50(元/100m^2)

机械费＝0(元/100m^2)

2. 定额清单计量及计价

(1) 找平层及整体面层

楼地面找平层及整体面层按设计图示尺寸以面积计算，应扣除凸出地面的构筑物、设备基础、室内铁道、地沟等所占面积，不扣除间壁墙（间壁墙是指在地面面层做好后再进行施工的墙体）及0.3m^{2}以内柱、垛、附墙烟囱及孔洞所占面积。但门洞、空圈（暖气包槽、壁龛）的开口部分也不增加。

(2) 块料面层、橡塑面层、其他材料面层

块料、橡胶及其他材料等面层楼地面按设计图示尺寸以“m^2”计算，门洞、空圈（暖气包槽、壁龛）的开口部分工程量并入相应面层内计算。该计算规则与国标清单中块料、橡塑、其他材料面层的工程量计算规则均相同。

石材拼花按最大外围尺寸以矩形面积计算。有拼花的石材地面，按设计图示尺寸扣除拼花的最大外围矩形面积计算面积。

点缀按“个”计算，计算主体铺贴地面面积时，不扣除点缀所占面积。

石材嵌边（波打线）、六面刷养护液、地面精磨、勾缝按设计图示尺寸以铺贴面积计算。

石材打胶、弧形切割增加费按石材设计图示尺寸以“延长米”计算。

【例 3-4-7】某工程一层建筑平面图如图3-4-1所示，内、外砖墙均为240mm厚，KZ1外侧与墙平齐，KZ2居中布置。地面做法：素土夯实，100mm厚碎石干铺垫层，80mm厚C20非泵送商品细石混凝土找平层，粘结剂密缝铺贴白色地砖（600mm×600mm），遇外墙设有门洞时，地面面层与外墙外侧齐平。根据《浙江省预算定额（2018版）》。试计算定额工程量并编制相应分部分项工程量定额清单，以基期价格计算该块料楼地面清单综

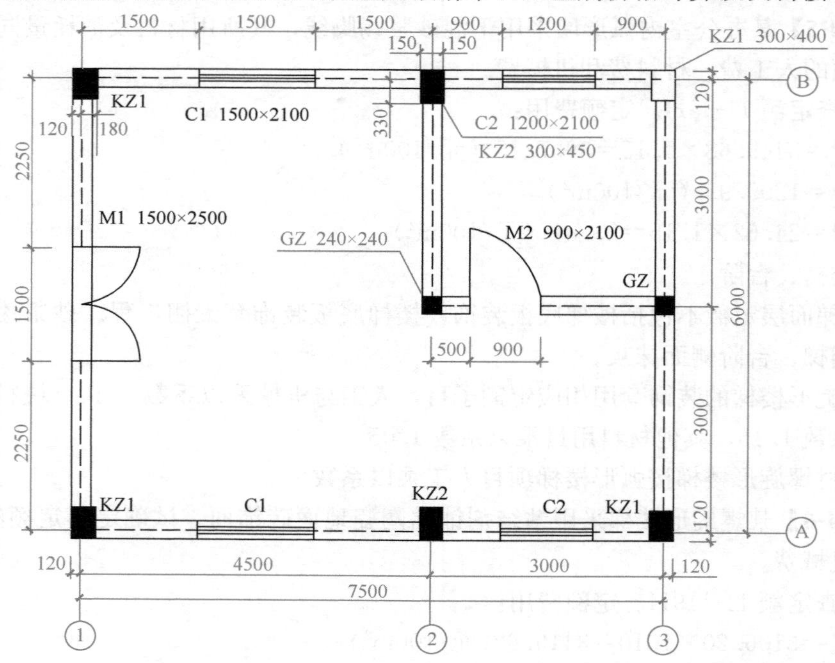

图 3-4-1　一层建筑平面图

合单价及合价（企业管理费率取16.57%，利润率取8.10%，地面垫层及素土夯实不考虑）。

【解】 1）定额清单计量

① 工程量计算：

块料面层楼地面工程量清单与计价（定额清单计价）

粘结剂密缝铺贴白色地砖2400mm以内：

S=(4.5－0.24)×(6－0.24)＋(3－0.24)×3＋(3－0.24)×(3－0.24)＋0.24×(1.5＋0.9)－0.16×0.06×4－0.21×0.3－0.21×0.03×2＝40.9(m^2)

80厚细石混凝土找平层：(4.5－0.24)×(6－0.24)＋(3－0.24)×3＋(3－0.24)×(3－0.24)＝40.44(m^2)

② 编制分部分项工程量清单（定额清单）（表3-4-1）。

分部分项工程量清单（定额清单）　　表3-4-1

序号	定额编号	项目名称	项目特征	计量单位	工程数量
1	11-5＋11-6×50	细石混凝土找平层	80mm厚C20非泵送商品细石混凝土找平层	m^2	40.44
2	11-50	地砖楼地面（粘结剂铺贴）	粘结剂密缝铺贴白色地砖（600mm×600mm）	m^2	40.90

2）定额清单计价

① 计算各子目的工、料、机单价（略）；

② 确定管理费、利润，计算清单综合单价及合价（表3-4-2）。

分部分项综合单价计算表（定额清单）　　表3-4-2

序号	编号	项目名称	计量单位	工程数量	综合单价（元）						合计（元）
					人工费	材料费	机械费	管理费	利润	小计	
1	11-5	30mm厚细石混凝土找平层	m^2	40.44	11.89	12.76	0.03	1.98	0.97	27.63	1117.36
2	11-6×50	细石混凝土增加50mm	m^2	40.44	2.41	21.24	0.06	0.41	0.20	24.32	983.50
3	11-50	粘结剂密缝铺贴白色地砖2400mm以内	m^2	40.90	21.36	57.64	0.00	3.51	1.71	84.02	3436.42

（3）踢脚线

踢脚线按设计图示长度乘高度以面积计算，该计算规则与国标清单中以“m^2”为计量单位时的踢脚线工程量计算规则相同。楼梯靠墙踢脚线（含锯齿形部分）贴块料按设计图示面积计算。需注意“成品踢脚线”的计量单位为m。

（4）楼梯面层

楼梯面层按设计图示尺寸以楼梯（包括踏步、休息平台及500mm以内的楼梯井）水平投影面积计算。楼梯与楼地面相连时，算至梯口梁外侧边沿；无梯口梁者，算至最上一层踏步边沿加300mm。

注意：《浙江省建设工程计价规则（2018版）》与《计量规范》的计算规则在梯口梁的计算

问题上有个“内”“外”的表述差异；实质上两者的计算规则相同，均包括梯口梁的面积。

地毯配件的压辐按设计图示尺寸以“套”计算，压板按设计图示尺寸以“延长米”计算。

(5) 台阶装饰

整体面层台阶工程量按设计图示尺寸以台阶（包括最上层踏步边沿加 300mm）水平投影面积计算；块料面层台阶工程量按设计图示尺寸以展开台阶面积计算。如与平台相连时，平台面积 $10m^2$ 以内的按台阶计算，平台面积在 $10m^2$ 以上时，台阶算至最上层踏步边沿加 300mm，平台按楼地面工程计算套用相应定额。

3.4.1.3 国标清单计量及计价

本节工程项目按现行国家标准《计量规范》附录编码列项，适用于楼地面装饰工程。包括整体面层及找平层、块料面层、踢脚线等八个部分，共 43 个项目。

1. 整体面层及找平层

(1) 清单项目设置

1）水泥砂浆楼地面对所列的项目应考虑不同特征并明确描述，包括：找平层、面层的厚度、砂浆配合比、素水泥浆遍数等；为了方便清单应用，还应描述工程部位。

2）现浇水磨石楼地面对所列的项目应考虑不同特征并明确描述，包括：找平层、面层的厚度、材料种类、砂浆配合比、水泥石子浆配合比，嵌条材料种类、规格，石子种类、规格、颜色，颜料种类、颜色，图案要求，磨光、酸洗打蜡要求。

3）细石混凝土楼地面对所列的项目应考虑不同特征并明确描述，包括：找平层、面层的厚度、材料种类、砂浆配合比、混凝土强度等。

4）自流平楼地面对所列的项目应考虑不同特征并明确描述，包括：找平层、自流平的厚度及遍数、材料种类、界面剂材料种类等。

5）平面砂浆找平层只适用于仅做找平层的平面抹灰及橡塑面层下的找平层，对所列的项目应考虑不同特征并明确描述，包括：找平层厚度、砂浆配合比等。

(2) 清单项目工程量计算

1）整体面层按设计图示尺寸以面积（m^2）计算。扣除凸出地面构筑物、设备基础、室内铁道、地沟等所占面积，不扣除间壁墙和面积≤$0.3m^2$ 柱、垛、附墙烟囱及孔洞所占面积。门洞、空圈，暖气包槽、壁龛的开口部分不增加面积。

2）平面砂浆找平层按设计图示尺寸以面积（m^2）计算。未明确的扣除等事项，可参照整体面层的计算规则。

(3) 相关说明

整体面层楼地面工程量清单与计价（国标清单计价）

1）水泥砂浆面层处理是拉毛还是提浆压光应在面层做法要求中描述。

2）平面砂浆找平层仅适用于找平层的平面抹灰。

3）间壁墙指墙厚≤120mm 的墙。

4）楼地面混凝土垫层另按附录 E.1 垫层项目编码列项，除混凝土外的其他材料垫层按本规范表 D.4 垫层项目编码列项。

2. 块料面层、橡塑面层、其他材料面层

(1) 清单项目设置

块料面层应描述块料面层铺贴时涉及的有关特征，包括：找平层、结合层的材料种类、厚度、砂浆配合比，面层材料品种、规格、颜色，嵌缝材料种类，防护层材料种类，酸洗、打蜡要求等，特别对铺设方法（离缝、密缝）、特殊要求（磨边、弧形切割）要加以明确。

橡塑面层应明确橡塑面层铺贴时的项目特征，包括：粘结层的材料种类、厚度，面层材料品种、规格、颜色，压线条种类、规格等。橡塑面层所涉及的找平层按《计量规范》附录表 L.1 找平层项目编码列项。

其他材料面层包括：地毯楼地面，竹、木（复合）地板，金属复合地板，防静电活动地板 4 个项目。

① 地毯楼地面应明确铺设涉及的项目特征，包括：面层材料品种、规格、颜色，防护材料、粘结材料、压线条种类等。

② 竹、木（复合）地板、金属复合地板应明确描述在铺贴时涉及的项目特征，包括：龙骨材料种类、规格、铺设间距，基层材料种类、规格，面层材料品种、规格、颜色，防护材料种类等。

③ 防静电地板应明确描述涉及的项目特征，包括：支架高度、材料种类，面层材料品种、规格、颜色，防护材料种类等。

(2) 清单项目工程量计算

块料面层、橡塑面层和其他材料面层分属清单规范的 L.2、L.3 和 L.4，但其工程量计算规则相同：按设计图示尺寸以面积（m^2）计算，门洞、空圈、暖气包槽、壁龛的开口部分并入相应的工程量内。

(3) 相关说明

1) 在描述碎石材项目的面层材料特征时可不用描述规格、颜色。

2) 石材、块料与粘结材料的结合面刷防渗材料的种类在防护层材料种类中描述。

3) 本表工作内容中的磨边指施工现场磨边。

【例 3-4-8】根据例 3-4-7 的题目条件。试完成该工程一层块料楼地面国标工程量清单编制及计价。

【解】1) 国标清单计量

① 工程量计算：按实计算面积，门洞开口部分工程量并入相应面层内计算。

同定额项目粘结剂密缝铺贴白色地砖 2400mm 以内的工程量 40.09m^2

② 根据清单的项目划分，编列分部分项工程量清单（国标清单）见表 3-4-3。

分部分项工程量清单（国标清单） 表 3-4-3

序号	项目编码	项目名称	项目特征	计量单位	工程数量
1	011102003001	块料楼地面	80mm 厚 C20 非泵送商品细石混凝土找平层，粘结剂密缝铺贴白色地砖（600mm×600mm）	m^2	40.90

2) 国标清单计价

① 分析计价的组合项目，可组合子目为 11-5+11-6×50 和 11-50；

② 计算可组合子目工程量，该项目需要计算找平层及面层工程量：

找平层：40.44m^2（同例 3-4-7）；

面层：40.09m^2。

③ 列出分部分项综合单价计算表（国标清单）（表 3-4-4）

分部分项综合单价计算表（国标清单）　　表 3-4-4

序号	编号	项目名称	计量单位	数量	综合单价（元）						合计（元）
					人工费	材料费	机械费	管理费	利润	小计	
1	011102003001	块料楼地面	m^2	40.90	35.30	91.26	0.09	5.87	2.87	135.39	5537.45
	11-5	30mm 厚细石混凝土找平层	m^2	40.44	11.89	12.76	0.03	1.98	0.97	27.63	1117.36
	11-6×50	细石混凝土增加 50mm	m^2	40.44	2.41	21.24	0.06	0.41	0.20	24.32	983.50
	11-50	粘结剂密缝铺贴白色地砖 2400mm 以内	m^2	40.90	21.36	57.64	0.00	3.51	1.71	84.02	3436.42

3. 踢脚线

（1）清单项目设置

1）水泥砂浆踢脚线。水泥砂浆踢脚线应明确描述涉及的项目特征，包括：高度，底层厚度、砂浆配合比，面层厚度、砂浆配合比。

2）石材、块料踢脚线。石材、块料踢脚线应明确描述涉及的项目特征，包括：高度，粘结层厚度、材料种类，面层材料品种、规格、颜色，防护材料种类等；与粘结层的结合面刷防渗材料的种类在防护材料种类中描述。

3）塑料板踢脚线。塑料板踢脚线应明确描述涉及的项目特征，包括：高度，粘结层厚度、材料种类，面层材料品种、规格、颜色。

4）木质踢脚线、金属踢脚线、防静电踢脚线。应明确描述涉及的项目特征，包括：踢脚线高度，基层材料种类、规格，面层材料品种、规格、颜色。

（2）清单项目工程量计算

1）当计量单位为“m^2”时，按设计图示长度乘以高度以面积计算。

2）当计量单位为“m”时，按延长米计算。

块料踢脚线工程量清单与计价（国标清单计价）

（3）相关说明：石材、块料与粘结材料的接合面刷防渗材料的种类在防护材料种类中描述。

4. 楼梯面层

（1）清单项目设置

1）石材、块料、拼碎块料楼梯面层应明确描述涉及的有关特征。例如，找平层厚度、砂浆配合比，粘结层厚度、材料种类，面层材料品种、规格、颜色，防滑条材料种类、规格、长度，勾缝材料种类、防护材料种类，酸洗打蜡要求等，特别要注明石材、块料面层的抛光磨边要求；在描述拼碎块料楼梯踏步面项目的面层材料特征时可不用描述规格、颜色；石材、块料与粘结层的结合面刷防渗材料的种类在防护材料种类中描述。

2）水泥砂浆楼梯面层应明确描述涉及的有关特征。例如，找平层厚度、砂浆配合比，面层厚度、砂浆配合比，防滑条材料种类、规格、长度。

3）现浇水磨石楼梯面层应明确描述涉及的有关特征。例如，找平层厚度、砂浆配合比，面层厚度、水泥石子浆配合比，防滑条材料种类、规格、长度，石子种类、规格、颜色，颜料种类、颜色，磨光、酸洗打蜡要求。

4）地毯楼梯面层应明确描述涉及的有关特征。例如，基层种类，面层材料品种、规格、颜色，防护材料种类，粘结材料种类，固定配件材料种类、规格。

5）木板楼梯面层应明确描述涉及的有关特征。例如，基层材料种类、规格，面层材料品种、规格、颜色，粘结材料种类，防护材料种类。

6）橡胶板、塑料板楼梯面层应明确描述涉及的有关特征。例如，粘结层厚度“材料”种类，面层材料品种、规格、颜色，压线条种类、长度。

楼梯面层工程量清单与计价（国标清单计价）

（2）清单项目工程量计算

按设计图示尺寸以楼梯（包括踏步，休息平台及不大于500mm的楼梯井）水平投影面积（m^2）计算。楼梯与楼地面相连时，算至梯口梁内侧边沿；无梯口梁者，算至与楼面连接的梯段最上一阶踏步边沿加300mm。

（3）相关说明

1）在描述碎石材项目的面层材料特征时可不用描述规格、颜色。

2）石材、块料与粘结材料的结合面刷防渗材料的种类在防护材料种类中描述。

5. 台阶

块料台阶工程量清单与计价（国标清单计价）

（1）清单项目设置

1）石材、块料、拼碎块料台阶面。应明确描述涉及的项目特征，包括：找平层厚度、砂浆配合比，粘结层材料种类，面层材料品种、规格、颜色，勾缝材料种类，防滑条材料种类、规格、长度，防护材料种类。

2）水泥砂浆台阶面应明确描述涉及的项目特征，包括：找平层厚度、砂浆配合比，面层厚度、砂浆配合比，防滑条材料种类、规格、长度。

3）现浇水磨石台阶面应明确描述涉及的项目特征，包括：找平层厚度、砂浆配合比，面层厚度、水泥石子浆配合比，防滑条材料种类、规格、长度，石子种类、规格、颜色，颜料种类、颜色，磨光、酸洗打蜡要求。

4）剁假石台阶面应明确描述涉及的项目特征，包括：找平层厚度、砂浆配合比，面层厚度、砂浆配合比，剁假石要求。

（2）清单项目工程量计算

按设计图示尺寸以台阶（包括最上层踏步边沿加300mm）水平投影面积（m^2）计算。需要注意的是，对于台阶装饰工程量的计算，清单项目的计量规则与定额有所不同。

（3）相关说明

1）在描述碎石材项目的面层材料特征时可不用描述规格、颜色。

2）石材、块料与粘结材料的结合面刷防渗材料的种类在防护材料种类中描述。

3.4.2 天棚工程计量与计价

3.4.2.1 基础知识

天棚又称顶棚，是指在室内空间上部通过采用各种材料及形式组合，形成具有一定功能和美学目的的建筑装饰部分。

顶棚按照结构形式分为直接式和悬吊式两种。

1. 直接式顶棚

直接式顶棚不使用吊杆，而在楼板基层上进行喷刷，或者连接饰面板形成顶棚。直接式顶棚不占室内空间高度，造价低，施工简单，但不能遮盖网管线路等设备，一般用于楼层高度较低或者装饰要求不高的住宅办公楼的建筑。

2. 悬吊式顶棚

悬吊式顶棚是指在楼板结构层下安装吊杆、饰面板与楼板结构层留有垂直距离，可分为上人顶棚和不上人顶棚。悬吊式顶棚可以结合灯具、消防设施等进行整体设计，装饰效果较好，可以满足人们多种功能的要求，运用比较广泛。但是与直接式顶棚相比悬吊式顶棚工期长，造价较高。悬吊式顶棚按骨架材料分为木龙骨吊顶、轻钢龙骨吊顶和铝合金龙骨吊顶。

（1）轻钢龙骨吊顶

轻钢龙骨纸面石膏板吊顶主要由吊杆、龙骨、石膏板组成，骨架有主龙骨（承载龙骨）、次龙骨（覆面龙骨）、横撑龙骨及配件组成。

轻钢龙骨纸面石膏板施工流程：弹线→安装吊杆→安装主龙骨→安装次龙骨→安装纸面石膏板→嵌缝。

（2）T形金属龙骨吊顶

T形金属龙骨矿棉板吊顶施工流程：弹线定位，固定边龙骨，安装悬吊件，安装主次龙骨，安装饰面板。

（3）金属装饰板吊顶

施工流程：弹线定位→安装吊杆→安装龙骨与调平→安装金属板→板缝处理。

3.4.2.2　定额计量及计价

天棚工程包括混凝土天棚抹灰、天棚吊顶、装配式成品天棚安装、天棚其他装饰（含灯槽灯带及风口）4部分，共82个子目。

1. 定额说明及套用

（1）混凝土面天棚抹灰

1）设计抹灰砂浆种类、配合比与定额不同时可以调整，砂浆厚度、抹灰遍数不同定额不调整。

2）基层需涂刷水泥浆或界面剂的，套用《浙江省预算定额（2108版）》“墙、柱面装饰与隔断、幕墙工程”相应定额，人工乘以系数1.10。

3）楼梯底面抹灰套用天棚抹灰定额；其中楼梯底面为锯齿形时相应定额子目人工乘以系数1.35。

4）阳台、雨篷、水平遮阳板、沿沟底面抹灰，套用天棚抹灰定额；阳台、雨篷台口梁抹灰按展开面积并入板底面积；沿沟及面积$1m^2$以内板的底面抹灰人工乘以系数1.20。

5）梁与天棚板底抹灰材料不同时应分别计算，梁抹灰另套用《浙江省预算定额（2018版）》“墙、柱面装饰与隔断、幕墙工程”中的柱（梁）面抹灰定额。

6）天棚混凝土板底批腻子套用《浙江省预算定额（2018版）》“油漆、涂料、裱糊工程”相应定额子目。

（2）天棚吊顶

1）天棚龙骨、基层、面层除装配式成品天棚安装外，其余均按龙骨、基层、面层分别列项套用相应定额子目。

2）天棚龙骨、基层、面层材料如设计与定额不同时，按设计要求做相应调整。

3）天棚面层在同一标高者为平面天棚，存在一个以上标高者为跌级天棚。跌级天棚按平面、侧面分别列项套用相应定额子目。

4）在夹板基层上贴石膏板，套用每增加一层石膏板定额。

5）天棚不锈钢板等金属板嵌条、镶块等小块料套用零星、异形贴面定额。

6）定额中玻璃均按成品玻璃考虑。

7）木质龙骨、基层、面层等涂刷防火涂料或防腐油时，套用《浙江省预算定额（2018 版）》"油漆、涂料、裱糊工程"相应定额子目。

8）天棚基层及面层如为拱形、圆弧形等曲面时，按相应定额人工乘以系数 1.15。

9）天棚面层板缝贴胶带、点锈，天棚饰面涂料、油漆等套用《浙江省预算定额（2018 版）》"油漆、涂料、裱糊工程"相应定额子目。

（3）装配式成品天棚安装

定额包括了龙骨、面层安装。定额中吊筋均按后施工打膨胀螺栓考虑，如设计为预埋铁件时，扣除定额中的合金刚钻头、金属膨胀螺栓用量，每 $100m^2$ 扣除人工 1.0 工日，预埋铁件另套用《浙江省预算定额（2018 版）》"混凝土及钢筋混凝土工程"相关定额子目计算。

吊筋高度按 1.5m 以内综合考虑。如设计需做二次支撑时，应另按《浙江省预算定额（2018 版）》"金属结构工程"相关定额子目计算。

（4）天棚其他装饰（含灯槽灯带及风口）

1）定额已综合考虑石膏板、木板面层上开灯孔、检修孔等孔洞的费用，如在金属板、玻璃、石材面板上开孔时，费用另行计算。检修孔、风口等洞口加固的费用已包含在天棚定额中。

2）灯槽内侧板高度在 150mm 以内的套用灯槽子目，高度大于 150mm 的套用天棚侧板子目；宽度 500mm 以上或面积 $1m^2$ 以上的嵌入式灯槽按跌级天棚计算。

3）送风口和回风口按成品安装考虑。

2. 定额清单计量及计价

（1）天棚抹灰

天棚抹灰按设计结构尺寸以展开面积计算。不扣除间壁墙、垛、柱、附墙烟囱、检查口和管道所占的面积，带梁天棚梁两侧抹灰面积并入天棚面积内。

板式楼梯底面抹灰面积按水平投影面积乘以系数 1.15 计算，锯齿形楼梯底板抹灰面积按水平投影面积乘以系数 1.37 计算。楼梯底面积包括梯段、休息平台、平台梁、楼梯与楼面板连接梁（无连接梁时算至最上一级踏步边沿加 300mm）、宽度 500mm 以内的楼梯井、单跑楼梯上下平台与楼梯段等宽部分。

天棚抹灰工程量清单与计价（定额清单计价）

（2）天棚吊顶

平面天棚及跌级天棚的平面部分，龙骨、基层和饰面板工程量均按设计图示尺寸以面积计算，不扣除间壁墙、柱、垛、附墙烟囱、检查口和管道所占面积，扣除单个面积 $0.30m^2$ 以外的独立柱、孔洞（灯孔、检查孔面积不扣除）及与天棚相连的窗帘盒所占的面积。

跌级天棚侧面部分龙骨、基层、面层工程量按跌级高度乘以相应的长度以面积计算。

拱形及弧形天棚在起拱或下弧起止范围，按展开面积计算。

不锈钢板等金属板零星、异形贴面面积按外接矩形面积计算。

（3）天棚其他装饰

灯槽按展开面积计算。送风口和回风口按成品安装考虑，按设计图示数量计算。

【例 3-4-9】某客厅天棚尺寸如图 3-4-2 所示，为 U38 轻钢龙骨石膏板吊顶，假定龙骨用量与定额一致，试编制该吊顶天棚的定额清单工程量。

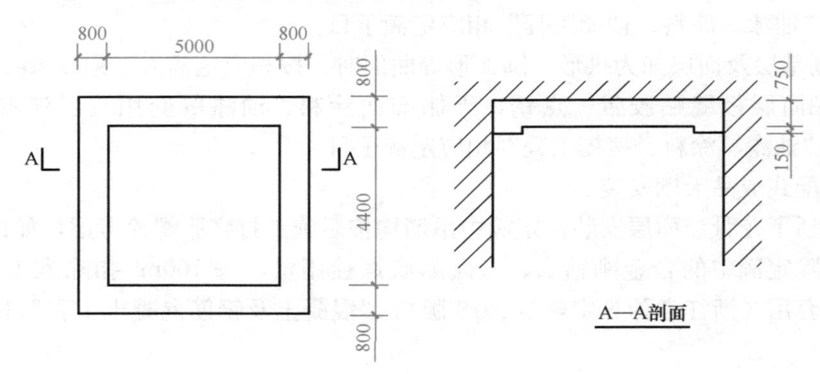

图 3-4-2　某客厅天棚尺寸图

【解】根据工程内容，天棚吊顶按照水平投影面积计算：

定额清单工程量计算：

根据工程内容，天棚吊顶定额清单分为平面与侧面，分别按照水平投影面积与竖直投影面积计算，另外本项目还涉及龙骨基层以及面层，所以列项共 4 项：

平面 $S=(0.8+5+0.8)\times(0.8+4.4+0.8)=39.6(m^2)$

侧面 $S=(5+4.4)\times2\times0.15=2.82(m^2)$

分部分项工程量清单（定额清单）见表 3-4-5。

分部分项工程量清单（定额清单）　　表 3-4-5

项目编码	项目名称	项目特征	计量单位	工程数量
13-8	平面轻钢龙骨 U38 型	平面轻钢龙骨 U38 型	m^2	39.6
13-9	侧面轻钢龙骨 U38 型	侧面轻钢龙骨 U38 型	m^2	2.82
13-22	平面石膏板饰面	平面石膏板饰面	m^2	39.6
13-23	侧面石膏板饰面	侧面石膏板饰面	m^2	2.82

3.4.2.3　国标清单计量及计价

天棚工程国标清单项目按《计量规范》附录 N 列项，包括天棚抹灰、天棚吊顶、采光天棚、天棚其他装饰 4 节，共 10 个项目。

1. 天棚抹灰

（1）天棚抹灰清单应明确描述涉及的项目特征，包括：基层的类型、抹灰厚度、材料种类、砂浆配合比等。

（2）清单项目工程量计算

按设计图示尺寸以水平投影面积（m^2）计算。不扣除间壁墙、垛、柱、附墙烟囱、检查口和管道所占的面积，带梁天棚的梁两侧抹灰面积并入天棚面积内，板式楼梯底面抹灰按斜面积计算，锯齿形楼梯底板抹灰按展开面积计算。

（注意：关于楼梯板底抹灰，《计量规范》与《浙江省18版土建预算定额》的规则不同，在清单编制时要留意）

2. 天棚吊顶

（1）天棚吊顶工程量清单项目包括：吊顶天棚、格栅吊顶、吊筒吊顶、藤条造型悬挂吊顶、织物软雕吊顶、装饰网架吊顶6个项目。

1）吊顶天棚清单应明确描述涉及的项目特征，包括：吊顶形式、吊杆规格、高度，龙骨材料种类、规格、中距，基层、面层材料种类（品种）、规格，压条材料种类、规格，嵌缝材料种类，防护材料种类。

2）格栅吊顶清单应明确描述涉及的项目特征，包括：龙骨的材料种类、规格、中距，基层材料种类、规格，面层材料品种、规格，防护材料种类。

3）吊筒吊顶清单应明确描述涉及的项目特征，包括：吊筒形状、规格，吊筒材料种类，防护材料种类。

4）藤条造型悬挂吊顶、织物软雕吊顶应明确描述涉及的项目特征，包括：骨架材料种类、规格，面层材料品种、规格。

5）装饰网架吊顶清单项目列项时，应明确描述涉及的项目特征，包括：网架材料品种、规格。

（2）清单项目工程量计算

1）吊顶天棚按设计图示尺寸以水平投影面积（m^2）计算。

天棚中的灯槽及跌级、锯齿形、吊挂式、藻井式天棚面积不展开计算。不扣除间壁墙、检查口、附墙烟囱、柱垛和管道所占的面积，扣除单个面积大于0.3m^2的孔洞、独立柱及与天棚相连的窗帘盒所占的面积。

2）格栅吊顶、吊筒吊顶、藤条造型悬挂吊顶、织物软雕吊顶、装饰网架吊顶等按设计图示尺寸以水平投影面积（m^2）计算。

3. 采光天棚

（1）采光天棚清单应明确描述涉及的项目特征，包括：骨架类型，固定类型、固定材料品种、规格，面层材料品种、规格，嵌缝、塞口材料种类。采光天棚骨架不包括在本清单中，单独按《计量规范》附录F相关项目编码列项。

（2）清单项目工程量计算

采光天棚按框外围展开面积（m^2）计算。

4. 天棚其他装饰

天棚其他装饰工程量清单项目包括灯带（槽），送风口、回风口2个项目。

（1）灯带（槽）清单项目应明确描述涉及的项目特征，包括灯带（槽）形式、尺寸，格栅片的材料品种、规格，安装固定方式等。送风口、回风口清单项目应明确描述涉及的项目特征，包括风口材料品种、规格，安装固定方式，防护材料种类等。

（2）清单项目工程量计算

1）灯带（槽）工程量按设计图示尺寸以框外围面积（m^2）计算。

2）风口工程量按设计图示数量（个）计算。

5. 清单编制时应注意的问题

（1）天棚装饰工程量清单必须按设计图纸描述：装饰的部位、结构层材料名称、龙骨设置方式、构造尺寸做法、面层材料名称、规格及材质、装饰造型要求、特殊工艺及材料处理要求等。天棚吊顶形式如平面、跌级（阶梯）、锯齿形、吊挂式、藻井式及矩形、弧形、拱形等应在清单项目中进行描述，并对跌级（阶梯）、锯齿形、灯槽等增加的侧面（或展开）面积在项目特征中加以描述。

（2）天棚其他装饰中的灯带（槽），是指与天棚顶面保持在同一个平面带有灯光片或格栅的灯带（槽）或悬挑于天棚顶面的灯带（槽）。在"吊顶天棚 011302001"的清单编制时，明确描述灯带（槽）的计价是包含在内还是单独编制清单；嵌入式灯槽如龙骨与天棚龙骨一致，并入天棚吊顶，描述中明确。

（3）吊筒吊顶、藤条造型悬挂吊顶、织物软雕吊顶、网架（装饰）吊顶的结构板底抹灰和涂料按《计量规范》附录 N.1 和附录 P.7 单独设置，在清单中明确说明。

（4）采光天棚根据天棚结构按金属骨架加透光材料按清单描述要求分别套用定额。

（5）天棚抹灰基层类型是指现浇混凝土板、预制混凝土板、木板、钢板网天棚等。

（6）基层材料：指底板或面层背的加强材料。

（7）龙骨中距：指相邻龙骨中线之间的距离。

（8）格栅吊顶适用于木格栅、金属格栅、塑料格栅。

（9）吊筒吊顶适用于木（竹）质吊筒、金属吊筒、塑料吊筒等，形状包括圆形、矩形、弧形吊筒等。

【例 3-4-10】某工程天棚平面如图 3-4-3 所示，做法为：平板部分（图 3-4-3 左侧）做 U38 轻钢龙骨石膏板吊顶，细木工板基层，石膏板面层，刷淡蓝色乳胶漆二遍；有梁板部分（图 3-4-3 右侧）为界面剂喷涂，白色乳胶漆二遍 。有梁板部分为界面剂喷涂，白色乳胶漆二遍。各框架梁下均为 240 厚砖墙，梁尺寸均为：250mm×500mm，板厚 100mm。试完成该天棚工程的清单编制及计价，假设当时当地的信息价同《浙江省预算定额（2018 版）》（本题为投标报价，企业管理费按 12%、利润按 6%计取，风险费隐含于综合单价的人材机单价中）。

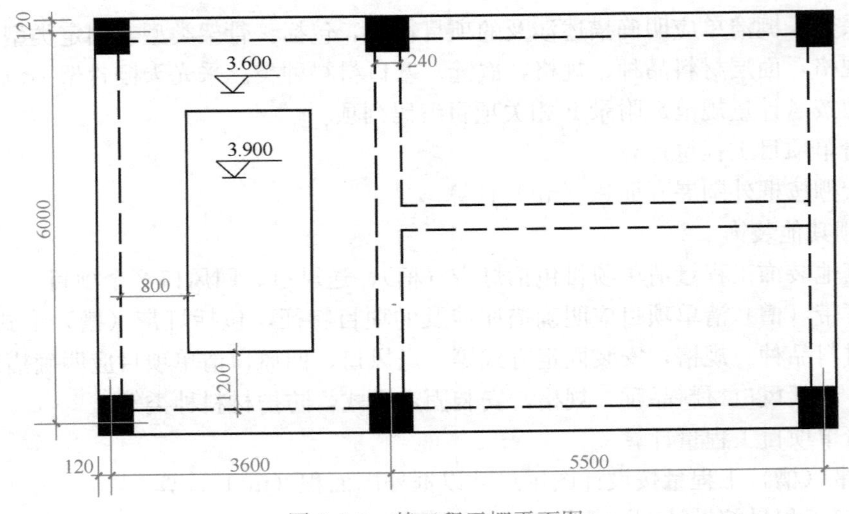

图 3-4-3 某工程天棚平面图

【解】（1）国标清单计量

1）清单工程量计算：

① 左侧部分，吊顶天棚：$S=(3.6-0.24)\times(6-0.24)=19.35(m^2)$；

② 右侧部分，天棚喷刷涂料（白色），计算规则详 3.4.4：

$S=(5.5-0.24)\times(6-0.24)+(0.5-0.1)\times(5.5-0.25)\times2=34.51(m^2)$

2）列出分部分项工程量清单（国标清单）（表 3-4-6）。

分部分项工程量清单（国标清单） 表 3-4-6

序号	项目编码	项目名称	项目特征	计量单位	工程数量
1	011302001001	吊顶天棚	U38 轻钢龙骨石膏板吊顶，细木工板基层，石膏板面层	m^2	19.35
2	011407002001	天棚喷刷涂料（淡蓝色）	淡蓝色乳胶漆二遍	m^2	23.14
3	011407002002	天棚喷刷涂料（白色）	界面剂喷涂，乳胶漆二遍	m^2	34.51

（2）国标清单计价

1）分析可组合子目：根据提供的工程条件，本题清单项目应组合的定额子目见表 3-4-7。

清单项目定额子目表 表 3-4-7

序号	项目编码	项目名称	实际组合的内容		对应的定额子目
1	011302001001	吊顶天棚	1. 天棚骨架	轻钢龙骨	13-8、13-9
			2. 天棚基层	细木工板基层	13-17、13-48
			3. 天棚饰面	石膏板面层	13-26
2	011407002001	天棚喷刷涂料（淡蓝色）	天棚喷刷涂料	天棚喷刷涂料	14-28
3	011407002002	天棚喷刷涂料（白色）	天棚喷刷涂料	天棚喷刷涂料	14-28

2）计算组价工程量：

① 左侧部分，吊顶天棚：

轻钢龙骨（平面）：$S=19.35(m^2)$

轻钢龙骨（侧面）：$S=[(3.6-0.24-0.8\times2)+(6-0.24-1.2\times2)]\times2\times(3.9-3.6)$
$=3.79(m^2)$

细木工板基层（平面）：$S=19.35(m^2)$

细木工板基层（侧面）：$S=3.79(m^2)$

石膏板：$S=19.35+3.79=23.14(m^2)$

乳胶漆（淡蓝色）计算规则详 3.4.4：$S=19.35+3.79=23.14(m^2)$

② 右侧部分，天棚喷刷涂料（白色）计算规则详 3.4.4：$S=34.51(m^2)$

3）列出分部分项综合单价计算表（国际清单）（表 3-4-8）。

天棚吊顶工程量清单与计价（国标清单计价）

分部分项综合单价计算表（国标清单） 表 3-4-8

序号	编号	项目名称	计量单位	数量	综合单价（元）						合计（元）
					人工费	材料费	机械费	管理费	利润	小计	
1	011302001001	吊顶天棚	m^2	19.35	44.88	53.87	0	5.39	2.70	106.85	2067.47
	13-8	轻钢龙骨吊顶（平面）	m^2	19.35	17.64	11.04	0	2.12	1.06	31.86	616.49
	13-9	轻钢龙骨吊顶（侧面）	m^2	3.79	21.33	7.59	0	2.56	1.28	32.76	124.16
	3-17	细木工板定在轻钢龙骨上（平面）	m^2	19.35	11.15	23.32	0	1.34	0.67	36.48	705.89
	3-18	细木工板定在轻钢龙骨上（侧面）	m^2	3.79	14.44	24.50	0	1.73	0.87	41.54	157.44
	13-26	每增加一层石膏板	m^2	23.14	7.60	11.06	0	0.91	0.46	20.03	463.49
2	011407002001	天棚吊顶喷刷涂料（淡蓝色）	m^2	23.14	6.39	6.00	0	0.77	0.38	13.54	313.32
	14-28H	天棚乳胶漆二遍	m^2	23.14	6.39	6.00	0	0.77	0.38	13.54	313.32
3	011407002002	天棚喷刷涂料（白色）	m^2	34.51	6.39	5.42	0	0.77	0.38	12.96	447.25
	14-28H	天棚乳胶漆二遍	m^2	34.51	6.39	5.42	0	0.77	0.38	12.96	447.25

3.4.3 墙柱面工程计量与计价

3.4.3.1 基础知识

1. 抹灰工程

按抹灰使用材料和装饰效果分为一般抹灰和装饰抹灰。

一般抹灰适用于石灰砂浆、水泥混合砂浆、聚合物水泥砂浆、麻刀灰、纸筋灰、石膏灰等抹灰工程。

按建筑物标准和质量要求，分高级抹灰、中级抹灰、普通抹灰三种。

一般抹灰按抹灰层中所用材料及操作工序的先后，分为底层、中层和面层。各分层厚度和使用砂浆品种应视基层材料、部位、质量标准以及各地气候情况而定。抹灰砂浆配合比一般采用体积比，如 1∶2.5 水泥砂浆，即指 $1m^3$ 的水泥和 $2.5m^3$ 的砂进行配比。

底层主要起与基层粘结的作用，要求砂浆有较好的保水性，其稠度较中层和面层大，砂浆的组成材料要根据基层的种类不同选用相应的配合比。底层砂浆的强度不能高于基层强度，以免抹灰砂浆在凝结过程中产生较强的收缩应力，破坏强度较低的基层从而产生空鼓、裂缝、脱落等质量问题。中层起找平作用，砂浆的种类基本与底层相同，只是稠度稍小，中层抹灰较厚时应分层，每层厚度应控制在 5～9mm。

面层起装饰作用，要求涂抹光滑洁净，因此要求用细砂，或用麻刀、纸筋灰浆。

抹灰工程施工工艺流程：基层处理→找规矩→贴灰饼→墙面冲筋（设置标筋）→做护角→抹水泥窗台→抹底灰→抹中层灰→抹水泥砂浆罩面灰（包括水泥踢脚板→墙裙等）→抹墙面罩面灰→养护。

2. 饰面砖（板）工程

饰面砖（板）工程指将块料面层镶贴（或安装）在墙柱表面以形成装饰层。饰面砖分有釉和无釉两种，主要包括釉面瓷砖、外墙面砖、陶瓷锦砖、玻璃锦砖、劈离砖以及耐酸砖等；饰面板包括天然石饰面板（如大理石、花岗石和青石板等）、人造石饰面板（如预制水磨石板，合成石饰面板等）、金属饰面板（如不锈钢板、涂层钢板、铝合金饰面板等）、玻璃饰面、木质饰面板（如胶合板、木条板）和裱糊墙纸饰面等。

（1）釉面砖的镶贴

釉面砖镶贴施工工艺流程：施工准备（选砖、试排砖、浸泡湿润）→弹标准水平线、清理底层灰面→浇水湿润（内墙面釉面砖需设置地面木托板）→配置水泥砂浆→镶贴→擦洗。

（2）大理石板、花岗石板、青石板、预制水磨石板等饰面板的安装

1）小规格饰面板的安装

小规格大理石板、花岗石板、青石板、预制水磨石板，板材尺寸小于300mm×300mm，板厚为8～12mm，粘贴高度低于1m的踢脚线板、勒脚、窗台板等，可采用水泥砂浆粘贴的方法安装。

安装工艺流程：踢脚线粘贴→窗台板安装→碎拼大理石。

2）饰面板湿挂法铺贴工艺

湿挂法铺贴工艺适用于板材厚为20～30mm的大理石、花岗石或预制水磨石板，墙体为砖墙或混凝土墙。

湿挂法铺贴工艺：（墙体设置锚固体）预挂钢筋网→饰面板上、下边钻孔→清理饰面板的背面→饰面板绑牢于钢筋网上→饰面板背面及墙体表面湿润→竖向接缝内填塞麻丝或泡沫塑料条→灌浆→清洗干净。

3）饰面板干挂法铺贴工艺

干挂法铺贴工艺，即在饰面板材上直接打孔或开槽，用各种形式的连接件与结构基体用膨胀螺栓或其他金属连接而不需要灌注砂浆或细石混凝土。

扣件固定法的安装工艺流程：板材切割→磨边→钻孔→开槽→涂防水剂→墙面修整→弹线→墙面涂刷防水剂→板材安装→板材固定→板材接缝的防水处理。

3. 金属饰面板施工

金属饰面板主要有彩色压型钢板复合墙板、铝合金板和不锈钢板等。

（1）彩色压型钢板复合墙板

彩色压型钢板复合墙板，系以波形彩色压型钢板为面板，以轻质保温材料为芯层，经复合而成的轻质保温墙板，适用于工业与民用建筑物的外墙挂板。

彩色压型钢板复合板的安装，先用吊挂件把板材挂在墙身檩条上，再把吊挂件与檩条焊牢；板与板之间连接，水平缝为搭接缝，竖缝为企口缝。所有接缝处，除用超细玻璃棉塞缝外，还需用自攻螺钉钉牢，钉距为200mm。

门窗洞口、管道穿墙及墙面端头处，墙板均为异形复合墙板，用压型钢板与保温材料按设计规定尺寸进行裁割，然后按照标准板的做法进行组装。女儿墙顶部、门窗周围均设防雨泛水板，泛水板与墙板的接缝处，用防水油膏嵌缝。压型板墙转角处，用槽形转角板进行外包角和内包角，转角板用螺栓加以固定。

(2) 铝合金板墙面施工

铝合金板墙面装饰，主要用在同玻璃幕墙或大玻璃窗配套，或商业建筑的入口处的门脸、柱面及招牌的衬底等部位，或用于内墙装饰，如大型公共建筑的墙裙等。

铝合金板墙面施工工艺流程：放线→固定骨架连接件→固定骨架→安装铝合金板。

(3) 不锈钢饰面板施工

不锈钢饰面板主要用于柱面装饰，具有强烈的金属质感和抛光的镜面效果。

圆柱体不锈钢板包面焊接工艺：柱体成型→柱体基层处理→不锈钢板滚圆→不锈钢板定位安装→焊接和打磨修光。

圆柱体不锈钢板镶包饰面施工是不用焊接，适宜于一般装饰柱体的表面装饰施工，操作较为简便快捷，通常用木胶合板作柱体的表面，也是不锈钢饰面板的基层。

4. 隔墙工程

隔墙是分割空间、可拆散重装的构件，一般是到顶的立面。

隔墙自重轻、强度高、易安装，具有隔声、防潮、防火、环保等特点，是非承重墙的一种。隔墙广泛应用于商场、家庭、酒店，娱乐场所等。按构造方式分为骨架式隔墙，板材式隔墙和砌块式隔墙。

(1) 骨架式隔墙

骨架式隔墙也称龙骨隔墙，主要用木料或钢材构成骨架，再在两侧做面层。常用的是轻钢龙骨纸面石膏板隔墙。

轻钢龙骨石膏板隔墙的骨架一般由沿顶龙骨、沿地龙骨、竖向龙骨、横撑龙骨、加强龙骨及配套件组成。一般做法是采用预埋件、射钉或膨胀螺栓安装沿地、沿顶龙骨（U形），然后根据饰面板的尺寸安装竖向龙骨（C形），间距一般为400～600mm，竖向龙骨根据需要设置横撑龙骨。

轻钢龙骨墙体施工流程：弹线→固定沿地、沿顶和沿墙龙骨→龙骨架装配及校正→石膏板固定→饰面处理。

轻钢龙骨墙体有时在中间层置入岩棉等材料以满足保温或隔声要求。

(2) 板材式隔墙

板材式隔墙是指轻质的条板用胶粘剂拼合在一起形成的隔墙。

不需要设置隔墙龙骨，由隔墙板材自承重，将预制或现制的隔墙板材直接固定于建筑主体结构上的隔墙。

板材隔墙固定方式主要有隔墙与地面直接固定、龙骨与地面固定、混凝土地垫与地面固定三种方式。

轻质墙板的主要材料有玻璃纤维增强水泥条板、玻璃纤维增强石膏空心条板、钢丝网增强水泥条板及泰柏板等，根据墙体设计要求，可选择60mm、90mm、100mm等。

板材隔墙施工流程：施工准备→墙体放线→安装墙板→处理墙面饰面。

(3) 砌块式隔墙

砌块式隔墙就是用普通黏土砖、空心砖、加气混凝土砌块，玻璃砖等块材砌筑而成的非承重墙。

砌块式隔墙施工流程：固定型材→选砖排砖→扎筋砌砖→勾缝→嵌缝处理。

3.4.3.2 定额计量及计价

定额包括墙面抹灰、柱（梁）面抹灰、零星抹灰及其他、墙面块料面层、柱（梁）面块料面层、零星块料面层、墙饰面、柱（梁）饰面、幕墙工程及隔断、隔墙，共10节218个子目。

1. 定额说明及套用

定额中凡砂浆的厚度、种类、配合比及装饰材料的品种、型号、规格、间距等设计与定额不同时，按设计规定调整。

（1）墙面抹灰

1）墙面一般抹灰定额子目，除定额另有说明外均按厚20mm、三遍抹灰取定考虑。设计抹灰厚度、遍数与定额取定不同时按以下规则调整：

① 抹灰厚度设计与定额不同时，按每增减1mm相应定额进行调整；抹灰厚度不同调整时，注意厚度增减定额使用的同时，对砂浆配合比与定额不同的换算。

② 当抹灰遍数增加（或减少）一遍时，每100m^{2}另增加（或减少）2.94工日。

【例3-4-11】 外墙面22mm厚干混抹灰砂浆DP M20.0三遍抹灰。试确定其定额人工费、材料费和机械费。

【解】 查定额：12-2H＋12-3H×2。

定额费用：

人工费＝2151.71(元/100m^2)

材料费＝1042.68＋(446.95－446.85)×2.32＋[51.83＋(446.95－446.85)×0.116]×2
　　　＝1146.595(元 /100m^2)

机械费＝22.48＋1.16 × 2＝24.62(元/100m^2)

【例3-4-12】 内墙面20mm厚干混抹灰砂浆DP M15.0二遍抹灰。试确定其定额人工费、材料费和机械费。

【解】 查定额：12-1H。

定额费用：

人工费＝1498.23－2.94×155＝1042.53(元/100m^2)

材料费＝1042.68(元/100m^2)

机械费＝22.48(元/100m^2)

2）凸出柱、梁、墙、阳台、雨篷等的混凝土线条按其凸出线条的棱线道数不同套用相应的定额，但单独窗台板、栏板扶手、女儿墙压顶上的单阶凸出不计线条抹灰增加费。线条断面为外凸弧形的，一个曲面按一道考虑。

3）零星抹灰适用于各种壁柜、碗柜、飘窗板、空调搁板、暖气罩、池槽、花台、高度250mm以内的栏板、内空截面面积0.4m^{2}以内的地沟以及0.5m^{2}以内的其他各种零星抹灰。

4）高度超过250mm的栏板套用墙面抹灰定额。

5）“打底找平”定额子目适用于墙面饰面需单独做找平基层抹灰，定额按二遍考虑。

6）随砌随抹套用“打底找平”定额子目，人工乘以系数0.70，其余不变。

7）抹灰定额不含成品滴水线的材料费用，如有发生，材料费另计。

8）弧形的墙、柱、梁等抹灰、块料面层按相应项目人工乘以系数1.10，材料乘以系数 1.02。

9）女儿墙和阳台栏板的内外侧抹灰套用外墙抹灰定额。女儿墙无泛水挑砖者，人工及机械乘以系数 1.10，女儿墙带泛水挑砖者，人工及机械乘以系数 1.30。

10）抹灰、块料面层及饰面的柱墩、柱帽（弧形石材除外），每个柱墩、柱帽另增加人工：抹灰 0.25 工日、块料 0.38 工日、饰面 0.5 工日。

（2）块料面层

1）干粉粘结剂粘贴块料定额中胶粘剂的厚度，除石材为 6mm 外，其余均为 4mm。胶粘剂厚度设计与定额不同时，应按比例调整。

2）外墙面砖灰缝均按 8mm 计算，设计面砖规格及灰缝大小与定额不同时，面砖及勾缝材料做相应调整。

3）玻化砖、干挂玻化砖或波形面砖等按瓷砖、面砖相应项目执行。

4）设计要求的石材、瓷砖等块料的倒角、磨边、背胶费用另计。石材需要做表面防护处理的，费用可按相应定额计取。

5）块料面层的“零星项目”适用于天沟、窗台板、遮阳板、过人洞、暖气壁龛、池槽、花台、门窗套、挑檐、腰线、竖横线条以及 0.5m² 以内的其他各种零星项目。其中石材门窗套应按《浙江省预算定额（2018 版）》门窗工程 8-142、8-143、8-144 定额子目执行，石材窗台板应按门窗工程 8-149、8-150 定额子目执行。

6）“石材饰块”定额子目仅适用于内墙面的饰块饰面。

（3）墙、柱（梁）饰面及隔断、隔墙

1）附墙龙骨基层定额中的木龙骨按双向考虑，如设计采用单向时，人工乘以系数 0.55，木龙骨用量做相应调整；设计断面面积与定额不同时，木龙骨用量做相应调整。

2）墙、柱（梁）饰面及隔断、隔墙定额子目中的龙骨间距、规格如与设计不同时，龙骨用量按设计要求调整。

3）弧形墙饰面按墙面相应定额子目人工乘以系数 1.15，材料乘以系数 1.05。非现场加工的饰面仅人工乘以系数 1.15。

4）柱（梁）饰面面层无定额子目的，套用墙面相应子目执行，人工乘以系数 1.05。

5）饰面、隔断定额内，除注明者外均未包括压条、收边、装饰线（条），如设计有要求时，应按相应定额执行。

6）隔墙夹板基层及面层套用墙饰面相应定额子目。

7）成品浴厕隔断已综合了隔断门所增加的工料。

8）如设计要求做防腐或防火处理者，应按《浙江省预算定额（2018 版）》相应定额子目执行。

（4）幕墙

1）幕墙定额按骨架基层、面层分别编列子目。

2）玻璃幕墙中的玻璃按成品玻璃考虑，幕墙需设置的避雷装置其工料机定额已综合，幕墙的封边、封顶、防火隔离层的费用另行计算。

3）型材、挂件如设计材质、用量与定额取定不同时，可以调整。

4）幕墙饰面中的结构胶与耐候胶设计用量与定额取定用量不同时，可以调整。

5）玻璃幕墙设计带有门窗者，窗并入幕墙面积计算，门单独计算并套用《浙江省预算定额（2018 版）》门窗工程相应定额子目。

6）曲面、异形或斜面（倾斜角度超过 30°时）的幕墙按相应定额子目的人工乘以系数 1.15，面板单价调整，骨架弯弧费另计。

7）单元板块面层可以是玻璃、石材、金属板等不同材料组合，面层材料不同时，可以调整主材单价，安装费不做调整。

8）防火隔离带按缝宽 100mm、高 240mm 考虑，镀锌钢板规格、含量与定额取定用量不同时，可以调整。

（5）其他

预埋铁件按《浙江省预算定额（2018 版）》混凝土及钢筋混凝土工程铁件制作安装项目执行。后置埋件、化学螺栓另行计算，按《浙江省预算定额（2018 版）》第十二章定额子目执行。

2. 定额清单计量及计价

（1）墙柱面抹灰

1）内墙面、墙裙抹灰面积按设计图示主墙间净长乘高度以面积计算应扣除墙裙、门窗洞口及单个面积 0.3m² 以外的孔洞所占面积，不扣除踢脚线、装饰线以及墙与构件交接处的面积。且门窗洞口和孔洞的侧壁面积亦不增加，附墙柱、梁、垛的侧面并入相应的墙面面积内。

2）抹灰高度按室内楼地面至天棚底面净高计算，另外墙面抹灰面积应扣除墙裙抹灰面积，如墙面和墙裙抹灰种类相同者，工程量合并计算。

3）外墙抹灰面积按设计图示尺寸以面积计算，应扣除门窗洞口、外墙裙（墙面和墙裙抹灰种类相同者应合并计算）和单个面积 0.3m² 以外的孔洞所占面积，不扣除装饰线以及墙与构件交接处的面积。且门窗洞口和孔洞侧壁面积亦不增加。附墙柱、梁、垛侧面抹灰面积应并入外墙面抹灰工程量内计算。

4）凸出的线条抹灰增加费以凸出棱线的道数不同分别按“延长米”计算。两条及多条线条相互之间净距 100mm 以内的，每两条线条按一条计算工程量。

5）柱面抹灰按设计图示尺寸柱断面周长乘抹灰高度以面积计算。牛腿、柱帽、柱墩工程量并入相应柱工程量内。梁面抹灰按设计图示梁断面周长乘长度以面积计算。

6）墙面勾缝按设计图示尺寸以面积计算，扣除墙裙、门窗洞口及单个面积 0.3m² 以外的孔洞所占面积。附墙柱、梁、垛侧面勾缝面积应并入墙面勾缝工程量内计算。

7）女儿墙（包括泛水、挑砖）内侧与外侧、阳台栏板（不扣除花格所占孔洞面积）内侧与外侧抹灰工程量按设计图示尺寸以面积计算。

8）阳台、雨篷、檐沟等抹灰按工作内容分别套用相应章节定额子目。外墙抹灰与天棚抹灰以梁下滴水线为分界，滴水线计入墙面抹灰内。

【例 3-4-13】某房屋工程平面如图 3-4-4 所示，配套门窗表见表 3-4-9。房屋层高 3.0m，板厚 100mm。内墙面装修做法：① 5mm 厚干混砂浆找平；② 8mm 厚干混砂浆打底扫毛或划出纹道；③ 专用界面剂一道甩毛（甩前喷湿墙面）。

试编制该墙面的定额清单工程量并计算综合单价（本题假设为投标报价，采用一般计税法，企业管理费和利润分别按 15%、10%计取，假设当时当地的人材机价格同《浙江省预算定额（2018 版）》，风险费隐含于综合单价的人材机价格中）。

墙面抹灰工程量清单与计价（定额清单计价）

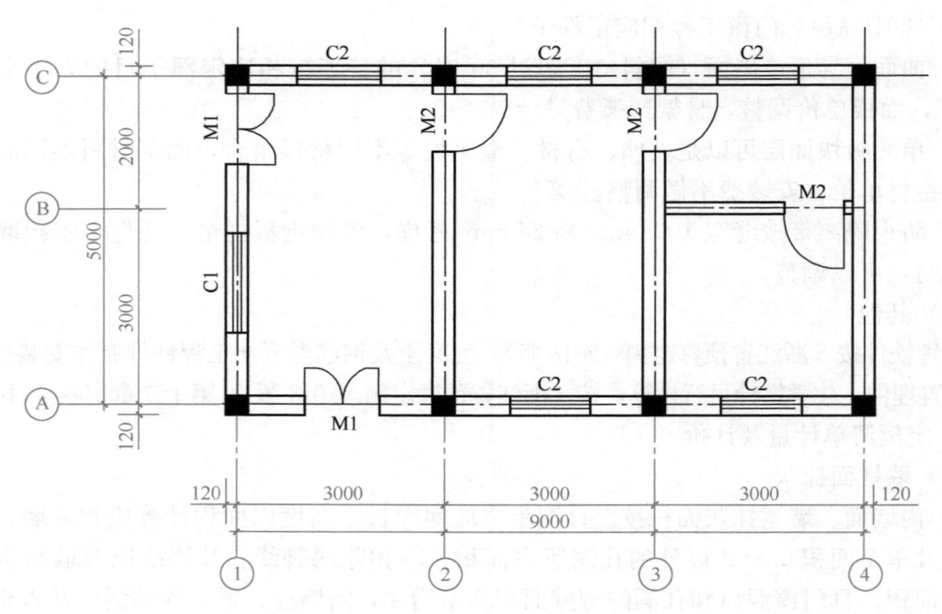

图 3-4-4 某房屋工程平面图

门窗表 表 3-4-9

编号	宽（mm）	高（mm）	樘数
M1	1200	2500	2
M2	900	2100	3
C1	1500	1500	1
C2	1200	1500	5

【解】 1）定额清单的编制

① 工程量的计算：

$$S=[(3.0-0.24)\times2+(5-0.24)\times2+(3.0-0.24)\times2+(5-0.24)\times2+(3.0-0.24)\times2+(2-0.24)\times2+(3.0-0.24)\times2+(3-0.24)\times2]\times(3-0.1)-1.2\times2.5\times2-0.9\times2.1\times6-1.5\times1.5-1.2\times1.5\times5=116.87\text{m}^2$$

② 根据定额的项目划分，编列分部分项工程量清单（定额清单）（表 3-4-10）。

分部分项工程量清单（定额清单） 表 3-4-10

项目编码	项目名称	项目特征	计量单位	工程数量
12-1-12-3×7	内墙抹灰	5 厚干混砂浆找平，8 厚干混砂浆打底扫毛或划出纹道	m²	116.87
12-19	界面剂喷涂	专用界面剂一道甩毛（甩前喷湿墙面）	m²	116.87

2）定额清单计价

计算分部分项综合单价与合价见表 3-4-11。

分部分项综合单价计算表（定额清单） 表 3-4-11

序号	编号	项目名称	计量单位	数量	综合单价（元）						合计（元）
					人工费	材料费	机械费	管理费	利润	小计	
1	12-1-12-3×7	内墙抹灰	m^2	116.87	14.98	6.8	0.14	2.27	1.51	25.7	3003.56
2	12-19	界面剂喷涂	m^2	116.87	2.74	1.00	0.4	0.47	0.31	4.92	575.00

（2）块料面层

1）墙、柱（梁）面镶贴块料按设计图示饰面面积计算（板厚不计）。柱面带牛腿者，牛腿工程量展开并入柱工程量内。

2）女儿墙与阳台栏板的镶贴块料工程量以展开面积计算。

3）镶贴块料柱墩、柱帽（弧形石材除外）其工程量并入相应柱内计算。圆弧形成品石材柱帽、柱墩另列项目，按其圆弧的最大外径以周长计算。

（3）墙、柱饰面及隔断

1）墙饰面的龙骨、基层、面层均按设计图示饰面尺寸以面积计算，扣除门窗洞及单个面积 $0.3m^2$ 以外的孔洞所占的面积，不扣除单个面积 $0.3m^2$ 以内的孔洞所占面积。

2）柱（梁）饰面的龙骨、基层、面层按设计图示饰面尺寸以面积计算。

3）隔断龙骨、基层、面层均按设计图示尺寸以外围（或框外围）面积计算，扣除门窗洞口及单个面积 $0.3m^2$ 以外的孔洞所占面积。

4）成品卫生间隔断门的材质与隔断相同时，门的面积并入隔断面积内计算。

（4）幕墙

1）玻璃幕墙、铝板幕墙按设计图示尺寸以外围（或框外围）面积计算。玻璃幕墙中与幕墙同种材质窗的工程量并入相应幕墙内。全玻璃幕墙带肋部分并入幕墙面积内计算。

2）石材幕墙按设计图示饰面面积计算，开放式石材幕墙的离缝面积不扣除。

3）幕墙龙骨分铝材和钢材按设计图示以重量计算，螺栓、焊条不计重量。

4）幕墙内衬板、遮梁（墙）板按设计图示展开面积计算，不扣除单个面积 $0.3m^2$ 以内的孔洞面积，折边亦不增加。

5）防火隔离带按设计图示尺寸以“m”计算。

3.4.3.3 国标清单计量及计价

墙、柱面工程按《计量规范》附录 M 列项，包括：墙面抹灰、柱（梁）面抹灰、零星抹灰、墙面块料面层、柱（梁）面镶块料、零星镶贴块料、墙饰面、柱（梁）饰面、幕墙工程、隔断共 10 节 35 个项目。

（1）墙面抹灰

1）清单项目设置与特征描述

墙面抹灰包括一般抹灰、装饰抹灰、勾缝、立面砂浆找平层 4 个项目。

① 墙面一般抹灰，墙面抹石灰砂浆、水泥砂浆、混合砂浆、聚合物水泥砂浆、麻刀灰石灰浆、石膏灰浆等按墙面一般抹灰编码列项，应明确描述涉及的项目特征，包括墙体类型，底层、面层抹灰厚度、遍数，砂浆配合比，装饰面材料种类，分格缝宽度、材料种类等。

② 墙面装饰抹灰，墙面水刷石、斩假石、干粘石、假面砖等按墙面装饰抹灰编码列

项，应明确描述涉及的项目特征包括：墙体类型，底层、面层抹灰厚度、遍数，砂浆配合比，装饰面材料种类，分格缝宽度、材料种类等。

③ 墙面勾缝应明确描述涉及的项目特征包括：勾缝类型，勾缝材料种类。

④ 立面砂浆找平层适用于仅做找平层的立面抹灰，应明确描述涉及的项目特征包括：基层类型，找平层砂浆厚度、遍数、配合比。

⑤ 阳台、雨篷板抹灰应明确描述涉及的项目特征包括：抹灰材料、配合比，装饰面材料种类、翻檐（侧板）高度，分隔缝宽度、材料种类。

⑥ 檐沟抹灰应明确描述涉及的项目特征包括：抹灰材料、配合比，装饰面材料种类，底板工程量、侧板工程量，分隔缝宽度、材料种类。

⑦ 装饰线条抹灰增加费应明确描述涉及的项目特征包括：线条形状、展开宽度，外挑尺寸，道数，抹灰材料、配合比，装饰面材料种类。

2）清单项目工程量计算

一般抹灰、装饰抹灰、勾缝、立面砂浆找平层，按设计图示尺寸以面积（m^2）计算，扣除墙裙、门窗洞口及单个面积大于 $0.3m^2$ 的孔洞面积，不扣除踢脚线、挂镜线和墙与构件交接处的面积，门窗洞口和孔洞的侧壁及顶面不增加面积。附墙柱、梁、垛、烟囱侧壁并入相应的墙面积内。

① 外墙面积按外墙垂直投影面积计算，飘窗凸出外墙面增加的抹灰并入外墙工程量内。

② 外墙裙抹灰面积按其长度乘以高度计算。

③ 内墙抹灰面积按主墙间的净长乘以高度计算。

A. 无墙裙的，高度按室内楼地面至天棚底面计算；

B. 有墙裙的，高度按墙裙顶至天棚底面计算；

C. 有吊顶天棚抹灰的，高度算至天棚底；抹至吊顶以上部分在综合单价中考虑；

D. 内墙裙抹灰按内墙净长乘以高度计算。

④ 阳台、雨篷板抹灰，按设计图示水平投影面积（m^2）计算。

⑤ 檐沟抹灰，按设计图示中心线长度（m）计算。

⑥ 装饰线条抹灰增加费，按设计图示尺寸以长度（m）计算。

（2）柱（梁）面抹灰

1）清单项目设置与特征描述

柱面抹灰包括柱、梁面一般抹灰，柱、梁面装饰抹灰，柱、梁面砂浆找平，柱面勾缝4个项目。

① 柱、梁面抹灰，柱（梁）面抹石灰砂浆、水泥砂浆、混合砂浆、聚合物水泥砂浆、麻刀灰石灰浆、石膏灰浆等按柱（梁）面一般抹灰编码列项。柱（梁）面抹水刷石、斩假石、干粘石、假面砖等按柱（梁）面装饰抹灰列项。应明确描述涉及的项目特征包括：柱（梁）体类型，底层、面层厚度、砂浆配合比，装饰面层种类，分格缝宽度、材料种类等。

② 柱、梁面砂浆找平，适用于仅做找平层的柱（梁）面抹灰。应明确描述涉及的项目特征包括：柱（梁）体类型，找平的砂浆厚度、配合比。

③ 柱面勾缝应明确描述涉及的项目特征包括：勾缝类型、勾缝材料种类。

2）清单项目工程量计算

① 柱、梁面抹灰，柱、梁面砂浆找平。

柱面抹灰：按设计图示柱断面周长乘高度以面积（m^2）计算。

梁面抹灰：按设计图示梁断面周长乘长度以面积（m^2）计算。

② 柱面勾缝，按设计图示柱断面周长乘高度以面积计算。

（3）零星抹灰

1）清单项目设置与特征描述

墙、柱（梁）面≤0.5m^2 的少量分散的抹灰按零星抹灰项目编码列项。零星抹灰包括：零星项目一般抹灰、零星项目装饰抹灰、零星项目砂浆找平3个项目。

① 零星抹灰项目，抹石灰砂浆、水泥砂浆、混合砂浆、聚合物水泥砂浆、麻、刀灰石灰浆、石膏灰浆等按零星项目一般抹灰编码列项。抹水刷石、斩假石、干粘石、假面砖等按零星项目装饰抹灰列项。应明确描述涉及的项目特征包括：基层类型、部位，底层、面层砂浆厚度、配合比，装饰面材料种类，分格缝宽度、材料种类。

② 零星项目砂浆找平应明确描述涉及的项目特征包括：基层类型、部位，找平的砂浆厚度、配合比。

2）清单项目工程量计算

零星抹灰、零星砂浆找平按设计的图示尺寸以面积计算。

（4）墙面块料面层

1）清单项目设置与特征描述

墙面块料面层包括石材墙面、拼碎石材墙面、块料墙面和干挂石材钢骨架4个项目。

① 石材、拼碎石材、块料墙面应明确描述涉及的项目特征包括：墙体类型，安装方式，面层材料品种、规格、颜色，缝宽、嵌缝材料种类，防护材料种类，磨光、酸洗、打蜡要求。在描述碎块项目的面层材料特征时可不描述规格、颜色。

石材、块料与粘结材料的结合面刷防渗材料的种类在防护层材料种类中描述。安装方式可描述为砂浆或粘结剂粘贴、挂贴、干挂等，不论哪种安装方式，都要详细描述与组价相关的内容。

② 干挂石材钢骨架清单列项时，应明确描述涉及的项目特征包括：骨架种类、规格，骨架用钢比例不同时应予以描述，防锈油漆品种遍数。

2）清单项目工程量计算

石材、块料墙面按设计图示尺寸以镶贴表面积（m^2）计算。干挂石材钢骨架按设计图示尺寸以质量计算。

【例3-4-14】某建筑一层平面图如图3-4-5所示，外墙顶面高2.9m，设计外墙厚度240mm，使用干混砂浆DP M15.0打底15mm厚，外墙干粉型胶粘剂4mm粘贴50mm×240mm×8mm面砖，DP M20.0干混抹灰砂浆粘贴灰缝6mm，室内外地坪高差0.3m，门居墙体内侧平齐安装，窗安装居墙中，门窗框厚100mm。试编制外墙装饰定额清单，并计算外墙装饰工程量清单项目综合单价（人工、材料、机械按《浙江省预算定额（2018版）》基价，企业管理费按人工和机械16.57%，利润按人工费和机械费的8.1%，风险费隐含于综合单价的人工、材料、机械价格中）。

【解】1）国标清单编制

① 工程量计算：

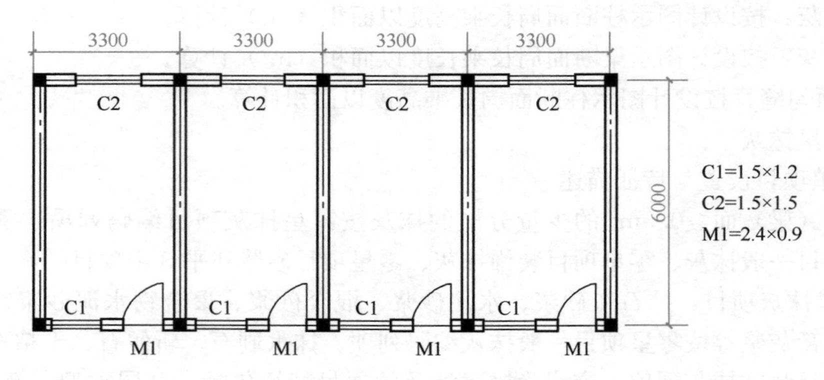

图 3-4-5　某建筑一层平面图

外墙长＝[(3.3×4＋0.24)＋(6＋0.24)]×2＝39.36(m)

块料面层高度＝2.9＋0.3＝3.2(m)

扣除门面积：M1＝2.4×0.9×4＝8.64(m²)

窗面积：C1＝1.5×1.2×4＝7.2(m²)

C2＝1.5×1.5×4＝9(m²)

块料墙面工程量清单与计价（国标清单计价）

打底砂浆工程量＝39.36×3.2－8.64－7.2－9＝101.11(m²)

粉刷层及面砖引起厚度增减：

外墙：0.027×2×3.2×4＝0.69(m²)

门窗洞：C1：[1.5×1.2－(1.5－0.027×2)×(1.2－0.027×2)]×4＝0.57(m²)

C2：[1.5×1.5－(1.5－0.027×2)×(1.5－0.027×2)]×4＝0.64(m²)

M1：[2.4×0.9－(2.4－0.027)×(0.9－0.027×2)]×4＝0.61(m²)

门窗侧面积：

C1：[(0.24－0.1)/2＋0.027]×(1.2－0.027×2＋1.5－0.027×2)×2×4＝2.01(m²)

C2：[(0.24－0.1)/2＋0.027]×(1.5－0.027×2＋1.5－0.027×2)×2×4＝2.24(m²)

M1：(0.24－0.1＋0.027)×[0.9－0.027×2＋(2.4－0.027)×2]×4＝3.74(m²)

外墙面砖工程量＝39.36×3.2－8.64－7.2－9＋0.69＋0.57＋0.64＋0.61＋2.01＋2.24＋3.74＝111.61(m²)

② 根据清单规范的项目划分，编列分部分项工程量清单（国标清单）（表 3-4-12）。

分部分项工程量清单（国标清单）　　表 3-4-12

序号	项目编码	项目名称	项目特征	计量单位	工程数量
1	01124003001	块料墙面	干混砂浆 DP M15.0 打底 15mm 厚，干粉型胶粘剂 4mm 粘贴 50mm×240mm×8mm 面砖	m²	111.61

2）国标清单计价

① 分析可组合子目（表 3-4-13）。

清单项目定额子目表 表 3-4-13

序号	项目编码	项目名称	实际组合的主要内容		对应的定额子目
1	01124003001	块料墙面	1. 打底找平	干混砂浆打底抹灰	12-16
			2. 块料面层	外墙面砖	12-57

② 计算组价工程量

打底找平：101.11m²；外墙面砖：111.61m²。

③ 计算分部分项综合单价（国际清单）（表 3-4-14）

分部分项综合单价计算表（国标清单） 表 3-4-14

序号	编号	项目名称	计量单位	数量	综合单价（元）						合计（元）
					人工费	材料费	机械费	管理费	利润	小计	
1	01124003001	块料墙面	m²	111.61	59.86	50.61	0.15	9.95	4.86	125.43	13999.24
	12-16	打底找平	m²	101.11	10.09	7.17	0.16	1.70	0.83	19.95	2017.14
	12-57	外墙面砖（干粉型胶粘剂）周长600以内	m²	111.61	50.72	44.11	0.01	8.41	4.11	107.36	11982.45

（5）柱（梁）面镶贴块料

1）清单项目设置与特征描述

柱（梁）面镶贴块料包括石材、块料、拼碎石材柱面，石材梁面、块料梁面 5 个项目。应明确描述涉及的项目特征，包括柱截面类型、尺寸，安装方式，面层材料品种、颜色，缝宽、嵌缝材料种类，防护材料种类，磨光、酸洗、打蜡要求。

2）清单项目工程量计算

按镶贴表面积（m²）计算。

（6）镶贴零星块料

1）清单项目设置与特征描述

镶贴零星块料包括石材零星项目、块料零星项目、拼碎块零星项目 3 个项目。镶贴零星块料应明确描述涉及的项目特征包括：基层类型、部位，安装方式，面层材料品种、规格、颜色，缝宽、嵌缝材料种类，防护材料种类，磨光、酸洗、打蜡要求。

2）清单项目工程量计算

按镶贴表面积（m²）计算。

（7）墙饰面

1）清单项目设置与特征描述

墙饰面包括墙面装饰板、墙面装饰浮雕 2 个项目。

① 墙面装饰面应明确描述涉及的项目特征包括：龙骨材料种类、规格、中距，隔离层材料种类（如：油毡隔离层，玻璃棉毡隔离层）、规格，基层材料种类、规格（如：5mm、9mm 胶合板、石膏板、细木工板基层等），面层材料品种、规格、颜色（如：木质类装饰、8K 不锈钢镜、铝质、玻璃、石膏装饰板、塑料面板等），压条材料种类、规格。

② 墙面装饰浮雕应明确描述涉及的项目特征包括：基层类型、浮雕材料种类、浮雕样式。

2）清单项目工程量计算

墙面装饰板按设计图示墙净长乘以净高以面积（m^2）计算，扣除门窗洞口及单个面积大于 0.3m^2 的孔洞所占面积。墙面装饰浮雕按设计图示尺寸以面积（m^2）计算。

（8）柱（梁）饰面

1）清单项目设置与特征描述

柱（梁）面饰面包括柱（梁）面饰面、成品装饰柱 2 个项目。

柱（梁）面饰面应明确描述涉及的项目特征包括：龙骨材料种类、规格、中距，隔离层、基层材料种类、规格，面层材料品种、规格、颜色，压条材料种类、规格。成品装饰柱应明确描述涉及的项目特征包括：柱截面、高度尺寸，柱材质。

2）清单项目工程量计算

柱（梁）面饰面按设计图示饰面外围尺寸以面积（m^2）计算，柱帽、柱墩并入相应柱饰面工程量内。成品装饰柱按设计数量以“根”计算或按设计长度以“m”计算。

（9）幕墙

1）清单项目设置与特征描述

幕墙包括带骨架幕墙、全玻（无框玻璃）幕墙 2 个项目。

① 带骨架幕墙应明确描述涉及的项目特征包括：骨架材料种类、规格、中距，面层材料品种、规格、颜色，面层固定方式，隔离带、框边封闭材料品种、规格，嵌缝、塞口材料种类。

② 全玻（无框玻璃）幕墙应明确描述涉及的项目特征包括：玻璃品种、规格、颜色，粘结塞口材料种类，固定方式。

2）清单项目工程量计算

带骨架幕墙按设计图示框外围尺寸以面积（m^2）计算，与幕墙同种材质的窗所占面积不扣除。全玻（无框玻璃）幕墙按设计图示尺寸以面积（m^2）计算，带肋全玻幕墙按展开面积计算。

（10）隔断

1）清单项目设置与特征描述

隔断包括木隔断、金属隔断、玻璃隔断、塑料隔断、成品隔断、其他隔断等项目。

① 木隔断、金属隔断、其他隔断应明确描述涉及的项目特征包括：骨架、边框材料种类、规格，材料品种、规格、颜色，嵌缝、塞口材料品种，压条材料种类。

② 玻璃隔断、塑料隔断应明确描述涉及的项目特征包括：边框材料种类、规格，品种、规格、颜色，嵌缝、塞口材料品种。

③ 成品隔断、其他隔断应明确描述涉及的项目特征，包括隔断材料品种、规格、颜色，配件品种规格。

2）清单项目工程量计算

① 木隔断、金属隔断、其他隔断按设计图示框外围尺寸以面积（m^2）计算。不扣除单个面积≤0.3m^2 的孔洞所占面积；浴厕门的材质与隔断相同时，门的面积并入隔断面积内。

② 玻璃隔断、塑料隔断按设计图示框外围尺寸以面积（m^2）计算。不扣除单个面积≤0.3m^2 的孔洞所占面积。

③ 成品隔断按设计图示框外围尺寸以面积（m^2）计算或按设计间的数量计算。

（11）注意事项

墙、柱面装饰工程清单项目必须按设计图纸注明的装饰位置，结构层材料名称，龙骨设置方式，构造尺寸做法，面层材料名称、规格及材质，装饰造型要求，特殊工艺及材料处理要求等；并根据每个项目可能包含的工程内容进行描述，构成各个清单项目。

各工程项目清单编制时应注意以下问题：

1）项目列项需要注意的问题

① 一般抹灰包括石灰砂浆、混合砂浆、水泥砂浆、聚合物水泥砂浆、膨胀珍珠岩水泥砂浆和麻刀灰、纸筋石灰、石膏灰等。装饰抹灰包括水刷石、水磨石、斩假石（剁斧石）、干粘石、假面砖、拉条灰、拉毛灰、甩毛灰等。

② 柱面抹灰项目、石材柱面项目、块料柱面项目适用于矩形柱、异形柱（包括圆形柱、半圆形柱等）。墙面、柱（梁）面、零星抹灰的砂浆找平清单项目适用于仅做找平层的情况。

③ 零星抹灰和零星镶贴块料面层项目适用于小面积（≤0.5m^2）少量分散的抹灰和块料面层。《浙江省预算定额（2018版）》对于零星抹灰是这样描述的："适用于各种壁柜、碗柜、飘窗板、空调搁板、暖气罩、池槽、花台、高度250mm以内的栏板、内空截面面积0.4m^2以内的地沟以及0.5m^2以内的其他各种零星抹灰。编制时尚应结合本省定额内容确定"。

④ 柱帽、柱墩的抹灰、镶贴块料及饰面等情况，应在项目特征中予以注明；弧形梁等特殊类型的抹灰、镶贴块料及饰面等，应单独立项。

⑤ 墙面抹灰钉贴的钢丝网、钢板网应按《计量规范》附录F金属结构工程中的"砌块墙钢丝网加固"项目（编码：010607005）编码列项，并相应修改清单项目名称。

⑥ 飘窗、空调搁板的抹灰参照《浙江省预算定额（2018版）》中计算规则，按省补"阳台、雨篷板抹灰"清单项目（编码：Z011201005）进行编码列项。

⑦ 隔断、幕墙项目内含有门窗，可以包含在隔断、幕墙内，也可单独编码列项，并在清单项目中进行描述。阳台、雨篷、檐沟设计有防水构造时，应按《计量规范》附录J相应项目编码列项。柱梁面、零星项目干挂石材的钢骨架及幕墙钢骨架按《计量规范》附录M.4干挂石材钢骨架编码列项。

2）特征说明需要注意的问题

① 墙体类型指毛石墙、轻质墙以及内墙、外墙等。

② 底层、面层的厚度应根据设计图纸规定确定。

③ 勾缝类型指清水砖墙、砖柱的加浆勾缝（平缝或凹缝），石墙、石柱的勾缝。

④ 防护材料指石材、块料等防碱背涂处理剂和面层防酸涂剂等，也包括与粘结层的结合面刷防渗材料。嵌缝材料指嵌缝砂浆、嵌缝油膏、密封胶等封堵材料。

⑤ 基层材料指面层内的底板材料。例如，木墙裙、木护墙、木板隔墙等，在龙骨上粘贴或铺钉内衬底板。

⑥ 玻纤网安装作为抹灰项目的组合内容，并入相应抹灰清单项目工作内容内，并在项目特征中加以描述。钢丝网加固按《计量规范》010607005砌块墙钢丝网加固列项。

⑦ 设计石材有磨装饰边要求时，应描述磨边类型及数量。

3.4.4 油漆涂料工程计量与计价

3.4.4.1 基础知识

1. 涂饰工程

涂料敷于建筑物表面并与基体材料很好地粘结，干结成膜后，既对建筑物表面起到一定的保护作用，又能起到建筑装饰的效果。涂料主要由胶粘剂、颜料、溶剂和辅助材料等组成。

涂料的品种繁多，按装饰部位不同有内墙涂料、外墙涂料、顶棚涂料、地面涂料；按成膜物质不同有油性涂料（也称油漆）、有机高分子涂料、无机高分子涂料、有机无机复合涂料；按涂料分散介质不同有溶剂型涂料、水性涂料、乳液涂料（乳胶漆）。

涂料墙面的构造可分为底层、中层和面层。

底层就是底漆，直接在腻子上刷涂，通过刷底漆可有效防止木脂、可溶性盐等物质渗出，增加涂层与腻子间的牢固性。

中层涂料施工是工程质量的关键工序，通过施工形成一定厚度的涂层，既有效保护基层，又形成某种装饰效果。

面层直接体现装饰效果质感等，除了美化功能外，面层具有坚固耐磨、耐腐蚀等特点，施工过程中一般情况面层应涂刷两遍。

涂料工程施工要点如下：

（1）基层处理

1）混凝土和抹灰表面基层表面必须坚实，无酥板、脱层、起砂、粉化等现象，基层表面要求平整，清洗干净，表面的油污、灰尘、泥土应铲除，如有孔洞、裂缝，需用同种涂料配制的腻子批嵌。

2）木材基层表面的缝隙、毛刺等用腻子填补磨光，木材基层的含水率不得大于12%。

3）金属基层表面。将灰尘、油渍、锈斑、焊渣、毛刺等清除干净。

（2）涂料施工

涂料施工主要操作方法有刷涂、滚涂、喷涂、刮涂、弹涂、抹涂等。

1）刷涂是人工用刷子蘸上涂料直接涂刷于被饰涂面，要求不流、不挂、不皱、不漏、不露刷痕。刷涂一般不少于两道，应在前一道涂料表面干后再涂刷下一道。两道施涂间隔时间由涂料品种和涂刷厚度确定，一般为2～4h。

2）滚涂是利用涂料馄子蘸上少量涂料，在基层表面上下垂直来回滚动施涂。阴角及上下口一般需先用排笔、鬃刷刷涂。

3）喷涂是一种利用压缩空气将涂料制成雾状（或粒状）喷出，涂于被饰涂面的机械施工方法。

4）刮涂是利用刮板，将涂料厚浆均匀地批刮于涂面上，形成厚度为1～2mm的厚涂层。这种施工方法多用于地面等较厚层涂料的施涂。

5）弹涂是先在基层刷涂1～2道底涂层，待其干燥后通过机械的方法将色浆均匀地溅在墙面上，形成1～3mm左右的圆状色点。弹涂时，弹涂器的喷出口应垂直正对被饰面，距离为300～500mm，按一定速度自上而下，由左至右弹涂。选用压花型弹涂时，应适时将彩点压平。

6）抹涂是先在基层刷涂或滚涂1～2道底涂料，待其干燥后，使用不锈钢抹灰工具将饰面涂料抹到底层涂料上。一般抹1～2遍，间隔lh后再用不锈钢抹子压平。涂抹厚度内墙为1.5～2mm，外墙为2～3mm。

（3）喷塑涂料施工

1）喷塑涂料的涂层结构按喷塑涂料层次的作用不同，其涂层构造分为封底涂料、主层涂料、罩面涂料。按使用材料分为底油、骨架和面油。喷塑涂料质感丰富、立体感强，具有乳雕饰面的效果。

2）喷塑涂料施工程序为刷底油、喷点料（骨架材料）、滚压点料、喷涂或刷涂面层。

（4）多彩喷涂施工

多彩喷涂具有色彩丰富、技术性能好、施工方便、维修简单、防火性能好、使用寿命长等特点，因此运用广泛。

多彩喷涂的工艺可按底涂、中涂、面涂或底涂、面涂的顺序进行。

底层涂料的主要作用是封闭基层，提高涂膜的耐久性和装饰效果。底层涂料为溶剂性涂料，可用刷涂、滚涂或喷涂的方法进行操作。

中层为水性涂料，涂刷1～2遍，可用刷涂、滚涂及喷涂施工。

面涂（多彩）喷涂中层涂料干燥约4～8h后开始施工。操作时可采用专用的内压式喷枪，一般一遍成活，如涂层不均匀，应在4小时内进行局部补喷。

2. 裱糊工程

裱糊工程一般包括壁纸、墙布、皮革等材料，对墙面基层的强度平整度要求较高，通过表贴等工艺覆盖墙柱等部位，广泛应用于住宅酒店、宾馆等场所。壁纸（墙布）裱糊，根据墙体基层的状况进行处理，各种壁纸（墙布）面层的性能不同，施工工艺有所区别，需要进行润纸或直接粘贴。

壁纸（墙布）裱糊装饰构造主要有砂浆保护找平层、腻子找平层、底漆防潮层、壁纸装饰层等。锦缎裱糊时，由于锦缎柔软容易变形，不易裁剪等特点，很难在基层上进行裱糊，装饰构造与一般壁纸（墙布）有所不同，锦缎裱糊时应在背面裱糊一层宣纸，使锦缎挺韧平整，再进行刷胶裱糊。

裱糊工程施工工艺流程：基层处理→弹分格线→裁纸→刷胶→裱贴→成品保护。

3.4.4.2　定额计量及计价

定额包括木门油漆，木扶手木线条木板条油漆，其他木材面油漆，木地板油漆，木材面防火涂料，板面封油刮腻子，金属面油漆，抹灰面油漆，涂料、裱糊等内容，共10小节162个子目。

1. 定额说明及套用

（1）定额中油漆不分高光、半哑光、哑光，定额已综合考虑。

（2）定额未考虑做美术图案，发生时另行计算。

（3）油漆、涂料、刮腻子项目是以遍数不同设置子目，当厚度与定额不同时不做调整。

（4）木门、木扶手、木线条、其他木材面、木地板油漆定额已包括满刮腻子。

（5）抹灰面油漆、涂料、裱糊定额均不包括刮腻子，发生时单独套用相应定额。

（6）乳胶漆、涂料、批刮腻子定额不分防水、防霉，均套用相应定额子目，材料不同时进行换算，人工不变。

(7) 调和漆定额按两遍考虑，聚酯清漆、聚酯混漆定额按三遍考虑，磨退定额按五遍考虑。硝基清漆、硝基混漆按五遍考虑，磨退定额按十遍考虑。设计遍数与定额取定不同时，按每增减一遍定额调整计算。

(8) 裂纹漆做法为腻子两遍、硝基色漆三遍、喷裂纹漆一遍、喷硝基清漆三遍。

(9) 开放漆是指不需要批刮腻子，直接在木材面刷油漆，定额按刷硝基清漆四遍考虑，实际遍数与定额不同时，定额按比例换算。

(10) 隔墙、护壁、柱、天棚面层及木地板刷防火涂料，执行其他木材面刷防火涂料相应定额子目。

(11) 金属镀锌定额是按热镀锌考虑。

(12) 定额中的氟碳漆定额子目仅适用于现场涂刷。

(13) 质量在500kg以内的（钢栅栏门、栏杆、窗栅、钢爬梯、踏步式钢扶梯、轻型屋架、零星铁件）单个小型金属构件，套用相应《浙江省预算定额（2018版）》金属面油漆定额子目，人工乘以系数1.15。

2. 定额清单计量及计价

楼地面、墙柱面、天棚的喷（刷）涂料、抹灰面油漆、刮腻子、板缝贴胶带点锈其工程量的计算，除定额另有规定外，按设计图示尺寸以面积计算。

混凝土栏杆、花格窗多面涂刷按单面垂直投影面积乘以系数2.5。

木材面油漆、涂料的工程量按下列各表计算方法计算。

(1) 木门油漆套用单层木门定额其工程量乘以表3-4-15中的系数。

单层木门（窗）工程量计算表　　表3-4-15

<table>
<tr><th>定额项目</th><th>项目名称</th><th>系数</th><th>工程量计算规则</th></tr>
<tr><td rowspan="8">单层木门</td><td>单层木门</td><td>1.00</td><td rowspan="7">门洞口面积</td></tr>
<tr><td>双层（一门一纱）木门</td><td>1.36</td></tr>
<tr><td>全玻自由门</td><td>0.83</td></tr>
<tr><td>半截玻璃门</td><td>0.93</td></tr>
<tr><td>带通风百叶门</td><td>1.30</td></tr>
<tr><td>厂库大门</td><td>1.10</td></tr>
<tr><td>带框装饰门（凹凸、带线条）</td><td>1.10</td></tr>
<tr><td>无框装饰门、成品门</td><td>1.10</td><td>按门扇面积</td></tr>
<tr><td rowspan="3">单层木窗</td><td>木平开窗、木推拉窗、木翻窗</td><td>0.7</td><td rowspan="3">按窗洞口面积</td></tr>
<tr><td>木百叶窗</td><td>1.05</td></tr>
<tr><td>半圆形玻璃窗</td><td>0.75</td></tr>
</table>

(2) 木扶手、木线条、木板条油漆套用木扶手、木线条定额，其工程量乘以表3-4-16中的系数。

木扶手、木线条工程量计算表　　表 3-4-16

定额项目	项目名称	系数	工程量计算规则
木扶手	木扶手（不带栏杆）	1.00	按延长米计算
	木扶手（带栏杆）	2.50	
	封檐板、顺水板	1.70	
木线条	宽度 60mm 以内	1.00	
	宽度 100mm 以内	1.30	

（3）其他木材面油漆套用其他木材面定额，其工程量乘以表 3-4-17 中的系数。

其他木材面工程量计算表　　表 3-4-17

定额项目	项目名称	系数	工程量计算规则
其他木材面	木板、纤维板、胶合板、吸音板、天棚	1.00	按相应装饰饰面工程量
	带木线的板饰面，墙裙、柱面	1.07	
	窗台板、窗帘箱、门窗套、踢脚板	1.10	
	木方格吊顶天棚	1.30	
	清水板条天棚、檐口	1.20	
	木间壁、木隔断	1.90	
	玻璃间壁明露墙筋	1.65	
	木栅栏、木栏杆（带扶手）	1.82	按单面外围面积计算
	衣柜、壁柜	1.05	按展开面积计算
	屋面板（带檩条）	1.11	斜长×宽
	木屋架	1.79	跨度（长）×中高÷2

（4）木地板油漆套用木地板定额，其工程量乘以表 3-4-18 中的系数。

木地板、木楼梯工程量计算表　　表 3-4-18

定额项目	项目名称	系数	工程量计算规则
木地板	木地板	1.00	按地板工程量
	木地板打蜡	1.00	
	木楼梯（不包括底面）	2.30	按水平投影面积计算

（5）木龙骨刷防火、防腐涂料按相应木龙骨定额的工程量计算规则计算。基层板刷防火、防腐涂料按实际涂刷面积计算。

（6）板面封油刮腻子、板缝贴胶带、点锈其工程量的计算，除定额另有规定外，按设计图示尺寸以面积计算。

（7）金属面油漆、涂料应按其展开面积以“m^2”为计量单位套用金属面油漆相应定额。套用各类钢门窗定额，其工程量乘以表 3-4-19 中的系数。

各类钢门窗工程量计算表 表 3-4-19

定额项目	项目名称	系数	工程量计算规则
钢门窗	单层钢门窗	1.00	按门窗洞口面积
	双层（一玻一纱）钢门窗	1.48	
	钢百页门	2.74	
	半截钢百页门	2.22	
	满钢门或包铁皮门	1.63	
	钢折门	2.30	
	半玻钢板门或有亮钢板门	1.00	按框（扇）外围面积
	单层钢门窗带铁栅	1.94	
	钢栅栏门	1.10	
	射线防护门	2.96	
	厂库平开、推拉门	1.7	
	铁丝网大门	0.81	
	间壁	1.85	按面积计算
	平板屋面	0.74	斜长×宽
	瓦垄板屋面	0.89	
	排水、伸缩缝盖板	0.78	展开面积
	窗栅	1.00	

金属面油漆、涂料项目，其工程量按设计图示尺寸以展开面积计算，以下构件可参考表 3-4-20 中相应的系数，将质量（t）折算为面积（m^2）。

质量折算面积参考系数表 表 3-4-20

序号	项目	系数	序号	项目	系数
1	栏杆	64.98	4	踏步式钢楼梯	39.90
2	钢平台、钢走道	35.60	5	现场制作钢构件	56.60
3	钢楼梯、钢爬梯	44.84	6	零星铁件	58.00

（8）抹灰面油漆除定额另有规定外，按设计图示尺寸以面积计算。涂料除定额另有规定外，按设计图示尺寸以面积计算。裱糊除定额另有规定外，按设计图示尺寸以面积计算。

【例 3-4-15】根据图 3-4-6 某房屋立面图 C，该墙面面层采用金属墙纸，基层采用批刮腻子两遍，金属玻璃门高为 2200mm。试计算该项目金属墙纸定额工程量并进行定额计价。

【解】1）分析编制的定额计价子目，需要列以下两项：

金属墙纸 14-157；批刮腻子 14-141。

2）计算该计价项目的定额工程量：

批刮腻子与金属墙纸工程量计算规则一致，所以工程量也相等。

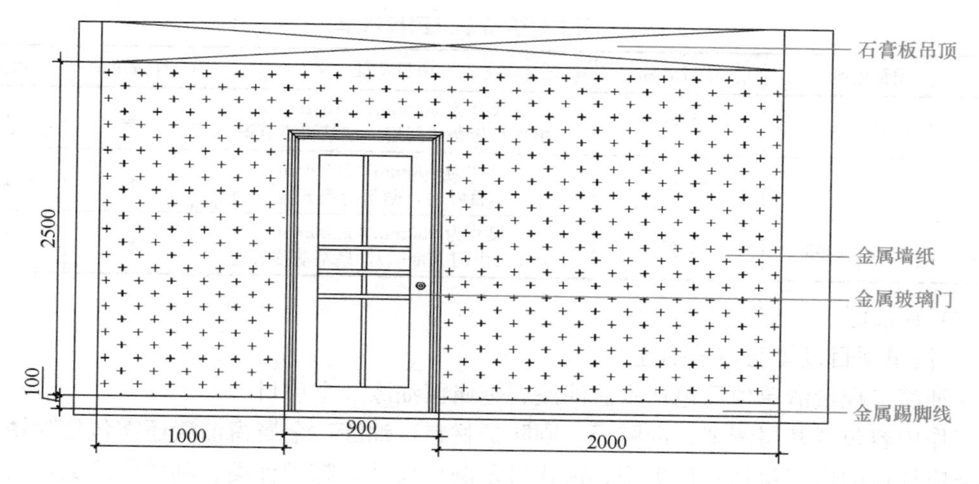

图 3-4-6　某房屋立面图 C

$$S = 2.5 \times (1 + 0.9 + 2) - 0.9 \times (2.2 - 0.1) = 7.86(\text{m}^2)$$

3）根据定额的项目划分，编列分部分项工程量清单（定额清单）（表 3-4-21）。

分部分项工程量清单（定额清单）　　表 3-4-21

项目编码	项目名称	项目特征	计量单位	工程数量
14-157	金属墙纸	墙面面层采用金属墙纸裱糊	m^2	7.86
14-141	批刮腻子	墙面基层采用批刮腻子两遍	m^2	7.86

3.4.4.3　国标清单计量及计价

油漆、涂料、裱糊工程按《计量规范》附录 P 列项，包括门油漆、窗油漆、木扶手及其他板条线条油漆、木材面油漆、金属面油漆、抹灰面油漆、喷刷涂料、裱糊轨共 8 部分 36 个项目。

（1）门油漆

1）清单项目设置与特征描述

门油漆工程量清单项目包括木门油漆、金属门油漆 2 个项目。

工作内容包括基层清理、刮腻子、刷防护材料、油漆，金属门油漆还需包括除锈。项目特征应描述的内容包括：门类型，腻子种类、刮腻子遍数、防护材料种类、油漆品种、刷漆遍数。以“樘”为计量单位时，应在上述基础上详述门代号及洞口尺寸等项目特征。

2）清单项目工程量计算

门油漆以“樘”或者“m^2”为计量单位。以“樘”为计量单位时，按设计图示数量计算；以“m^2”为计量单位时，按设计图示洞口尺寸以面积计算。

【例 3-4-16】某工程有 1 樘单层平板普通门，其尺寸为 900mm×2100mm；1 樘木百叶门，其尺寸为 700mm×2000mm；1 樘全玻自由门（带框），其尺寸为 950mm×2200mm；木门的油漆均为硝基清漆五遍。试编制该油漆工程的项目清单。

【解】清单项目设置：本例木门油漆工程按木门的规格和类型不同可分为三个清单项目，分部分项工程量清单（国标清单）见表 3-4-22。

分部分项工程量清单（国标清单） 表 3-4-22

序号	项目编码	项目名称	项目特征	计量单位	工程数量
1	011401001001	门油漆	尺寸为 900mm×2100mm 单层平板普通门扇，硝基清漆五遍	樘	1
2	011401001002	门油漆	尺寸为 700mm×2000mm 木百叶门，硝基清漆五遍	樘	1
3	011401001003	门油漆	尺寸为 950mm×2200mm 全玻自由门（带框），硝基清凑五遍	樘	1

（2）窗油漆

1）清单项目设置与特征描述

窗油漆工程量清单项目包括木窗油漆、金属窗油漆 2 个项目。

工作内容包括基层清理、刮腻子、刷防护材料、油漆，金属窗油漆还需包括除锈。项目特征应描述的内容包括：窗类型、窗代号及洞口尺寸，腻子种类、刮腻子遍数，防护材料种类，油漆品种、刷漆遍数。

2）清单项目工程量计算

窗油漆以“樘”或者“m^2”为计量单位，按设计图示数量计算。

（3）木扶手及其他板条、线条油漆

1）清单项目设置与特征描述

木扶手及其他板条、线条油漆工程量清单项目包括：木扶手油漆，窗帘盒油漆，封檐板、顺水板油漆，挂衣板、黑板框油漆，挂镜线、窗帘棍、单独木线油漆 5 个项目。

工作内容包括基层清理、刮腻子、刷防护材料、油漆。项目特征应描述的内容包括：断面尺寸，腻子种类、刮腻子遍数，防护材料种类，油漆品种、刷漆遍数。

2）清单项目工程量计算

木扶手及其他板线条油漆均以“m”为计量单位，按设计图示尺寸以长度计算。

（4）木材面油漆

1）清单项目设置与特征描述

木材面油漆工程量清单项目包括木护墙、木墙裙油漆，窗台板、筒子板、盖板、门窗套、踢脚线油漆，清水板条天棚、檐口油漆，木方格吊顶天棚油漆，吸音板墙面、天棚面油漆，暖气罩油漆，其他木材面，木间壁、木隔断油漆，玻璃间壁露明墙筋油漆，木栅栏、木栏杆（带扶手）油漆，衣柜、壁柜油漆，梁柱饰面油漆，零星木装修油漆，木地板油漆，木地板烫硬蜡面 15 个项目。

工作内容包括基层清理、刮腻子、刷防护材料、油漆、木地板烫蜡。项目特征应描述的内容包括腻子种类、刮腻子遍数、防护材料种类、油漆品种、刷漆遍数。

2）清单项目工程量计算

木材面油漆以“m^2”为计量单位，按设计图示尺寸以面积计算；其中衣柜、壁柜、梁柱饰面、零星装修油漆按设计图示尺寸以油漆部分展开面积计算；木间壁、木隔断、玻璃间壁露明墙筋、木栅栏、木栏杆油漆按设计图示尺寸以单面外围面积计算。

木地板油漆、木地板烫硬蜡按设计图示尺寸以面积计算，空洞、空圈、暖气包槽、壁龛的开口部分并入相应的工程量内。

（5）金属面油漆

1）清单项目设置与特征描述

金属面油漆工程量清单项目包括金属面油漆1个项目。

工作内容包括基层清理、刮腻子、刷防护材料、油漆。项目特征应描述的内容包括：构件名称，腻子种类、刮腻子要求，防护材料种类，油漆品种、刷油漆遍数。

2）清单项目工程量计算

金属面油漆以“t”或者“m^2”为计量单位。以“t”为计量单位时，按设计图示尺寸以质量计算；以“m^2”为计量单位时，按设计展开面积计算。

（6）抹灰面油漆

1）清单项目设置与特征描述

抹灰面油漆工程量清单项目包括抹灰面油漆，抹灰线条油漆，满刮腻子3个项目。

工作内容包括基层清理、刮腻子、刷防护材料、油漆。项目特征应描述的内容包括：基层类型，线条宽度、道数，腻子种类、刮腻子遍数，防护材料种类，油漆品种、刷漆遍数。

2）清单项目工程量计算

抹灰面油漆、满刮腻子以“m^2”为计量单位，抹灰线条油漆以“m”为计量单位时，按设计图示尺寸计算。

（7）喷刷涂料

1）清单项目设置与特征描述

喷刷涂料工程量清单项目包括墙面喷刷涂料，天棚喷刷涂料，空花格、栏杆刷涂料，线条刷涂料，金属构件刷防火涂料，木材构件喷刷防火涂料6个项目。

工作内容包括基层清理、刮腻子、刷、喷涂料。项目特征应描述的内容包括：基层类型、喷刷涂料部位、腻子种类、刮腻子要求（遍数）、涂料品种、刷喷遍数、喷刷防护涂料构件名称、防火等级、刷防护材料、油漆。

2）清单项目工程量计算

墙面、天棚喷刷涂料以“m^2”为计量单位时，按设计图示尺寸以面积计算；空花格、栏杆刷涂料以“m^2”为计量单位时，按设计图示尺寸以单面外围面积计算；线条刷涂料以“m”为计量单位时，按设计图示尺寸以长度计算；金属构件刷防火涂料以“m^2”或“t”为计量单位时，在以“t”为计量单位时，按设计图示尺寸以质量计算，在以“m^2”为计量单位时，按设计展开面积计算；木构件喷刷防火涂料，以“m^2”为计量单位时，按图示尺寸以面积计算。

（8）裱糊

1）清单项目设置与特征描述

裱糊工程量清单项目包括墙纸裱糊、织锦缎裱糊2个项目。

工作内容包括基层清理、刮腻子、面层铺贴、刷防护材料。项目特征描述的内容包括：基层类型、裱糊部位、腻子种类，刮腻子遍数、粘结材料种类、防护材料种类，面层材料品种、规格、规格、品牌、颜色等。

2）清单项目工程量计算

裱糊以“m^2”为计量单位，按设计图示尺寸以面积计算。

（9）清单项目编制应注意的问题

1）木门油漆应区分木大门、单层木门、双层（一玻一纱）木门、双层（单裁口）木门、全玻自由门、半玻自由门、装饰门及有框门或无框门等项目，分别编码列项。

2）金属门油漆应区分平开门、推拉门、钢制防火门等项目，分别编码列项。

3）以“m^2”计量，项目特征可不必描述洞口尺寸。

4）木窗油漆应区分单层木窗、双层（一玻一纱）木窗、双层框扇（单裁口）木窗、双层框三层（二玻一纱）木窗、单层组合窗、双层组合窗、木百叶窗、木推拉窗等项目，分别编码列项。

5）金属窗油漆应区分平开窗、推拉窗、固定窗、组合窗、金属格栅窗等项目，分别编码列项。

6）木扶手应区别带托板与不带托板，分别编码列项，若是木栏杆带扶手，木扶手不应单独列项，应包含在木栏杆油漆中。

7）楼梯木扶手工程量按中心线斜长计算，弯头长度应计算在扶手长度内。

8）抹灰面的油漆、涂料，应注意基层的类型，不同基层处理方式按相应定额子目具体执行。

9）刮腻子应注意遍数、满刮、找补腻子等不同要求。

10）喷刷墙面涂料部位要注明内墙或外墙。

11）墙纸和织锦缎的裱糊，应注意是否为对花。

【例 3-4-17】根据例题 3-4-16 提供的信息并结合图 3-4-6，根据国标清单计量规则与计价规则，试对该项目金属墙纸进行清单编制综合单价计算。

为计算方便，本例中人工、材料、机械台班消耗量以及人工、材料、机械台班单价按预算定额计算。风险费用假定为 0，企业管理费和利润按一般计税取中值，即相应费用为人工费加机械费的 16.57%、8.10%计取。

【解】根据国标清单计量规则，清单项目为：墙纸裱糊。编列分部分项工程量清单（国标清单）见表 3-4-23。

清单的计量规则与定额计量规则一致，所以该项目清单的工程量为：

$$S = 2.5 \times (1 + 0.9 + 2) - 0.9 \times (2.2 - 0.1) = 7.86(m^2)$$

分部分项工程量清单（国标清单）　　表 3-4-23

项目编码	项目名称	项目特征	计量单位	工程数量
011408001001	金属墙纸裱糊	裱糊位置：某房屋墙面 C 采用面层采用金属墙纸裱糊 基层采用批刮腻子两遍	m^2	7.86

根据国标清单计价规则，结合定额内容，编列分部分项综合单价计算表（国标清单）（表 3-4-24）。

分部分项综合单价计算表（国标清单）　　表 3-4-24

序号	项目编码	项目名称	计量单位	数量	综合单价（元）						合计（元）
					人工费	材料费	机械费	管理费	利润	小计	
1	011408001001	金属墙纸裱糊	m^2	7.86	16.92	68.45	0	2.80	1.37	89.54	703.78
	14-157	金属墙纸	m^2	7.86	7.92	65.75	0	1.31	0.64	75.62	594.37
	14-141	批刮腻子	m^2	7.86	9.00	2.7	0	1.49	0.73	13.92	109.41

3.4.5 其他装饰工程计量与计价

3.4.5.1 定额计量及计价

定额包括柜台货架、压条装饰线、扶手栏杆栏板装饰、浴厕配件、雨篷、旗杆、招牌灯牌、美术字、石材瓷砖加工等内容，共8个小节199个子目。

(1) 柜台、货架类

1) 柜台、货架以现场加工、制作为主，按常用规格编制。设计与定额不同时，应按实进行调整换算。

2) 柜台、货架项目包括五金配件（设计有特殊要求者除外），未考虑压板拼花及饰面板上贴其他材料的花饰、造型艺术品。

3) 木质柜台、货架中板材按胶合板考虑，如设计为生态板（三聚氰胺板）等其他板材时，可以换算材料。

(2) 压条、装饰线

1) 压条、装饰线均按成品安装考虑。

2) 装饰线条（顶角装饰线除外）按直线形在墙面安装考虑。墙面安装圆弧形装饰线条、天棚面安装直线形、圆弧形装饰线条，按相应项目乘以系数执行：

① 墙面安装圆弧形装饰线条，人工乘以系数1.20，材料乘以系数1.10；

② 天棚面安装直线形装饰线条，人工乘以系数1.34；

③ 天棚面安装圆弧形装饰线条，人工乘以系数1.60，材料乘以系数1.10；

④ 装饰线条直接安装在金属龙骨上，人工乘以系数1.68。

(3) 扶手、栏杆、栏板装饰

1) 扶手、栏杆、栏板项目（护窗栏杆除外）适用于楼梯、走廊、回廊及其他装饰性扶手、栏杆、栏板。

2) 扶手、栏杆、栏板项目已综合考虑扶手弯头（非整体弯头）的费用。如遇木扶手、大理石扶手为整体弯头，弯头另按相应项目执行。

3) 扶手、栏杆、栏板均按成品安装考虑。

(4) 浴厕配件

1) 大理石洗漱台项目不包括石材磨边、倒角及开面盆洞口，另按相应项目执行。

2) 浴厕配件项目按成品安装考虑。

(5) 雨篷、旗杆

1) 点支式、托架式雨篷的型钢、爪件的规格、数量是按常用做法考虑的，当设计要求与定额不同时，材料消耗量可以调整，人工、机械不变。托架式雨篷的斜拉杆费用另计。

2) 旗杆项目按常用做法考虑，未包括旗杆基础、旗杆台座及其饰面。

(6) 招牌、灯箱

1) 招牌、灯箱项目，当设计与定额考虑的材料品种、规格不同时，材料可以换算。

2) 一般平面广告牌是指正立面平整无凹凸面，复杂平面广告牌是指正立面有凹凸面造型的，箱（竖）式广告牌是指具有多面体的广告牌。

3) 广告牌基层以附墙方式考虑，当设计为独立式的，按相应项目执行，人工乘以系数1.10。

4）招牌、灯箱项目均不包括广告牌喷绘、灯饰、灯光、店徽、其他艺术装饰及配套机械。

（7）美术字

美术字不分字体，定额均以成品安装为准，并按单个独立安装的最大外接矩形面积区分规格，执行相应项目。

（8）石材、瓷砖加工

石材瓷砖倒角、磨制圆边、开槽、开孔等项目均按现场加工考虑。

3.4.5.2　定额清单计量及计价

（1）柜台、货架

柜类工程量按各项目计量单位计算。其中以"m^2"为计量单位的项目，其工程量按正立面的高度（包括脚的高度在内）乘以宽度计算。

（2）压条、装饰线

1）压条、装饰线条按线条中心线长度计算。

2）石膏角花、灯盘按设计图示数量计算。

【例 3-4-18】根据图 3-4-7 所示某建筑二层次卧一立面图 A 提供的信息，试对该项目实木线条进行定额清单编制并计价。

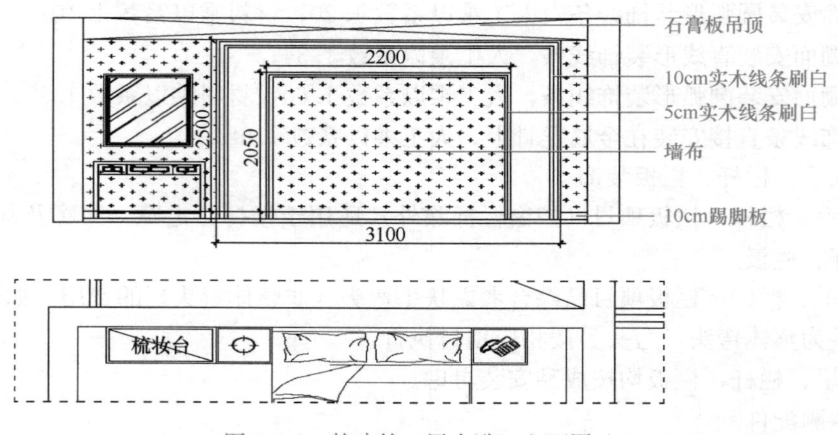

图 3-4-7　某建筑二层次卧一立面图 A

【解】1）分析编制的定额计价子目，需要列以下两项：

5cm 木质装饰线，15-27；10cm 木质装饰线，15-29。

2）计算该计价项目的定额工程量。装饰线条定额计量规则按线条中心线长度计算：

$L_5 = 2.05 \times 2 + 2.2 = 6.3\text{m}$；$L_{10} = 2.5 \times 2 + 3.1 = 8.1\text{m}$。

3）根据定额的项目划分，编列分部分项工程量清单（定额清单）（表 3-4-25）。

分部分项工程量清单（定额清单）　　表 3-4-25

项目编码	项目名称	项目特征	计量单位	工程数量
15-27	木装饰线 50mm	二层次卧一立面 A 采用木装饰线 50mm	m	6.3
15-29	木装饰线 100mm	二层次卧一立面 A 采用木装饰线 100mm	m	8.1

（3）扶手、栏杆、栏板装饰

1）扶手、栏杆、栏板、成品栏杆（带扶手）均按其中心线长度计算。不扣除弯头长度。如遇木扶手、大理石扶手为整体弯头时，扶手消耗量需扣除整体弯头的长度，设计不明确的，每只整体弯头按 400mm 扣除。

2）单独弯头按设计图示数量计算。

（4）浴厕配件

1）大理石洗漱台按设计图示尺寸以展开面积计算，挡板、吊沿板面积并入其中，不扣除孔洞、挖弯、削角所占面积。

2）大理石台面面盆开孔按设计图示数量计算。

3）盥洗室台镜（带框）、盥洗室木镜箱按边框外围面积计算。

4）盥洗室塑料镜箱、毛巾杆、毛巾环、浴帘杆、浴缸拉手、肥皂盒、卫生纸盒、晒衣架、晾衣绳等按设计图示数量计算。

（5）雨篷、旗杆

1）雨篷按设计图示尺寸水平投影面积计算。

2）不锈钢旗杆按设计图示数量计算。

3）电动升降系统和风动系统按套数计算。

（6）招牌、灯箱

1）柱面、墙面灯箱基层按设计图示尺寸以展开面积计算。

2）一般平面广告牌基层按设计图示尺寸以正立面边框外围面积计算。复杂平面广告牌基层，按设计图示尺寸以展开面积计算。

3）箱（竖）式广告牌基层按设计图示尺寸以基层外围体积计算。

4）广告牌面层按设计图示尺寸以展开面积计算。

（7）美术字

美术字按设计图示数量计算。

（8）石材、瓷砖加工

1）石材、瓷砖倒角按块料设计倒角长度计算。

2）石材磨边按成型磨边长度计算。

3）石材开槽按块料成型开槽长度计算。

4）石材、瓷砖开孔按成型孔洞数量计算。

3.4.5.3　国标清单计量及计价

本节工程项目按《工程量计算规范》附录 Q 编码列项，共 8 节，62 个项目。

（1）柜台、货架

1）清单项目设置与特征描述

包括柜台、酒柜、衣柜、存包柜、鞋柜、书柜、厨房壁柜、木壁柜、厨房低柜、厨房吊柜、矮柜、吧台背柜、酒吧吊柜、酒吧台、展台、收银台、试衣间、货架、书架、服务台 20 个项目。

工作内容包括：台柜制作、运输、安装（安放），刷防护材料、油漆、五金件安装。项目特征描述可以为台柜规格，材料种类、规格，五金种类、规格，防护材料种类，油漆品种、刷漆遍数。

2）清单项目工程量的计算

可以“个”“m”“m^3”为计量单位。在以“个”为计量单位时，按设计图示数量计算，但清单描述必须明确长、宽、高的尺寸；在以“m”为计量单位时，按设计图示尺寸以延长米计算，但清单描述必须明确宽、高的尺寸；在以“m^3”为计量单位时，按图示尺寸以体积计算。

应注意的问题：柜台的规格以能分离的成品单体长、宽、高来表示。

【例 3-4-19】 某矮柜，其尺寸为高 2600mm、宽 1800mm、柜深 450mm，设计要求：柜的开间主板、水平隔层板、上下封面板采用 15 厚胶合板，柜门骨架以 25mm×5mm 实木作外沿框，中以 9mm×60mm 胶合板条作 250mm×250mm 双向间隔骨架，柜背板、柜门结构面板采用 5mm 厚胶合板；柜内饰面为保丽板，外饰面采用榉木胶合板，外部可见部位的油漆采用聚酯清漆五遍，柜内不可见部位采用聚酯清漆二遍。五金：铜铰链 10 对。试编制该项目的国标工程量清单。

【解】 工程量计算：根据设计图纸计算衣柜 1 个。

工程量清单编制根据《计量规范》要求，结合本例条件，编列分部分项工程量清单（国标清单）（表 3-4-26）。

分部分项工程量清单（国标清单）　　表 3-4-26

序号	项目编码	项目名称	项目特征	计量单位	数量
1	011501002001	矮柜	矮柜规格：高 2600mm，宽 1800mm，柜深 450mm；开间主板、水平隔层板、上下封板均为 15 厚胶合板；柜门骨架以 25×5 实木作外沿框，中以 9×60 胶合板条作 250×250 双向间隔骨架；柜背板、柜门结构面板采用 5 厚胶合板，柜内饰面板为保丽板，外饰面采用榉木胶合板；外部可见部位的油漆采用聚酯清漆五遍，柜内不可见部位采用聚酯清漆二遍；五金：铜铰链 10 对	个	1

（2）压条、装饰线

1）清单项目设置与特征描述

包括金属装饰线、木质装饰线、石材装饰线、石膏装饰线、镜面玻璃线、铝塑装饰线、塑料装饰线、GRC 装饰线条 8 个项目。

工作内容包括：线条制作、安装，刷防护材料。项目特征描述可以为基层类型，线条材料品种、规格、颜色，刷防护材料种类，线条安装部位，填充材料种类。

2）清单项目工程量的计算

线条均以“m”为计量单位，按设计图示尺寸以长度计算。清单项目编制时应注意：其他装饰项目中已包括压条、装饰线的本章不再单独列项。

【例 3-4-20】 某室内地面装饰工程，地面砖与木地板收口采用金属装饰线进行处理，装饰线条材料为：T 型 40×35MT-03 钛金条，计算得线条总长度为 18m。试编制该项目国标工程量清单。

【解】 根据《计量规范》要求，结合本例条件，编列分部分项工程量清单（国标清单）（表 3-4-27）。

分部分项工程量清单（国标清单）　　表 3-4-27

序号	项目编码	项目名称	项目特征	计量单位	数量
1	011502001001	金属装饰线	T 型 MT-03 钛金条 40×35	m	18

（3）扶手、栏杆、栏板装饰

1）清单项目设置与特征描述

包括金属扶手、栏杆、栏板，硬木扶手、栏杆、栏板，塑料扶手、栏杆、栏板，GRC栏杆、扶手，金属靠墙扶手，硬木靠墙扶手，塑料靠墙扶手，玻璃栏板8个项目。

工作内容包括：制作、运输、安装、刷防护涂料。项目特征描述可以为扶手材料种类、规格，栏杆材料种类规格，栏板材料种类、规格、颜色，固定配件种类，防护材料种类，安装间距，填充材料种类。

2）清单项目工程量的计算

栏杆、扶手、栏板均以“m”为计量单位，按设计图示以扶手中心线长度（包括弯头长度）计算。

【例3-4-21】某工程室内楼梯，靠墙一侧采用成品木质靠墙扶手，不锈钢管D32、扁钢，带法兰，聚酯清漆三遍，总长度为298.92m。试编制该项目国标工程量清单。

【解】根据《计量规范》要求，结合本例条件，编列分部分项工程量清单（国标清单）（表3-4-28）。

分部分项工程量清单（国标清单）　　表3-4-28

序号	项目编码	项目名称	项目特征	计量单位	数量
1	011503006001	硬木靠墙扶手	成品木扶手宽65；不锈钢管D32；扁钢；不锈钢法兰底座；聚酯清漆三遍	m	298.92

（4）暖气罩

1）清单项目设置与特征描述

包括饰面板暖气罩、塑料板暖气罩、金属暖气罩3个项目。

工作内容包括：暖气罩制作、运输、安装，刷防护材料。项目特征描述可以为暖气罩材质、防护材料种类。

2）清单项目工程量的计算

暖气罩均以“m^2”为计量单位，按设计图示尺寸以垂直投影面积（不展开）计算。

（5）浴厕配件

1）清单项目设置与特征描述

包括洗漱台、晒衣架、帘子杆、浴缸拉手、卫生间扶手、毛巾杆（架）、毛巾环、卫生纸盒、肥皂盒、镜面玻璃、镜箱11个项目。

工作内容包括：台面及支架制作、运输、安装，杆、环、盒、配件安装，基层安装、玻璃及框制作运输、安装，箱体制作、运输、安装，刷防护材料、刷油漆。项目特征描述可以为材料品种、规格、品牌、颜色，支架、配件品种、规格、品牌，油漆品种、刷漆遍数。

2）清单项目工程量的计算

① 洗漱台可按设计图示尺寸以台面外接矩形面积以“m^2”计算，不扣除孔洞、挖弯、削角所占面积，挡板、吊沿板面积并入台面面积内计算；也可按设计图示数量以个计算。

② 晒衣架、帘子杆、浴缸拉手、卫生间扶手、毛巾杆（架）、毛巾环、卫生纸盒、肥皂盒等以个、套、副按设计图示数量计算。

③ 镜面玻璃按设计图示尺寸以边框外围面积以“m^2”计算。成品镜箱安装按设计图示数量以个计算。

(6) 雨篷、旗杆

1) 清单项目设置与特征描述

包括雨篷吊挂饰面、金属旗杆、玻璃雨篷 3 个项目。

雨篷吊挂饰面工作内容包括底层抹灰，龙骨基层、面层安装，刷防护材料、油漆。

项目特征描述可以为基层类型，龙骨、面层、吊顶（天棚）材料的种类、规格、品牌，嵌缝、防护材料种类，油漆品种、漆遍数等。

金属旗杆工作内容包括土（石）方挖填运，基础混凝土浇筑，旗杆制作、安装，旗杆台座制作、饰面。项目特征描述可以为旗杆高度及材料种类、规格，基础、基座及基座面层的材料种类、规格。

玻璃雨篷工作内容包括龙骨基层安装、面层安装、刷防护材料及油漆。项目特征描述可以为玻璃雨篷固定方式，龙骨材料种类及规格、中距，玻璃材料品种、规格，嵌缝材料种类，防护材料种类。

2) 清单项目工程量的计算

雨篷吊挂饰面按设计图示以水平投影面积计算；金属旗杆按设计图示数量以根计算；玻璃雨篷按设计图示以水平投影面积计算。

清单项目编制应注意的问题：旗杆的砌砖或混凝土台座，台座的饰面可按相关项目另行编码列项，也可纳入旗杆报价内。旗杆高度指旗杆台座上表面至杆顶的尺寸。

(7) 招牌、灯箱

1) 清单项目设置与特征描述

包括平面、箱式招牌，竖式标箱，灯箱，信报箱 4 个项目。工作内容包括基层安装，箱体及支架制作、运输、安装，面层制作、安装，刷防护材料、油漆。项目特征应描述箱体规格，基层、面层材料种类及规格，防护材料种类，油漆品种、刷漆遍数。

2) 清单项目工程量的计算

平面、箱式招牌按设计图示以正立面边框外围面积计算，复杂的凹凸造型部分不增加面积。竖式标箱、灯箱、信报箱按设计图示数量以个计算。

【例 3-4-22】某店铺需做一个竖式灯箱，采用 L50×5 角钢骨架（已知 500kg），红丹漆底漆一遍，银粉漆面漆二遍；木龙骨单面九夹板基层，面层粘贴铝塑板；竖式标箱的外围设计尺寸为 3m 高、1.2m 宽、0.4m 厚。试编制该招牌的国标工程量清单。

【解】本例的工程量清单项目为：工程量计算：1 个。编列分部分项工程量清单（国标清单）（表 3-4-29）。

分部分项工程量清单（国标清单）　　表 3-4-29

序号	项目编码	项目名称	项目特征	计量单位	工程数量
1	011507002001	竖式灯箱	L50×5 角钢骨架（已知 500kg），红丹漆底漆一遍，银粉漆面漆二遍；木龙骨单面九夹板基层，外围设计尺寸为 3m 高、1.2m 宽、0.4m 厚；面层粘贴铝塑板	个	1

(8) 美术字

1) 清单项目设置与特征描述

包括泡沫塑料字、有机玻璃字、木质字、金属字、吸塑字 5 个项目。

工作内容包括字制作、运输、安装及刷油漆。项目特征一般有基层类型，镌字材料品种、颜色，字体规格，固定方式，油漆品种、刷漆遍数。

2）清单项目工程量的计算

美术字均以“个”为计量单位，按设计图示数量计算。清单项目编制注意的问题：美术字不分字体，按大小规格分类；美术字的字体规格以字的外接矩形长、宽和字的厚度表示。

【例 3-4-23】 在例 3-4-18 的基础上，结合图 3-4-7 二层次卧一立面图 A 提供的信息，管理费与利润分别按 15%和 10%取定，试对该项目实木线条进行国标清单编制并进行综合合价计算。

【解】 根据国标清单计量规则，清单项目为：木质装饰线，但由于线宽不同，所以应分别列项。

国标清单的计量规则与定额计量规则一致，所以该项目国标清单的工程量为：

$L_5 = 2.05 \times 2 + 2.2 = 6.3$m；$L_{10} = 2.5 \times 2 + 3.1 = 8.1$m。

编列分部分项工程量清单（国标清单）（表 3-4-30）。

分部分项工程量清单（国标清单） 表 3-4-30

项目编码	项目名称	项目特征	计量单位	工程数量
011502002001	木装饰线 50mm	二层次卧一立面 A 采用木装饰线 50mm	m	6.3
011502002002	木装饰线 100mm	二层次卧一立面 A 采用木装饰线 100mm	m	8.1

根据国标清单计价规则，结合定额内容，编列分部分项综合单价计算表（国标清单）（表 3-4-31）。

分部分项综合单价计算表（国标清单） 表 3-4-31

序号	项目编码	项目名称	计量单位	数量	综合单价（元）						合计（元）
					人工费	材料费	机械费	管理费	利润	小计	
1	011502002001	木装饰线 50mm	m	6.3	3.46	7.25	0.03	0.52	0.35	11.61	73.16
	15-27	木装饰线平面线 60mm 以内	m	6.3	3.46	7.25	0.03	0.52	0.35	11.61	73.16
2	011502002002	木装饰线 100mm	m	8.1	3.88	18.08	0.04	0.59	0.39	22.98	186.14
	15-29	木装饰线平面线 100mm 以内	m	8.1	3.88	18.08	0.04	0.59	0.39	22.98	186.14

注：条线刷白，涉及油漆涂料清单，需要单独列项计算。

任务 3.5 措施项目计量与计价

3.5.1 脚手架工程计量与计价

脚手架是专为高空施工操作、堆放和运送材料，并保证施工安全而设置的架设工具或操作平台。通常包括脚手架的搭设与拆除，安全网铺设，铺、拆、翻脚手片等全部内容。当建筑物超过规范允许搭设脚手架高度（不宜超过 50m）时，应采用钢挑架，钢挑架上下间距通常不超过 18m。

脚手架有木脚手架、毛竹脚手架和金属脚手架，金属脚手架常见有钢管脚手架、碗扣式脚手架和移动架。

建筑吊篮是一种能够替代传统脚手架，可降低劳动强度，提高工作效率，并能够重复使用的新型高处作业设备。常用于高层多层建筑的外墙施工、幕墙安装、保温施工和维修清洗外墙等。建筑吊篮一般分手动和电动两种。建筑吊篮作为施工外墙用吊篮，与外墙面满搭钢管脚手架相比，具有搭设速度快、节约大量脚手架材料、节省劳力、操作方便、灵活、技术经济效益较好等优点。

3.5.1.1　定额计量及计价

脚手架工程包括综合脚手架、单项脚手架、烟囱、水塔脚手架，共3节80个子目。

1. 定额说明及应用

（1）综述

1）定额适用于房屋工程、构筑物及附属工程，包括脚手架搭、拆、运输及脚手架材料摊销。

定额包括单位工程在合理工期内完成定额规定工作内容所需的施工脚手架，定额按常规方案及方式综合考虑编制，如果实际搭设方案或方式不同时，除另有规定或特殊要求外，均按定额执行。

2）定额脚手架材料按钢管式脚手架编制，不同搭设材料均按定额执行。

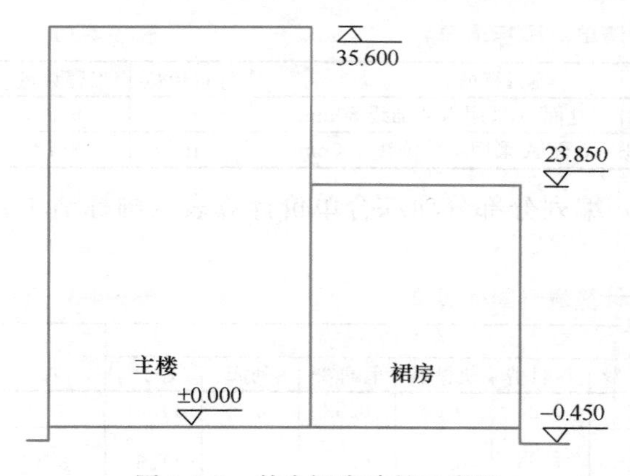

图 3-5-1　某含裙房建筑示意图

3）综合脚手架定额根据相应结构类型以不同檐高划分，遇下列情况时分别计价：

同一建筑物檐高不同时，应根据不同高度的垂直分界面分别计算建筑面积，套用相应定额；同一建筑物结构类型不同时，应分别计算建筑面积套用相应定额，上下层结构类型不同的应根据水平分界面分别计算建筑面积，套用同一檐高的相应定额。

如图 3-5-1 所示，该建筑由裙房和主楼两部分组成，设计室外地坪为－0.45m。

则，主楼檐高为：35.6＋0.45＝36.5m，综合脚手架套用 18-9，基价为 34.76 元/m^2；

裙房檐高为：23.85＋0.45＝24.3m。综合脚手架套用 18-7，基价为 28.41 元/m^2。

（2）综合脚手架

1）综合脚手架定额适用于房屋工程及其地下室，不适用于房屋加层、构筑物及附属工程脚手架，以上可套用单项脚手架相应定额。

2）综合脚手架定额除另有说明外层高以 6m 以内为准，层高超过 6m，另按每增加 1m 以内定额计算；檐高 30m 以上的房屋，层高超过 6m 时，按檐高 30m 以内每增加 1m 定额执行。

【例 3-5-1】某住宅钢结构工程综合脚手架，檐高 36m，层高 7m。试套用相关定额。

【解】住宅钢结构，檐高 50m 内，层高 7m。

套用定额 18-22＋18-8，换算后基价＝23.64＋2.53＝26.17（元/m^2）。

3）综合脚手架定额已综合内、外墙砌筑脚手架，外墙饰面脚手架，斜道和上料平台，高度在 3.6m 以内的内墙及天棚装饰脚手架、基础深度（自设计室外地坪起）2m 以内的脚手架。地下室脚手架定额已综合了基础脚手架。

4）综合脚手架定额未包括下列施工脚手架，发生时按单项脚手架规定另列项目计算：

① 高度在 3.6m 以上的内墙和天棚饰面或吊顶安装脚手架；

② 建筑物屋顶上或楼层外围的混凝土构架高度在 3.6m 以上的装饰脚手架；

③ 深度超过 2m（自交付施工场地标高或设计室外地面标高起）的无地下室基础采用非泵送混凝土时的脚手架；

④ 电梯安装井道脚手架；

⑤ 人行过道防护脚手架；

⑥ 网架安装脚手架。

5）装配整体式混凝土结构执行混凝土结构综合脚手架定额。当装配式混凝土结构预制率（以下简称预制率）<30%时，按相应混凝土结构综合脚手架定额执行；当 30%≤预制率<40%时，按相应混凝土结构综合脚手架定额乘以系数 0.95；当 40%≤预制率<50%时，按相应混凝土结构综合脚手架定额乘以系数 0.9；当预制率≥50%时，按相应混凝土结构综合脚手架定额乘以系数 0.85。装配式结构预制率计算标准还需依据各省现行规定。

6）厂（库）房钢结构综合脚手架定额：单层按檐高 7m 以内编制，多层按檐 20m 以内编制，若檐高超过编制标准，应按相应每增加 1m 定额计算，层高不同不做调整。单层厂（库）房檐高超过 16m，多层厂（库）房檐高超过 30m 时，应根据施工方案计算。厂（库）房钢结构综合脚手架定额按外墙为装配式钢结构墙面板考虑，实际采用砖砌围护体系并需要搭设外墙脚手架时，综合脚手架按相应定额乘以系数 1.80。厂（库）房钢结构脚手架按综合定额计算的不再另行计算单项脚手架。

7）住宅钢结构综合脚手架定额适用于结构体系为钢结构、钢-混凝土混合结构的工程，层高以 6m 以内为准，层高超过 6m，另按混凝土结构每增加 1m 以内定额计算。

8）大卖场、物流中心等钢结构工程的综合脚手架可按厂（库）房钢结构相应定额执行；高层商务楼、商住楼、医院、教学楼等钢结构工程综合脚手架可按住宅钢结构相应定额执行。

9）装配式木结构的脚手架按相应混凝土结构定额乘以系数 0.85 计算。

10）砖混结构执行混凝土结构定额。

（3）单项脚手架

1）不适用综合脚手架时，以及综合脚手架有说明可另行计算的情形，执行单项脚手架。

2）外墙脚手架定额未包括斜道和上料平台，发生时另列项目计算。外墙外侧饰面应利用外墙脚手架，如不能利用须另行搭设时，按外墙脚手架定额，人工乘以系数 0.80，材料乘以系数 0.30；如仅勾缝、刷浆、腻子或油漆时，人工乘以系数 0.40，材料乘以系数 0.10。

3）深度超过 2m（自交付施工场地标高或设计室外地面标高起）的无地下室基础采用非泵送混凝土时，应计算混凝土运输脚手架，按满堂脚手架基本层定额乘以系数 0.60；深度超过 3.6m 时，另按增加层定额乘以系数 0.60。

【例 3-5-2】某房屋基础为带形基础，埋深为 4.2m。试计算基础混凝土运输脚手架单价。

【解】埋深为 4.2m，应计算基础混凝土运输脚手架，套用定额(18-47+48)×0.6。

换算后基价=(9.87+1.98)×0.6=11.85×0.6=7.11(元/m^2)。

4）高度在 3.6m 以上的墙、柱饰面或相应油漆涂料脚手架，如不能利用满堂脚手架，须另行搭设时，按内墙脚手架定额，人工乘以系数 0.60，材料乘以系数 0.30；如仅勾缝、刷浆时，人工乘以系数 0.40，材料乘以系数 0.10。

5）高度 3.6～5.2m 的天棚饰面或相应油漆涂料脚手架，按满堂脚手架基本层计算。高度超过 5.2m 另按增加层定额计算；如仅勾缝、刷浆时，按满堂脚手架定额，人工乘以系数 0.40，材料乘以系数 0.10。满堂脚手架在同一操作地点进行多种操作时（不另行搭设），只可计算一次脚手架费用。

【例 3-5-3】某房屋天棚饰面为抹灰面，层高为 5.5m。试计算天棚抹灰脚手架单价。

【解】层高为 5.5m，应计算天棚满堂脚手架，套用定额 18-47＋48。

换算后基价＝9.87＋1.98＝11.85(元/m²)。

2. 定额清单计量及计价

(1) 综合脚手架

综合脚手架工程量＝建筑面积＋增加面积，其中：

1) 建筑面积：工程量按房屋建筑面积（《建筑工程建筑面积计算规范》GB/T 50353—2013）计算，有地下室时，地下室与上部建筑面积分别计算，套用相应定额。半地下室并入上部建筑物计算。

2) 增加面积：

骑楼、过街楼底层的开放公共空间和建筑物通道，层高在 2.2m 及以上者按墙（柱）外围水平面积计算；层高不足 2.2m 者计算 1/2 面积。

建筑物屋顶上或楼层外围的混凝土构架，高度在 2.2m 及以上者按构架外围水平投影面积的 1/2 计算。

凸（飘）窗按其围护结构外围水平面积计算，扣除已计入《建筑工程建筑面积计算规范》GB/T 50353—2013 第 3.0.13 条的面积。

建筑物门廊按其混凝土结构顶板水平投影面积计算，扣除已计入《建筑工程建筑面积计算规范》GB/T 50353—2013 第 3.0.16 条的面积。

建筑物阳台均按其结构底板水平投影面积计算，扣除已计入《建筑工程建筑面积计算规范》GB/T 50353—2013 第 3.0.21 条的面积。

建筑物外与阳台相连有围护设施的设备平台，按结构底板水平投影面积计算。

以上涉及面积计算的内容，仅适用于计取综合脚手架、垂直运输费和建筑物超高加压水泵台班及其他费用。

(2) 单项脚手架

1) 砌筑脚手架工程量按内、外墙面积计算（不扣除门窗洞口、空洞等面积）。外墙乘以系数 1.15，内墙乘以系数 1.10。

2) 围墙脚手架高度自设计室外地坪算至围墙顶，长度按围墙中心线计算，洞口面积不扣，砖垛（柱）也不折加长度。

3) 整体式附着升降脚手架按提升范围的外墙外边线长度乘以外墙高度以面积计算，不扣除门窗、洞口所占的面积。按单项脚手架计算时，可结合实际，根据施工组织设计规定以租赁计价。

4) 吊篮工程量按相应施工组织设计计算。

5) 满堂脚手架工程量按天棚水平投影面积计算，工作面高度为房屋层高；斜天棚（屋面）按平均高度计算；局部高度超过 3.6m 的天棚，按超过部分面积计算。

屋顶上或楼层外围等无天棚建筑构造的脚手架，构架起始标高到构架底的高度超过 3.6m 时，另按 3.6m 以上部分构架外围水平投影面积计算满堂脚手架。

6) 电梯安装井道脚手架，按单孔（一座电梯）以“座”计算。

7) 人行过道防护脚手架，按水平投影面积计算。

8）砖（石）柱脚手架按柱高以“m”计算。

9）深度超过2m的无地下室基础采用非泵送混凝土时的满堂脚手架工程量，按底层外围面积计算；局部加深时，按加深部分基础宽度每边各增加50cm计算。

10）混凝土、钢筋混凝土构筑物高度在2m以上，混凝土工程量包括2m以下至基础顶面以上部分体积。

（3）烟囱、水塔脚手架

1）烟囱、水塔脚手架分别高度，按“座”计算。

2）采用钢滑模施工的钢筋混凝土烟囱筒身、水塔筒式塔身、贮仓筒壁是按无井架施工考虑的，除设计采用涂料等工艺外不得再计算脚手架或竖井架。

【例3-5-4】某民用建筑（混凝土结构），建筑面积见表3-5-1，结构楼层示意图如图3-5-2所示，已知该楼由裙房和主楼两部分组成，设计室外地坪为－0.45m。主楼每层建筑面积1200m²，裙房每层建筑面积1000m²，设备层层高2.1m，楼板厚度均为100mm。假设当时当地人工、材料、机械市场信息价与定额取定价格相同，按照编制招标控制价考虑，企业管理费、利润以人工费与机械费之和为取费基数，费率按中值分别为16.57%、8.10%，风险费隐含于综合单价的人工、材料、机械价格中。试根据《浙江省预算定额（2018版）》编制该脚手架工程定额清单（综合脚手架、1～2层天棚抹灰脚手架），并计算该清单的综合单价及合价。

某民用建筑建筑面积一览表　　　表3-5-1

楼层	层高/m	每层建筑面积/m²	每层天棚水平面积/m²
1	6.4	1200(主楼)+1000(裙房)	1120+950
2	5.1	1200+1000	1120+950
3	3.6	1200+1000	1120+950
4～6	3	1200+1000	1120+950
7～10	3.6	1200	1120
地下一层	3	2500	

图3-5-2　某民用建筑楼层结构示意图

【解】根据题意，裙房檐高为26.2+0.45−0.1=26.55m，主楼檐高为40.6+0.45−0.1=40.95m，主楼、裙房檐高不同，应分别列项计算脚手架费用且主楼、裙楼底层和二层层高均超过 3.6m，还应计算满堂脚手架费用。地下室综合脚手架单独列项计算。

1）定额工程量计算

脚手架工程工程量清单与计价（定额清单计价）

① 地下室综合脚手架：$S = 2500(m^2)$；

② 主楼综合脚手架：主楼 $S = 1200 \times 10 + 1200 \times 1/2 = 12600(m^2)$；

底层，层高 6.4m，$S = 1200(m^2)$；

③ 裙房综合脚手架：裙房，$S = 1000 \times 6 + 1000 \times 1/2 = 6500(m^2)$；

底层，层高 6.4m，$S = 1000(m^2)$；

④ 满堂脚手架层高 6.4m：$S = 1120 + 950 = 2070(m^2)$；

⑤ 满堂脚手架层高 5.1m：$S = 1120 + 950 = 2070(m^2)$。

2）编列技术措施项目工程量清单（定额清单），结果见表 3-5-2。

技术措施项目工程量清单（定额清单） 表 3-5-2

序号	定额编号	项目名称	项目特征	计量单位	工程数量
1	18-31	一层地下室综合脚手架	地下室一层	m^2	2500
2	18-9	混凝土结构综合脚手架，檐高 50m 以内，层高 6m 以内	混凝土结构，主楼檐高 40.95m，层高 6m 以内	m^2	12600
3	18-8	混凝土结构综合脚手架檐高 30m 内，层高每增加 1m	混凝土结构，主楼檐高 40.95m，裙房檐高 26.55m，层高 6.4m	m^2	2200
4	18-7	综合脚手架，混凝土结构，檐高 30m 以内，层高 6m 以内	混凝土结构，裙房檐高 26.55m，层高 6m 以内	m^2	6500
5	18-47H	满堂脚手架，层高 6.4m	满堂脚手架，层高 6.4m	m^2	2070
6	18-47	满堂脚手架基本层（3.6～5.2m）	满堂脚手架，层高 5.1m	m^2	2070

3）定额清单计价

① 先确定定额子目的工、料、机单价（略）；

② 根据给定费率，确定管理费和利润，计算技术措施项目清单综合单价和合价，结果见表 3-5-3。

技术措施项目清单综合单价计算表（定额清单） 表 3-5-3

序号	编号	工程内容	计量单位	数量	综合单价（元）						合计（元）
					人工费	材料费	机械费	管理费	利润	小计	
1	18-31	一层地下室综合脚手架	m^2	2500	10.93	2.64	0.08	1.82	0.89	16.36	40900
2	18-9	综合脚手架，混凝土结构，檐高 50m 以内，层高 6m 以内	m^2	12600	17.23	16.10	1.42	3.09	1.51	39.35	495810
3	18-8	每增加 1m，层高 6.4m	m^2	2200	1.47	0.94	0.11	0.26	0.13	2.91	6402
4	18-7	综合脚手架，混凝土结构，檐高 30m 以内，层高 6m 以内	m^2	6500	14.69	12.60	1.12	2.62	1.28	32.31	210015
5	18-47H	满堂脚手架，层高 6.4m	m^2	2070	9.65	1.78	0.42	1.67	0.82	14.34	29684
6	18-47	满堂脚手架，层高 5.1m	m^2	2070	8.06	1.47	0.34	1.39	0.68	11.94	24716

3.5.1.2 国标清单计量及计价

脚手架清单列项及工程量计算按《计量规范》S.1 脚手架工程及浙江省补充规定执行（见表 3-5-4）：

脚手架工程（编码：011701） 表 3-5-4

项目编码	项目名称	项目特征	计量单位	工程量计算规则	工程内容
011701001	综合脚手架	1. 建筑结构形式 2. 檐口高度	m²	按建筑面积计算	1. 场内、场外材料搬运 2. 搭、拆脚手架、斜道、上料平台 3. 安全网的铺设 4. 选择附墙点与主体连接 5. 测试电动装置、安全锁等 6. 拆除脚手架后材料的堆放
011701002	外脚手架	1. 搭设方式 2. 搭设高度 3. 脚手架材质		按所服务对象的垂直投影面积计算	1. 场内、场外材料搬运 2. 搭、拆脚手架、斜道、上料平台 3. 安全网的铺设 4. 拆除脚手架后材料的堆放
011701003	里脚手架				
011701004	悬空脚手架	1. 搭设方式 2. 悬挑高度 3. 脚手架材质		按搭设的水平投影面积计算	
011701005	挑脚手架		m	按搭设长度以搭设层数以延长米计算	
011701006	满堂脚手架	1. 搭设方式 2. 搭设高度 3. 脚手架材质	m²	按搭设的水平投影面积计算	
011701007	整体提升架	1. 搭设方式及启动装置 2. 搭设高度		按所服务对象的垂直投影面积计算	1. 场内、场外材料搬运 2. 选择附墙点与主体连接 3. 搭、拆脚手架、斜道、上料平台 4. 安全网的铺设 5. 测试电动装置、安全锁等 6. 拆除脚手架后材料的堆放
011701008	外装饰吊篮	1. 升降方式及启动装置 2. 搭设高度及吊篮型号		按所服务对象的垂直投影面积计算	1. 场内、场外材料搬运 2. 吊篮的安装 3. 测试电动装置、安全锁、平衡控制器等 4. 吊篮的拆卸
Z011701009	电梯井脚手架	电梯井高度	座	按设计图示数量计算	1. 搭设拆除脚手架、安全网 2. 铺、翻脚手板

脚手架工程措施项目清单编制时应注意的问题：

1）满堂脚手架适用于工作面高度超过 3.6m 的天棚抹灰或吊顶安装及基础深度超过 2m 的混凝土运输脚手架（地下室及使用泵送混凝土的除外）。工作面高度为设计室内地面（楼面）至天棚底的高度，斜天棚按平均高度计算。基础深度自设计室外地坪起算。

2）无天棚抹灰及吊顶的工程，墙面抹灰高度超过3.6m时，应计算内墙抹灰单项脚手架。

3）同一建筑物有不同檐高时，按建筑物竖向剖面分别按不同檐高编列清单项目。

4）当房屋建筑层高超过6m时，综合脚手架项目特征还应描述层高和相应的建筑面积；有地下室的，应描述地下室层数及建筑面积。

5）满堂脚手架用于天棚抹灰或吊顶安装脚手架、基础混凝土运输脚手架时，应描述工作面高度或基础埋深。工作面高度如有超过5.2m的则应描述该部分的天棚水平投影面积。

6）吊篮脚手架应描述吊篮的使用套数和天数。

【例3-5-5】利用例3-5-4条件，试编制该脚手架工程国标清单（综合脚手架、1～2层天棚抹灰脚手架）。

【解】根据题意，裙房檐高为26.55m，按规定可计算的面积为1000×6+1000/2=6500m²；主楼檐高为40.95m，按规定可计算的面积1200×10+1200/2=12600m²；地下室面积为2500m²。根据《工程量计算规范》，技术措施项目清单（国标清单）编制见表3-5-5：

技术措施项目清单（国标清单）　　表3-5-5

序号	项目编码	项目名称	项目特征	计量单位	工程数量
1	011701001001	综合脚手架	地下室一层	m²	2500
2	011701001002	综合脚手架	混凝土结构，主楼檐高40.95m，10层，层高2.1m设备层一层，底层层高6.4m，建筑面积1200m²	m²	12600
3	011701001003	综合脚手架	混凝土结构，裙房檐高26.55m，6层，层高2.1m设备层一层，底层层高6.4m，建筑面积1000m²	m²	6500
4	011701006001	满堂脚手架	层高6.4m，天棚水平投影面积2070m²	m²	2070
5	011701006002	满堂脚手架	层高5.1m，天棚水平投影面积2070m²	m²	2070

3.5.2 垂直运输工程计量与计价

大型机械设备包括起重机、打桩机、混凝土搅拌站、挖土机、施工电梯等。塔式起重机，由于没有运行机构，因此塔机不能做任何移动。固定式塔式起重机可分为塔身高度不变式和自升式。自升式塔式起重机是指依靠自身的专门装置，增、减塔身标准节（即附着式塔式起重机）或自行整体爬升的塔式起重机（即内爬式塔式起重机）。

3.5.2.1 定额计量与计价

垂直运输工程包括综合建筑物、构筑物、（滑升钢模）构筑物垂直运输及相应设备，共3节54个子目。

1. 定额说明及套用

（1）定额适用于房屋工程、构筑工程的垂直运输，不适用于专业发包工程。

（2）定额包括单位工程在合理工期内完成全部工作所需的垂直运输机械台班。但不包括大型机械的场外运输、安装拆卸及路基铺垫、轨道铺拆和基础等费用，发生时另按相应定额计算。

（3）建筑物的垂直运输，定额按常规方案以不同机械综合考虑，除另有规定或特殊要求者外，均按定额执行。

（4）垂直运输定额按不同檐高划分，同一建筑物檐高不同时，应根据不同高度的垂直分界面分别计算建筑面积，套用相应定额；同一建筑物结构类型不同时，应分别计算建筑面积套用相应定额，同一檐高下的不同结构类型应根据水平分界面分别计算建筑面积，套用同一檐高的相应定额。

（5）檐高30m以下建筑物垂直运输机械不采用塔式起重机时，应扣除相应定额子目中的塔式起重机机械台班消耗量，卷扬机井架和电动卷扬机台班消耗量分别乘以系数1.50。

【例3-5-6】某房屋建筑檐高16.5m，施工垂直运输机械采用卷扬机，未使用塔式起重机。试计算垂直运输单价。

【解】根据檐高条件，套用定额19-4H。

换算后基价=3.88×1.5×157.6+3.88×1.5×12.31=988.88(元/100m²)。

（6）檐高3.6m以内的单层建筑，不计算垂直运输费用。

（7）建筑物层高超过3.6m时，按每增加1m相应定额计算，超高不足1m的，每增加1m相应定额按比例调整。钢结构厂（库）房、地下室层高定额已综合考虑。

【例3-5-7】某房屋建筑檐高16.5m，其中底层层高为4.5m。试计算底层超高垂直运输增加费单价。

【解】根据已知条件，底层层高4.5m已经超过3.6m，需计算超高垂直运输增加费，套用定额19-28H。

换算后基价=(4.5−3.6)÷1×2.47=2.22(元/100m²)。

（8）装配整体式混凝土结构垂直运输费套用相应混凝土结构相应定额乘以系数1.40。

（9）装配式木结构工程的垂直运输按混凝土结构相应定额乘以系数0.60计算。

2. 定额清单计量与计价

（1）地下室垂直运输以首层室内地坪以下全部地下室的建筑面积计算，半地下室并入上部建筑物计算。

（2）上部建筑物垂直运输以首层室内地坪以上全部面积计算，面积计算规则按本定额第十八章“垂直运输工程”综合垂直运输工程量的计算规则。

（3）非滑模施工的烟囱、水塔，根据高度按座计算；钢筋混凝土水（油）池及贮仓按基础底板以上实体积以“m³”计算。

（4）滑模施工的烟囱、筒仓，按筒座或基础底板上表面以上的筒身实体积以“m³”计算；水塔根据高度按“座”计算，定额已包括水箱及所有依附构件。

3.5.2.2 国标清单计量及计价

垂直运输工程清单列项及工程量计算：垂直运输工程量清单项目设置、项目特征描述的内容、计量单位及工程量计算规则应按照《计量规范》附录S.3及浙江省补充规定执行（见表3-5-6）：

垂直运输（编码：011703） 表3-5-6

项目编码	项目名称	项目特征	计量单位	工程量计算规则	工程内容
011703001	垂直运输	1. 建筑物建筑类型及结构形式 2. 地下室建筑面积 3. 建筑物檐口高度、层数	m²	按建筑面积计算	单位合理工期内（除塔式起重机、施工电梯基础外）完成全部工程所需的垂直运输全部操作过程

续表

项目编码	项目名称	项目特征	计量单位	工程量计算规则	工程内容
Z011703002	塔式起重机基础费用	1. 起重机规格、型号 2. 基础形式 3. 桩基础类型	座	按设计图示数量计算	1. 基础打桩 2. 基础浇捣 3. 预埋件制作、埋设 4. 轨道铺设 5. 基础拆除、运输
Z011703003	施工电梯基础费用	1. 施工电梯规格、型号 2. 基础类型			1. 基础浇捣 2. 预埋件制作、埋设 3. 基础拆除、运输

垂直运输工程措施项目清单编制应注意的问题：

（1）同一建筑物有不同檐高时，应按建筑物不同檐高做纵向分割，分别计算建筑面积，以不同檐高分别编码列项。

（2）建筑物有地下室时，应分别编码列项并在项目特征描述中注明地下室层数。

（3）建筑物层高超过 3.6m 的，应在项目特征描述中注明相应层高及建筑面积。

（4）施工采用泵送混凝土的，应在项目特征描述时注明。

【例 3-5-8】利用例 3-5-4 条件，试编制垂直运输措施项目国标清单并计算该清单综合单价及合价，塔式起重机按 2 座，施工电梯按 1 座考虑。

【解】 1）国标清单编制

根据题意，裙房檐高为 26.55m，按规定可计算的面积为 6500m²；主楼檐高为 40.95m，按规定可计算的面积 12600m²；地下室面积为 2500m²。编制技术措施项目工程量清单（国标清单）见表 3-5-7：

技术措施项目工程量清单（国标清单）　　表 3-5-7

序号	项目编码	项目名称	项目特征	计量单位	工程数量
1	011703001001	垂直运输	地下室一层	m²	2500
2	011703001002	垂直运输	混凝土结构，主楼檐高 40.95m，10 层，层高 2.1m 设备层一层，底层层高 6.4m，建筑面积 1200m²，二层层高 5.1m，建筑面积 1200m²	m²	12600
3	011703001003	垂直运输	混凝土结构，裙房檐高 26.55m，6 层，层高 2.1m 设备层一层，底层层高 6.4m，建筑面积 1000m²，二层层高 5.1m，建筑面积 1000m²	m²	6500
4	Z011703002001	塔式起重机基础费用	塔式起重机固定式基础，无桩基	座	2
5	Z011703003001	施工电梯基础费用	施工电梯固定式基础	座	1

2）国标清单计价

① 分析国标清单可组合子目。依据题意和清单特征，本题垂直运输组合的定额见表 3-5-8。

垂直运输措施项目清单实际组合的内容　　表 3-5-8

项目编码	项目名称	计量单位	实际组合的主要内容	对应的定额子目
011703001001	垂直运输	m^2	地下室垂直运输	19-1
011703001002	垂直运输	m^2	混凝土结构垂直运输 檐高 40.95m，层高 3.6m 内	19-6
			底层层高、二层层高超过 3.6m	19-29
011703001003	垂直运输	m^2	混凝土结构垂直运输 檐高 26.55m，层高 3.6m 内	19-5
			底层层高、二层层高超过 3.6m	19-29
Z011703002001	塔式起重机基础费用	座	塔式起重机基础	附录 1001
Z011703003001	施工电梯基础费用	座	施工电梯基础	附录 1002

② 计算组价工程量

A. 地下室垂直运输：$S=2500(m^2)$；

B. 主楼垂直运输：主楼 $S=1200\times10+1200\times1/2=12600(m^2)$；

底层，层高 6.4m，$S=1200(m^2)$；

二层，层高 5.1m，$S=1200(m^2)$。

③ 裙房垂直运输

裙房，$S=1000\times6+1000\times1/2=6500(m^2)$；

底层，层高 6.4m，$S=1000(m^2)$；

二层，层高 5.1m，$S=1000(m^2)$。

垂直运输
工程量清单与计价
（国标清单计价）

④ 塔式起重机基础费用：2 座。

⑤ 施工电梯基础费用：1 座。

3）编列技术措施项目清单综合单价计算表（国标清单）（表 3-5-9）。

技术措施项目清单综合单价计算表（国标清单）　　表 3-5-9

序号	编号	工程内容	计量单位	数量	综合单价（元）						合计（元）
					人工费	材料费	机械费	管理费	利润	小计	
1	011703001001	垂直运输	m^2	2500	0	0	39.74	6.58	3.22	49.54	123850
	19-1	一层地下室垂直运输	m^2	2500	0	0	39.74	6.58	3.22	49.54	123850
2	011703001002	垂直运输	m^2	12600	0	0	36.88	6.11	2.99	45.98	579304
	19-6	垂直运输，3.6m 以内	m^2	12600	0	0	35.31	5.85	2.86	44.02	554664
	19-29H	每增加 1m，层高 6.4m	m^2	1200	0	0	10.72	1.78	0.87	13.36	16038
	19-29H	每增加 1m，层高 5.1m	m^2	1200	0	0	5.75	0.95	0.47	7.17	8602

续表

序号	编号	工程内容	计量单位	数量	综合单价（元）						合计（元）
					人工费	材料费	机械费	管理费	利润	小计	
3	011703001003	垂直运输	m^2	6500	0	0	26.90	4.46	2.18	33.54	218017
	19-5	垂直运输，3.6m 以内	m^2	6500	0	0	24.37	4.04	1.97	30.38	197484
	19-29H	每增加 1m，层高 6.4m	m^2	1000	0	0	10.72	1.78	0.87	13.36	13365
	19-29H	每增加 1m，层高 5.1m	m^2	1000	0	0	5.75	0.95	0.47	7.17	7169
4	Z011703002001	塔式起重机基础费用	座	2	2095.20	22653.52	74.75	359.56	175.77	25358.80	50718
	附录 1001	固定式基础	座	2	2095.20	22653.52	74.75	359.56	175.77	25358.80	50718
5	Z011703003001	施工电梯基础费用	座	1	1620.00	4524.86	86.53	282.77	138.23	6652.39	6652
	附录 1002	施工电梯固定式基础	座	1	1620.00	4524.86	86.53	282.77	138.23	6652.39	6652

3.5.3 建筑物超高施工增加费

建筑物的高度超过一定范围，施工过程中人工、机械的效率会有所降低，即人工、机械的消耗量会增加，且随着工程施工高度不断增加，还需要增加加压水泵才能保证工作面上正常的施工供水，而高层施工工作面上的材料供应、清理以及上下联系、辅助工作等都会受到一定影响。以上所有这些因素都会引起建筑物由于超高而增加费用。

3.5.3.1 定额计量与计价

建筑物超高施工增加费工程定额清单项目按《浙江省预算定额（2018 版）》列项，包括建筑物超高人工降效增加费、建筑物超高机械降效增加费、建筑物超高加压水泵台班及其他费用、建筑物层高超过 3.6m 增加压水泵台班，共 4 节 34 个子目。

1. 定额说明及套用

建筑物超高施工增加费工程包括综合建筑物超高人工降效增加费、建筑物超高机械降效增加费、建筑物超高加压水泵台班及其他费用、建筑物层高超过 3.6 m 增加压水泵台班共四部分。

(1) 本章定额适用于檐高 20m 以上的建筑物工程，超高施工增加费包括建筑物超高人工降效增加费、建筑物超高机械降效增加费、建筑物超高加压水泵台班及其他费用。

(2) 同一建筑物檐高不同时，应分别计算套用相应定额。

(3) 建筑物超高人工及机械降效增加费包括的内容指建筑物首层室内地坪以上的全部工程项目，不包括大型机械的基础、运输、安拆费、垂直运输、各类构件单独水平运输、各项脚手架、现场预制混凝土构件和钢构件的制作项目。

(4) 建筑物超高加压水泵台班及其他费用按钢筋混凝土结构编制，装配整体式混凝土结构、钢-混凝土混合结构工程仍执行本章相应定额；遇层高超过 3.6m 时，按每增加 1m 相应定额计算，超高不足 1m 的，每增加 1m 相应定额按比例调整。如为钢结构工程时相应定额乘以系数 0.80。

2. 定额清单计量与计价

（1）建筑物超高人工降效增加费的计算基数为规定内容中的全部人工费。

（2）建筑物超高机械降效增加费的计算基数为规定内容中的全部机械台班费。

（3）同一建筑物有高低层时，应按首层室内地坪以上不同檐高建筑面积的比例分别计算超高人工降效费和超高机械降效费。

（4）建筑物超高加压水泵台班及其他费用，工程量同首层室内地坪以上综合脚手架工程量。

3.5.3.2　国标清单计量及计价

建筑物超高施工增加费清单项目设置及工程量计算规则，应按《工程量计算规范》附录 S.4 及浙江省补充规定执行（见表 3-5-10）。

超高施工增加（编码：011704）　　表 3-5-10

项目编码	项目名称	项目特征	计量单位	工程量计算规则	工程内容
011704001	超高施工增加	1. 建筑物建筑类型及结构形式 2. 建筑物檐口高度、层数 3. 单层建筑物檐口高度超过 20m，多层建筑物超过 6 层部分的建筑面积	m^2	按首层室内地坪以上规定面积计算	1. 建筑物超高引起的人工工效降低以及由于人工工效降低引起的机械降效 2. 高层施工用水加压水泵的安装、拆除及工作台班 3. 通信联络设备的使用及摊销

超高施工增加措施项目清单编制应注意问题：

（1）同一建筑物有不同檐高时，应按不同高度的建筑面积分别计算建筑面积，按不同檐高分别编码列项。

（2）檐高超过 20m 的建筑物编列超高施工增加措施项目时，当有层高超过 3.6m 的，应在项目特征描述中注明层高及建筑面积。

【例 3-5-9】 利用例 3-5-4 条件，试编制施工超高增加费项目国标清单并计算该清单综合单价及合价（假设地面以上人工费为 1260 万元，机械费为 450 万元）。

【解】 1）国标清单编制

根据题意，裙房檐高为 26.55m，按规定可计算的面积为 6500m^2；主楼檐高为 40.95m，按规定可计算的面积 12600m^2；地下室面积为 2500m^2。编制技术措施项目工程量清单（国标清单）见表 3-5-11：

技术措施项目工程量清单（国标清单）　　表 3-5-11

序号	项目编码	项目名称	项目特征	计量单位	工程数量
1	011704001001	超高施工增加	混凝凝土结构，主楼檐高 40.95m，10 层，层高 2.1m 设备层一层，底层层高 6.4m，建筑面积 1200m^2，二层层高 5.1m，建筑面积 1200m^2	m^2	12600
2	011704001002	超高施工增加	混凝凝土结构，裙房檐高 26.55m，6 层，层高 2.1m 设备层一层，底层层高 6.4m，建筑面积 1000m^2，二层层高 5.1m，建筑面积 1000m^2	m^2	6500

2）国标清单计价

① 分析国标清单可组合子目。依据题意和清单特征，本题建筑物超高施工增加费组合的定额见表 3-5-12。

建筑物超高施工增加费措施项目清单实际组合的内容　　表 3-5-12

项目编码	项目名称	计量单位	实际组合的主要内容	对应的定额子目
011704001001	建筑物超高施工增加费（主楼）	m^2	建筑物超高人工降效增加费	20-2
			建筑物超高机械降效增加费	20-12
			建筑物超高加压水泵台班及其他费用	20-22
			建筑物层高超过 3.6m 增加水泵台班	20-31
011704001002	建筑物超高施工增加费（裙楼）	m^2	建筑物超高人工降效增加费	20-1
			建筑物超高机械降效增加费	20-11
			建筑物超高加压水泵台班及其他费用	20-21
			建筑物层高超过 3.6m 增加水泵台班	20-31

② 计算组价工程量

主楼与裙房檐高不同，分别计算，主楼建筑面积比例是 12600÷（12600＋6500）≈0.66，裙房为 1－0.66＝0.34，则主楼地面以上部分人工费为 1260×0.66＝831.6 万元，机械费为 450×0.66＝297 万元，裙房人工费为 1260－831.6＝428.4 万元，机械费为 450－297＝153 万元。

建筑物超高施工增加费国标工程量清单与计价（国标清单计价）

A. 主楼建筑物超高施工增加费：

加压水泵台班：$S = 1200 \times 10 + 1200 \times 1/2 = 12600(m^2)$；

层高超过 3.6m：$S = 1200 \times 2 = 2400(m^2)$。

B. 裙房建筑物超高施工增加费：

裙房：$S = 1000 \times 6 + 1000 \times 1/2 = 6500(m^2)$；

层高超过 3.6m：$S = 1000 \times 2 = 2000(m^2)$。

③ 编列技术措施项目清单综合单价计算表（国标清单），见表 3-5-13。

技术措施项目清单综合单价计算表（国标清单）　　表 3-5-13

序号	编号	工程内容	计量单位	数量	综合单价（元）						合计（元）
					人工费	材料费	机械费	管理费	利润	小计	
1	011704001001	超高施工增加	m^2	12600	39.91	0	16.97	9.43	4.61	70.92	893570
	20-2	建筑物超高人工降效费	元	831.6	570.00	0	0	94.45	46.17	710.62	590951
	20-12	建筑物超高机械降效增加费	元	297	0	0	570.00	94.45	46.17	710.62	211054
	20-22	建筑超高加压水泵台班及其他费用	m^2	12600	2.29	0	3.50	0.96	0.47	7.22	90952
	20-31H	建筑物层高超过 3.6m 增加压水泵台班（6.4m）	m^2	1200	0	0	0.25	0.04	0.02	0.31	374

续表

序号	编号	工程内容	计量单位	数量	综合单价（元）						合计（元）
					人工费	材料费	机械费	管理费	利润	小计	
	20-31H	建筑物层高超过3.6m增加压水泵台班（5.1m）	m^2	1200	0	0	0.16	0.03	0.01	0.20	239
2	011704001001	超高施工增加	m^2	6500	14.18	0	5.69	3.29	1.61	24.77	161036
	20-1	建筑物超高人工降效费	元	428.4	200.00	0	0	33.14	16.20	249.34	106817
	20-11	建筑物超高机械降效增加费	元	153	0	0	200.00	33.14	16.20	249.34	38149
	20-21	建筑超高加压水泵台班及其他费用	m^2	6500	1.00	0	0.92	0.32	0.16	2.39	15559
	20-31H	建筑物层高超过3.6m增加压水泵台班（6.4m）	m^2	1000	0	0	0.25	0.04	0.02	0.31	312
	20-31H	建筑物层高超过3.6m增加压水泵台班（5.1m）	m^2	1000	0	0	0.16	0.03	0.01	0.20	199

学习情境4　单位工程结算编制与工程竣工决算

掌握竣工结算编制依据、组成内容、编制方法；掌握工程变更、物价波动、工程索赔引起的合同价款的调整方法；掌握预付款、进度款、过程结算、竣工结算、质量保证金、纠纷处理的处理方法；了解竣工决算内容。

会计算竣工结算阶段建筑工程施工费用；能调整工程变更、物价波动、工程索赔引起的合同价款；会计算预付款、进度款、施工过程结算、竣工结算价款。

具备快速适应全过程造价咨询各个岗位的工作能力；具备吃苦耐劳、坚守岗位、精益求精、敬业创新的现代鲁班工匠精神；具备造价从业人员严谨细致、一丝不苟的职业素质以及良好的组织协调和抗压能力。

进度款、施工过程结算、竣工结算对量、对价过程中，引导学生在学习生活中，要经常对标对表找差距，才能学思践悟促发展，匠心成就未来。

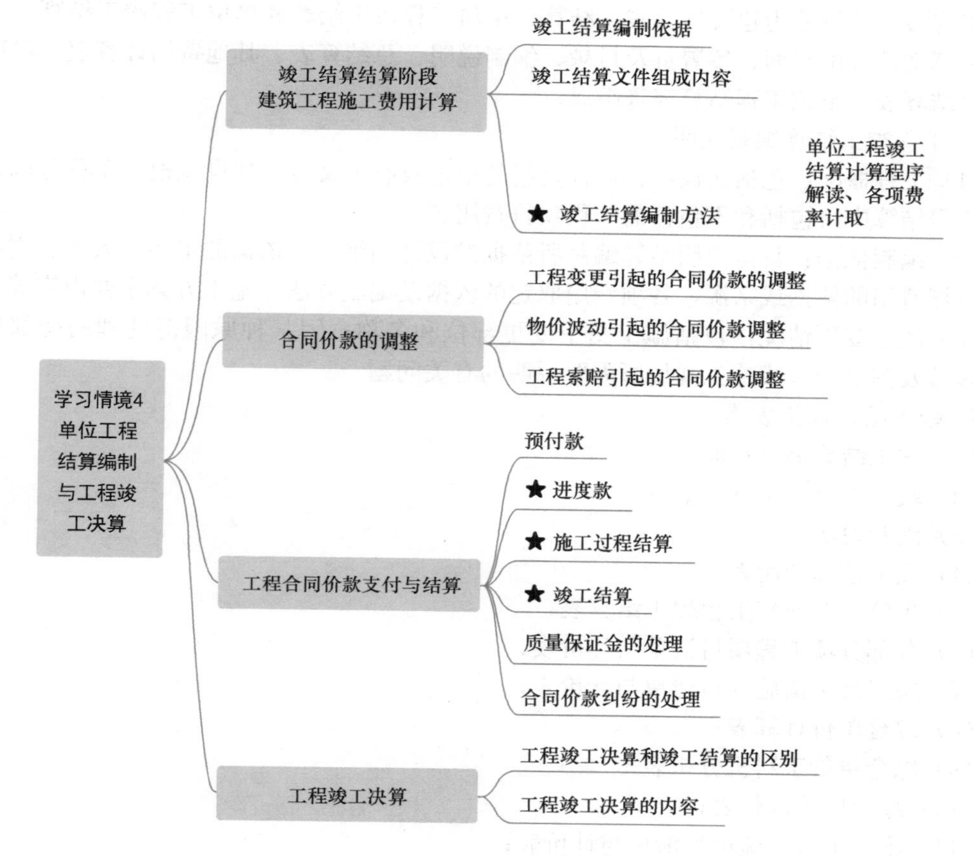

任务 4.1　竣工结算阶段建筑工程施工费用计算

4.1.1　工程竣工结算基本概念

工程竣工结算是指施工企业按照合同规定的内容全部完成所承包的工程，经验收质量合格，并符合合同要求之后，向发包单位进行的最终工程款结算。工程竣工结算的目的是施工企业向建设单位索取工程款，以实现“商品销售”。工程竣工结算是反映工程进度的重要指标，是加速资金周转的重要环节，同时也是考核经济效益的重要指标。

4.1.2　工程竣工结算编制依据

工程竣工结算应以下列有关文件、资料为依据进行编制：

（1）计价规范、计价依据；

（2）双方签订的施工合同；

（3）发承包双方实施过程中已确认的工程量及其结算的合同价款；

（4）发承包双方实施过程中已确认调整后追加（减）的合同价款；

（5）建设工程设计文件及相关资料；

（6）投标文件；

(7) 其他相关依据。

4.1.3　工程竣工结算文件组成内容

工程竣工结算分为建设项目竣工结算、单项工程竣工结算和单位工程竣工结算。工程竣工结算文件应由封面、签署页及目录、编制说明、总结算表、其他费用计算表、单项工程综合结算表、单位工程结算表等组成。

1. 工程竣工结算编制说明

(1) 工程概况：包括建设项目设计资料的依据及有关文号、建设规模、工程范围，并明确工程结算中所包括和不包括的工程项目费用。

(2) 编制依据：具体说明结算编制所依据的设计图纸及所依据的定额、人工、主要材料和机械费用的依据或来源，各项费用取定的依据及编制方法，施工方案主要内容等。

(3) 图纸变更情况：包括施工图中变更部位和名称；因某种原因待处理的构部件名称；因涉及图纸会审或施工现场所需要说明的有关问题。

2. 竣工结算计价表格

(1) 竣工结算书（封面）；

(2) 竣工结算总价书（扉页）；

(3) 编制说明；

(4) 竣工结算费用表；

(5) 单位（专业）工程竣工结算表；

(6) 分部分项工程项目清单与计价表；

(7) 施工技术措施项目清单与计价表；

(8) 综合单价计算表；

(9) 综合单价工料机分析表；

(10) 综合单价调整表；

(11) 施工组织措施项目清单与计价表；

(12) 其他项目清单及计价汇总表；

(13) 其他项目清单各明细表等。

具体表格格式详见《浙江省建设工程计价规则（2018 版）》10.2，10.3 相关内容。

竣工结算阶段建筑工程施工费用计算

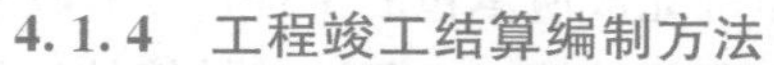

4.1.4　工程竣工结算编制方法

1. 单位工程竣工结算计算程序

竣工结算阶段建筑工程费用计算程序见表 4-1-1。

竣工结算阶段建筑工程费用计算程序表　　表 4-1-1

序号	费用项目		计算方法(公式)
一	分部分项工程费		Σ(分部分项工程数量×综合单价＋工料机价差)
	其中	1. 人工费＋机械费	Σ分部分项工程(人工费＋机械费)
		2. 工料机价差	Σ分部分项工程(人工费价差＋材料费价差＋机械费价差)
二	措施项目费		(一)＋(二)
	(一) 施工技术措施项目费		Σ(技术措施项目工程数量×综合单价＋工料机价差)
	其中	3. 人工费＋机械费	Σ技术措施项目(人工费＋机械费)
		4. 工料机价差	Σ技术措施项目(人工费价差＋材料费价差＋机械费价差)

续表

序号	费用项目		计算方法(公式)
	(二) 施工组织措施项目费		按实际发生项之和进行计算
	其中	5. 安全文明施工基本费	(1+3)×费率
		6. 标化工地增加费	
		7. 提前竣工增加费	
		8. 二次搬运费	
		9. 冬雨季施工增加费	
		10. 行车、行人干扰增加费	
		11. 其他施工组织措施费	按相关规定进行计算
三	其他项目费		(三)+(四)+(五)+(六)+(七)
	(三) 专业发包工程结算价		按各专业发包工程的除税金外全费用结算金额之和进行计算
	(四) 计日工		Σ计日工(确认数量×综合单价)
	(五) 施工总承包服务费		12+13
	其中	12. 专业发包工程管理费	Σ专业发包工程(结算金额×费率)
		13. 甲供材料设备保管费	加工材料确认金额×费率+甲供设备确认金额×费率
	(六) 索赔与现场签证费		14+15
	其中	14. 索赔费用	按各索赔事件的除税金外全费用金额之和进行计算
		15. 签证费用	按各签证事项的除税金外全费用金额之和进行计算
	(七) 优质工程增加费		除优质工程增加费外税前工程造价×费率
四	规费		(1+3)×费率
五	税前工程造价		一+二+三+四
六	税金(增值税销项税)		五×税率
七	建筑安装工程造价		五+六

2. 各项费用计算

竣工结算阶段建筑安装工程施工费用（即工程造价）由税前工程造价和税金（增值税销项税或征收率，下同）组成，计价内容包括分部分项工程费、措施项目费、其他项目费、规费和税金。

(1) 分部分项工程费

1) 工程数量

① 采用“国标清单计价”的工程，分部分项工程数量应根据“计量规范”中清单项目（含浙江省补充清单项目）规定的工程量计算规则和本省有关规定进行计算。

② 采用“定额清单计价”的工程，分部分项工程数量应根据预算“专业定额”中定额项目规定的工程量计算规则进行计算。

③ 工程数量应以承包人完成合同工程应予计量的工程量进行调整。

2) 综合单价

① 工料机费用。所含人工费、材料费、机械费除“暂估单价”直接以相应“确认单价”替换计算外，应根据已标价清单综合单价中的人工、材料、施工机械（仪器仪表）台

班消耗量，按照合同约定计算因价格波动所引起的价差。计补价差时，应以分部分项工程所列项目的全部差价汇总计算，或直接计入相应综合单价。

② 企业管理费、利润。以国标（定额）清单项目中依据已标价清单综合单价确定的“人工费＋机械费”乘以企业管理费、利润费率分别进行计算。企业管理费、利润费率按投标报价时的相应费率保持不变。

③ 风险费用。综合单价应包括风险费用，以“暂估单价”计入综合单价的材料不考虑风险费用。

（2）措施项目费

1）施工技术措施项目费。计算原则参照分部分项工程费相关内容处理。

2）施工组织措施项目费

以已标价综合单价确定的“人工费＋机械费”乘以相应费率，除法律、法规等政策性调整外，费率均按投标报价时的相应费率保持不变。

标化工地增加费应以施工组织措施项目费计算。其中，合同约定有创安全文明施工标准化工地要求而实际未创建的，不计算标化工地增加费；实际创建等级与合同约定不符或合同无约定而实际创建的，按实际创建等级相应费率标准的75％～100％计算标化工地增加费（实际创建等级高于合同约定等级的，不应低于合同约定等级原有费率标准），并签订补充协议。提前竣工增加费，实际工期比合同工期提前的，应根据合同约定另行计算。

（3）其他项目费

其他项目费的构成内容按照施工总承包工程计价要求设置，专业发包工程及未实行施工总承包的工程应根据实际情况做相应调整。具体按专业工程结算价、计日工、施工总承包服务费、索赔与现场签证费和优质工程增加费中实际发生项的合价之和进行计算。

1）专业工程结算价仅按专业发包工程结算价列项计算，凡经过二次招标属于施工总承包人自行承包的专业工程结算时，将其直接列入总包工程的分部分项工程费、措施项目费及相关费用中。

2）计日工、甲供材料设备保管费、索赔与现场签证费及优质工程增加费仅限于施工总承包人自行发生部分内容的计算。专业发包工程分包人所发生的计日工、甲供材料设备保管费、索赔与现场签证费及优质工程增加费，应分别计入专业发包工程相应结算金额内。

3）招投标阶段暂列金额在结算时的处理

① 标化工地暂列金额，列入施工组织措施项目费计算。

② 优质工程暂列金额，在其他项目费中列项。

③ 其他暂列金额，结算时该项取消，根据工程实际发生项目增加相应费用。

④ 暂估价中专业工程暂估价以专业工程结算价取代，专项措施暂估价以专项措施结算价格取代，并计入施工技术措施项目费及相关费用。

4）编制竣工结算时，计税方法应与招标控制价、投标报价保持一致。遇税前工程造价包含甲供材料及甲供设备金额的，应在计税基数中予以扣除。

（4）规费

规费应以分部分项工程费与施工技术措施项目费中依据已标价清单综合单价确定的“人工费＋机械费”乘以规费相应费率进行计算。

（5）税金

税金税率根据计价工程按规定选择“增值税销项税税率”或“增值税征收率”取定。税金不得作为竞争性费用。《关于增值税调整后我省建设工程计价依据增值税税率及有关计价调整的通知》（浙建建发〔2019〕92号）规定：计算增值税销项税额时，增值税税率由10％调整为9％。

【例4-1-1】某县级市区综合大楼，以总承包形式发包，无业主分包，项目业主在组织公开招标后，双方签订了单价合同（其中价格波动在结算时不调价差），施工方入场后积极组织生产，项目最终按时竣工，竣工验收质量评定为“设区市级”优质工程（补充协议：优质工程增加费按相应费率120％结算），创建标化工地（合同内写明创标化工地奖励10万元），结算分部分项工程量清单项目费为1200万元，其中按合同单价计算：人工费（不含机上人工）320万元，机械费200万元；技术措施费项目清单费80万元，其中按合同单价计算：人工费16万元（不含机上人工）、定额机械费14万元（不含大型机械单独计算费用）；施工组织措施费根据工程量清单分别列项计算（已知投标费率：安全文明施工基本费率8.57％，提前竣工增加费率1％，二次搬运费率0.4％，冬雨季施工增加费未考虑）规费25.78％。上报索赔费用2万，签证费用120万（不含税部分）；本工程无甲供材料或设备；计日工无；税收按一般计税。根据上述条件，采用综合单价法，计算结算建筑工程计价（费用表金额小数点保留到“元”，费率计算小数点保留2位）。

【解】本项目为竣工结算阶段建筑安装工程费用的计算，按竣工结算阶段建筑安装工程费用计算程序表计算，具体见表4-1-2。

单位工程竣工结算费用计算表　　表4-1-2

序号	费用名称		计算公式	费率	金额(万元)
一	分部分项工程费				1200
	其中	1. 人工费＋机械费	320＋200		520
		2. 工料机价差			0
二	措施项目费		(一)＋(二)		144.8350
	(一) 施工技术措施项目费				80
	其中	3. 人工费＋机械费	16＋14		30
		4. 工料机价差			0
	(二) 施工组织措施项目费		5＋6＋7＋8＋9		64.8350
	其中	5. 安全文明施工基本费	(520＋30)×8.57％	8.57％	47.1350
		6. 标准化工地增加费			10
		7. 提前竣工增加费	(520＋30)×1％	1％	5.5000
		8. 二次搬运费	(520＋30)×0.4％	0.4％	2.2000
		9. 冬雨季施工增加费			0
三	其他项目费		(三)＋(四)＋(五)＋(六)＋(七)		160.6070
	(三) 专业发包工程结算价				0
	(四) 计日工				0
	(五) 施工总承包服务费				0

续表

序号	费用名称		计算公式	费率	金额(万元)
	其中	10. 专业发包工程管理费			0
		11. 甲供材料设备保管费			0
	（六）索赔与现场签证费				122
	其中	12. 索赔费用			2
		13. 签证费用			120
	（七）优质工程增加费		(1200+144.8350+122+141.7900)×2%×120%		38.6070
四	规费		(1+3)×25.78%	25.78%	141.7900
五	税前工程造价		一+二+三+四		1647.2320
六	税金(增值税销项税)		五×9%		148.2509
七	建筑安装工程造价		五+六		1795.4829

任务 4.2　合同价款的调整

发承包双方应当在施工合同中约定合同价款，实行招标工程的合同价款由合同双方依据中标通知书的中标价款在合同协议书中约定，不实行招标工程的合同价款由合同双方依据双方确定的施工图预算的总造价在合同协议书中约定。在工程施工阶段，由于项目实际情况的变化，发承包双方在施工合同中约定的合同价款可能会出现变动。为合理分配双方的合同价款变动风险，有效地控制工程造价，发承包双方应当在施工合同中明确约定合同价款的调整事件、调整方法及调整程序。

发承包双方按照合同约定调整合同价款的若干事项，可以分为五类：①法规变化类，主要包括法律法规变化事件；②工程变更类，主要包括工程变更、项目特征不符、工程量清单缺项、工程量偏差、计日工等事件；③物价变化类，主要包括物价波动、暂估价事件；④工程索赔类，主要包括不可抗力、提前竣工（赶工补偿）、误期赔偿、索赔等事件；⑤其他类，主要包括现场签证以及发承包双方约定的其他调整事项，现场签证根据签证内容，有的可归于工程变更类，有的可归于索赔类，有的可能不涉及合同价款调整。

经发承包双方确认调整的合同价款，作为追加（减）合同价款，应与工程进度款或结算款同期支付。

4.2.1　工程变更引起的合同价款的调整

1. 工程变更

工程变更是合同实施过程中由发包人提出或由承包人提出，经发包人批准的对合同工程的工作内容、工程数量、质量要求、施工顺序与时间、施工条件、施工工艺或其他特征及合同条件等的改变。工程变更指令发出后，应当迅速落实指令，全面修改相关文件。承包人也应当抓紧落实，如果承包人不能全面落实变更指令，则扩大的损失应当由承包人承担。

2. 工程变更的原因

（1）业主新的变更指令，对建筑的新要求，如业主有新的意图、修改项目计划、削减项目预算等。

（2）由于设计人员、监理方人员、承包商事先没有很好地理解业主意图，或设计单位的错误，导致图纸修改。

（3）工程环境的变化，预定的工程条件不准确，要求实施方案或实施计划变更。

（4）由于产生新技术和知识，有必要改变原设计、原实施方案或实施计划，或由于业主指令及其业主责任的原因造成承包商施工方案的改变。

（5）政府部门对工厂新的要求，如国家计划变化，环境保护，要求城市规划变动等。

（6）由于合同实施出现问题，必须调整合同标的或修改合同条款。

3. 工程变更的范围

在不同的合同文本中规定的工程变更的范围可能会有所不同，以《建设工程施工合同（示范文本）》GF—2017—0201 和《中华人民共和国标准施工招标文件（2007 版）》为例，两者规定的工程变更范围的差异见表 4-2-1。

工程变更范围　　表 4-2-1

建设工程施工合同（示范文本）	标准施工招标文件
① 增加或减少合同中任何工作或追加而定的工作。 ② 取消合同中任何工作，但转由他人实施的工作除外。 ③ 改变合同中任何工作的质量标准或其他特性。 ④ 改变工程的基线、标高、位置和尺寸。 ⑤ 改变工程的时间安排或实施顺序	① 取消合同中的任何一项工作，但被取消的工作不能转由建设单位或其他单位实施。 ② 改变合同中任何一项工作的质量或其他特性。 ③ 改变合同工程的基线、标高、位置和尺寸。 ④ 改变合同中任何一项工作的施工时间或改变已批准的施工工艺或顺序。 ⑤ 为完成工程需要追加的额外工作

4. 工程变更的确认

由于工程变更会带来工程造价和工期的变化，为了有效地控制造价，无论任何一方提出工程变更，均需由工程师确认并签发工程变更指令。当工程变更发生时要求工程师及时处理并确认变更的合理性。

5. 工程变更的价款计算方法

（1）工程量清单项目和工程量调整

工程量清单、工程施工图纸是由发包人提供的，其准确性、完整性应由发包人负责，及由工程变更等导致的工程量清单项目、工程量变化，应予按实调整：①发包人提供的分部分项工程量清单项目漏项、项目多列或重复列项；②设计变更引起新增清单项目或取消清单项目；③施工图纸、工程变更后与原招标工程量清单的特征描述不符；④发包人提供的工程量清单项目工程量有偏差；⑤设计变更引起的工程量清单项目工程量的增减等。清单项目或工程量调整应根据合同约定、施工图纸、工程变更联系单等内容，按《清单计价规范》《浙江省计价依据》等要求进行列项、计量。

（2）综合单价调整

综合单价需调整时应由承包人向发包人提出，经发包人确认后执行。因上述工程量清单项目和工程量变化，按以下规定调整综合单价：

1）已标价工程量清单中有适用综合单价的，按原综合单价；合价金额占合同总价2%及以上的分部分项清单项目，其工程量增减超过本项工程量15%及以上，或合价金额占合同总价不到2%的分部分项清单项目，但其工程量增减超过本项目工程数量25%及以上时，增减工程量单价按第（3）条处理。

2）已标价工程量清单中没有适用的综合单价，但有类似的工程项目综合单价，可参照类似工程项目综合单价计算确定。

① 某种材料（或半成品及成品）等级、标准变化的，清单组合子目不变，仅调整不同的材料市场价格之差；

② 清单项目组合内容中某一个（或多个）定额子目发生变化，不影响其他特征及工程内容价格的，仅调整发生变化的定额子目价格；

③ 如该类似工程项目综合单价异常，则不宜参照，按第（3）条重新计算综合单价。

3）已标价工程量清单中没有适用的综合单价，可按以下原则处理：

① 依据合同约定编制依据、组价原则和承包人投标报价浮动率，提出适当的单价，经发包人确认后执行。

承包人报价浮动率可按下列公式计算：

实行招标的工程：承包人报价浮动率 $L=\left(1-\dfrac{\text{中标价}}{\text{招标控制价}}\right)\times 100\%$ (4-2-1)

不实行招标的工程：承包人报价浮动率 $L=\left(1-\dfrac{\text{报价}}{\text{预算价}}\right)\times 100\%$ (4-2-2)

注意：公示中的中标价、招标控制价均扣除暂列金额、暂估价。

② 承包人依据合同约定的组价原则，合理成本和利润提出适当的单价经发包人确认后执行。

③ 如当前施行的计价依据缺项内容，承包人应通过市场调查等手段提出单价，经发包人确定后执行。

（3）投标综合单价异常的处理

1）投标综合单价遇下列情况，应对其异常性进行判定：

① 投标综合单价与按合同约定的计价依据计算的综合单价偏差±30%以上；

② 虽然综合单价正常，但组成综合单价的人材机消耗量或单价与按合同约定计价依据计算的人材机消耗量或单价相比偏差±30%以上；

③ 其他异常情况。

2）综合单价异常且工程量增减超过本项工程量15%以上的，按以下原则处理：

① 工程量增加超过本项工程量15%以内的，按原综合单价计算，增加超过15%以外部分工程量，按综合单价调整中的第（3）条重新确定综合单价，计算合价；

② 工程量减少超过本项工程量15%以内的，按原综合单价在该项目合价中扣除，减少超过15%以外部分工程量，按综合单价调整中的第（3）条重新确定综合单价，计算合价后，在该项目合价中扣除。

至于具体的调整方法，可参见公式（4-2-3）和公式（4-2-4）。

A. 当 $Q_1>1.15Q_0$ 时：

$$S=1.15Q_0\times P_0+(Q_1-1.15Q_0)\times P_1 \tag{4-2-3}$$

B. 当 $Q_1<0.85Q_0$ 时：

$$S=Q_0\times P_0-0.15Q_0\times P_0-(0.85Q_0-Q_1)\times P_1 \tag{4-2-4}$$

式中　S——调整后的某一分部分项工程费结算价；

Q_1——最终完成的工程量；

Q_0——招标工程量清单中列出的工程量；

P_1——按照最终完成工程量重新调整后的综合单价；

P_0——承包人在工程量清单中填报的综合单价。

【例4-2-1】 某新建住宅楼工程，建筑面积43200m²，砖混结构。建设单位自行编制了招标工程量清单等招标文件，招标控制价为25000万元；工期自2016年7月1日起至2017年9月30日止，工期为15个月。某施工总承包单位最终以23500万元中标，双方签订了工程施工总承包合同A，并上报建设行政主管部门。

内装修施工时，项目经理部发现建设单位提供的工程量清单中未包括一层公共类区域楼地面面层子目、铺贴面积为1200m²，因招标工程量清单中没有类似子目，于是项目经理部按照市场价格体系重新组价，综合单价为1200元/m²，经现场专业监理工程师审批后上报建设单位。

问题：依据报价浮动率原则计算一层公共区域楼地面面层的综合单价（单价：元/m²）及总价（单位：万元，计算结果保留小数点后两位）分别是多少？

【解】 报价浮动率L=(1－中标价/招标控制价)×100%＝(1－23500/25000)×100%＝6%

故一层公共区域楼地面面层的综合单价为1200×(1－L)＝1200×(1－6%)＝1128(元/m²)

总价为1200×1128＝135.36万元。

具体综合单价调整可用图4-2-1表示：

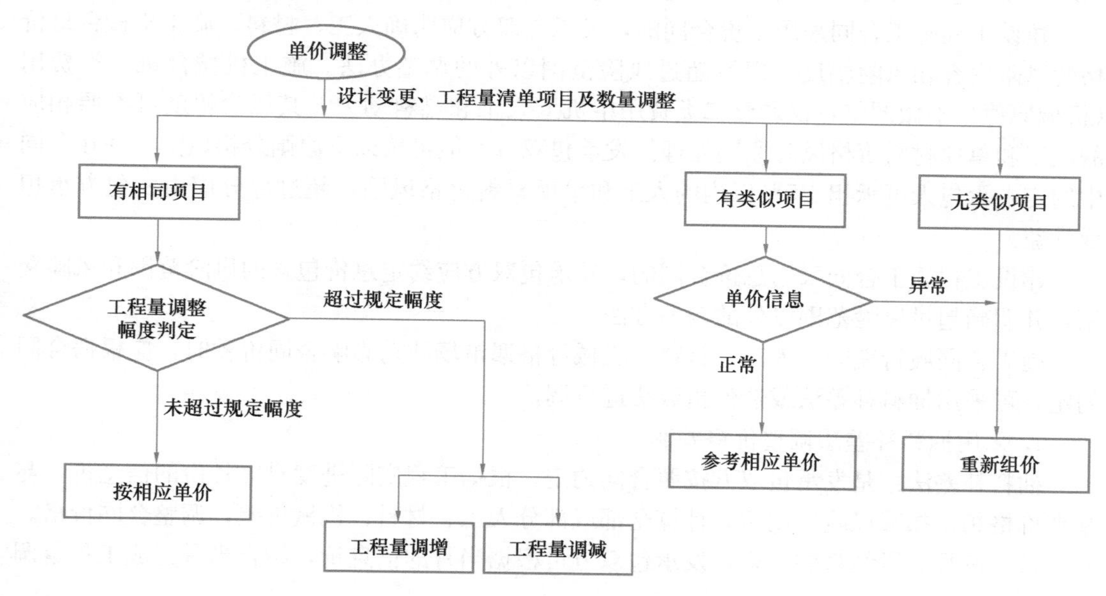

图4-2-1　《浙江省计价规则（2018版）》价格调整流程图

（4）措施项目调整

工程变更引起措施项目发生变化的，承包人提出调整措施项目费的，应事先将拟实施的方案提交发包人确认，并详细说明与原方案措施项目相比的变化情况。拟实施的方案经发承包双方确认后执行。因工程量清单项目及工程数量变化，造成施工组织设计或施工方案变更，引起措施项目内容、工程数量发生变化，应调整措施项目内容及措施费。

1）采用综合单价计价的措施项目，按前面综合单价调整规定计价；

2）采用以“项”计价的技术措施项目，工程量清单项目及工程数量变化引起措施变动部分应重新组价；

3）施工组织措施项目按合同约定的费率内容调整相关措施费用；

4）价格波动引起合同价款的调整按照后续物价波动引起的合同价款调整有关规定执行。

如果承包人未事先将拟实施的方案提交给发包人确认，则视为工程变更不引起措施项目费的调整或承包人放弃调整措施项目费的权利。

（5）其他项目费调整

1）施工总承包服务费应根据合同约定费率（或金额）计算，如发生调整的，以发承包双方确定调整金额计算；

2）计日工应按发包人实际签证确认的事项所发生的数量计算；

3）暂列金额在减去工程价款调整与索赔、现场签证等金额后，如有余额，归还发包人。

4.2.2 物价波动引起的合同价款调整

4.2.2.1 物价波动

施工合同履行期间，因人工、材料、工程设备和施工机具台班等价格波动影响合同价款时，发承包双方可以根据合同约定的调整方法，对合同价款进行调整。

建设工程施工合同采用单价合同的，发承包双方应明确人工、材料、施工机械台班价格的风险内容和风险幅度，以及超过风险范围以外的调整办法。施工机械台班一类费用（机械原值）不做调整，仅调整二类费用中机上人工和燃料动力，其风险幅度可参照相应的人工和单项材料价格风险原则处理。发承包双方一般可按以下原则分担风险，并在合同中约定：承包人可承担±5%以内的人工和单项材料价格风险，超过部分应由发包方承担或受益。

建设工程施工合同采用总价合同的，发承包双方应约定总价包含的风险范围和风险费用，并明确超过风险范围以外的调整方法。

施工合同履行期间，人工、材料、机械价格遇市场波动影响合同价款时，应根据合同约定，可采用抽料补差法或造价指数法进行调价。

1. 采用抽料补差法调整价格差额

抽料补差法：是发承包双方按照合同约定，根据工程实际进度对应月份的信息价，与基准价格相比扣减风险费用后，计算全部或部分人工、材料、机械价差，调整合同价格。

（1）按月分段结算的工程，发承包双方可根据当月的信息价，结合当月完成工程量调整价差。

（2）按形象部位分段结算的工程，可按照合同约定的工程形象进度划分不同阶段，根据相应月份的市场信息价算术平均值，分段计量，调整价差。

（3）按整体工程一次性结算的工程，可按照工程实际进度对应月份的市场信息价加权平均（可按当月完成工程的人材机消耗量为权数）或算术平均调整价差。

【例 4-2-2】某房屋建筑工程项目，合同施工工期 1 年，合同中约定：承包人可承担

±5%以内的人工和单项材料价格风险，超过部分应由发包方承担或受益。施工期间 2020 年 1—12 月份钢材信息价如表 4-2-2 所示，采用的是整体工程一次性结算方式进行结算。该工程钢材消耗量为 2000t，基期价格为 3300 元/t。试根据以上条件计算竣工时钢材调差费。

2020 年 1—12 月信息价（单位：元/t）　　表 4-2-2

1 月	2 月	3 月	4 月	5 月	6 月	7 月	8 月	9 月	10 月	11 月	12 月
3350	3450	3500	3530	3500	3680	3800	3890	3850	3930	4200	4100

【解】 钢材调差费=[(3350+3450+3500+3530+3500+3680+3800+3890+3850+3930+4200+4100)/12−3300×1.05]×2000=533333(元)

2. 采用造价指数调整价格差额

工程造价指数是反映一定时期由于价格变化对工程造价影响程度的一种指标，它反映了报告期与基期相比的价格变动趋势。按照工程范围、类别、用途，工程造价指数分为价格指数和造价指数。

价格指数是分别反映各类工程的人工、材料、施工机械报告期对基期价格的变化程度的指标，如人工价格指数、材料价格指数、施工机械台班价格指数等。

造价指数是综合反映各类单位工程或单项工程的人工费、材料费、施工机械使用费等报告期价格对基期价格变化而影响工程造价程度的指标，它是研究造价总水平变化趋势和程度的主要依据，如建筑安装工程综合造价指数、单位工程或单项工程造价指数等。

造价指数法是发承包双方按合同约定的价格因素和调整办法，根据工程实际进度，参照工程所在地工程造价管理机构定期发布的相应工程造价指数，调整合同价格。

（1）价格调整公式

价格调整公式因人工、材料和设备等价格波动影响合同价格时，根据专用合同条款中约定的数据，按以下公式计算差额并调整合同价格：

$$\Delta P = P_0\left[A + \left(B_1 \times \frac{F_{t1}}{F_{01}} + B_2 \times \frac{F_{t2}}{F_{02}} + B_3 \times \frac{F_{t3}}{F_{03}} + \cdots + B_n \times \frac{F_{tn}}{F_{0n}}\right) - 1\right] \quad (4\text{-}2\text{-}5)$$

式中　ΔP——调整的价格差额；

P_0——约定的付款证书中承包人应得到的已完成工程量的金额，此项金额不应包括 价格调整、不计质量保证金的扣留和支付、预付款的支付和扣回，约定的变更及其他金额已按现行价格计价的，也不计在内；

A——定值权重（即不调部分的权重）；

B_1，B_2，B_3，…，B_n——各可调因子的变值权重（即可调部分的权重），为各可调因子在签约合同价中所占的比例；

F_{t1}，F_{t2}，F_{t3}，…，F_{tn}——各可调因子的现行价格指数，指约定的付款证书相关周期最后一天的前 28 天的各可调因子的价格指数；

F_{01}，F_{02}，F_{03}，…，F_{0n}——各可调因子的基本价格指数，指基准日的各可调因子的价格指数。

以上价格调整公式中的各可调因子、定值和变值权重，以及基本价格指数及其来源在投标函附录价格指数权重中约定。价格指数应首先采用工程造价管理机构提供的价格指数，缺乏上述价格指数时，可采用工程造价管理机构提供的价格代替。

（2）工期延误后的价格调整

1）工期延误：工程施工过程中任何一项或多项工作实际完成日期迟于计划规定的完成日期，从而可能导致整个合同工期的延长。因发包方原因造成工期延误的，超过合同工期的延误期间价格上涨造成的价差由发包人承担；反之，价格下降造成的价差则由承包人受益。因承包人原因造成工期延误的，超过合同工期的延误期间价格上涨造成的价差由承包人承担，反之，价格下降造成的价差则由发包人受益。

2）工期延长：承发包双方根据法律及合同约定，对“工期延误”这一事实状态所做的变更，即工期延误是事实，但因满足了法律规定或双方约定的某些条件，进而双方就该事件引起的延误天数予以延长工期达成一致，并不追究当事人的责任。工期延长期间，人工、材料、机械价格调整应根据合同约定计算。

3）工程延误开工：发承包双方签订施工合同后，发包人由于征地拆迁、设计调整等原因导致延期开工的，遇到人工、材料、机械价格大幅度上涨或下跌，发承包双方在复工前可按以下办法调整合同价格，并签订补充协议：按照实际开工月份对应的信息价与基准价格计算工程的人工、材料、机械的价差，在投标报价基础上调整相应的合同（含税金），调整的价款与工程进度款同期支付，工程结算时以开工前 28 天对应月份的信息价作为基准价格，根据合同约定的风险幅度计算价差。

4）工程中途停工：工程项目开工后，由于中途暂停施工导致实际工期超合同工期，发承包双方在复工前可按以下原则调整人工、材料、机械价差，并签订补充协议：如一方责任导致工期延误的，按工期延误条款办理，暂停施工期间月份的信息价不计入补差范围；如双方均有责任导致工期延误，可按工期延误责任大小，由发承包双方共同按一定比例承担或受益，或者按照工期延长条款办理。暂停施工期间月份的信息价不计入补差范围。

4.2.2.2　暂估价

暂估价是指招标人在工程量清单中提供的用于支付必然发生但暂时不能确定价格的材料、工程设备的单价以及专业工程的金额。

1. 给定暂估价的材料、工程设备

（1）不属于依法必须招标的项目

发包人在招标工程量清单中给定暂估价的材料和工程设备不属于依法必须招标的，由承包人按照合同约定采购，经发包人确认后以此为依据取代暂估价，调整合同价款。

（2）属于依法必须招标的项目

发包人在招标工程量清单中给定暂估价的材料和工程设备属于依法必须招标的，由发承包双方以招标的方式选择供应商。依法确定中标价格后，以此为依据取代暂估价，调整合同价款。

2. 给定暂估价的专业工程

（1）不属于依法必须招标的项目

发包人在工程量清单中给定暂估价的专业工程不属于依法必须招标的，应按照前述工程变更的合同价款调整方法，确定专业工程价款。并以此为依据取代专业工程暂估价，调整合同价款。

（2）属于依法必须招标的项目

发包人在招标工程量清单中给定暂估价的专业工程，依法必须招标的，应当由发承包双方依法组织招标选择专业分包人，并接受建设工程招标投标管理机构的监督。

1）除合同另有约定外，承包人不参加投标的专业工程，应由承包人作为招标人，但拟定的招标文件、评标方法、评标结果应报送发包人批准。与组织招标工作有关的费用应当被认为已经包括在承包人的签约合同价（投标总报价）中。

2）承包人参加投标的专业工程，应由发包人作为招标人，与组织招标工作有关的费用由发包人承担。同等条件下，应优先选择承包人中标。

3）专业工程依法进行招标后，以中标价为依据取代专业工程暂估价，调整合同价款。

4.2.3　工程索赔引起的合同价款调整

4.2.3.1　不可抗力

1. 不可抗力定义

不可抗力是一项免责条款，是指合同签订后，不是由于合同当事人的过失或疏忽，而是由于发生了合同当事人无法预见、无法预防、无法避免和无法控制的事件，以致不能履行或不能如期履行合同，发生意外事件的一方可以免除履行合同的责任或者推迟履行合同，在我国《中华人民共和国民法典》上是指“不能预见、不能避免和不能克服的客观情况”。

2. 不可抗力的范围

不可抗力是指在合同履行中出现的不能预见、不能避免并不能克服的客观情况。不可抗力的范围一般包括因战争、敌对行动（无论是否宣战）、入侵、外敌行为、军事政变、恐怖主义、骚动、暴动、空中飞行物坠落或其他非合同双方当事人责任或原因造成的停工、爆炸、火灾等，以及当地气象、地震、卫生等部门规定的情形。发承包双方应当在施工合同中明确约定不可抗力的范围以及具体的判断标准。

3. 不可抗力造成损失的承担

（1）费用损失的承担原则

因不可抗力事件导致的人员伤亡、财产损失及其费用增加，发承包双方应按施工合同的约定进行分担并调整合同价款和工期。施工合同没有约定或者约定不明的，应当根据《浙江省建设工程计价规则（2018版）》由发承包双方按以下原则承担：

1）永久工程、已运至施工现场的材料和工程设备的损坏，以及因工程损坏造成的第三方人员伤亡和财产损失由发包人承担；

2）承包人施工设备的损坏由承包人承担；

3）发包人和承包人承担各自人员伤亡和财产的损失；

4）因不可抗力影响承包人履行合同约定的义务，已经引起或将引起工期延误的，应当顺延工期，由此导致承包人停工的费用损失由发包人和承包人合理分担，停工期间必须支付的工人工资由发包人承担；

5）承包人在停工期间按照发包人要求照管、清理和修复工程的费用由发包人承担。

不可抗力发生后，合同当事人均应采取措施尽量避免和减少损失的扩大，任何一方当事人没有采取有效措施导致损失扩大的，应对扩大的损失承担责任。

因合同一方迟延履行合同义务，在迟延履行期间遭遇不可抗力的，不免除其违约责任。

(2) 工期的处理

因发生不可抗力事件导致工期延误的，工期相应顺延。发包人要求赶工的，承包人应采取赶工措施，赶工费用由发包人承担。

4.2.3.2　提前竣工（赶工补偿）与误期补偿

1. 提前竣工（赶工补偿）

(1) 赶工费用

发包人应当依据相关工程的工期定额合理计算工期，压缩的工期天数不得超过定额工期的20%，超过的应在招标文件中明示增加赶工费用。赶工费用的主要内容包括：

1) 人工费的增加，例如新增加投入人工的报酬，不经济使用人工的补贴等；

2) 材料费的增加，例如可能造成不经济使用材料而损耗过大，材料提前交货可能增加的费用、材料运输费的增加等；

3) 施工机具使用费的增加，例如可能增加机械设备投入，不经济地使用机械等。

(2) 提前竣工奖励

发承包双方可以在合同中约定提前竣工的奖励条款。明确每日历天应奖励额度。约定提前竣工奖励的，如果承包人的实际竣工日期早于计划竣工日期，承包人有权向发包人提出并得到提前竣工天数和合同约定的每日历天应奖励额度的乘积计算的提前竣工奖励。一般来说，双方还应当在合同中约定提前竣工奖励的最高限额（如合同价款的5%）。提前竣工奖励列入竣工结算文件中，与结算款一并支付。

发包人要求合同工程提前竣工，应征得承包人同意后与承包人商定采取加快工程进度的措施，并修订合同工程进度计划。发包人应承担承包人由此增加的提前竣工赶工补偿费。发承包双方应在合同中约定每日历天的赶工补偿额度，此项费用作为增加合同价款，列入竣工结算文件中，与结算款并支付。

2. 误期赔偿

承包人未按照合同约定施工，导致实际进度迟于计划进度的，承包人应加快进度，实现合同工期。合同工程发生误期，承包人应当按照合同约定向发包人支付误期赔偿费。即使承包人支付误期赔偿费，也不能免除承包人按照合同约定应承担的任何责任和应履行的任何义务。

发承包双方应在合同中约定误期赔偿费，明确每日历天应赔偿额度。如果承包人的实际进度迟于计划进度，发包人有权向承包人索取并得到实际延误天数和合同约定的每日历天应赔偿额度的乘积计算的误期赔偿费。一般来说，双方还应当在合同中约定误期赔偿费的最高限额（如合同价款的5%）。误期赔偿费列入竣工结算文件中，并应在结算款中扣除。

如果在工程竣工之前，合同工程内的某单项（或单位）工程已通过了竣工验收，且该单项（或单位）工程接收证书中表明的竣工日期并未延误，而是合同工程的其他部分产生了工期延误，则误期赔偿费应按照已颁发工程接收证书的单项（或单位）工程造价占合同价款的比例幅度予以扣减。

4.2.3.3　工程索赔

1. 工程索赔的概念及分类

工程索赔是指在工程合同履行过程中，当事人一方因非己方的原因而遭受经济损失或工期延误，按照合同约定或法律规定，应由对方承担责任，而向对方提出工期和（或）费用补偿要求的行为。

（1）按工程索赔的当事人分类

根据工程索赔的合同当事人不同，可以将工程索赔分为：

1）承包人与发包人之间的索赔。该类索赔发生在建设工程施工合同的双方当事人之间，既包括承包人向发包人的索赔，也包括发包人向承包人的索赔。但是在工程实践中，经常发生的索赔事件，大多是承包人向发包人提出的本教材中所提及的索赔，如果未做特别说明，即是指此类情形。

2）总承包人和分包人之间的索赔。在建设工程分包合同履行过程中，索赔事件发生后，无论是发包人的原因还是承包人的原因所致，分包人都只能向总承包人提出索赔要求，而不能直接向发包人提出。

（2）按工程索赔目的和要求分类

根据工程索赔的目的和要求不同，可以将工程索赔分为工期索赔和费用索赔。

1）工期索赔，一般是指工程合同履行过程中，由于非因自身原因造成工期延误，按照合同约定或法律规定，承包人向发包人提出合同工期补偿要求的行为工期顺延的要求获得批准后，不仅可以免除承包人承担拖期违约赔偿金的责任，而且承包人还有可能因工期提前获得赶工补偿（或奖励）。

2）费用索赔，是指工程承包合同履行中，当事人一方因非己方原因而遭受费用损失，按合同约定或法律规定应由对方承担责任，而向对方提出增加费用要求的行为。

（3）按工程索赔事件的性质分类

根据工程索赔事件的性质不同，可以将工程索赔分为：

1）工程延误索赔，因发包人未按合同要求提供施工条件，或因发包人指令工程暂停或不可抗力事件等原因造成工期拖延的，承包人可以向发包人提出索赔；如果由于承包人原因导致工期拖延，发包人可以向承包人提出索赔。

2）加速施工索赔，由于发包人指令承包人加快施工速度，缩短工期，引起承包人的人力、物力、财力的额外开支，承包人提出的索赔。

3）工程变更索赔，由于发包人指令增加或减少工程量或增加附加工程、修改设计、变更工程顺序等，造成工期延长和（或）费用增加，承包人就此提出索赔。

4）合同终止的索赔，由于发包人违约或发生不可抗力事件等原因造成合同非正常终止，承包人因其遭受经济损失而提出索赔。如果由于承包人的原因导致合同非正常终止，或者合同无法继续履行，发包人可以就此提出索赔。

5）不可预见的不利条件索赔，承包人在工程施工期间施工现场遇到有经验的承包人通常不能合理预见的不利施工条件或外界障碍。例如，地质条件与发包人提供的资料不符，出现不可预见的地下水、地质断层、溶洞、地下障碍物等，承包人可以就因此遭受的损失提出索赔。

6）不可抗力事件的索赔，工程施工期间，因不可抗力事件的发生而遭受损失的一方，可以根据合同中对不可抗力风险分担的约定，向对方当事人提出索赔。

7）其他索赔，如因货币贬值、汇率变化、物价上涨、政策法令变化等原因引起的索赔。

《标准施工招标文件（2007年版）》的通用合同条款中，按照引起索赔事件的原因不同，对一方当事人提出的索赔可能给予合理补偿工期、费用和（或）利润的情况，分别做出了相应的规定。其中，引起承包人索赔的事件以及可能得到的合理补偿内容见表4-2-3。

《标准施工招标文件》中承包人的索赔事件及可补偿内容　　表4-2-3

序号	条款号	索赔事件	可补偿内容		
			工期	费用	利润
1	1.6.1	迟延提供图纸	√	√	√
2	1.10.1	施工中发现文物、古迹	√	√	
3	2.3	迟延提供施工场地	√	√	√
4	4.11	施工中遇到不利物质条件	√	√	
5	5.2.4	提前向承包人提供材料、工程设备		√	
6	5.2.6	发包人提供材料、工程设备不合格或迟延提供或变更交货地点	√	√	√
7	8.3	承包人依据发包人提供的错误资料导致测量放线失误	√	√	√
8	9.2.6	因发包人原因造成承包人人员工伤事故		√	
9	11.3	因发包人原因造成工期延误	√	√	√
10	11.4	异常恶劣的气候条件导致工期延误	√		
11	11.6	承包人提前竣工		√	
12	12.2	发包人暂停施工造成工期延误	√	√	√
13	12.4.2	工程暂停后因发包人原因无法按时复工	√	√	√
14	13.1.3	因发包人原因导致承包人工程返工	√	√	√
15	13. 5.3	监理人对已经覆盖的隐蔽工程要求重新检查且检查结果合格	√	√	√
16	13.6.2	因发包人提供的材料、工程设备造成工程不合格	√	√	√
17	14.1.3	承包人应监理人要求对材料、工程设备和工程重新检验且检验结果合格	√	√	√
18	16.2	基准日后法律的变化		√	
19	18.4.2	发包人在工程竣工前提前占用工程	√	√	√
20	18. 6.2	因发包人的原因导致工程试运行失败		√	√
21	19.2.3	工程移交后因发包人原因出现新的缺陷或损坏的修复		√	√
22	19.4	工程移交后因发包人原因出现的缺陷修复后的试验和试运行		√	
23	21.3.1(4)	因不可抗力停工期间应监理人要求照管、清理、修复工程		√	
24	21.3.1(4)	因不可抗力造成工期延误	√		
25	22.2.2	因发包人违约导致承包人暂停施工	√	√	√

2. 工程索赔的依据和前提条件

（1）工程索赔的依据

提出索赔和处理索赔都要依据下列文件或凭证：

1）工程施工合同文件。工程施工合同是工程索赔中最关键和最主要的依据，工程施工期间，发承包双方关于工程的洽商、变更等书面协议或文件，也是索赔的重要依据。

2）国家颁布实施的相关法律、行政法规。国家颁布实施的相关法律、行政法规，是工程索赔的法律依据。部门规章以及工程项目所在地的地方性法规或地方政府规章，如果在施工合同专用条款中约定为工程合同的适用法律的，也可以作为工程索赔的依据。

3）工程建设强制性标准。对于不属于强制性标准的其他标准、规范和计价依据，除施工合同有明确约定外，不能作为工程索赔的依据。

4）工程施工合同履行过程中与索赔事件有关的各种凭证。这是承包人因索赔事件所遭受费用或工期损失的事实依据，它反映了工程的计划情况和实际情况的差异。

（2）工程索赔成立的条件

承包人工程索赔成立的基本条件包括：

1）索赔事件已造成了承包人直接经济损失或工期延误；

2）造成费用增加或工期延误的索赔事件是因非承包人的原因发生的；

3）承包人已经按照工程施工合同规定的期限和程序提交了索赔意向通知、索赔报告及相关证明材料。

3. 工程费用索赔的计算

（1）工程索赔费用的组成

对于不同原因引起的索赔承包人可索赔的具体费用内容是不完全一样的。但归纳起来，索赔费用的要素与工程造价的构成基本类似。

1）人工费。人工费的索赔包括：由于完成合同之外的额外工作所花费的人工费用；超过法定工作时间加班劳动；法定人工费增长；因非承包商原因导致工效降低所增加的人工费用；因非承包商原因导致工程停工的人员窝工费和工资上涨费等。在计算停工损失中人工费时，通常采取人工单价乘以折算系数计算。

2）材料费。材料费的索赔包括：由于索赔事件的发生造成材料实际用量超过计划用量而增加的材料费；由于发包人原因导致工程延期期间的材料价格上涨和超期储存费用。材料费中应包括运输费、保管费以及合理的损耗费用。如果由于承包人管理不善，造成材料损坏失效，则不能列入索赔款项内。

3）施工机具使用费，主要内容为施工机械使用费。施工机械使用费的索赔包括：由于完成合同之外的额外工作所增加的机械使用费；非因承包人原因导致工效降低所增加的机械使用费；由于发包人或工程师指令错误或迟延导致机械停工的台班停滞费，在计算机械设备台班停滞费时，不能按机械设备台班费计算，因为台班费中包括设备使用费。如果机械设备是承包人自有设备，一般按台班折旧费、人工费与其他费之和计算；如果是承包人租赁的设备，一般按台班租金加上每台班分摊的施工机械进出场费计算。

4）现场管理费。现场管理费的索赔包括承包人完成合同之外的额外工作以及由于发包人原因导致工期延期期间的现场管理费，包括管理人员工资、办公费、通信费、交通费等。

现场管理费索赔金额的计算公式为：

现场管理费索赔金额＝索赔的直接成本费用×现场管理费率　　(4-2-6)

其中，现场管理费率的确定可以选用下面的方法：①合同百分比法，即管理费比率在合同中规定；②行业平均水平法，即采用公开认可的行业标准费率；③原始估价法，即采用投标报价时确定的费率；④历史数据法，即采用以往相似工程的管理费率。

5）总部（企业）管理费。总部管理费的索赔主要指的是由于发包人原因导致工程延期期间所增加的承包人向公司总部提交的管理费，包括总部职工工资、办公大楼折旧、办公用品、财务管理、通信设施以及总部领导人员赴工地检查指导工作等开支。总部管理费索赔金额的计算，目前还没有统一的方法通常可采用以下几种方法：

① 按总部管理费的比率计算：

$$总部管理费索赔金额=(直接费索赔金额+现场管理费索赔金额)\times 总部管理费比率(\%) \tag{4-2-7}$$

其中，总部管理费比率可以按照投标书中的总部管理费比率计算（一般为3%～8%），也可以按照承包人公司总部统一规定的管理费比率计算。

② 按已获补偿的工程延期天数为基础计算。该公式是在承包人已经获得工程延期索赔的批准后，进一步获得总部管理费索赔的计算方法，计算步骤如下：

A. 计算被延期工程应当分摊的总部管理费：

$$延期工程应分摊的总部管理费=同期公司计划总部管理费\times\frac{延期工程合同价格}{同期公司所有工程合同总价} \tag{4-2-8}$$

B. 计算被延期工程的日平均总部管理费：

$$延期工程的日平均总部管理费=\frac{延期工程应分摊的总部管理费}{延期工程计划工期} \tag{4-2-9}$$

C. 计算索赔的总部管理费：

$$索赔的总部管理费=延期工程的日平均总部管理费\times 工程延期的天数 \tag{4-2-10}$$

6）保险费。因发包人原因导致工程延期时，承包人必须办理工程保险、施工人员意外伤害保险等各项保险的延期手续，对于由此而增加的费用，承包人可以提出索赔。

7）保函手续费。因发包人原因导致工程延期时，承包人必须办理相关履约保函的延期手续，对于由此而增加的手续费，承包人可以提出索赔。

8）利息。利息的索赔包括：发包人拖延支付工程款利息、发包人迟延退还工程质量保证金的利息、发包人错误扣款的利息等。至于具体的利率标准，双方可以在合同中明确约定，没有约定或约定不明的，可以按照同期同类贷款利率或同期贷款市场报价利率计算。

9）利润。一般来说，依据施工合同中明确规定可以给予利润补偿的索赔条款，承包人提出费用索赔时都可以主张利润补偿。索赔利润的计算通常是与原报价单中的利润百分率保持一致。

10）分包费用。由于发包人的原因导致分包工程费用增加时，分包人只能向总承包人提出索赔，但分包人的索赔款项应当列入总承包人对发包人的索赔款项中。分包费用索赔指的是分包人的索赔费用，一般也包括与上述费用类似的内容索赔。

（2）工程费用索赔的计算方法

索赔费用的计算应以赔偿实际损失为原则，包括直接损失和间接损失。索赔费用的计算方法通常有三种，即实际费用法、总费用法和修正的总费用法。

1）实际费用法。实际费用法又称分项法，即根据索赔事件所造成的损失或成本增加，按费用项目逐项进行分析、计算索赔金额的方法。这种方法比较复杂，但能客观地反映施工单位的实际损失，比较合理，易于被当事人接受，在国际工程中被广泛采用。

由于索赔费用组成的多样化，不同原因引起的索赔，承包人可索赔的具体费用内容有所不同，必须具体问题具体分析。由于实际费用法所依据的是实际发生的成本记录或单据，因此，在施工过程中，系统而准确地积累记录资料是非常重要的。

2）总费用法。总费用法也被称为总成本法，就是当发生多次索赔事件后，重新计算工程的实际总费用，再从该实际总费用中减去投标报价时的估算总费用，即为索赔金额。总费用法计算索赔金额的公式如下：

$$索赔金额 = 实际总费用 - 投标报价估算总费用 \tag{4-2-11}$$

但是，在总费用法的计算方法中，没有考虑实际总费用中可能包括由于承包商的原因（如施工组织不善）而增加的费用，投标报价估算总费用也可能由于承包人为谋取中标而导致过低的报价，因此，总费用法并不十分科学。只有在难以精确地确定某些索赔事件导致的各项费用增加额时，总费用法才得以采用。

3）修正的总费用法。修正的总费用法是对总费用法的改进，即在总费用计算的原则上，去掉一些不合理的因素，使其更为合理。修正的内容如下：

① 将计算索赔款的时段局限于受到索赔事件影响的时间，而不是整个施工期；

② 只计算受到索赔事件影响时段内的某项工作所受影响的损失，而不是计算该时段内所有施工工作所受的损失；

③ 与该项工作无关的费用不列入总费用中；

④ 对投标报价费用重新进行核算，即按受影响时段内该项工作的实际单价进行核算，乘以实际完成的该项工作的工程量，得出调整后的报价费用。

按修正后的总费用计算索赔金额的公式如下：

$$索赔金额 = 某项工作调整后的实际总费用 - 该项工作的报价费用 \tag{4-2-12}$$

修正的总费用法与总费用法相比，有了实质性的改进，它的准确程度已接近于实际费用法。

【例 4-2-3】某施工合同约定，施工现场主导施工机械一台，由施工企业租得，台班单价为300元/台班，租赁费为100元/台班，人工工资为40元/工日，窝工补贴为10元/工日，以人工费为基数的综合费率为35%，在施工过程中，发生了如下事件：①出现异常恶劣天气导致工程停工2天，人员窝工30个工日；②因恶劣天气导致场外道路中断抢修道路用工20工日；③场外大面积停电，停工2天，人员窝工10工日。为此，施工企业可向业主索赔费用为多少？

【解】各事件处理结果如下：

① 异常恶劣天气导致的停工通常不能进行费用索赔。

② 抢修道路用工的索赔额＝20×40×(1＋35%)＝1080(元)

③ 停电导致的索赔额＝2×100＋10×10＝300(元)

总索赔费用＝1080＋300＝1380(元)

4. 工期索赔的计算

工期索赔，一般是指承包人依据合同对由于因非自身原因导致的工期延误向发包人提出的工期顺延要求。

（1）工期索赔中应当注意的问题

1）划清施工进度拖延的责任。因承包人的原因造成施工进度滞后，属于不可原谅的延期；只有承包人不应承担任何责任的延误，才是可原谅的延期。有时工程延期的原因中可能包含有双方责任，此时监理人应进行详细分析，分清责任比例，只有可原谅延期部分才能批准顺延合同工期。可原谅延期，又可细分为可原谅并给予补偿费用的延期和可原谅但不给予补偿费用的延期；后者是指非承包人责任事件的影响并未导致施工成本的额外支出，大多属于发包人应承担风险责任事件的影响，如异常恶劣的气候条件影响的停工等。

2）被延误的工作应是处于施工进度计划关键线路上的施工内容。只有位于关键线路上工作内容的滞后，才会影响到竣工日期。但有时也应注意，既要看被延误的工作是否在批准进度计划的关键路线上，又要详细分析这一延误对后续工作的可能影响。因为若对非关键路线工作的影响时间较长，超过了该工作可用于自由支配的时间，也会导致进度计划中非关键路线转化为关键路线，其滞后将影响总工期的拖延。此时，应充分考虑该工作的自由时间，给予相应的工期顺延，并要求承包人修改施工进度计划。

（2）工期索赔的具体依据

承包人向发包人提出工期索赔的具体依据主要包括：

1）合同约定或双方认可的施工总进度规划；

2）合同双方认可的详细进度计划；

3）合同双方认可的对工期的修改文件；

4）施工日志、气象资料；

5）业主或工程师的变更指令；

6）影响工期的干扰事件；

7）受干扰后的实际工程进度等。

（3）工期索赔的计算方法

1）直接法。如果某干扰事件直接发生在关键线路上，造成总工期的延误，可以直接将该干扰事件的实际干扰时间（延误时间）作为工期索赔值。

2）比例计算法。如果某干扰事件仅仅影响某单项工程、单位工程或分部分项工程的工期，要分析其对总工期的影响，可以采用比例计算法。

① 已知受干扰部分工程的延期时间：

$$\text{工期索赔值} = \text{受干扰部分工期拖延时间} \times \frac{\text{受干扰部分工程的合同价格}}{\text{原合同总价}} \quad (4\text{-}2\text{-}13)$$

② 已知额外增加工程量的价格：

$$\text{工期索赔值} = \text{原合同总工期} \times \frac{\text{额外增加的工程量的价格}}{\text{原合同总价}} \quad (4\text{-}2\text{-}14)$$

比例计算法虽然简单方便，但有时不符合实际情况，而且比例计算法不适用于变更施工顺序、加速施工、删减工程量等事件的索赔。

3）网络图分析法。网络图分析法是利用进度计划的网络图，分析其关键线路，如果延误的工作为关键工作，则延误的时间为索赔的工期；如果延误的工作为非关键工作，当该工作由于延误超过时差限制而成为关键工作时，可以索赔延误时间与时差的差值；若该工作延误后仍为非关键工作，则不存在工期索赔问题。

该方法通过分析干扰事件发生前和发生后网络计划的计算工期之差来计算工期索赔

值，可以用于各种干扰事件和多种干扰事件共同作用所引起的工期索赔。

（4）共同延误的处理

在实际施工过程中，工期拖期很少是只由一方造成的，往往是两三种原因同时发生（或相互作用）而形成的，故称为“共同延误”。在这种情况下，要具体分析哪一种情况延误是有效的，应依据以下原则：

1）首先判断造成拖期的哪一种原因是最先发生的，即确定“初始延误”者，它应对工程拖期负责。在初始延误发生作用期间，其他并发的延误者不承担拖期责任。

2）如果初始延误者是发包人原因，则在发包人原因造成的延误期内，承包人既可得到工期补偿，又可得到经济补偿。

3）如果初始延误者是客观原因，则在客观因素发生影响的延误期内，承包人可以得到工期延长，但很难得到费用补偿。

4）如果初始延误者是承包人原因，则在承包人原因造成的延误期内，承包人既不能得到工期补偿，也不能得到费用补偿。

【例 4-2-4】背景信息：某工程项目采用了单价施工合同，工程招标文件参考资料中提供的用砂地点距工地 4km，但是开工后检查，该砂质量不符合要求，承包商只得从另一距工地 20km 的供砂地点采购，而在一个关键工作面上又发生了 4 项临时停工事件：

事件 1：5 月 20 日至 5 月 26 日承包商的施工设备出现了从未出现过的故障；

事件 2：应于 5 月 24 日交给承包商的后续图纸，直到 6 月 10 日才交给承包商；

事件 3：6 月 7 日至 6 月 12 日施工现场下了罕见的特大暴雨；

事件 4：6 月 11 日到 6 月 14 日，该地区的供电全面中断。

工程索赔判断及工程索赔计算

问题：

1）承包商的索赔要求成立的条件是什么？

2）由于供砂距离的增大必然引起费用的增加，承包商经过仔细认真计算后，在业主指令下达的第 3 天，向业主的造价工程师提交了将原用砂单价提高 5 元/m^3 的索赔要求，该索赔要求是否成立？为什么？

3）承包商对因业主原因造成窝工损失，进行索赔时，要求设备窝工损失按台班单价计算，人工的窝工损失按日工资标准计算是否合理，如不合理应怎样计算？

4）承包商按规定的索赔程序，针对上述 4 项临时停工事件向业主提出了索赔，试说明每项事件工期和费用索赔能否成立为什么？

5）试计算承包商应得到的工期和费用索赔是多少？如果该费用索赔成立，则业主按 2 万元/天补偿给承包商？

6）在业主支付给承包商的工程进度款中是否应扣除因设备故障引起的竣工拖期违约损失赔偿金？为什么？

【解】

问题 1）承包商的索赔要求成立必须同时具备如下四个条件：

① 与合同相比较，已造成了实际的额外费用和（或）工期损失；

② 造成费用增加和（或）工期损失的原因不是由于承包商的过失；

③ 造成的费用增加和（或）工期损失不是应由承包商承担的风险；

④ 承包商在事件发生后的规定时间内提出了索赔的书面意向通知和索赔报告。

问题2）因供砂距离增大提出的索赔不能被批准，理由是：

① 承包商应对自己就招标文件的解释负责；

② 承包商应对自己报价的正确性与完备性负责；

③ 作为一个有经验的承包商可以通过现场踏勘确认招标文件参考资料中提供的用砂质量是否合格，若承包商没有通过现场踏发现用砂质量问题，其相关风险应由承包商承担。

问题3）不合理。因窝工闲置的设备按折旧费或停滞台班费或租赁费计算，不包括运转费部分；人工费损失应考虑这部分工作的工人调作其他工作时工效降低的损失费用；一般用工日单价乘以一个测算的降效系数计算这一部分损失，而且只按成本费用计算，不包括利润。

问题4）事件1：工期和费用索赔均不成立，因为设备故障属于承包商应承担的风险。

事件2：工期和费用索赔均成立，因为延误图纸交付时间属于业主应承担的风险。

事件3：特大暴雨属于双方共同的风险，工期索赔成立，设备和人工的窝工费用索赔不成立。

事件4：工期和费用索赔均成立，因为停电属于业主应承担的风险。

问题5）事件2：5月27日至6月9日，工期索赔14天，费用索赔14天×2万/天=28万元。

事件3：6月10日至6月12日，工期索赔3天。

事件4：6月13日至6月14日，工期索赔2天，费用索赔2天×2万/天=4万元。

合计：工期索赔19天，费用索赔32万元。

问题6）业主不应在支付给承包商的工程进度款中扣除竣工拖期违约损失赔偿金，因为设备故障引起的工程进度拖延不等于竣工工期的延误。如果承包商能够通过施工方案的调整将延误的时间补回，不会造成工期延误，如果承包商不能通过施工方案的调整将延误的时间补回，将会造成工期延误，所以，工期提前奖励或拖期罚款应在竣工时处理。

任务4.3 工程合同价款支付与结算

4.3.1 预付款

工程预付款是由发包人按照合同约定，在工程正式开工前由发包人预先支付给承包人，用于购买工程施工所需的材料和组织施工机械和人员进场的价款。

1. 预付款的支付

工程预付款额度，各地区、各部门的规定不完全相同，主要是保证施工所需材料和构件的正常储备。工程预付款额度一般是根据施工工期、建安工作量、主要材料和构件费用占建安工程费的比例以及材料储备周期等因素经测算来确定。

（1）百分比法

发包人根据工程的特点、工期长短、市场行情、供求规律等因素，招标时在合同条件中约定工程预付款的百分比。包工包料工程的预付款的支付比例不得低于签约合同价（扣除暂列金额）的10%，不宜高于签约合同价（扣除暂列金额）的30%。

（2）公式计算法

公式计算法是根据主要材料（含结构件等）占年度承包工程总价的比重，材料储备定额天数和年度施工天数等因素，通过公式计算预付款额度的一种方法。

其计算公式为：

$$工程预付款数额=\frac{年度工程总价\times材料比例(\%)}{年度施工天数}\times材料储备定额天数 \quad (4\text{-}3\text{-}1)$$

式中，年度施工天数按365天日历天计算；材料储备定额天数由当地材料供应的在途天数、加工天数、整理天数、供应间隔天数、保险天数等因素决定。

2. 预付款的扣回

发包人支付给承包人的工程预付款属于预支性质，随着工程的逐步实施后，原已支付的预付款应以充抵工程价款的方式陆续扣回，抵扣方式应当由双方当事人在合同中明确约定。扣款的方法主要有以下两种：

（1）按合同约定扣款

预付款的扣款方法由发包人和承包人通过洽商后在合同中予以确定，一般是在承包人完成金额累计达到合同总价的一定比例后，由承包人开始向发包人还款，发包人从每次应付给承包人的金额中扣回工程预付款，发包人至少在合同规定的完工期前将工程预付款的总金额逐次扣回。

（2）起扣点计算法

从未施工工程尚需的主要材料及构件的价值相当于工程预付款数额时起扣，此后每次结算工程价款时，按材料所占比重扣减工程价款，至工程竣工前全部扣清。起扣点的计算公式如下：

$$T=P-M/N$$

式中　T——起扣点（即工程预付款开始扣回时）的累计完成工程金额；

P——承包工程合同总额；

M——工程预付款总额；

N——主要材料及构件所占比重。

该方法对承包人比较有利，最大限度地占用了发包人的流动资金，但是，显然不利于发包人资金使用。

3. 预付款担保

（1）预付款担保的概念及作用

预付款担保是指承包人与发包人签订合同后领取预付款前，承包人正确、合理使用发包人支付的预付款而提供的担保。其主要作用是保证承包人能够按合同规定的目的使用并及时偿还发包人已支付的全部预付金额。如果承包人中途毁约，中止工程，使发包人不能在规定期限内从应付工程款中扣除全部预付款，则发包人有权从该项担保金额中获得补偿。

（2）预付款担保的形式

预付款担保的主要形式为银行保函。预付款担保的担保金额通常与发包人的预付款是等值的。预付款一般逐月从工程进度款中扣除，预付款担保的担保金额也相应逐月减少。承包人的预付款保函的担保金额根据预付款扣回的数额相应扣减，但在预付款全部扣回之前一直保持有效。

预付款担保也可以采用发承包双方约定的其他形式，如由担保公司提供担保，或采取抵押等担保形式。

4. 安全文明施工费

发包人支付的预付款中应包括安全文明施工基本费，合同工期在一年以内的，预付费用不得低于安全文明施工费总额的 50% ；合同工期在一年以上的，预付费用不得低于 30%，其余部分与进度款同期支付。承包人对安全文明施工费应单独开列账户专款专用，不得挪作他用。

发包人没有按时支付安全文明施工费的，承包人可催告发包人支付；发包人在付款期满后的 7 天内仍未支付的，若发生安全事故，发包人应承担相应责任。

承包人对安全文明施工费应专款专用，在财务账目中应单独列项备查，不得挪作他用，否则发包人有权要求其限期改正；逾期未改正的，造成的损失和延误的工期应由承包人承担。

4.3.2 进度款

发承包双方应按照约定的时间、程序和方法，根据工程计量结果，支付进度款。进度款支付周期可按时间或按工程形象进度目标划分阶段节点，并与工程计量周期一致。发包人支付进度款的比例，按进度价款总额计，不低于 60%，不高于 80%。承包人应在每个计量周期到期后的 7 天内向发包人提交已完工程进度款支付申请一式四份，详细说明此周期认为有权得到的款额，包括分包人已完工程的价款。支付申请应包括下列内容：

（1）累计已完成的合同价款；

（2）累计已实际支付的合同价款；

（3）本周期合计完成的合同价款

1）本周期已完成单价项目的金额；

2）本周期应支付的总价项目的金额；

3）本周期已完成的计日工价款；

4）本周期应支付的安全文明施工费；

5）本周期应增加的金额。

（4）本周期合计应扣减的金额

1）本周期应扣回的预付款；

2）本周期应扣减的金额。

（5）本周期实际应支付的合同价款。

承包人应在每个计量周期到期后的 7 天内向发包人提交工程进度款支付申请，发包人收到承包人支付申请的 14 天内进行核实确认，并发出工程进度款支付证书，逾期未签发支付证书的，则视为承包人提交的进度款支付申请已被发包人认可，发承包双方对计量结果出现争议的，发包人应对无争议的计量结果出具进度款支付证书。

发包人未按规定支付工程进度款的，承包人可催告发包人支付，并有权获得延迟支付的利息，利率一般按中国人民银行发布的同期同类贷款基准利率。发包人在付款期满后的 7 天内仍未支付的，承包人可在付款期满后的第 8 天起暂停施工，发包人应承担由此增加的费用和延误的工期，并承担违约责任。

发现已签发的任何支付证书有错、漏或重复的数额，发包人有权予以修正，承包人也有权提出修正申请。经发承包双方复核同意修正的，应在本次到期的进度款中支付或扣除。

4.3.3　施工过程结算

施工过程结算也称施工分段结算，是指发承包双方在建设工程施工过程中，不改变现行工程进度款支付方式，把工程竣工结算分解到施工合同约定的形象节点之中，分段对质量合格的已完成工程进行价款结算的活动。

编制施工过程结算应依据：

(1)《建设工程工程量清单计价标准》；

(2) 工程施工合同及补充协议；

(3) 建设工程设计文件及相关资料；

(4) 工程招标投标文件（包括工程量清单及其综合单价）；

预付款及期中支付

(5) 经确认的工程变更、计日工、工程索赔等资料；

(6) 发承包双方已确认应计入当期施工过程结算的工程量及其施工过程结算的合同价款；

(7) 发承包双方已确认应计入当期施工过程结算的调整后追加（减）的施工过程结算的合同价款；

(8) 其他相关依据及资料。

发承包双方已确认应计入当期施工过程结算的合同价格调整金额应列入施工过程结算款，并同期支付。经发承包双方签署认可的施工过程结算文件，应作为竣工结算文件的组成部分，竣工结算不应再重新对该部分工程内容进行计量计价。施工过程结算款的支付最低比例应在合同中予以约定。

施工过程结算节点工程完工后14天内，承包人应向发包人提交本结算周期施工过程结算文件。承包人未提交施工过程结算文件，经发包人催告后14天内仍未提交或没有明确答复的，发包人有权根据已有资料编制施工过程结算文件，作为办理施工过程结算和支付施工过程结算款的依据，承包人应予以认可。

承包人提交施工过程结算文件时，应同时提交计量、计价工程相应的自检质量合格证明材料和满足合同要求的相应验收资料。施工过程验收不代替竣工验收。不能免除或减轻竣工验收时发现因承包人原因导致工程质量不合格应予以整改的义务，也不影响缺陷责任期周期及质量保修期周期。

施工过程结算确定后，承包人应根据办理的施工过程结算文件向发包人提交施工过程结算款支付申请。支付申请应包括下列内容：

(1) 累计已完成的施工过程结算款；

(2) 累计已支付的施工过程结算款；

(3) 本节点合计完成的过程结算款

1) 本节点已完成的分部分项工程费的金额；

2) 本节点已完成的措施项目费的金额；

3) 本节点已完成的其他项目费的金额；

4) 本节点应增加的金额；

5) 本节点应支付的增值税。

（4）本节点合计应扣减的金额

1）本节点应扣回的预付款；

2）本节点应扣回的已支付进度款；

3）本节点应该扣减的金额。

（5）本节点应支付的施工过程结算款。

发包人未按照约定支付施工过程结算款的，承包人可催告发包人支付，并有权获得延迟支付的利息。

4.3.4 竣工结算

1. 竣工结算文件的编制与审核

（1）竣工结算文件的编制

竣工结算文件的提交。工程完工后，承包方应当在工程完工后的约定期限内提交竣工结算文件。未在规定期限内完成的并且提不出正当理由延期的，承包人经发包人催告后仍未提交竣工结算文件或没有明确答复，发包人有权根据已有资料编制竣工结算文件，作为办理竣工结算和支付结算款的依据，承包人应予以认可。

（2）竣工结算文件的审核

1）竣工结算文件审核的委托。国有资金投资建设工程的发包人，应当委托具有相应资质的工程造价咨询机构对竣工结算文件进行审核，并在收到竣工结算文件后的约定期限内向承包人提出由工程造价咨询机构出具的竣工结算文件审核意见；逾期未答复的，按照合同约定处理，合同没有约定的，竣工结算文件视为已被认可。

非国有资金投资的建筑工程发包人，应当在收到竣工结算文件后的约定期限内予以答复，逾期未答复的，按照合同约定处理；合同没有约定的，竣工结算文件视为已被认可。发包人对竣工结算文件有异议的，应当在答复期内向承包人提出，并可以在提出异议之日起的约定期限内与承包人协商；发包人在协商期内未与承包人协商或者经协商未能与承包人达成协议的，应当委托工程造价咨询机构进行竣工结算审核，并在协商期满后的约定期限内向承包人提出由工程造价咨询机构出具的竣工结算文件审核意见。

2）工程造价咨询机构的审核。接受委托的工程造价咨询机构从事竣工结算审核工作通常应包括下列三个阶段：

① 准备阶段。准备阶段应包括收集、整理竣工结算审核项目的审核依据资料，做好送审资料的交验、核实、签收工作，并应对资料等缺陷向委托方提出书面意见及要求。

② 审核阶段。审核阶段应包括现场踏勘核实，召开审核会议，澄清问题，提出补充依据性资料和必要的弥补性措施，形成会商纪要，进行计量、计价审核与确定工作，完成初步审核报告。

③ 审定阶段。审定阶段应包括就竣工结算审核意见与承包人与发包人进行沟通，召开协调会议，处理分歧事项，形成竣工结算审核成果文件，签认竣工结算审定签署表，提交竣工结算审核报告等工作。

竣工结算审核应采用全面审核法，除委托咨询合同另有约定外，不得采用重点审核法、抽样审核法或类比审核法等其他方法。

竣工结算审核的成果文件应包括竣工结算审核书封面、签署页、竣工结算审核报告、竣工结算审定签署表、竣工结算审核汇总对比表、单项工程竣工结算审核汇总对比表、单位工程竣工结算审核汇总对比表等。

3）竣工结算文件的确认与备案。工程竣工结算文件经发承包双方签字确认的，应当作为工程结算的依据，未经对方同意，另一方不得就已生效的竣工结算文件委托工程造价咨询企业重复审核。发包人应当按照竣工结算文件及时支付竣工结算款。

2. 竣工结算款的支付

（1）承包人提交竣工结算款支付申请

承包人应根据办理的竣工结算文件，向发包人提交竣工结算款支付申请。该申请应包括下列内容：

1）竣工结算合同价款总额；

2）累计已实际支付的合同价款；

3）应扣留的质量保证金（已缴纳履约保证金的或者提供其他工程质量担保方式的除外）；

4）实际应支付的竣工结算款金额。

（2）发包人签发竣工结算支付证书

发包人收到申请后7天内予以核实，并向承包人签发工程竣工结算支付证书，发包人未在规定时间内核实、签发工程竣工结算支付证书的，视为承包人的工程竣工结算支付申请已被发包人认可。

（3）支付竣工结算款

发包人签发工程竣工结算支付证书后的14天内，按支付证书列明的金额向承包人支付工程结算款，发包人未支付的，承包人可催告发包人支付，并有权获得延迟支付的利息。发包人在工程竣工结算支付证书签发后或者收到承包人提交的竣工结算支付申请7天后的56天内仍未支付的，除法律另有规定外，承包人可与发包人协商将该工程折价，也可直接向人民法院申请将该工程依法拍卖。承包人应就该工程折价或拍卖的价款优先受偿。

4.3.5　质量保证金的处理

住房和城乡建设部、财政部发布的《建设工程质量保证金管理办法》（建质〔2017〕138号）规定，建设工程质量保证金是指发包人与承包人在建设工程承包合同中约定，从应付的工程款中预留，用以保证承包人在缺陷责任期内对建设工程出现的缺陷进行维修的资金。

1. 缺陷责任期的确定

（1）缺陷责任期相关概念

1）缺陷。缺陷是指建设工程质量不符合工程建设强制标准、设计文件以及承包合同的约定。

2）缺陷责任期。缺陷责任期是指承包人按照合同约定承担缺陷修复义务，且发包人预留质量保证金（已缴纳履约保证金的除外）的期限。

（2）缺陷责任期的期限

缺陷责任期从工程通过竣工验收之日起计，缺陷责任期一般为1年，最长不超过2年，由发承包双方在合同中约定。由于承包人原因导致工程无法按规定期限进行竣工验收的，缺陷责任期从实际通过竣工验收之日起计。由于发包人原因导致工程无法按规定期限进行竣工验收的，在承包人提交竣工验收报告 90 天后，工程自动进入缺陷责任期。

2. 质量保证金的预留及返还

(1) 质量保证金的预留

发包人应按照合同约定方式预留质量保证金，质量保证金总预留比例不得高于工程价款结算总额的 3%。合同约定由承包人以银行保函替代预留质量保证金的，保函金额不得高于工程价款结算总额的 3%。在工程项目竣工前，已经缴纳履约保证金的，发包人不得同时预留工程质量保证金。采用工程质量保证担保、工程质量保险等其他方式的，发包人不得再预留质量保证金。

(2) 质量保证金的使用

1) 质量保证金的管理。缺陷责任期内，实行国库集中支付的政府投资项目，质量保证金的管理应按国库集中支付的有关规定执行。其他政府投资项目，质量保证金可以预留在财政部门或发包方。缺陷责任期内，如发包人被撤销，质量保证金随交付使用资产一并移交使用单位，由使用单位代行发包人职责。社会投资项目采用预留质量保证金方式的，发承包双方可以约定将质量保证金交由金融机构托管。

2) 质量保证金的使用。缺陷责任期内，由承包人原因造成的缺陷，承包人应负责维修，并承担鉴定及维修费用。如承包人不维修也不承担费用，发包人可按合同约定从质量保证金或银行保函中扣除，费用超出质量保证金额的，发包人可按合同约定向承包人进行索赔。承包人维修并承担相应费用后，不免除对工程的损失赔偿责任。由他人及不可抗力原因造成的缺陷，发包人负责组织维修，承包人不承担费用，且发包人不得从质量保证金中扣除费用。

(3) 质量保证金的返还

缺陷责任期内，承包人认真履行合同约定的责任，到期后，承包人向发包人申请返还质量保证金。

发包人在接到承包人返还质量保证金申请后，应于 14 天内会同承包人按照合同约定的内容进行核实。如无异议，发包人应当按照约定将质量保证金返还给承包人。对返还期限没有约定或者约定不明确的，发包人应当在核实后 14 天内将质量保证金返还承包人，逾期未返还的，依法承担违约责任。发包人在接到承包人返还质量保证金申请后 14 天内不予答复，经催告后 14 天内仍不予答复，视同认可承包人的返还保证金申请。

4.3.6 最终结清

发承包双方应在合同中约定最终结清款的支付时限。承包人应按照合同约定的期限向发包人提交最终结清支付申请。发包人对最终结清支付申请有异议的，有权要求承包人进行修正和提供补充资料。承包人修正后，应再次向发包人提交修正后的最终结清支付申请。

发包人应在收到最终结清支付申请后的 14 天内予以核实，向承包人签发最终结清证书。

发包人应在签发最终结清支付证书后的 14 天内，按照最终结清支付证书列明的金额向承包人支付最终结清款。

若发包人未在约定的时间内核实，又未提出具体意见的，视为承包人提交的最终结清支付申请已被发包人认可。

发包人未按期最终结清支付的，承包人可催告发包人支付，并有权获得延迟支付的利息。

承包人对发包人支付的最终结清款有异议的，按照合同约定的争议解决方式处理。

4.3.7　合同价款纠纷的处理

建设工程合同价款纠纷，是指发承包双方在建设工程合同价款的约定、调整以及结算等过程中所发生的争议。

1. 合同价款纠纷的解决途径

建设工程合同价款纠纷的解决途径主要有四种：和解、调解、仲裁和诉讼。建设工程合同发生纠纷后，当事人可以通过和解或者调解解决合同争议。当事人不愿和解、调解或者和解、调解不成的，可以根据仲裁协议向仲裁机构申请仲裁。当事人没有订立仲裁协议或者仲裁协议无效的，可以向人民法院起诉。当事人应当履行发生法律效力的法院判决或裁定、仲裁裁决、法院或仲裁调解书；拒不履行的，对方当事人可以请求人民法院执行。

（1）和解

和解是指当事人在自愿互谅的基础上，就已经发生的争议进行协商并达成协议，自行解决争议的一种方式发生合同争议时，当事人应首先考虑通过和解解决争议。合同争议和解解决方式简便易行，能经济、及时地解决纠纷，同时有利于维护合同双方的友好合作关系，使合同能更好地得到履行。根据《建设工程工程量清单计价规范》GB 50500—2013的规定，双方可通过以下方式进行和解。

1）协商和解。合同价款争议发生后，发承包双方任何时候都可以进行协商。协商达成一致的，双方应签订书面和解协议，和解协议对发承包双方均有约束力。如果协商不能达成一致协议，发包人或承包人都可以按合同约定的其他方式解决争议。

2）监理或造价工程师暂定。若发包人和承包人之间就工程质量、进度、价款支付与扣除、工期延期、索赔、价款调整等发生任何法律上、经济上或技术上的争议，首先应根据已签约合同的规定，提交合同约定职责范围内的总监理工程师或造价工程师解决，并抄送另一方。总监理工程师或造价工程师在收到此提交文件后14天内应将暂定结果通知发包人和承包人。发承包双方对暂定结果认可的，应以书面形式予以确认，暂定结果成为最终决定。

发承包双方在收到总监理工程师或造价工程师的暂定结果通知之后的14天内，未对暂定结果予以确认也未提出不同意见的，视为发承包双方已认可该暂定结果。

发承包双方或一方不同意暂定结果的，应以书面形式向总监理工程师或造价工程师提出，说明自己认为正确的结果，同时抄送另一方，此时该暂定结果成为争议。在暂定结果不实质影响发承包双方当事人履约的前提下，发承包双方应实施该结果，直到其按照发承包双方认可的争议解决办法被改变为止。

（2）调解

调解是指双方当事人以外的第三人应纠纷当事人的请求，依据法律规定或合同约定，对双方当事人进行疏导、劝说，促使他们互相谅解、自愿达成协议解决纠纷的一种途径。《建设工程工程量清单计价规范》GB 50500—2013规定了以下的调解方式：

1）管理机构的解释或认定。合同价款争议发生后，发承包双方可就工程计价依据的争议以书面形式提请工程造价管理机构对争议以书面文件进行解释或认定。工程造价管理机构应在收到申请的10个工作日内就发承包双方提请的争议问题进行解释或认定。

发承包双方或一方在收到工程造价管理机构书面解释或认定后，仍可按照合同约定的争议解决方式提请仲裁或诉讼。除工程造价管理机构的上级管理部门做出了不同的解释或认定，或在仲裁裁决或法院判决中不予采信的外，工程造价管理机构做出的书面解释或认定是最终结果，对发承包双方均有约束力。

2）双方约定争议调解人进行调解。通常按照以下程序进行：

① 约定调解人。发承包双方应在合同中约定或在合同签订后共同约定争议调解人，负责双方在合同履行过程中发生争议的调解。合同履行期间，发承包双方可以协议调换或终止任何调解人，但发包人或承包人都不能单独采取行动。除非双方另有协议，在最终结清支付证书生效后，调解人的任期即终止。

② 争议的提交。如果发承包双方发生了争议，任何一方可以将该争议以书面形式提交调解人，并将副本抄送另一方，委托调解人调解。发承包双方应按照调解人提出的要求，给调解人提供所需要的资料、现场进入权及相应设施，调解人应被视为不是在进行仲裁人的工作。

③ 进行调解。调解人应在收到调解委托后28天内，或由调解人建议并经发承包双方认可的其他期限内，提出调解书，发承包双方接受调解书的，经双方签字后作为合同的补充文件，对发承包双方具有约束力，双方都应立即遵照执行。

④ 异议通知。如果发承包任一方对调解人的调解书有异议，应在收到调解书后28天内向另一方发出异议通知，并说明争议的事项和理由。但除非并直到调解书在协商和解或仲裁裁决、诉讼判决中做出修改，或合同已经解除，承包人应继续按照合同实施工程。

如果调解人已就争议事项向发承包双方提交了调解书，而任一方在收到调解书后28天内，均未发出表示异议的通知，则调解书对发承包双方均具有约束力。

（3）仲裁

仲裁是当事人根据在纠纷发生前或纠纷发生后达成的有效仲裁协议，自愿将争议事项提交双方选定的仲裁机构进行裁决的一种纠纷解决方式。

1）仲裁方式的选择。在民商事仲裁中，有效的仲裁协议是申请仲裁的前提，没有仲裁协议或仲裁协议无效的，当事人就不能提请仲裁机构仲裁，仲裁机构也不能受理。因此，发承包双方如果选择仲裁方式解决纠纷，必须在合同中订立有仲裁条款或者以书面形式在纠纷发生前或者纠纷发生后达成了请求仲裁的协议。

仲裁协议的内容应当包括：

① 请求仲裁的意思表示；

② 仲裁事项；

③ 选定的仲裁委员会。

前述三项内容必须同时具备，仲裁协议方为有效。

2）仲裁裁决的执行。仲裁裁决做出后，当事人应当履行裁决。一方当事人不履行的，另一方当事人可以向被执行人所在地或者被执行财产所在地的中级人民法院申请执行。

3）关于通过仲裁方式解决合同价款争议，《建设工程工程量清单计价规范》GB 50500—2013做出了如下规定：

如果发承包双方的协商和解或调解均未达成一致意见，其中一方已就此争议事项根据合同约定的仲裁协议申请仲裁的，应同时通知另一方。

仲裁可在竣工之前或之后进行，但发包人、承包人、调解人各自的义务不得因在工程实施期间进行仲裁而有所改变。当仲裁是在仲裁机构要求停止施工的情况下进行时，承包人应对合同工程采取保护措施，由此增加的费用由败诉方承担。

4）若双方通过和解或调解形成的有关的暂定或和解协议或调解书已经有约束力的情况下，当发承包中一方未能遵守暂定或和解协议或调解书时，另一方可在不损害他可能具有的任何其他权利的情况下，将未能遵守暂定或不执行和解协议或调解书达成的事项提交仲裁。

（4）诉讼

民事诉讼是指当事人请求人民法院行使审判权，通过审理争议事项并做出具有强制执行效力的裁判，从而解决民事纠纷的一种方式。在建设工程合同中，发承包双方在履行合同时发生争议，双方当事人不愿和解、调解或者和解、调解未能达成一致意见，又没有达成仲裁协议或者仲裁协议无效的，可依法向人民法院提起诉讼。

关于建设工程施工合同纠纷的诉讼管辖，根据《最高人民法院关于适用〈中华人民共和国民事诉讼法〉的解释》（法释〔2015〕5号）的规定，建设工程施工合同纠纷按照不动产纠纷确定管辖。根据《中华人民共和国民事诉讼法》的规定，因不动产纠纷提起的诉讼，由不动产所在地人民法院管辖。因此，因建设工程合同纠纷提起的诉讼，应当由工程所在地人民法院管辖。

2. 合同价款纠纷的处理原则

建设工程合同履行过程中会产生大量的纠纷，有些纠纷并不容易直接适用现有的法律条款予以解决。针对这些纠纷，可以通过相关司法解释的规定进行处理。《中华人民共和国民法典》已由中华人民共和国第十三届全国人民代表大会第三次会议于2020年5月28日通过并自2021年1月1日起施行，为了更好贯彻实施，最高人民法院在废止《最高人民法院关于建设工程价款优先受偿权问题的批复》（法释〔2002〕16号）、《最高人民法院关于审理建设工程施工合同纠纷案件适用法律问题的解释》（法释〔2004〕14号）以及《最高人民法院关于审理建设工程施工合同纠纷案件适用法律问题的解释（二）》（法释〔2018〕20号）等三部原有司法解释的基础上，依据《中华人民共和国民法典》中有关建设工程合同的规定，对原有司法解释进行合并和整理，制定了《最高人民法院关于审理建设工程施工合同纠纷案件适用法律问题的解释（一）》（法释〔2020〕25号），原有三部司法解释不再适用。司法解释中关于施工合同价款纠纷的处理原则和方法，可以为发承包双方在工程合同履行过程中出现的类似纠纷的处理，提供参考性极强的借鉴。

（1）施工合同无效的价款纠纷处理

1）建设工程施工合同无效的认定。建设工程施工合同具有下列情形之一的，应当根据《中华人民共和国民法典》的规定，认定无效：

① 承包人未取得建筑施工企业资质或者超越资质等级的；

② 没有资质的实际施工人借用有资质的建筑施工企业名义的；

③ 建设工程必须进行招标而未招标或者中标无效的；

④ 承包人因转包、违法分包建设工程与他人签订的建设工程施工合同；

⑤ 当事人以发包人未取得建设工程规划许可证等规划审批手续为由，请求确认建设

工程施工合同无效的，人民法院应予支持，但发包人在起诉前取得建设工程规划许可证等规划审批手续的除外。

2）建设工程施工合同无效的处理方式。建设工程施工合同无效，但建设工程经验收合格的，可以参照合同关于工程价款的约定折价补偿承包人。建设工程施工合同无效，且建设工程经验收不合格的，按照以下情形处理：

① 修复后的建设工程经验收合格的，发包人可以请求承包人承担修复费用；

② 修复后的建设工程经验收不合格的，承包人无权请求参照合同关于工程价款的约定折价补偿。

因建设工程不合格造成的损失，发包人有过错的，也应承担相应的民事责任。

承包人非法转包、违法分包建设工程或者没有资质的实际施工人借用有资质的建筑施工企业名义与他人签订建设工程施工合同的行为无效。人民法院可以根据相关法律的规定，收缴当事人已经取得的非法所得。

3）不能认定为无效合同的情形

① 承包人超越资质等级许可的业务范围签订建设工程施工合同，在建设工程竣工前取得相应资质等级，当事人请求按照无效合同处理的，不予支持。

② 具有劳务作业法定资质的承包人与总承包人、分包人签订的劳务分包合同，当事人以转包建设工程违反法律规定为由请求确认无效的，不予支持。

③ 发包人能够办理建设工程规划许可证等规划审批手续而未办理，并以未办理审批手续为由请求确认建设工程施工合同无效的，人民法院不予支持。

4）合同无效后的损失赔偿。建设工程施工合同无效，一方当事人请求对方赔偿损失的，应当就对方过错、损失大小、过错与损失之间的因果关系承担举证责任；损失大小无法确定，一方当事人请求参照合同约定的质量标准、建设工期、工程价款支付时间等内容确定损失大小的，人民法院可以结合双方过错程度、过错与损失之间的因果关系等因素做出裁判。

缺乏资质的单位或者个人借用有资质的建筑施工企业名义签订建设工程施工合同，发包人请求出借方与借用方对建设工程质量不合格等因出借资质造成的损失承担连带赔偿责任的，人民法院应予支持。

（2）垫资施工合同的价款纠纷处理

对于发包人要求承包人垫资施工的项目，对于垫资施工部分的工程价款结算，《最高人民法院关于审理建设工程施工合同纠纷案件适用法律问题的解释（一）》提出了处理意见：

1）当事人对垫资和垫资利息有约定，承包人请求按照约定返还垫资及其利息的，应予支持，但是约定的利息计算标准高于中国人民银行发布的同期同类贷款利率的部分除外。

2）当事人对垫资没有约定的，按照工程欠款处理。

3）当事人对垫资利息没有约定，承包人请求支付利息的，不予支持。

（3）施工合同解除后的价款纠纷处理

1）承包人具有下列情形之一，发包人请求解除建设工程施工合同的，应予支持；

① 明确表示或者以行为表明不履行合同主要义务的；

② 合同约定的期限内没有完工，且在发包人催告的合理期限内仍未完工的；

③ 已经完成的建设工程质量不合格，并拒绝修复的；

④ 将承包的建设工程非法转包、违法分包的。

2）发包人具有下列情形之一，致使承包人无法施工，且在催告的合理期限内仍未履行相应义务，承包人请求解除建设工程施工合同的，应予支持：

① 未按约定支付工程价款的；

② 提供的主要建筑材料、建筑构配件和设备不符合强制性标准的；

③ 不履行合同约定的协助义务的。

3）建设工程施工合同解除后，已经完成的建设工程质量合格的，发包人应当按照约定支付相应的工程价款；

4）已经完成的建设工程质量不合格的：

① 修复后的建设工程经验收合格，发包人请求承包人承担修复费用的，应予支持；

② 修复后的建设工程经验收不合格，承包人请求支付工程价款的，不予支持。

（4）发包人引起质量缺陷的价款纠纷处理

1）发包人应承担的过错责任。发包人具有下列情形之一，造成建设工程质量的缺陷的，应当承担过错责任：

① 提供的设计有缺陷；

② 提供或者指定购买的建筑材料、建筑构配件、设备不符合强制性标准；

③ 直接指定分包人分包专业工程。

2）发包人提前占用工程。建设工程未经竣工验收，发包人擅自使用后，又以使用部分质量不符合约定为由主张权利的，不予支持；但是承包人应当在建设工程的合理使用寿命内对地基基础工程和主体结构质量承担民事责任。

（5）其他工程结算价款纠纷的处理

1）合同文件内容不一致时的结算依据。

① 当事人就同一建设工程另行订立的建设工程施工合同与经过备案的中标合同实质性内容不一致的，应当以备案的中标合同作为结算工程价款的依据。

② 当事人签订的建设工程施工合同与招标文件、投标文件、中标通知书载明的工程范围、建设工期、工程质量、工程价款不一致，一方当事人请求将招标文件、投标文件、中标通知书作为结算工程价款的依据的，人民法院应予支持。

③ 发包人将依法不属于必须招标的建设工程进行招标后，与承包人另行订立的建设工程施工合同背离中标合同的实质性内容，当事人请求以中标合同作为结算建设工程价款依据的，人民法院应予支持，但发包人与承包人因客观情况发生了招标投标时难以预见的变化而另行订立建设工程施工合同的除外。

④ 当事人就同一建设工程订立的数份建设工程施工合同均无效，但建设工程质量合格，一方当事人请求参照实际履行的合同关于工程价款的约定折价补偿承包人的，人民法院应予支持。实际履行的合同难以确定，当事人请求参照最后签订的合同关于工程价款的约定折价补偿承包人的，人民法院应予支持。

2）对承包人竣工结算文件的认可。当事人约定，发包人收到竣工结算文件后，在约定期限内不予答复，视为认可竣工结算文件的，按照约定处理。承包人请求按照竣工结算文件结算工程价款的，应予支持。

3）当事人对工程量有争议的，按照施工过程中形成的签证等书面文件确认。承包人能够证明发包人同意其施工，但未能提供签证文件证明工程量发生的，可以按照当事人提供的其他证据确认实际发生的工程量。

4）计价方法与造价鉴定。当事人对建设工程的计价标准或者计价方法有约定的，按照约定结算工程价款。因设计变更导致建设工程的工程量或者质量标准发生变化，当事人对该部分工程价款不能协商一致的，可以参照签订建设工程施工合同时当地建设行政主管部门发布的计价方法或者计价标准结算工程价款。当事人约定按照固定价结算工程价款，一方当事人请求人民法院对建设工程造价进行鉴定的，不予支持。

5）工程欠款的利息支付

① 利率标准。当事人对欠付工程价款利息计付标准有约定的，按照约定处理；没有约定的，按照同期同类贷款利率或者同期贷款市场报价利率计息。

② 计息日。利息从应付工程价款之日计付。当事人对付款时间没有约定或者约定不明的，下列时间视为应付款时间：

建设工程已实际交付的，为交付之日；

建设工程没有交付的，为提交竣工结算文件之日；

建设工程未交付，工程价款也未结算的，为当事人起诉之日。

（6）由于价款纠纷引起的诉讼处理

1）合同履行地点的确定。建设工程施工合同纠纷以施工行为地为合同履行地。

2）诉讼当事人的追加

① 因建设工程质量发生争议的，发包人可以以总承包人、分包人和实际施工人为共同被告提起诉讼。

② 实际施工人以转包人、违法分包人为被告起诉的，人民法院应当依法受理。实际施工人以发包人为被告主张权利的，人民法院应当追加转包人或者违法分包人为本案第三人，在查明发包人欠付转包人或者违法分包人建设工程价款的数额后，判决发包人在欠付建设工程价款范围内对实际施工人承担责任。

任务 4.4 工程竣工决算

1. 工程竣工决算和竣工结算的区别（表 4-4-1）

工程竣工决算和工程竣工结算的区别　表 4-4-1

区别项目	工程竣工结算	工程竣工决算
编制单位及部门	承包方的预算部门	项目业主的财务部门
内容	承包方承包施工的建筑安装工程的全部费用，它最终反映承包方完成的施工产值	建设工程从筹建开始到竣工交付使用为止的全部建设费用，它反映建设工程的投资效益
性质和作用	1. 承包方与业主办理工程价款最终结算的依据； 2. 双方签订的建筑安装工程承包合同终结的凭证	1. 业主办理交付验收动用新增各类资产的依据； 2. 竣工验收报告的重要组成部分

2. 工程竣工决算的内容

竣工决算是指建设项目或单项工程竣工后，建设单位向国家主管部门汇报建设成果和财务状况的总结性文件。竣工决算的内容应包括从项目策划到竣工投产全过程的全部实际费用，包括设备工器具购置费、建筑安装工程费和其他费用等。

竣工决算的内容包括竣工财务决算说明书、竣工财务决算报表、工程竣工图和工程造价对比分析等四个部分。其中竣工财务决算说明书和竣工财务决算报表又合称为竣工财务决算，它是竣工决算的核心内容。

（1）竣工决算报告情况说明书

竣工决算报告情况说明书主要反映竣工工程建设成果和经验，是对竣工决算报表进行分析和补充说明的文件，是全面考核分析工程投资与造价的书面总结，其内容主要包括：

1）建设项目概况，对工程总的评价。

2）资金来源及运用等财务分析。

3）基本建设收入、投资包干结余、竣工结余资金的上交分配情况。

4）各项经济技术指标的分析。

5）工程建设的经验及项目管理和财务管理工作以及竣工财务决算中有待解决的问题。

6）需要说明的其他事项。

（2）竣工财务决算报表

建设项目竣工财务决算报表根据大、中、小型建设项目分别制定，一般大、中型建设项目的竣工财务决算报表包括：建设项目竣工财务决算审批表，大、中型建设项目概况表，大、中型建设项目竣工财务决算表，大、中型建设项目交付使用资产总表。

大、中型建设项目竣工财务决算表是反映建设单位所有建设项目在某一特定日期的投资来源及其分布状态的财务会计信息资料。它是通过对建设项目中形成的大量数据进行整理后编制而成。通过编制该表，可以为考核和分析投资效果提供依据。

小型建设项目的竣工决算财务报表一般包括：竣工决算总表、交付使用财产明细表和建设项目竣工财务决算审批表。

（3）建设工程竣工图

建设工程竣工图是真实地记录各种地上、地下建筑物、构筑物等情况的技术文件，是工程进行交工验收、维护改建和扩建的依据，是国家的重要技术档案。其具体要求有：

1）凡按图竣工没有变动的，由施工单位在原施工图上加盖“竣工图”标志后，即作为竣工图。

2）凡在施工过程中，虽有一般性设计变更，但能将原施工图加以修改补充作为竣工图的，可不重新绘制，由施工单位负责在原施工图（必须是新蓝图）上注明修改的部分，并附以设计变更通知单和施工说明，加盖“竣工图”标志后，作为竣工图。

3）凡结构形式改变、施工工艺改变、平面布置改变、项目改变以及有其他重大改变，不宜再在原施工图上修改、补充时，应重新绘制改变后的竣工图。施工单位负责在新图上加盖“竣工图”标志，并附以有关记录和说明，作为竣工图。

4）为了满足竣工验收和竣工决算需要，还应绘制反映竣工工程全部内容的工程设计平面示意图。

（4）工程造价比较分析

批准的概算是考核建设工程造价的依据。在分析时，可先对比整个项目的总概算，然后将建筑安装工程费、设备工器具费和其他工程费用逐一与竣工决算表中所提供的实际数据和相关资料及批准的概算、预算指标、实际的工程造价进行对比分析，以确定竣工项目总造价是节约还是超支，并在对比的基础上，总结先进经验，找出节约和超支的内容和原因，提出改进措施。在实际工作中，应主要分析以下内容：

1）主要实物工程量；

2）主要材料消耗量；

3）考核建设单位管理费、建筑及安装工程企业管理费及利润的取费标准。

学习情境5　综　合　案　例

案例1　某产业园项目建设项目概算总投资综合实例

本工程共分三期。本次设计为项目的一期工程，本期工程规划用地性质为一类物流仓储用地；用地面积 55805m²，总建筑面积 66407.56m²，总计容面积 66219.48m²，总容积率为 1.19。总建筑占地面积 21828.47m²，建筑密度 39%。机动车停车位 137 辆。含 2 幢钢结构车间、2 幢多层混凝土民用建筑、2 幢单层混凝土民用建筑，2 幢单层混凝土工业建筑。主要包括 1 号厂房、4 号厂房、1 号综合办公楼、2 号配套服务楼、实验楼、辅助用房、门卫 1、门卫 2，8 个单体建筑及配套智能化、景观、室外电气、给水排水等工程。具体概算总投资的计算详见某产业园项目建设项目概算总投资表。

案例2　某产业园项目单位工程概算综合实例

1. 工程概况

本工程共分三期。本次设计为项目的一期工程，本期工程规划用地性质为一类物流仓储用地；用地面积 55805m²；总建筑面积 66407.56m²，总计容面积 66219.48m²，总容积率为 1.19。总建筑占地面积 21828.47m²，建筑密度 39%。机动车停车位 137 辆。含 2 幢钢结构车间、2 幢多层混凝土民用建筑、2 幢单层混凝土民用建筑，2 幢单层混凝土工业建筑。主要包括 1 号厂房、4 号厂房、1 号综合办公楼、2 号配套服务楼、实验楼、辅助用房、门卫 1、门卫 2，8 个单体建筑及配套智能化、景观、室外电气、给水排水等工程。具体概算总投资的计算详见某产业园项目建设项目概算总投资表。

2. 编制依据

《浙江省概算定额（2018 版）》；人工、主要材料按宁波造价信息正刊信息价 2021 年 3 月计入。

3. 编制说明

（1）结构说明中“±0.000 以下室内采用 B06 级 A3.5 蒸压砂加气混凝土砌块”，而在建筑说明中“地下室内分隔墙采用 100/200 厚 MU10 粉煤灰烧结多孔砖，M7.5 混合砂浆砌筑”，二者矛盾，暂按 MU10 粉煤灰烧结多孔砖，M7.5 混合砂浆砌筑计入；

（2）屋面聚苯乙烯泡沫塑料保温隔热板暂按 50mm 厚计入；

（3）CT3 高度暂按 1200mm 计入；

（4）原始地坪标高暂按室外地坪标高计入。

4. 其他说明

单位工程概算中选取了辅助用房、门卫 1 和门卫 2 的土建部分作为典型案例。具体详见某产业园项目单位工程概算表。

案例3 某工程投标报价文件编制综合实例

1. 工程概况

本工程总建筑面积 39569.36m²，其中地下建筑面积 9250m²，地上建筑面积 30319.31m²。地下一层，层高 4.8m；1号楼教师公寓A十一层，层高 3.1～4.8m，建筑檐高 35.8m；幼儿园三层，层高 3.7～3.9m。结构类型为框架结构。

2. 编制依据

(1)《建设工程工程量清单计价规范》GB 50500—2013；

(2)《房屋建筑与装饰工程工程量计算规范》GB 50854—2013；

(3)《通用安装工程工程量计算规范》GB 50856—2013；

(4)《浙江省建设工程计价规则（2018版）》；

(5)《浙江省房屋建筑与装饰工程预算定额（2018版）》；

(6) 招标图纸；

(7) 招标文件；

(8) 与建设项目相关的图集、规范、技术资料、法律法规等。

3. 编制说明

(1) 本工程暂列金额 3248127 元列在门卫建筑装饰工程中报价；

(2) 本工程材料品牌、规格、型号、技术参数均响应招标文件要求。

4. 其他说明

本单位工程投标报价选取了该项目的幼儿园工程房屋建筑与装饰工程投标报价文件作为案例。

案例4 某工程招标控制价文件编制综合实例

1. 工程概况

(1) 总用地面积：6441m²。

(2) 建筑规模（新建）：多层民用建筑（公共建筑）；地下一层，地上五层。建筑高度（室外至屋面面层）：21.85m；建筑占地面积：1187.9m²；建筑总面积：5667.3m²。

其中：地上建筑面积：4199.8m²；地下建筑面积：1467.5m²。

(3) 结构类型：钢筋混凝土框架结构；建筑结构安全等级：二级。

(4) 设计使用年限：50年。

(5) 平面功能：地下一层为汽车库及设备用房，地上五层为办公用房。

(6) 建筑分类：多层民用建筑（公共建筑）。耐火等级：地上二级，地下室一级。

(7) 抗震设防：抗震设防烈度6度。

(8) 屋面防水等级Ⅰ级；地下室防水等级Ⅰ级。

2. 编制依据

(1)《建设工程工程量清单计价规范》GB 50500—2013；

(2)《房屋建筑与装饰工程工程量计算规范》GB 50854—2013；

（3）《通用安装工程工程量计算规范》GB 50856—2013；
（4）《浙江省建设工程计价规则（2018 版）》；
（5）《浙江省房屋建筑与装饰工程预算定额（2018 版）》；
（6）招标图纸；
（7）招标文件；
（8）与建设项目相关的图集、规范、技术资料、法律法规等。
3. 其他说明
本单位工程招标控制价选取了该业务用房的房屋建筑与装饰工程招标控制价文件作为案例。具体详见某单位业务用房新建项目表。

案例5　某工程结算文件编制综合实例

1. 工程概况
本工程总建筑面积 39569.36m^2，其中地下建筑面积 9250m^2，地上建筑面积 30319.31m^2。地下一层，层高 4.8m；1 号楼教师公寓 A 十一层，层高 3.1～4.8m，建筑檐高 35.8m；幼儿园三层，层高 3.7～3.9m。结构类型为框架结构。
2. 编制依据
（1）《建设工程工程量清单计价规范》GB 50500—2013；
（2）《房屋建筑与装饰工程工程量计算规范》GB 50854—2013；
（3）《通用安装工程工程量计算规范》GB 50856—2013；
（4）《浙江省建设工程计价规则（2018 版）》；
（5）《浙江省房屋建筑与装饰工程预算定额（2018 版）》；
（6）招标图纸；
（7）招标文件；
（8）与建设项目相关的图集、规范、技术资料、法律法规等。
3. 编制说明
（1）本工程暂列金额 3248127 元列在门卫建筑装饰工程中报价；
（2）本工程材料品牌、规格、型号、技术参数均响应招标文件要求。
4. 其他说明
本单位工程结算报价选取了该项目的幼儿园工程房屋建筑与装饰工程结算报价文件作为案例。因其结算文件是以整个项目为基准结算，所有签证单只选取了部分房屋建筑与装饰工程专业工程的签证单放入本结算案例中。本项目与案例 3 投标报价案例为同一个项目。

参 考 文 献

[1] 中华人民共和国住房和城乡建设部．建设工程工程量清单计价规范：GB 50500—2013[S]．北京：中国计划出版社，2013.

[2] 中华人民共和国住房和城乡建设部．房屋建筑与装饰工程工程量计算规范：GB 50854—2013[S]．北京：中国计划出版社，2013.

[3] 中华人民共和国住房和城乡建设部．建筑工程建筑面积计算规范：GB/T 50353—2013[S]．北京：中国计划出版社，2014.

[4] 浙江省建设工程造价管理总站．浙江省房屋建筑与装饰工程预算定额(2018 版)[M]．北京：中国计划出版社，2018.

[5] 浙江省建设工程造价管理总站．浙江省建设工程计价规则(2018 版)[M]．北京：中国计划出版社，2018.

[6] 浙江省建设工程造价管理总站．浙江省房屋建筑与装饰工程概算定额(2018 版)[M]．北京：中国计划出版社，2020.

[7] 浙江省建设工程造价管理总站．浙江省建设工程其他费用定额(2018 版)[M]．北京：中国计划出版社，2020.

[8] 中华人民共和国住房和城乡建设部．混凝土结构施工图平面整体表示方法制图规则和构造详图：22G101—1/2/3[S]．北京：中国计划出版社，2022.

[9] 全国造价工程师职业资格考试培训教材编审委员会．建设工程计价[M]．北京：中国计划出版社，2021.

[10] 吴志超，吴洋．建筑工程计量与计价[M]．北京：中国建筑工业出版社，2021.